普通高等教育"十三五"规划教材

选矿试验研究方法

主　编　王宇斌　汪潇　陈畅
副主编　田晓珍　王森　李慧

北　京
冶金工业出版社
2018

内 容 提 要

本书主要阐述了选矿试验准备、试验方案制定、选矿试验设计、常见试验方法及试验结果的处理等内容，重点介绍了选矿试验数理统计基础、矿样性质研究、试验方案拟定及试验设计方法、重磁浮等试验的流程及操作实例等。本书内容符合选矿试验的组织流程，强化了重点知识的实例讲解，突出了选矿及数理统计理论与选矿试验相结合的特色。

本书可作为高等学校矿物加工工程、矿物资源工程和资源循环工程等专业的教材，也可供从事选矿工程和矿物材料工程生产及科研的技术人员和管理人员参考。

图书在版编目（CIP）数据

选矿试验研究方法/王宇斌，汪潇，陈畅主编. —
北京：冶金工业出版社，2018.8
普通高等教育"十三五"规划教材
ISBN 978-7-5024-7882-7

Ⅰ.①选… Ⅱ.①王… ②汪… ③陈… Ⅲ.①选矿—
试验—高等学校—教材 Ⅳ.①TD9-33

中国版本图书馆 CIP 数据核字（2018）第 196651 号

出 版 人　谭学余
地　　址　北京市东城区嵩祝院北巷 39 号　邮编　100009　电话　（010）64027926
网　　址　www.cnmip.com.cn　电子信箱　yjcbs@cnmip.com.cn
责任编辑　高　娜　刘晓飞　美术编辑　彭子赫　版式设计　孙跃红
责任校对　郑　娟　责任印制　李玉山
ISBN 978-7-5024-7882-7
冶金工业出版社出版发行；各地新华书店经销；三河市双峰印刷装订有限公司印刷
2018 年 8 月第 1 版，2018 年 8 月第 1 次印刷
787mm×1092mm　1/16；19.25 印张；463 千字；293 页
48.00 元

冶金工业出版社　投稿电话　（010）64027932　投稿信箱　tougao@cnmip.com.cn
冶金工业出版社营销中心　电话　（010）64044283　传真　（010）64027893
冶金书店　地址　北京市东四西大街 46 号（100010）　电话　（010）65289081（兼传真）
冶金工业出版社天猫旗舰店　yjgycbs.tmall.com
（本书如有印装质量问题，本社营销中心负责退换）

前　言

随着矿石"贫、细、杂"现象的日益突出，先进的选矿技术、选矿设备和生产流程也应运而生。这些技术、设备和流程在现场的成功应用离不开大量的实验室试验及半工业和工业试验，而这些试验的顺利进行又以对矿石性质的全面了解、正确的试验方案和恰当的试验方法为前提。鉴于此，编者根据"矿物试验研究方法"课程教学大纲编写了本书，书中论述了选矿试验研究的目的、任务、范围、内容、试验方法及步骤等内容。本书分为试验准备、试验方案拟定及试验设计、选矿试验方法各论、试验结果处理及报告编写4篇，共12章。在编写过程中，编者根据选矿试验进行的程序对本书内容进行组织，因而符合选矿试验的安排实施规律。本书的特点在于通过大量实例培养读者根据矿石性质制定试验方案等能力，力图强化读者对试验结果的整理计算能力。

本书由西安建筑科技大学的王宇斌、陈畅和河南城建学院的汪潇主编，西安建筑科技大学的田晓珍、王森和李慧担任副主编，王宇斌负责全书的统稿工作。各编写人员分工如下：第7章由王宇斌编写，第5章、第11章的11.5节和附录由陈畅编写，第6章、第12章和试验指导书由汪潇编写，第8章和第9章由田晓珍编写，第1~4章由王森编写，第10章、第11章的11.1~11.4节由李慧编写，参考文献由王望泊编写，第8章的8.4节、8.5节所涉及的计算内容由张鲁计算。

本书的编写纳入了西安建筑科技大学教材建设规划及河南城建学院重点学科建设规划，学校在出版经费方面给予了资助，编写工作还得到了矿物资源工程研究所相关领导和教师的支持和帮助。东北大学袁致涛教授与刘文刚教授对本书初稿进行了审阅，并提出了许多宝贵意见，特此致以诚挚的谢意。

　　此外，在本书的编写过程中，得到了西北有色地质勘查局等国内有关企业和同行专家的指导和帮助，西北有色地质研究院的靳建平高级工程师和商洛学院的刘明宝博士为本书的编写提供了资料，西安建筑科技大学硕士研究生文堪、王妍、荀婧雯、党伟犇等同学参加了资料收集和部分图表绘制工作以及文字输入工作，同时参阅了国内外有关教材及专家学者的文献资料，在此一并表示感谢。

　　由于编者水平有限，同时选矿试验方法日新月异，书中不足之处，诚恳希望读者提出宝贵意见。

编　者

2018 年 6 月

目　　录

第 1 篇　试验准备

第2篇　试验方案拟定及试验设计

第 3 篇　选矿试验方法各论

8　浮选试验 ··· 163

第4篇　试验结果处理及报告编写

第 1 篇

试 验 准 备

1 绪 论

【本章主要内容及学习要点】本章主要介绍矿物选矿试验研究的意义、任务、程序、计划及发展趋势。重点掌握选矿研究的程序和计划。

1.1 矿物选矿试验研究的意义和任务

1.1.1 矿物选矿试验研究及其意义

矿物选矿试验研究通常是在实验室范围内，根据矿石性质的不同，采用不同的选矿试验方案对矿石进行系统的试验。在试验过程中，研究有用矿物和脉石分离的规律性，根据试验结果，判断矿石选别的难易程度，最终为工业生产推荐出适宜采用的选矿方法、选别条件、选别流程以及可能达到的选别指标。

1.1.2 选矿试验研究的基本任务

选矿试验研究的基本任务在于合理地解决矿产的工业利用问题，其主要内容是对具体矿产进行选矿工艺试验。任何一种矿产的工业利用，都要经过从找矿勘探、设计建设到生产等三个阶段。不同阶段对选矿试验研究所要求内容的深度和广度各不相同。

（1）找矿勘探工作中的选矿试验——对矿床进行评价。

一个矿床是否具有工业利用价值，需从多方面进行评价，除了有用成分的储量大小外，还必须考虑该矿床是否便于开采和加工。找矿勘探工作分普查找矿、初步勘探、详细勘探三个阶段。1）普查找矿阶段。无法采到具有足够代表性的矿样，所以一般不进行专门的选矿试验，只是作出可选性评价。2）初步勘探阶段。必须进行选矿试验，规模仅限于实验室研究，要求是：能初步确定矿石中主要有用成分的选别方法和可能达到的指标，以便据此评价该矿床矿石的选别在技术上是否可行和在经济上是否合理，并要求指出各个不同类型和品级矿石的可选性差别，作为地质勘探工作者划分矿石类型和确定工业指标的依据。3）详细勘探阶段。选矿试验的深度与选矿厂设计前的选矿试验工作无大区别，通常两者的选矿试验可结合起来。

（2）选矿厂设计前的选矿试验——为选矿厂设计提供所需要的原始数据。

要根据矿床规模、矿石性质、选矿厂生产能力和选别工艺流程等不同情况，进行多种方案不同规模的试验研究工作。1）当矿石性质简单，选矿厂生产能力不大，且有处理类似性质矿石的选矿厂的实际经验可参照时，仅通过实验室试验，即可推荐出最终的选矿方法和工艺流程。2）当矿石性质复杂，选矿厂能力很大或采用新工艺、新设备、新药剂时，则必须在实验室试验研究的基础上，再进行扩大规模的半工业试验或工业性试验。

（3）生产现场的选矿试验——提高现场生产技术水平。

选矿厂建成投产后，在生产过程中又会出现许多新的矛盾，特别是由于矿石性质变化所产生的许多新问题，要求我们通过新的试验研究工作加以解决。其内容包括：1）研究或引用新的工艺、流程、设备或药剂，以便提高现场生产指标。2）开展资源综合利用的研究，提高环境保护的质量。3）根据矿石性质的变化，确定新矿体的选矿工艺。4）进行经常性的选矿试验，用以指导配矿或修订操作条件，以保证生产的均衡和稳定。

1.2　选矿试验研究的程序和计划

选矿试验研究的程序经常用试验任务书和试验计划的形式确定。试验任务书的内容大致包括：

（1）题目。由委托单位提出，如"某矿石选矿试验研究"等。

（2）试验规模。由矿产资源的特点规划，试验研究的内容和深度应能满足设计制定的工艺流程。

（3）具体要求。如多种选矿方案选择对比试验的要求、环保要求、试验进度和指标要求等。

（4）原始资料。提供矿区的地质勘探资料，自然环境和经济情况，过去所做的研究工作情况，采样说明书以及供水、供电、气候、交通和原材料供应情况等。

试验任务明确后，应开始收集资料，考察类似矿石的生产和科研现状，广泛了解国内外选矿新动态，以便在所研究的课题中，尽可能采用先进生产技术，在调查研究的基础上，制订试验研究计划，其内容包括：

（1）研究的题目、任务和要求。

（2）试验筹备，包括人员组织和物质条件的准备，把试验所需的仪器、设备、药品和工具列出清单，并配合地质部门和委托单位确定采样方案。

（3）采取和制备试样，对不同类型和品级的样品要分别采取、包装、运输和制备。

（4）矿石物质组成研究，并据此拟订选矿试验方案（岩矿鉴定和化学分析需要其他专业人员配合）。

（5）按照试验要求进行选矿试验，列出时间进程表。

（6）整理试验结果，编写试验报告。

可见，研究计划的核心是试验方案，试验方案确定以后须作详细论证。制订试验研究计划的目的是使整个试验工作有一个正确的指导思想、明确的研究方向、恰当的研究方法和合理的组织安排，以便能用较少的人力和物力得出较好的结果。

1.3　选矿试验研究的现状和发展

近年来，矿石越来越贫且复杂，选矿试验研究面临的挑战将越来越大，因而，以下几个方面在现在和将来都是选矿研究的重点：

（1）选矿基础理论研究。

（2）有关新工艺、新设备和新药剂的研究。

（3）国家矿产资源合理、充分地开发，以及尾矿等的综合利用。

（4）电脑和信息网络在选矿试验中的应用，相关软件的开发。

（5）选矿方法从传统的浮、重、磁、电选并用，扩充为物理和化学法联合，又拓展到复合力场和多种场叠加，近年来又发展成矿物工程与生物工程综合。具体为：1）化学选矿——处理贫、难、杂矿石。2）细菌浸出——用于铜、铀等矿石。3）生物湿法冶金——用于镍、钴、锌、金、银等有色和稀贵金属提取，以及煤炭脱硫等方面。4）细菌氧化法——用于难浸原生金矿内硫、砷、碳等的处理。

复习思考题

1-1 选矿研究的内容有哪些？

1-2 选矿研究的程序是什么？

1-3 简述选矿研究的发展趋势。

2　试样准备

【本章主要内容及学习要点】 本章主要介绍选矿试样的准备工作。重点掌握试样的分类方法、不同试样的采样方法及注意事项、取样器械、选矿试验试样的准备流程及不同选矿试样的准备要求。

2.1　试样及分类

2.1.1　试样的代表性

试样是指按试验目的将原料经过加工制成可供试验的样品。矿物加工中取样是指用科学的方法，从大批物料中取出一小部分有代表性物料的过程，这一小部分物料称为该物料的试样或样品（如为若干份之和则称为平均试样）。

采样是指从大量同类实物中抽取一部分做样品。采样是矿物加工试验研究的第一项具体工作，无论是矿床采样或是选厂取样都要求试样具有代表性，即采出的试样无论在性质上、组成上都能代表原物料。选矿试验研究所用的原矿试样一般直接取自矿床；选矿产品（包括各种中间产品和尾矿产品）则通常取自生产现场。矿床采样工作比选厂取样工作难度大，所以矿床采样工作应在选矿人员和地质人员的密切配合下进行，通常应由研究、设计、筹建或生产部门共同确定采样方案，然后由地质部门根据采样要求进行采样设计和施工。而选厂取样工作相对比较简单，可由选矿人员单独完成。

试样的代表性是决定取样工作（试验）有无价值的关键。例如，对某一矿床采样以进行选矿试验研究，为该矿床建立选矿厂提供设计依据，这就要求试样能代表所研究矿石的一切特性，具体来说包括以下几个方面：

（1）化学组成。化学组成是指试样包括所含化学组成的种类、平均品位及品位变化特征。现举例说明品位变化特征的问题，假定某矿床中某有用元素的平均品位为1%，这有两种可能的情况：一种是矿床各块段品位变化不大，例如大多数波动范围在0.8%～1.2%；另一种可能是各块段品位变化很大，有时低到0.2%～0.3%，而有时高达2%～3%。这两种情况的平均品位都可能是1%，这就要求取样能反映矿床品位变化特性。

（2）矿物组成、结构构造及嵌布特性。矿石的矿物组成很多，取样时只能对主要的矿物提出要求。例如，矿石的氧化程度对许多金属矿石的可选性有重大影响，所以取样时对矿石氧化程度要提出要求。实践中对于有色金属是指氧化率，对于铁矿石则指全铁与亚铁的比例。有的矿石决定其可选性难易的不只有氧化率，如铜矿石，结合氧化铜含量对可选性影响也很大，这时对氧化率与结合率都要提出要求。结构构造与嵌布特性对矿石的可选性也有较大影响，但是难以用一些简单的数量指标来衡量，一般在取样说明书上加以说明。

（3）矿石的物化性质。矿石性质包括矿石硬度、可磨度、温度、泥化程度、粒度组成、密度、比磁化系数、比导电度、介电常数、溶解度或溶盐含量、悬浮液的 pH 值等。对于这些性质，在实际工作中根据具体需要提出具体要求。例如有用矿物的溶解度或悬浮液中溶盐含量对于重选来说并不重要，但对于浮选则非常重要，必须保证具有样品的代表性。

此外，对于围岩及岩石试样，必须保证上述三方面的代表性。

2.1.2 试样的分类

根据试样的用途可分为选矿试验样和生产检查用化学分析试样、选矿工艺试样、岩矿鉴定试样及其他试样，根据其来源可分为矿床采样、选厂取样。下面分别进行说明。

2.1.2.1 化学分析试样

化学分析试样主要用来确定所取物料中某些元素或成分的含量，多用于原矿、精矿、尾矿或生产过程中其他产品的分析，以便检查数质量指标并编制金属平衡表，它是选矿试验和生产检查中经常要用的试样。

（1）粒度要求。化学分析试样规定精矿需过 0.08mm 以上的筛子，原矿和尾矿需过 0.096mm 以上筛子，而贵金属及稀有金属试样要全部过 0.075mm 筛子。

（2）质量要求。化学分析试样的质量要求一般为 10~200g。通常分析原、精、尾矿样品位时，单一元素要求的样品质量为 15~20g；两种以上的元素为 25~40g；供物相分析用的样品为 50g；供多元素分析的样品，视分析元素种类的多少而定，一般要在 100g 以上；分析铂族元素的样品为 500g；试金分析（如金、银）的试样质量一般在 100g 以上。

2.1.2.2 选矿工艺试样

选矿工艺试样是为矿石可选性试验研究、生产指标的验证、选别流程改革等方面的综合性试验研究等所准备的样品。

选矿工艺试样测试内容主要包括磨矿浓度、磨矿细度、水分等，在进行流程考察时还需要对每台设备的入料、排料位置的样品及各选别段排尾样品分别进行浓度、细度及水分等的测试。这些检测的目的在于及时了解生产中存在的问题，并提出改进的建议和措施，最终为工业生产提供最佳的选别流程与工艺条件。

2.1.2.3 岩矿鉴定试样

岩石矿物的分析鉴定在地质研究工作中占据着重要地位，它能够指导地质研究工作有效、有质地开展。岩石矿物一般是由两种或者两种以上化学元素构成的聚合体，目前为人类所知的岩矿种类达到三千种以上。

岩矿鉴定试样要求对岩石矿物样品进行合理加工，由于在试验中岩矿样品真正运用到操作上的量通常只需几克，而前期准备工作时，原样的重量会达到几千克，有时能达到几十千克甚至更多。因此，在鉴定之前则需要对样品进行有效筛选以及二次加工。通过这些处理，既可以把岩矿碎化至一定细度，易于分解，又可以获得更均匀、更有代表性的样品。可以选用科学的试样加工方法，如二分器法、割环法、堆锥四分法、方格法等，提高试样的代表性。

对岩石矿物进行定性以及半定量的分析，其目的在于获取样本中元素的成分以及含量比例，并根据分析结果确定鉴定方法。根据分析结果再结合地质工作中所需要的精准度以及实验室所必备的运作环境，来制定鉴定元素的方法和排除干扰的策略。实验室常用化学分析法和光谱分析法来进行定性以及半定量分析，其中光谱分析方法的效率较高。

2.1.2.4　其他试样

其他试样是指为了完成某种特定的任务而采取的试样，该类试样用以确定原矿或选矿产品粒度组成的筛分分析或水析样，测定原矿、过滤机滤饼、干燥产物和出厂精矿的水析样，磨矿机排矿、分级机或旋流器的溢流、各选别作业给矿的浓度和细度样，矿浆酸碱度测定样等。

2.2　矿床采样

2.2.1　矿床采样的要求

矿床采样的基本要求：一是试样具有足够的代表性，若试样代表性不足，使用所采样进行试验，其结果就不能反映该矿床矿石的可选性，整个研究工作也将失去意义；二是试样数量应充分满足试验需要，同时又不至于盲目多采。

2.2.1.1　矿床采样的代表性

选矿试验矿样的代表性，要求所采取和配制的矿样与今后矿床开采时送往选矿厂选别的矿石性质基本一致。矿样的代表性要求矿样能代表矿床内各种类型和各种品级的矿石。根据不同类型和品级的矿石分别采取试样，使矿物组成、化学成分、结构构造、有用矿物粒度和嵌布特征、伴生有益有害成分及可供综合回收成分的分布情况和赋存状态等基本一致；各种类型和各种品级的矿样重量比，应与矿床内各种类型和各种品级矿石储量的比例基本一致，或应与矿山投产若干年内送选矿石中的比例基本一致。

矿样代表性的具体要求为：（1）试样中主要化学组分的平均含量（品位）和含量变化特征与所研究的矿体基本一致。矿石组分含量的变化可能引起质变，组分含量变化到一定程度会使矿石具有不同的工业价值和技术加工性质。不仅要使试样的主要化学组分的含量符合规定，而且要使试样的组成能反映矿体中组分含量的变化特征。矿样主要组分的平均品位、品位波动情况、伴生有益有害成分和可供综合回收成分的含量，应与矿床相应范围内的各类型和品级矿石，或选矿厂投产5~10年处理的矿石（对于有色金属矿山和化学矿山应不少于5年）的基本情况一致。（2）试样中主要组分的赋存状态（如矿物组成、结构构造、有用矿物的嵌布特性等）与所研究矿体基本一致。主要组分的赋存状态决定着矿石的可选性，例如品位相同的金属矿石，由于氧化率的不同，其可选性不会一样。采样时，必须对主要组分赋存状态的一些主要指标加以控制。同样，不仅要控制这些指标的平均值，而且要反映其变化特征。（3）矿样的物理性质和化学性质（如密度、松散度、硬度、脆性、湿度、含泥量、氧化程度、可溶性盐类含量等）与所研究矿体基本一致。

2.2.1.2 试样量

选矿试验研究用的试样量，主要与矿石性质的复杂程度、对试验深度和广度的要求、选矿方法、试验设备规格、入选粒度以及研究人员的水平和经验有关。

（1）浮选试验的主要工作是寻找最优化浮选工艺条件，因此可根据选别的循环次数和每个循环中要考察的工艺因素数来估算试验样的数量。如：简单的单金属矿石，采用单一流程方案，则包括预先试验、条件试验和实验室流程试验，总的单元试验一般不会超过100个，若用3L浮选槽，每个单元试样量一般为1kg，共需100kg，若用1.5L浮选槽则试样量可以减半。若为多元素金属矿，流程方案和考察因素都会增多，所需试样量也会相应增多，包括备用样品的数量在内，一般单金属实验室试验样需200~300kg，多金属矿石需500~1000kg。对低品位稀有金属矿石，为了保证后续加工有足够的精矿量，单元试样量常需增至3kg，总量也需要增加。

（2）重选试验的主要工作是流程试验。每次流程试验所需试样量与入选粒度、设备规格和流程的复杂程度有关。采用实验室小规格设备，一次流程试验需50~200kg；半工业型设备，每次流程试验量至少需500kg，流程复杂时，可达1~2t；若所得粗精矿还要进一步加工，则要考虑得出足够的粗精矿供后续加工试验用；若做粒度分析或重介质选矿等试验，则可用最小质量公式单独计算其试样量。

（3）湿式磁选入选粒度与浮选相似，单元试验用样量少，试验工作量一般也较浮选少，因此所需试样量通常也比浮选少；焙烧磁选试样量与浮选相近；干式磁选入选粒度较粗，为了保证试样的代表性，单元试验用样量较湿式磁选大，试验工作量则与湿式磁选相近。

（4）实验室连续试验或中间试验的用样量要根据试验规模和试验延续时间进行估算，试样总量一般应相当于试验设备连续运转15~60个班所处理的矿量。工业试验用样量也可根据试验规模和试验延续时间估算，试验延续时间取决于试验任务要求。计算选矿试验研究所需取样量，要考虑留出备样，备样量一般与试验所需量相等。

2.2.2 采样设计

采样设计是指选择和布置采样点、进行配样计算和分配各采样点采样量的过程。

2.2.2.1 采样点的布置

选择和布置采样点，首先考虑确保试样的代表性，其次考虑减少采样工程量和运输方便。

采样点应选择能充分代表所研究矿石的特征而原有勘探质量又较好的地点作为采样点，但也要照顾施工运输条件。充分利用已有勘探工程（坑道或钻孔岩心）采样，尽量避免开凿专门的采样工程。应选择矿石工业品级和自然类型最多的和最完全的勘探工程作为采样工程，以便能在较少的采样工程内布置较多的采样点，从而减少采样工程。采样点应大致均匀分布在矿体各个部位，不能过于集中，即沿矿体走向在两端和中部都应有采样点，沿深度方向上要使地表、浅部和深部也都有采样点。采样点的数目应尽可能多一些，但也要照顾到施工条件。一个工业品级或自然类型试样，采样点不能少于3~5个。矿体顶、底板围岩采样点，应在与矿体接触处和开采时围岩崩落厚度范围内。

2.2.2.2　配样计算与分配各采样点的采样量

为保证试样的代表性要求，采样设计时应根据对试样要求的配样比例进行计算并分配各个类型样的采样量。每个类型样均包括几个采样点，因而还要根据类型样的采样量来分配每个采样点的采样量。各采样点的采样量原则上应与该点所代表的矿量成比例。采样设计时，往往直接根据矿体中矿石的品位变化特征，按地质样品中各品位区间的试样长度占全部样品总长度的比例来分配采样量。

选矿试验的采样点数远远小于地质化验单样数，因而按理论计算比例配出的试样平均品位不可能与地质平均品位完全相符，而必须根据各点的实际采样结果重新计算和调配。当品位偏高时可多配入一些低品位样，反之，可多配入一些高品位样。这时，要特别注意不要片面追求平均品位而破坏其他方面的代表性。配样的计算方法有反复增减计算法和优化配样计算法。前者是通过逐次调配最后使试样符合要求；后者是根据线性规划理论，用电子计算机计算出各采样点的配入量。

2.2.3　采样方法

矿床采样的方法主要有刻槽法、剥层法、爆破法和钻孔岩心劈取法等几种方法。

2.2.3.1　刻槽法

刻槽取样就是在矿体上开凿一定规格的槽子，将槽子中凿下的全部矿石作为样品。槽断面形状有矩形和三角形两种，由于矩形断面施工简单，常用矩形。

（1）断面尺寸：在保证代表性的前提下，断面尺寸主要取决于取样量的大小。当要求试样粒度较大时，断面尺寸设计还要考虑满足粒度要求。断面尺寸较小时，可完全用人工凿取；尺寸较大时，可先用浅孔爆破崩矿，然后再用人工修整，使之达到设计要求的尺寸和形状。

（2）样槽布置的基本原则：样槽应沿矿体质量变化最大的方向，通常就是矿脉厚度方向上布置，并尽可能通过全部厚度。在地表探槽中采样时，样槽通常布置在槽底，有时也布置在壁上。在穿脉坑道中采样时，样槽通常布置在坑道一壁上；若矿体性质变化很大时，则需在两壁同时刻槽。在沿脉坑道中采样时，最好在掘进过程中从掌子面刻槽取样。若是在已有勘探坑道中采样，则只能在坑道两壁和顶板上按一定距离布置拱形样槽，或沿螺旋线连续刻槽，一般不在底板采样。若矿脉较薄，矿体主要暴露于顶板，只能从顶板采样。

2.2.3.2　剥层法

剥层采样就是将矿体出露部分整个地剥下一薄层作为样品，剥层深度一般为 10～20cm。该法用于矿层薄以及分布不均匀的矿床采样。

2.2.3.3　爆破法

爆破采样法，一般是在勘探坑道内穿脉的两壁和顶板上（通常不取底板，必须在底板采样时应预先仔细清理），按预定规格打眼放炮爆破，将爆破的矿石全部或缩分出一部分作为样品。采样规格视具体情况而定，一般长和宽均为 1m 左右，深为 0.5～1m。

如果在掘进坑道内采样，则可将一定进尺范围的全部矿石或缩分出一部分矿石作为样品，故又称为全巷采样法，实际上是在掌子面上爆破采样。在穿脉坑道中应该连续取样，在沿脉坑道中须按一定间距采样。

爆前处理要在打炮眼前进行，分段在掌子面上先用刻槽法采取化学分析样，各段坑道爆破下来的矿石要先分别堆存，然后根据刻槽样的分析结果，结合矿石类型选定采样区段，再将选定区段的矿石加工缩分，按比例混合成样品，这种方法只用于要求采样量很大（如工业试验样）以及矿石品位分布不均匀的情况。

2.2.3.4 岩心劈取法

岩心劈取法是将钻探时取得的钻孔岩心沿其中心线垂直劈取 1/2 或 1/4 作为样品，所取岩心应穿过矿体的全部厚度，并包括必须采取的围岩和夹石。劈取时要注意使两半矿化贫富相似，不能一半贫一半富。岩心是代表矿床地质特征的原始资料，不能轻易毁掉。因此，一般不能将全部岩心用作试验样，为了避免动用保留岩心，亦可将原岩心化验样品加工过程中缩分剩余的副样供选矿试验用，但应尽量用粗碎后的缩分副样，而不要用粉样。岩心劈取法能取得的试样量有限，一般只能满足实验室试验的需要。

2.2.4 采样施工注意事项

坑道采样时，不论用何种方法，均应事先清理工作场地，并检查采样工作面上有无风化现象，若有风化层应事先剥除。易氧化的矿石应尽量避免在探槽或老窿中采样。采样、加工、运输过程中，都要注意防止样品的污染和散失，对易氧化变质的矿石，要注意防止水浸雨淋。不同采样点采出的样品，应分装分运，每个试样箱内外都要有说明卡片，最后还必须填写采样说明书，连同样品一起送试验单位。在未采用过化学分析样的工程中采取选矿试样时，应先采化学分析样，并进行地质素描，在肯定了该点的代表性后再采取选矿试验。在已采取化学分析样的原勘探工程中采样时，也应在当地对样品取化学分析样，检验品位是否符合采样设计要求。在采取选矿试样的同时，还要按矿石类型各采取一套有代表性的矿石和围岩鉴定标本，与选矿试样一起交试验单位。每套标本应不少于 30 块。标本可以不在采样点上采取，而按一定间距在坑道内系统采取。地质、采矿部分可同时采取物理、机械性能测试样。

2.3 选矿厂取样

选矿厂建成投产后，根据生产中所出现的新问题，有时需要直接在选矿厂取样进行试验研究。选矿厂的日常管理必须对原矿和各种产品的物质组成、有用成分的含量、浓度、粒度等进行取样分析。

2.3.1 静止料堆取样

静止料堆分块状料堆与细磨料堆（粉状料堆）两种。

2.3.1.1 块状料堆的取样

块状料堆一般指矿石堆（贮矿堆）或废石堆，其物料的性质在长、宽、深等方面都是变化的，其取样比较困难，一般采取挖取法或探井法进行取样。

（1）挖取法（也叫舀取法）是在料堆表面一定地点挖坑取样，挖坑要考虑取样网的密度和各个方向上分布的均匀程度等因素。当料堆是沿长度方向逐渐堆积时，通过合理地布置取样点，即可保证所取总样的代表性；当物料是沿厚度方向逐渐堆积，并且物料组成沿厚度方向变化较大时，表层挖取法的代表性将很差，此时需要增加取样坑的深度或改用探井法，但工作量都很大。影响挖取法精度的主要因素是：取样网的密度和取样点的个数、每点的取样量、物料组成沿料堆厚度方向分布的均匀程度。

（2）探井法是在料堆的一定地点挖掘浅井，然后从挖出的物料中缩分出一部分作为试样。由于物料松散，挖井时必须对井壁进行可靠的支护，同时费用比较高。主要优点是可沿料堆厚度方向取样。

2.3.1.2 细磨物料堆的取样

粉状料堆是指尾矿堆或中、精矿堆。尾矿取样通常是在尾矿池（库）取样，一般是钻孔取样，要考虑取样网的密度和各个方向上分布的均匀程度等因素。可以手钻和机械钻或钢管人工钻孔。取样点一般可沿尾矿池（库）表面均匀布置，然后沿全深钻孔取样，点间距一般为 500~1000mm。尾矿取样量大、点多，均需要缩分取合适的试样。

精矿取样包括精矿仓中堆存的精矿和装车待运的出厂销售精矿的取样。精矿一般粒度细、级差小，所以常用探管取样，但要求在精矿所占的面积内布点要均匀。其要点是：取样点分布要均匀，每点采取的数量要基本相等，并且表层、底层都能取到。布点的数目对试样的精确性有直接的关系，点越多越精确，点越多工作量越大，但是点数一般至少不得低于4个。探管应有足够的长度。

2.3.2 流动物料取样

流动物料是指运输过程的物料，包括小矿车运输原矿、皮带运输机及其他运输设备的干矿，给矿机与溜槽的流料以及流动中的矿浆。总的来说，流动物料的取样都是采用横向截取法，即每隔一定时间在垂直于物料流动方向截取少量物料作为一小份试样，然后把每个小份试样累积起来作为总试样。取样时要考虑流料的组成变化及截取的频率对于试样代表性的影响。

2.3.2.1 抽车取样

抽车取样的目的主要是为半工业或工业试验提供试样，同时也可以从中测定出矿山采出原矿时的原始粒度、含水及含泥量等有关数据。每隔5车、10车或20车抽取一车矿石作为试样，然后进行堆锥四分法缩分（或用抽铲法缩分，即每隔若干铲抽取一铲）。缺点：工作量大，一般只有在没有专用试样仓的情况下使用；需要预先与矿山地质部门研究讨论确定。

2.3.2.2 在胶带运输机上取样

在胶带运输机上取样一般多是原矿石。在一定时间内，每隔一定时间在垂直物料流的方向，沿料层全宽与全厚刮取一分物料为试样，间隔时间一般为 15min 或 30min。取样点一般在磨矿机的给矿皮带上；如果取样对象是中间产品，就在相应的运输胶带上取样。

2.3.2.3 流动矿浆的取样

流动矿浆的取样包括原矿（一般多取分级机或旋流器的溢流）、精矿、尾矿和中间产品。一般用截取法，即连续地周期地截取矿浆的一部分作为试样。有断流截取法和顺流截取法，现在都是自动取样机采取试样。如果是人工取样（用取样壶或取样勺），要沿料流全厚与全宽截取试样，以便保证料流中整个厚度和整个宽度上的物料都能截取到。取样点的选取要在矿浆转运处，如溢流堰口、管道口、溜槽口；严禁直接在管道、溜槽或贮存容器中取样。人工取样每次间隔时间一般为 15～30min；机械取样每次间隔时间一般为 2～10min。取样总原则：横向截取、等速切割、时距相等、频率要高、比例固定、避免溢漏。

2.3.3　浓密机和沉淀池取样

浓密机中的沉砂和沉淀池中的沉淀物，取样比较困难，取准更困难。所以很多大型选厂对其不重视，对浓密机中的沉砂存量看作常数，每次精矿盘点都不考虑；对沉淀池中的沉淀物存量进行大概估计，至多取一两个品位样。只有那些不取样计量就完不成年、月计划的选厂才认真对待。取样就是取浓度样和品位样；计量就是丈量浓缩物和沉淀物的尺寸，以计算矿浆的体积、密度进而计算出矿量和有用成分的重量。

2.3.3.1　浓密机的沉砂取样

对粒度粗、密度大、沉降速度快的精矿，沉砂上、下层浓度相差不大，可以分成若干个距离相等的点进行深度测定。点间距视浓密机的半径而定，一般为 1～1.5m，但是最低不能低于 5 个点。深度测定以后，在上部的圆柱形按圆环计算其面积和矿浆体积，下部倒置的截头圆锥形按截头环锥形计算其面积和矿浆体积。一般在浓密机沉砂抽空之前，沉砂在池子中的表面形状，基本是一个平面。浓度样和品位样，一般可作为一个取样。按照深度测定所标的点的位置用取样勺逐点进行取样，然后进行处理。也可一样两用，先测定浓度，再测定品位。

对粒度小、含泥多、密度小难于沉降的精矿，沉砂上下层的浓度和粒度相差较大，品位也相差悬殊，用上述方法测定时偏差很大。所以取样时，在可动栈桥上将浓密机分成若干个单元；样品在可动栈桥的后方采取，每个单元都要取品位样和浓度样，其取样位置要选择在中间；最后按照粗粒取样方法进行计算。

2.3.3.2　沉淀池中的沉淀物取样

大的沉淀池中分几个小池，预先算出每个小池的有效沉降面积；用带有刻度的标尺，在每个小池中测定几个点（一般不得少于 4 个）的深度，算出平均深度和矿浆体积后进行累加。

当沉淀物浓度大于 60% 时，用取样勺难于取准，可取测量深度时附着在标尺上的矿浆刮到桶中，作为浓度样和品位样；浓度小于 60% 时，可用取样管进行取样。当各个小池中浓度和品位差异不大时，可取一个综合样分别算出每个小池的数据进行相加计算；若浓度和品位差异较大时，可分别取样计算再逐项累加。

2.4　取 样 器 械

取样设备应满足下列主要要求：构造简单、操作方便、工作可靠、截取频率大、每次取样量小。选矿厂常用的取样器械有两类：人工取样器和机械取样器。

2.4.1　人工取样器

常见的人工取样器有取样勺、取样壶、取样管、探管（探钎）等。

取样勺（壶）应满足的条件为接取矿浆的勺（壶）开口宽度应为矿浆中最大颗粒直径的 3~5 倍。取样勺（壶）的容积不得小于一次接取所要取得的矿浆体积。取样勺（壶）应不透水，其构造应使壶中的矿浆能完全排尽。取样勺（壶）的棱边垂直于取样勺（壶）运动方向，以等速运动截取整个矿浆流。取样应有一定（相等）的时间间隔，一般为 15~30min，以 15~20min 为好。

取样壶是带扁嘴的容器，一般是用镀锌白铁皮（一般厚度为 0.5~1.0mm）焊接而成。取样壶适用于采取流动性较好的矿浆，如分级机或旋流器的溢流，磨细的原矿、精矿、尾矿矿浆样和选别的中间产品等。

取样管适用于在搅拌情况下从选矿设备深处取出矿浆样品，如在搅拌槽、浮选机（柱）和浓密机中取样。使用时用手操作铁丝，推开下端的塞子，插入矿浆深处，然后把塞子拉紧并把整个取样管拿出，再将管子中所取矿浆倒在指定的容器中，即可作为样品。

探管又称探钎，适用于取粒级较细的固体物料，如矿仓中的精矿和装车待运的精矿以及尾矿堆等。使用时将探管从物料的表面垂直插入到最底部（如出厂精矿取样），用力将探管拧动，使被取物料能最大限度地充填在探管的槽中，然后将探管抽出，将其上部嵌入的物料，倒（刮）入取样桶中。

取样锥形桶用白铁皮加工、焊接而成。适用于浓密机中库存量盘点的取样，可以取浓密机中不同深度的浓度样和品位样。要点是在制作锥形桶时，要保证在锥形桶的密封，以穿过澄清区时不会进水。

2.4.2　机械取样机

机械取样机的取样间隔时间短，频率高，因而取样具有更高的代表性。常见的机械取样机有三种：（1）直线运动式取样机；（2）钟摆运动式取样机；（3）回转运动式取样机。

现场应用的机械取样机有两种类型：链条传动往复式矿浆取样机，主要用于矿浆的取样。矿浆自动取样机，主要用于原矿、精矿、尾矿和中间产品矿浆的取样。其特点是不需要电动机，直接由被取矿浆冲动运转，可以连续取样。

2.5　选矿试验试样准备

2.5.1　试样制备流程

将试样缩分加工所依据的一定程序用线流程表示出来，称为试样缩分流程。编制试样缩分流程时必须注意：

（1）首先要弄清本次试验一共需要的单份检测样和试验样有哪些，粒度应为多大，数量要多少，以便所制备的试样能满足全部检测和试验项目的需要，而不至于遗漏和弄错。

（2）根据试样最小质量公式，算出在不同粒度下为保证试样的代表性所必需的最小质量，并据此确定在什么情况下可直接缩分，以及在什么情况下要破碎到较小粒度后才能缩分。

（3）尽可能在较粗粒度下分出储备试样，以便在需要时可以再次制备出各种粒度的试样，并避免试样在储存过程中氧化变质。

2.5.1.1 试样的粒度要求

选矿试验前需要准备的试样主要有两大类：一类是物质组成特性研究试样，另一类是选矿工艺试验用试样。

物质组成特性研究试样为研究矿石中矿物嵌布特性用的岩矿鉴定标本，一般直接取自矿床，若因故未取，则只能从送来的原始试样中拣取；供显微镜定量以及光谱分析、化学分析、试金分析和物相分析等用的试样，则从破碎到小于 1~3mm 的样品中缩取。

选矿工艺试验用试样比较复杂，根据不同的工艺要求不一样。洗矿和预选（手选或重介质选矿）试样，亦直接从原始试样中缩取；重选试样的粒度取决于预定的入选粒度，若入选粒度不能预先确定，则可根据矿石中有用矿物的嵌布粒度，估计入选粒度的可能取值范围，分别制备几种具有不同粒度上限的试样供使用；浮选、化学选矿和湿式磁选试样，均破碎到实验室磨矿机给矿粒度，一般小于 1~3mm；对于易氧化的硫化矿浮选试样，不能一次破碎到所需要的粒度，而只能随着试验的进行，一次准备一批，其余的在较粗粒度下保存，必要时还要定期检查其氧化率的变化情况。

2.5.1.2 最小试样量

最小试样量按公式计算得出：

$$q = kd^2 \tag{2-1}$$

式中　q——为了保证试样代表性所必需的最小质量，kg；

　　　d——试样中最大矿块（粒）的粒度，mm；

　　　k——与矿石有关的系数，除贵金属外，一般在 0.02~0.5 之间，常用 0.1~0.2。

2.5.1.3 试样缩分流程实例

某选厂委托实验室进行白钨分选试验，选矿试样的采取及样品的代表性由委托方负责。试样由矿山采用刻槽法确定的 17 个样点提供，总重 30t。试样经破碎加工，化验分析 WO_3 品位。按照委托方的要求配矿（WO_3 品位 1.00%~1.20%），配矿方案及结果见表 2-1。

表 2-1　配矿方案及结果

点样	配比/%	WO_3 品位/%
XU1	5	0.22
XU2	5	0.54
XU3	3	0.14
XU4	5	0.59
XU5	8	1.28
XU6	8	1.33
XU7	5	0.49
XU8	5	0.20
XU9	5	0.61
XU10	5	0.35
XU11	8	1.17
XU12	10	2.64

点样	配比/%	WO_3品位/%
XU13	5	0.40
XU14	8	1.09
XU15	5	0.77
XU17	10	1.59
合计	100	1.03

　　选矿试样在选矿实验室按流程加工，得到适于分选及化验分析的合格样品。配矿后的试样化验品位为0.976%，并得到委托方的认可。样品破碎加工流程如图2-1所示。

2.5.2　试样的加工

　　试样加工一般包括筛分、破碎、混匀、缩分四道工序，加工的方法取决于试样的用途。

　　（1）筛分。对试样进行预先筛分是为减少破碎的工作量，粗碎如果细粒不多，则不必预先筛分。碎后还需要检查筛分，将不合格的矿粒返回再碎。粗筛多用手筛，细筛用机械振动筛。

　　（2）破碎。一、二段破碎常用颚式破碎机，第三段破碎多用对辊式破碎机或新式颚式破碎机。控制产物粒度在2~3mm以下。

　　（3）混匀。1）移堆法：用铁铲反复堆锥，沿第一圆锥的周围把物料移成第二圆锥，3~5次；2）环锥法：将第一圆锥弄成一个圆环，再把圆环堆成圆锥，一般反复3次；3）

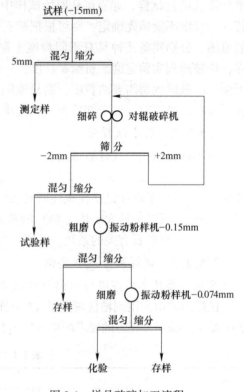

图2-1　样品破碎加工流程

翻滚法：处理少量与细粒物料时用，轮流提取布的一角或两对角。

　　（4）缩分。1）四分法对分；2）割环法；3）方格法；4）多槽式分样器（二分器）。

2.6　选矿试样准备

2.6.1　重选试样

　　准备试样时，应根据研究的目的确定试样的粒度上限、下限以及必须的分级比等，然后根据要求的粒度，将试样破碎、分级和缩分。仅仅是为了考查矿石用重介质选别的可选性时，小于3~0.5mm的物料通常不进行研究，因为在目前技术水平下，重介质选矿法只能处理不小于 3~0.5mm 的物料。若需全面地考查矿石的重选可选性时，根据选别下限粒度确定。

为了考查矿石的入选粒度，可将试样缩分为几份，分别破碎到不同粒度进行试验。例如，可将试样缩分为四份，分别破碎到 25、18、12（10）、6mm，筛除不拟入选的细粒并洗去矿泥，晾干后分别进行试验；筛出的细粒（包括矿泥）也要计量和取样化验，以便计算金属平衡。

一般可在岩矿鉴定的基础上，从较粗粒度开始试验，若在较粗的粒度下已能得到满意的分离指标，则不必再对较细的试样进行试验，否则应逐步降低入选粒度，直到得出满意分离指标为止。试验的最初阶段，通常须将试样筛分成窄级别，洗去矿泥并烘干后，分别进行试验，最后再按照选定的粒度范围，用宽级别物料进行校核试验。窄级别试样的分级比，一般大致为 1.4~2。

在可选性研究工作中，比重（密度）组成分析通常属于预先试验性质的工作，所用试样量通常较小，一般小于按式（2-1）计算出的数值，例如：对于 -25mm 的试样，若是 $k = 0.1 \sim 0.2$，按式（2-1）的关系，最小重量为 62.5~125kg，而实际工作中却常只用 25~30kg。逐块测密度时，则一般要求各级的矿块数不少于 200 即可。但在用宽级别试样进行重介质选矿的正式试验时，原始试样重量必须满足 $q > kd^2$ 的关系。

2.6.2　浮选试样

浮选是依据矿粒表面性质的差异进行分选的方法。浮选试验样粒度一般要求小于 1~3mm，单次试样质量 0.5~1kg，品位低的稀有金属矿石可多至 3kg。矿粒表面性质的改变（如氧化）可能对矿石浮选试验结果产生不可忽略的影响，浮选试验必须采取措施尽量减小试样因贮存而引起的矿石表面性质的变化。可靠的办法是一次制备出全部所需试样，并贮存在惰性气体中，但操作成本过高且条件复杂。简单易行的办法是在较粗粒度下贮存在干燥阴凉通风的地方，然后随着试验的进行分多次破碎制备试样，每次都用同样的加工方法，并且对每次制备的试样进行比较试验，校核贮存时间和加工差别对试验结果的影响。试验前需要分成单份试样装袋贮存。

实验室常用内壁尺寸为 $\phi160mm \times 180mm$ 和 $\phi200mm \times 200mm$ 的筒形球磨机，XMQ-67 型 $\phi240mm \times 90mm$ 锥形球磨机对试样进行磨矿，它们均用于给矿粒度小于 1~3mm 的试样。还有 $\phi160mm \times 160mm$ 等较小尺寸的筒形球磨机和滚筒磨矿机，它们用于中矿和精矿产品的再磨。

磨矿介质习惯上多用钢球，球的直径为 12.5~32mm。对于 $\phi160mm \times 180mm$ 磨矿机选用 25、20、15mm 三种球径，XMQ-67 型 $\phi240mm \times 90mm$ 锥形球磨机可配入部分更大的球（28~32mm）。12.5mm 的球则仅用于再磨作业。用棒作介质时，棒的直径一般为 10~25mm。如 XMB-68 型 $\phi160mm \times 200mm$ 棒磨机常配有直径为 17.5mm 和 20mm 的两种棒。

装球量对磨矿细度的影响至关重要，过大过小都不利。装球量过多，中间粒级的粒度较多，而极粗和极细粒级的含量较少。装球量不足，不仅平均粒度较粗，而且粒度分布偏粗，过大颗粒较多。原则上装球量以填满磨矿机容积 40%~50% 为宜，最优充填率为 45%。但磨矿机直径较大时，充填率可以低些，装球过多往往不便操作。球磨机转速偏高，充填率也应低些。

各种尺寸球的配比对磨矿粒度影响较小，如果球磨机采用 25、20、10mm 三种球，用 $q_1:q_2:q_3=d_1^n:d_2^n:d_3^n$ 表示三种球的配入重量与直径的关系，则一般可令 $n=1\sim3$，常为 2，为了简单起见也可取 3。上述配比可保证产品粒度均匀，过大粒度较少，但不易获得很细的产品，因而细磨时应增加小球，一般可令 $n=0$，即让三种球的重量相等。小球多时磨矿浓度不能过高，否则将因冲击力小而使产品中过大粒度增多。需要配入大于 25mm 的球，其配入量一般不超过总重量的 40%。如果试验要求避免铁质污染，可采用陶瓷球磨机，并用陶瓷球做介质，但陶瓷球磨矿机的磨矿效率较低，因而所需磨矿时间较长。

磨矿浓度随矿石性质、产品粒度、磨机形式和尺寸以及操作习惯而异。一般来说，磨矿浓度对粒度分布影响显著，浓度增加，磨矿效率提高，磨矿细度提高，可减少过大粒度的含量。浓度高而装球量多，大球不能过少，否则磨矿效率将明显降低，因此，采用较高的浓度时，要求配入较多的大球。常用的磨矿浓度有 50%、67%、75% 三种浓度，相应的液固比分别为 1:1、1:2、1:3，因而加水量的计算比较简单。

在一般情况下，原矿粒度大、硬度高时，应采用较高的磨矿浓度。原矿含泥多、矿石密度很小或产品粒度极细时，可采用较低浓度。在实际操作中，若发现产品粒度不够，可考虑提高浓度，但浓度高时大球不能太少。反之，若产品黏度太大，附着在机壁和球上不易清洗，就要降低浓度。

试样密度很大或很小时，可按固体体积占矿浆总体积的 40%~50% 计算磨矿水量。为了避免过粉碎，实验室在以开路磨矿流程磨易碎矿石时，可采用仿闭路磨矿。其方法是原矿磨到一定时间后，筛出指定粒级的产品，筛上产品再磨，再磨时的水量应按筛上产品重量和磨原矿时的磨矿浓度添加。仿闭路磨矿的总时间等于开路磨矿磨至指定粒级所需的时间。例如某多金属有色金属矿石，采用开路磨矿和仿闭路磨矿的条件和流程做了对比磨矿试验。采用开路磨矿，磨矿产品中 $-20\mu m$ 含量占 47.2%，而采用仿闭路磨矿 $-20\mu m$ 仅占 31.6%，泥化程度显著降低。磨矿细度是浮选试验中的首要因素，进行磨矿细度试验必须用浮选试验来确定最适宜的细度。

某些有色金属氧化矿、稀有金属硅酸盐矿石、铁矿石、磷酸盐矿石、钾盐，以及其他可能受到矿泥影响的矿石，有时在浮选前要进行擦洗、脱泥。

擦洗的方法有：在高矿浆浓度（例如 70% 固体）下，加入浮选机中搅拌；采用 10r/min 的低速实验室球磨机擦洗，其中装入金属凿屑或其他只擦损而不研磨矿石的介质；采用回转式擦洗磨机或其他擦洗设备，擦洗之后要除去矿泥。

脱泥的方法包括：（1）淘析脱泥是在磨矿或擦洗中加入矿泥分散剂，如水玻璃、六偏磷酸钠、碳酸钠、氢氧化钠等，然后将矿浆倾入玻璃缸中，稀释至液固比 5:1 以上，搅拌静置后用虹吸法脱除悬浮的矿泥；（2）浮选法脱泥是在浮选目的矿物之前，预先加入少量起泡剂，使大部分矿泥形成泡沫产品刮出；（3）选择性絮凝脱泥是加分散剂后，再加入具有选择性絮凝作用的絮凝剂（如腐植酸、木薯淀粉、聚丙烯酰胺等）使目的矿物絮凝沉淀，而需脱除的矿泥仍呈悬浮状分散在矿浆中，然后用虹吸法将矿泥脱除。脱泥过程中选用的分散剂或絮凝剂，以不影响浮选过程为前提，必要时可用清洗沉砂的办法，脱除影响浮选过程的残余分散剂或絮凝剂。

2.6.3　磁选试样

磁选试验需要事先对矿石进行磁性分析，再做预先试验、正式试验，以确定磁选操作条件和流程结构。

湿式磁选的入选粒度与浮选相似，单元试验试样量少，试验工作量一般也较浮选少，因此所需试样量通常也比浮选少；焙烧磁选试样量与浮选相近；干式磁选入选粒度较粗，为了保证试样的代表性，单元试验试样量比湿式磁选大，试验工作量则与湿式磁选相近。

矿石磁性分析的是为了确定矿石中矿物的磁性大小及其含量。通常在进行矿产评价、矿石可选性研究以及检验磁选厂的产品和磁选机的工作情况时，都要做磁性分析。矿物按其磁性的强弱可分为三类：

强磁性矿物的比磁化系数大于 $35×10^{-6}\,m^3/kg$。属于这类矿物的主要有磁铁矿、钛磁铁矿、磁黄铁矿等。此类矿物属于易选矿物，可用约 0.15T 的弱磁场磁选机分选。

弱磁性矿物的比磁化系数为 $(7.5～0.1)×10^{-6}\,m^3/kg$。属于这类矿物最多，如各种弱磁性铁矿物（赤铁矿、褐铁矿、菱铁矿、铬铁矿等），锰矿物（水锰矿、碘锰矿、菱锰矿等），大多数含铁和含锰矿物（黑钨矿、钛铁矿、独居石、铌铁矿、钽铁矿、锰铌矿等）以及部分造岩矿物（绿泥石、石榴石、黑云母、橄榄石、辉石等）。这些矿物有的较易选，有的较难选，因而所需磁场变化范围较宽，约为 0.5～2.0T。

非磁性矿物的比磁化系数小于 $0.1×10^{-6}\,m^3/kg$，现有磁选设备不能有效地回收这些矿物。属于这类矿物较多，如白钨矿、锡石和自然金等金属矿物；煤、石墨、金刚石和高岭土等非金属矿物；石英、长石和方解石等脉石矿物。

2.6.4　电选试样

电选试样大多为其他选矿方法处理后得出的脉矿或砂矿的粗精矿，大都已单体解离，或者只有极少的连生体。

电选入选粒度一般为 1mm 以下，个别的达到 2～3mm，大于 1mm 的粗精矿，须破碎或磨碎至 1mm 以下，然后筛分成不同粒级，分别送选矿试验。

进行条件试验时，每份试样约为 0.5～1kg，流程试验时需增加到每份 2～3kg。分样时应特别注意到重矿物可能因离析作用而沉积在底层。混匀时应尽可能防止离析，采样则必须从上到下都取到。

试料的筛分分级对电选来说比较重要。电选本身要求粒度愈均匀愈好，即粒度范围愈窄愈好。但这与生产有很大的矛盾，只能根据电选工艺要求结合生产实际加以综合考虑。若通过试验证明较宽粒级别指标仅仅稍低于较窄粒级的指标，则仍宜采用宽粒级而避免用筛分，因为细粒级物料的筛分总是带来很多问题，不但灰尘大，筛分效率低，尤其筛网磨损大。但这不能硬性规定，应根据具体情况而不同，一般稀有金属矿要求严格些，这有助于提高选矿指标；对一般有色或其他金属矿，则不一定很严，即可分级宽些。

稀有金属矿通常划为：$-500\mu m+250\mu m$、$-250\mu m+150\mu m$、$-150\mu m+106\mu m$、$-106\mu m+75\mu m$ 以及 $-75\mu m$ 等粒级；有色金属矿及其他矿可划为：$-500\mu m+150\mu m$、$-150\mu m+106\mu m$、$-106\mu m+75\mu m$、$-75\mu m$ 等粒级，也有研究人员按 $-100\mu m+250\mu m$、$-250\mu m+106\mu m$、$-106\mu m+75\mu m$、$-75\mu m$ 划分。

电选具有分级（筛分）作用，为了避免筛分的麻烦，也可利用电选先粗略地进行分级和选别，从前面作为导体排出来的是粗粒级，从后面作为非导体排出来的是细粒级，然后再按此粒级分选。

电选试样有时也采用盐酸处理以去除铁质的影响。由于原料中含有铁矿石和在磨矿分级以及砂泵运输中产生大量的铁屑，在水介质中进行选矿时，这些铁质很容易氧化并黏附在矿物表面上，这使得电选分离效果较差。本来属于非导体矿物，由于铁质污染矿物表面而成为导体矿物，另外由于铁质的黏附而常使矿物互相黏附成粒团。这样就使选矿指标受到严重影响，达不到应有的效果。特别在稀有金属矿物中常常采用粗盐酸处理以去掉铁质，此外酸洗法还可以降低精矿中含磷量。

采用酸处理方法，是先将试料用少量的水润湿，再加入少量的工业硫酸，用量为原料重量的 3%~5%，使之发热并进行搅拌，然后再加入 8%~10% 左右盐酸，进行强烈的搅拌，大约 15~20min，随后加入清水迅速冲洗，这样多次加水冲洗，一般冲洗 3~4 次，澄清后倒出冲洗% 水溶液，再烘干试样，作为电选之试料，如铁质很多，用酸量可酌量增加。

2.6.5 化学选矿试样

2.6.5.1 还原焙烧试样

还原焙烧试验要求的物料粒度为 3~0mm，试料质量 10~20g。将试样装在瓷舟中送入反应瓷管内，瓷管两端用插有玻璃管的胶塞塞紧，一端作为煤气和氮气入口，另一端与煤气灯连接。然后，往瓷管中通入氮气驱除瓷管中的空气。焙烧炉接上电源对炉子进行预热，用变阻器或自动控温器控制炉温到规定的温度切断氮气，通入一定流量的煤气，开始记录还原时间，此时应点燃煤气灯烧掉多余的煤气。焙烧过程中应控制炉温恒定，还原到所需时间后，切断煤气停止加热，改通氮气冷却到 200℃ 以下（或将瓷舟移入充氮的密封容器中，水淬冷却），取出焙烧矿冷却至室温，然后将焙烧好的试样送去进行磁选试验（一般用磁选管磁选），必要时可取样送化学分析。没有氮气时可直接用水淬冷却试样。

用固体还原剂（煤粉、炭粉等）时还原剂粒度一般小于试料粒度，如还原时间长还原剂可粗些，反之则细些，但也不能太细，否则燃烧过快还原不充分。试验时需将还原剂粉末同试样混匀后，直接装到瓷管或瓷舟中，送入管状电炉或马弗炉内进行焙烧。

当要求做磁选机单元试验时需较多的焙烧矿量，可用较大型的管状电炉如瓷管（直径为 100mm），一次可焙烧 500~1000g 试样。

对于粉状物料的焙烧，要求物料与气相充分接触，也可用实验室型沸腾焙烧炉。矿样经破碎后筛分成 -3mm+2mm、-2mm+1mm、-1mm+0mm，各粒级物料分别进行条件试验。每次试验加矿量 20~30g，通入直流电升高炉温，待炉膛温度稳定在比还原温度高 5℃ 左右时，通过加料管缓慢均匀连续地向炉内加料。矿样加入沸腾床后开始记录反应时间、温度和系统压差。矿粉加入后因吸热使炉内温度下降，但由于矿量很少、矿粉较细、炉内换热很快，冷矿加入后约 1min 左右，炉温可以回升到反应温度。控制试验在所需温度进行恒温反应。达到预定的焙烧时间后，切断煤气，按下分布板的拉杆，分布板锥面离开焙烧器时，矿粉即下落至装有冷水的接矿容器中淬冷，冷却后的焙烧矿粉，从容器中取出烘干，取样，分析 TFe 和 FeO 以计算还原度，并进行磁选管分选，用以判断焙烧效果。

2.6.5.2 浸出试样

试样的采取和加工方法与一般选矿试验样品相同。在实验室条件下浸出试样粒度一般要求小于 0.25~0.075mm，常加工至 0.15mm。在先物理选矿后化学选矿的联合流程中，其粒度即为选矿产品的自然粒度。

为保证金的有效浸出，矿浆在浸出前必须做好如下准备工作：

经碎矿、磨矿后的矿浆，首先要保证氰化浸出所要求的矿石粒度及矿浆质量分数，它取决于矿石性质及工艺过程，如全泥氰化，矿石细度通常在 $-74\mu m$ 含量为 85%~95%，而浮选精矿氰化往往需要再磨，通常达到 $-44\mu m$ 甚至更细。最适宜的磨矿细度需要通过试验来确定。氰化浸出的矿浆质量分数一般在 25%~33% 内波动，精矿浸出时质量分数偏低，全泥氰化时质量分数偏高，若氰化后用炭吸附（或离子交换树脂吸附）法提金，为保证吸附剂在矿浆中的悬浮，必须使矿浆质量分数保持在 40%~50%。

氰化浸出前矿浆隔渣、除屑是很重要的步骤。从采场来的矿石中往往带有大量木屑、砂砾、塑料药袋、橡胶轮胎碎片等杂物，这些物质在矿浆中悬浮很容易造成矿浆流经设备及管道的堵塞、影响氰化顺利进行。有些物质，如木屑还会吸附溶解金，造成金的损失，尤其在炭浆工艺过程中，木屑随载金炭进入解吸作业，在高碱度、高温度的溶液中，木屑易被腐蚀、浆化使溶液黏度增加，木屑还会黏附在炭粒表面，影响解吸—电解工艺的技术指标及流程畅通。此外，木屑在和脱金炭进入再生窑活化过程中，会进一步转化成炭，其性脆，在返回浸出后碎裂成细炭并吸附金流失于尾矿中。

由于浮选药剂，尤其是黄药和 2 号油对氰化浸出过程及炭吸附提金过程很不利，因此在浮选精矿氰化浸出前必须进行脱药。为提高脱药效果，可采用脱药、再磨、再脱药的多段脱药处理方法。矿浆在氰化前进行细度、质量分数、除屑、脱药等一系列准备，这些作业可依次进行，亦可互相交叉多次进行。

调节矿浆 pH 值及矿浆预处理，通常氰化是在 pH=10~11 下进行，生产中多用石灰作调整剂。向矿浆中添加石灰，或者将石灰直接加到球磨机内（干法添加），亦可把石灰调成石灰乳，然后通过管道加到磨机或调浆槽内（湿法添加），后者较前者方便且卫生。当被浸物料中含有某些妨碍金浸出过程的矿物，如磁黄铁矿、白铁矿以及少量含碳矿物时，则需在氰化浸金前进行充气碱浸或氧化浸出，以消除这些矿物对氰化浸金的不利影响。

复习思考题

2-1 如何理解试样的代表性？

2-2 试样的种类如何划分？

2-3 矿床采样有哪些要求？

2-4 选矿厂流动物料如何取样？

2-5 试述选矿试验试样的准备流程。

2-6 不同种类选矿试样的准备有何不同？

3 选矿试验设备准备

【本章主要内容及学习要点】本章主要介绍选矿试验设备的准备工作。重点掌握破碎设备、磨矿设备、选别设备的规格、类型及其操作注意事项。

3.1 破 碎 设 备

破碎设备是矿物加工试验中必不可少的设备，主要对各类矿石样品进行破碎作业。常见的破碎设备有颚式破碎机、反击式破碎机、锤式破碎机、辊式破碎机、圆锥式破碎机、移动式破碎机等。实验室的破碎设备主要选用颚式破碎机、辊式破碎机和圆盘粉碎机，常见的规格型号见表3-1。

表3-1 实验室常用破碎设备规格型号表

名 称	规格型号	生 产 厂 家
颚式破碎机	PE-60×100	烟台金鹏矿业机械有限公司等
	PE-100×125	
	PE-125×150	
辊式破碎机	XPZ-200×75	鹤壁市天冠仪器仪表有限公司等
	XPZ-200×125	
圆盘粉碎机	XPF-φ175	恒诚矿山机械有限公司等

3.1.1 颚式破碎机

实验室颚式破碎机，主要用于对各种矿石与大块物料的中等粒度破碎。被破碎物料的最高抗压强度为320MPa。

颚式破碎机只能在无负荷情况下启动，启动机器前要检查机器，确保机器及其传动部件运转情况正常；起动后，若发现有不正常的情况时应立即停车，待查明原因排除隐患，方可再次起动；破碎机正常运转后方可投料；待破碎材料应均匀地加入破碎腔内，且应避免侧面加料，防止负荷突变或单边突增。操作过程中，若因破碎腔内物料阻塞而造成停机，应立即关闭电动机，且必须将物料排除后方可再行使用；如果有大块矿石需要从破碎腔中取出时，应该采用专门器具，禁止空手操作，以避免发生事故；停车前应先停止加料，待破碎腔内被破碎物料完全排空后方可关闭电机；为确保机器的正常运转，不允许不熟悉操作规程的人员单独操作破碎机。

3.1.2　对辊破碎机

对辊破碎机又称双辊式破碎机，它利用两个相向旋转的辊子将物料轧碎。它具有破碎比大（5~8）、被破碎物料粒度均匀、过粉碎率低、安全可靠等特点。适用于冶金矿山、化工建材等行业的破碎作业。

对辊破碎机的操作人员在工作前应佩戴好防护用品（如防尘口罩、防尘工作服等）。在开机前都要检查机器各部件是否有松动和损坏、机内有无异物、电源是否连接正常、通风设备是否正常工作，确认正常后方可开机。

开机后应仔细听机器无异常声响，再将样品慢慢倒入进料斗中，机器会自动按一定速度使样品通过对辊轧碎后掉入盛料斗中。待完全轧碎样品后从盛料斗中倒出，观察样品粒度是否达到工艺要求。如果样品太粗可以再重复一次操作，如果还达不到要求，应检查对辊间隙是否过大，并作出相应调整，直到达到粒度后才可进入下道工序。在生产一个样品后应及时用吹尘器清理机器内外的粉尘及样品残渣，保证机器清洁，避免样品相互污染。

3.1.3　圆盘粉碎机

圆盘粉碎机可用于中等硬度矿石的粉碎。圆盘粉碎机使用时，应按以下步骤进行：

粉碎机应放置在稳定的平台上；打开粉碎室上盖，将粉碎物装入粉碎室，然后盖好上盖；打开开关，设备开始正常工作，约 2min 左右，关闭开关，打开上盖取出粉碎物，若粉碎物达不到细度要求时需重新开机；一次粉碎量勿超过规定要求，避免因负荷过大引起电机过热，从而影响使用寿命。粉碎物必须保持干燥，不宜粉碎潮湿的或油脂过高的物品；每次粉碎时间小于 5min，间歇 3min，再继续使用；更换刀片，碳刷时应注意必须切断电源和上紧螺丝，并随时检查各部件是否松动；粉碎室盖打开前应注意必须切断电源，严禁开盖启动；使用后应将粉碎物及时清理干净，保持干燥清洁。

3.2　筛分与分级设备

在固体物料研究中常用的筛分设备有固定筛、振动筛和滚筒筛三种。实验室的筛分设备主要有标准检验筛、振动筛分机，常见的规格型号见表 3-2。

表 3-2　筛分设备

名　称	规格型号	生　产　厂　家
标准检验筛	φ200×50	安平县矿业筛网制造厂
振动筛分机	RK/ZSφ600×300	武汉洛克粉磨设备制造有限公司

3.2.1　标准检验筛

粗粒物料一般在水平摇动筛或手筛上进行筛分。其方法是用一套筛孔大小不同的筛子进行筛分，将物料分成若干级别，分别称量各级别的重量。若大粒有泥，要预先清洗。细粒物料，常用标准检验筛进行筛分。有以下两种方法：

（1）干法筛分。是先将标准筛按顺序套好，把物料加入最上层筛面上，盖好上盖，放到振筛机上筛分 10~30min，然后逐个取下各筛子，用手筛法检查是否达到筛分终点。如果 1min 内筛下来的物料重量小于筛上物粒重量的 1%，可以认为已达到筛分终点，否则应继续筛分。这里需注意两点：一是筛孔堵塞，导致过早达到终点；二是易磨损的软物料和具有尖棱角的脆性物料，在筛分过程中不断磨碎和折断，导致筛分几乎"永远"达不到终点。

（2）干湿联合筛分。适宜于含泥含水较高的物料。先将物料倒入细孔筛中，在水盆中进行湿筛，并不断更换盆中的水，直到盆中的水不在浑浊为止。然后，收集筛下产物，过滤、烘干、称重；或由筛上物料与原物料之重量差计算细泥重量。烘干的筛上物料再进行干法筛分。计算粒级重量时，应将干、湿法筛的最细粒级重量合并计算。各粒级总重量与原样重量之差不得超过原样重量的 1%，否则应重复试验。

筛分过程中，每次给入标准筛的试样量以 25~150g 为宜；若试样总量较多，应分批筛分；直接用 200 目筛进行湿筛时，每次给矿量不宜超过 50g；有过粗颗粒时，应用粗孔筛预先隔除，以防损坏筛网。

3.2.2 振动筛分机

实验室内大块物料的筛分，6mm 以下的物料可用人工方法筛分，也可用实验室振动筛筛分。通常应备有一整套筛子，从 150mm 至 1mm，每隔适当的距离设一个筛子。

实验室振动筛分机由偏心式激振器、筛箱、电动机、底座及支承装置组成。电动机经三角带使激振器偏心块产生高速旋转。运转的偏心块产生很大的离心力，激发筛箱产生一定振幅的圆运动，筛上物料在倾斜的筛面上受到筛箱传给的冲量而产生连续的抛掷运动，物料与筛面相遇的过程中使小于筛孔的颗粒透筛，从而实现分级。

使用振动筛分机时，根据被检物料及相应的标准来确定要选用的标准筛具，把标准筛具按孔径从小到大，从下到上依次叠放到托盘上，由凹槽或定位螺丝对标准筛具进行定位。把被检物料放入上端的标准筛具里，盖上标准筛具上盖、压板。然后用套在丝柱上的圆手柄压住压板，旋紧丝柱上的圆手柄来压紧标准筛具。注意两侧应用力一致，然后用紧定螺丝锁紧。把定时器开关调节在相应需要的位置。然后打开电源开关，分析筛开始工作。标准分析筛工作停止后，旋开丝柱上的圆手柄，移开上盖、压板，小心取走标准筛具，切断电源。

振动筛维护内容包括筛面的维护，筛面松动时应及时紧固。应定期清洗筛子表面，对于漆皮脱落部位应及时修理、除锈并涂漆，对于裸露的加工表面应涂以工业凡士林以防生锈。

3.2.3 分级设备

实验室采用上升水流将物料分级称为水析。主要使用的设备有连续水析器与旋流水析器。

连续水析器是根据矿粒在水质中自由沉降的规律，利用相同上升的水量，在不同直径的分级管中产生不同的上升水流，小于一定粒度的细粒被流体向上带，而粗粒向下沉，使矿粒按其不同的沉降速度达到分级的效果。串联旋流分级器（旋流水析器）用于细粒选矿产品分级，分级速度快，全部水析时间仅需 25~30min，分级效果好。

3.3 磨 矿 设 备

实验室用磨矿设备主要有圆锥球磨机、圆筒球磨机和棒磨机（见表 3-3）。实验室多采用湿磨，磨矿浓度随矿石性质、产品粒度、磨机类型和尺寸以及操作者的习惯而各有差异。一般说来磨矿浓度对粒度分布影响显著，当浓度增加时，磨矿效率提高，产品细度随之提高，粒度分布偏细。浓度高而装球量多时，大球量不能太少，否则磨矿效率降低，因此，采用较高浓度时，应配入较多的大球。

表 3-3 实验室常用磨矿设备表

磨矿机尺寸（直径×长度）/mm	可研磨的物料质量/g
250×250	2000~3000
200×200	1000~2000
150×150	500~1000
100×100	250~500

3.3.1 圆锥球磨机

圆锥球磨机是物料被破碎之后，再进行磨碎的关键设备。球磨机广泛应用于水泥，新型建筑材料、黑色与有色金属选矿以及玻璃陶瓷等生产行业，对各种矿石和其他可磨性物料进行干式或湿式粉磨。

圆锥球磨机的使用步骤有：先放空运转，使钢球、筒壁冲洗干净；加料前握紧把手，使筒体与机架转 90°，进料口向上，松开把手锁定位置，用扳手打开进料口，依次加水、矿石、药剂，然后将进料口盖严，松开把手回转 90°后，将其锁定，按照预定时间工作；试验时，先装入洗净无锈介质，再加水（通常留一部分水在最后添加，亦即水—矿—水）和药，最后加入矿石。切记不要先加矿后加水，以避免矿粒黏附端部而不易磨碎，磨矿时要注意磨机运转是否正常，并准确记时。磨矿后将矿浆倒入接矿容器中；取料时，待电机停转，并放好接料盆，用扳手打开出料口，利用把手松开定位，使筒体出料口向下转动 90°，溢出矿浆。完毕后清洗干净可重新工作；清洗磨机时，必须严格控制用水量，尽量避免因用水过多而导致浮选槽容纳不下全部矿浆的现象。如果出现浮选槽容纳不下的情况，则应将矿浆澄清，分出多余的澄清水留作浮选补加水，切记不能直接倒掉。

圆锥球磨机要注意在使用完后进行清洗，间歇使用时应在不用设备时在筒体加入石灰水，液面没过钢球以保护磨机内壁和介质，减少锈蚀。使用前轴承座的加油杯中需加入适量黄油，经常检查电源电压和接地，确保良好状态。对较粗、较硬矿石，应采用较高的磨矿浓度。对含泥较多，或矿石密度很小，或要求产品粒度很细时，则采用较低的磨矿浓度。长时间未用的磨矿机和介质，试验前必须先用石英砂或试样预先磨去铁锈。平时在使用前，应先将磨机空转一定时间，用水洗净铁锈后再使用。

3.3.2　圆筒球磨机

实验室圆筒磨矿机属于全封闭式干湿两用间断磨矿设备，供选冶、建材、煤炭等半工业实验室或其他小型工业磨细物料进行矿石可选性研究工作之用，是介于连续磨矿和间断磨矿之间较好的一种过渡性磨矿设备。其操作流程与圆锥球磨机大致相同。

3.3.3　棒磨机

棒磨机是筒体内装载的研磨介质为钢棒的磨机。棒磨机可用于干磨矿样或湿磨矿样，可作为一级开路磨矿使用。

棒磨机的操作步骤：将磨矿滚筒取出，放在辊子上然后开车，磨去钢棒和筒壁上的铁锈后停车，倒出防锈用石灰水，并将钢棒和筒壁冲洗干净；开始工作时，将矿样与水混合后装进磨矿滚筒中盖好；打开设备上盖，放好磨矿滚筒，放下盖子；设定磨矿时间，打开计时器盖子，设定所需时间；开启开关，电机带动主托辊转动，因受摩擦力的作用，磨矿滚筒在主托辊和从托辊子上滚动，开始磨矿；磨至规定时间后停车，取下滚筒，打开盖板将矿浆倒入盆内，并将钢棒和筒壁洗净，即可进行下一次作业；试验结束后，装满防锈用的石灰水，盖好盖子，放入箱内保存备用。用棉纱或抹布将机器各部件擦净，切断电源，将机器盖好，直至下次使用。

3.3.4　陶瓷球磨机

陶瓷球磨机（刚玉内衬）运行平稳、高效节能、噪声小且无污染；可进行干式、湿式粉磨，可处理各种硬度的物料，可进行粗、细、粉磨或应用于物料的混合；带自动卸料的机型，料、球能自动分离，出料极为方便；陶瓷球磨机采用保护外套，物料纯度高、污染低；可选用合金钢、不锈钢、高耐磨聚氨脂、刚玉陶瓷、氧化锆等内衬，根据磨矿量可以选择 25~2000L 的不同型号。

3.3.5　振动球磨机

振动球磨机可用干、湿两种方法球磨或混合粒度不同、材料各异的各类固体、悬浮液和糊膏。振动球磨机的偏心摆轴，在马达高速运转时，罐体产生偏心摆动，带动整个支架上下振动，使得研磨过程在高速摆动和振动的三维空间中完成，可提高研磨的速度和效率。

振动球磨机是用于少量、微量实验室样品制备的一种高效能的小型仪器。可用于材料的研磨、混料。振动球磨机的进料粒度要求小于 1mm，出料粒度最小可至 0.1μm。每罐最大装料量为球磨罐容积的三分之一。标准配件是约 8cm 的不锈钢混料罐 1 只，混料球若干；也可选择配件为陶瓷混料罐。

3.3.6　搅拌磨机

搅拌磨机的能量利用率高，产品粒度容易调节，可通过调节物料在筒体滞留时间保证最终细度。其搅拌杆可自动升降，磨桶可自由翻转。

搅拌磨机能很好地实现各种工艺要求，能根据需要进行连续或间歇生产。此外由于球磨筒带有夹套，也可以很好地控制研磨温度。可以根据需要配置各种功能模块，如定时、调速、循环、调温等。可以选择不同材质的磨筒和搅拌装置。

3.4 浮 选 设 备

国内使用最多的是单槽式浮选机和挂槽式浮选机。二者的主要区别表现在搅拌装置、充气调节方法和槽体结构方面。挂槽式浮选机没有充气装置，靠搅拌时产生的负压吸气。单槽式浮选机有充气搅拌装置，有自动刮泡装置。根据浮选的工业实践经验、气泡矿化理论研究以及对浮选机流体动力学特性研究的结果，浮选机的性能需满足如下基本要求：

（1）良好的充气作用。浮选机必须保证能向矿浆中吸入足量的空气，并使这些空气在矿浆中充分地弥散，以便形成大量大小适中的气泡，同时这些弥散的气泡，又能均匀地在浮选槽内分布。充气量愈大，空气弥散愈好，气泡分布愈均匀，则矿粒与气泡接触碰撞的机率也愈多，浮选机的工艺性能也就愈好。

（2）搅拌作用。为使矿粒能与气泡充分接触，应该使全部矿粒都处于悬浮状态。搅拌作用除了造成矿粒悬浮外，还能使矿粒在浮选槽内均匀分布，从而给矿粒和气泡的充分接触和碰撞创造了良好条件。此外，搅拌作用还可以促进某些难溶性药剂的溶解和分散。

（3）能形成比较平稳的泡沫区。在矿浆表而应保证能够形成比较平稳的泡沫区，以使矿化气泡形成一定厚度的矿化泡沫层。在泡沫区中，矿化泡沫层既能滞留目的矿物，又能使一部分夹杂的脉石从泡沫中脱落。

实验室所用浮选机也应满足以上要求，实验室浮选设备的尺寸与处理量如表 3-4 所示。

表 3-4 浮选机规格与处理量

浮选机容积/L	可处理的物料质量/kg
8~10	5~10
3~3.6	1~2
1.0	0.25~0.5
0.5	0.1~0.25
0.2~0.5	0.05

3.4.1 单槽浮选机

单槽浮选机是指仅用一个槽体实现浮选选别工艺流程的浮选设备。

单槽浮选机操作时先启动电机，主轴转动，槽中叶轮即开始搅拌。将矿样与水混合后倒进槽中。将阀门打开进行充气，使空气充分与矿浆混合。加入所需药剂之后，搅拌矿浆与药物混合，同时细化泡沫，使矿物与气泡结合，浮到矿浆面再形成矿化泡沫。接通刮板电动机开关使刮板旋转，调节刮板高度，控制矿浆液面，使有用泡沫被刮板刮出。将料盆置于工作台上，刮出的泡沫经处理后，即可得到所需矿样。

3.4.2 连续浮选机

实验室用微型连续浮选机，是用少量代表性矿样进行连续浮选机浮选试验，试验结果能代表实验室单机小型闭路实验和半工业试验的结果，并能在较短时间内提供实验室用或半工业用的选矿指标。

微型连续浮选机属于自吸式机械搅拌连续浮选机，它不需要或需要很少的辅助设备，适用于有色金属、黑色金属和非金属的选矿实验。微型连续浮选机的主要部分组成为槽体、叶轮搅拌机构、刮板装置、中矿箱等。常见的 XFLB 型闭路连续浮选机是由储浆桶 1台、搅拌桶 2 台、微量给药机 1 台、胶管泵 2 台、连续浮选机（1 升 8 槽 1 台、0.75 升 4槽 1 台、0.5 升 2 槽 1 台）组成。

连续浮选机操作时，逐一开启各电机，确定旋向无误（主电机为右旋，刮板电机为左旋），将胶管插接进矿管、排矿管及各泡沫槽，备好盛放各级精矿之容器；接入调制好的矿浆，开启各电机，调整中矿箱手轮，调节矿浆液面及被刮出泡沫层的厚度，观察机器各部件运行，静候浮选作业的完成。槽底外部安装有清矿管，作业完毕清洗槽体时，拔除胶塞放水冲洗。移动中矿箱的安装位置及方向，可改变工艺流程。

3.5 重选设备

为了在实验室条件下预演实际生产过程，做到根据试验设备的尺寸、处理量、操作参数和选别指标正确地判断和预测工业设备的相应参数和指标，必须正确地遵循相似理论，以生产设备为原型，依照一定的比例缩小来设计和制造试验设备。

根据一些设备的模型试验并结合相似原理得知，设备原型和模型的比例尺不能过大，即试验设备的尺寸不能过小，比例尺过大时实际上将无法满足所要求的相似条件。例如，从理论上讲模型最好是正态相似，即它的长、宽、高等尺寸应最好按同一比例缩小，实际上在许多情况下缩尺变大无法实现，其中一个很重要的原因是矿粒的尺寸不允许按比例缩小。目前实验室使用的多为半工业型的重选设备，这可以为选矿厂设计提供可靠的重选流程设计依据，见表 3-5。

表 3-5 实验室用重选设备表

名 称	规格型号	生 产 厂 家
跳汰机	LTP34/2 旁动式	永安兴业山水探矿机械有限公司
	LTA55/2 下动式	
	XCT 型隔膜式	
摇床	LY1000×450	吉林省探矿机械厂
螺旋溜槽	BLL-ϕ400	泌阳重力选矿设备厂
离心选矿机	LX400×300	武汉探矿机械厂

超小规模试验设备流程试验前可先选用一些处理量极小的设备做一些探索性试验，试验的目的是观察矿物的解离状况和采用重选法处理的可能性。最早期的此类设备为人工淘

砂盘，只要试样中含有足够多的重矿物如几克试样就可进行试验，分离好坏与操作者的技巧也有很大关系。例如震动淘砂盘，实际上是一种斜置的振动溜槽，带两种盘面，$10\sim100\mu m$ 的试料适合于用平盘面，而 $100\sim2000\mu m$ 的试料适宜于用夹角为 $165°$ 的 U 型盘面，用类似于摇床上的曲柄机构传动。每次用料 $50\sim100g$，预先润湿后给到接近盘面的上端处，矿粒在震动作用下分层，冲洗水由上部给入，将上层轻矿物冲至尾部排出，机械运动使底部的重矿物上移，中矿分布于盘面尾部，选别持续约 $3\sim5min$，停机后用冲洗水依次冲出重产品和中间产品，分别收集称量，进行化验。

重介质选矿试验，通常是从密度组分分析（主要是重液和重悬浮液分离试验）开始。为提供正式的设计依据，必须在模拟生产设备结构和形式的连续性试验装置中进行试验。

跳汰机金属矿选矿中，跳汰机主要用于处理 $20\sim0.5mm$ 的粗粒。目前国内实验室型跳汰机中应用最广的是 $150mm\times100mm$ 和 $300mm\times200mm$ 的隔膜式，也有一些过去生产的或国外购进的设备，如 $50mm\times50mm$ 的隔膜跳汰机、$150mm\times150mm$ 和 $300mm\times200mm$ 的活塞跳汰机，以及尺寸较大的 $300mm\times300mm$ 下动型圆锥隔膜跳汰机和 $450mm\times300mm$ 上动型隔膜跳汰机。小型设备适用于实验室小型试验和精选试验，较大的设备用于实验室流程试验或中间试验。

摇床的有效选别粒度为 $2\sim0.038mm$。试验用摇床的规格大致分三类：（1）约 $1m\times0.5m$（长×宽）的小型试验摇床；（2）约 $2m\times1m$（长×宽）的半工业型摇床；（3）约 $4.5m\times1.8m$（长×宽）的工业型摇床。应用最多的是第二类。

尖缩溜槽（扇形溜槽和圆锥选矿机）尖缩溜槽可处理的物料粒度范围比螺旋选矿机宽，为 $3\sim0.038mm$。由于处理量的原因，实验室试验只使用扇形溜槽。常用的试验溜槽尖缩比（给矿端与排矿端宽度比）为 20 左右，倾角 $15°\sim19°$。

离心选矿机和皮带溜槽是公认有效的矿泥粗选设备，最佳选别粒度为 $38\sim19\mu m$。实验室最常用的设备尺寸为 $\phi400mm\times300mm$。皮带溜槽通常同离心选矿机配套使用于精选。

横流皮带溜槽最有效选别粒度为 $40\sim20\mu m$。据称其作业回收率可达 70% 以上，$5\sim10\mu m$ 级的回收率亦可达到 50%。富集比达 20 以上。目前国内生产的试验用皮带溜槽尺寸为 $700mm\times1200mm$ 和 $1200mm\times2750mm$ 两种。

3.5.1　跳汰机

跳汰选别粒度范围为 $20\sim0.5mm$。实验室型跳汰机有隔膜跳汰机、活塞跳汰机。

通常做可选性评价试验和探索性试验时，均采用实验室型跳汰机；提供设计资料的正式流程试验，趋向于采用半工业型跳汰机，但精选作业只能采用实验室型跳汰机。目前国产实验室隔膜跳汰机的尺寸为 $100mm\times150mm$ 和 $200mm\times300mm$，梯形跳汰机为 $120/240mm\times800mm$。

隔膜式跳汰机安装在车间平地上或案台上，若为辅助设备时，或者与其他设备相配置时，应考虑到给矿、排矿及检查修理等工作的方便，跳汰机安装地点应有 220/380V 的电源，补助水压为 $0.6\sim2kg/cm^2$。

当跳汰机安装完成后应以水平仪进行水平检查，不得存在歪斜现象，接通电源进行空车试验不少于 2h，如一切顺利则可进行负荷试车，负荷试车时应以正常操作规程进行，试车结果合格后，再正式投入使用。为防止机器移动，故一定要将机器固紧在木板上。

3.5.2　摇床

实验室使用的摇床为小槽钢支架摇床，用于 2~0.02mm 矿砂选别及矿泥级别的钨、铁、金等有色、黑色、稀贵金属矿物的选别，也可用于选别 4~0.02mm 的硫铁矿及分选其他具有足够密度差的混合物料。可用于粗选、精选、扫选等不同作业，选别粗砂（2~0.5mm）、细砂（0.5~0.74mm）、矿泥（-0.74mm）等不同粒级。

摇床的有效选别粒度为 2~0.037mm。试验用摇床大致分为三类：第一类为实验室型，床面尺寸为 1100mm×500mm 和 1000mm×450mm，还有微型摇床为 400mm×250mm 和 300mm×190mm；第二类为半工业型，床面尺寸约为 2000mm×1000mm；第三类为工业型，床面尺寸约为 4500mm×1800mm。

实验室型摇床其床面形式与生产设备类似，粗粒用带来复条的床面（又分为粗砂型和细砂型），细粒用带刻槽的床面。实验室型摇床主要用于可选性评价试验，提供设计资料的选矿试验大多采用半工业型摇床。试样量较大时，也可采用工业型摇床。

摇床选矿的操作步骤包括：试验前，将床面上的杂物、矿砂清除干净，检查给矿槽的给矿孔是否畅通，检查给水槽菱形调节板是否灵活，检查要床头箱体及各润滑部位是否缺油，检查支承摇面的支承摇动盒里是否缺油，检查调整创面横向调坡手轮是否灵活，检查要床头皮带轮罩子是否上紧；试验时，先人工将皮带轮盘转三圈看是否灵活，检查无误后并与赏析工序联系后方可启动。开机顺序为推上闸刀开关，按下启动；一切正常后再给矿浆，正式试验；操作中需要控制好给矿浓度、给矿粒度、给矿量、横向坡度、补加冲洗水、冲程和冲次、纵向坡度；实验完成时，先停止给矿，床面上无矿砂后再停止给水，然后停车先按下停止按钮，再拉下刀闸开关。试验结束后，用水将床面清洗干净。

3.5.3　溜槽

3.5.3.1　螺旋溜槽

螺旋溜槽给矿体积量的大小可改变矿物沿螺旋槽宽度的分布特性，要尽量控制稳定，允许波动范围应小于 ±5%。精选给矿浓度一般可在 20%~30%，粗选给矿浓度可在 30%~40% 范围内选用。为使螺旋溜槽正常运转，在矿浆给入螺旋溜槽前应严格进行隔渣处理，以免大颗粒和杂物积于螺旋槽面上，破坏分选。

调节产品截取槽上阀块的位置可以改变各产品的产率和品位，溜槽各产品的截取宽度需通过实验确定，阀块位置确定后不轻易改动。螺旋溜槽给矿后还应注意其矿流是否布满整个螺旋槽面，若发现矿流有靠外的现象（如采用冲洗水等）则必须设法纠正。运转中要经常检查螺旋槽上面是否有堆积现象，发现堆积要及时进行清理。每次试验前要用水冲洗溜槽槽面，以清除积于槽面上的杂物，保证矿浆正常流动。

3.5.3.2　扇形溜槽

扇形溜槽的宽度从给矿端向排矿端呈直线收缩，因排矿口呈扇形。槽体倾斜度为 16°~20°。矿浆在沿槽面流动过程中，重矿物逐渐聚集在下层作缓慢的流动，而轻矿物则位于上部运动较快的流层中。随着槽面的尖缩，上下层矿浆流速差越来越大，流层厚度也越来越大，最后在排矿口成扇面展开排出。借助分割器，可得到精矿、中矿和尾矿产品。在分选金、铂、锡砂矿及其他稀有金属的砂矿时用作粗选设备。

实验室和工业生产所用溜槽单体尺寸相同。实验室试验时每个作业只用一个槽子，半工业性或工业性试验时是多个槽体组合使用。常用溜槽单体长 600~1200mm，给矿端宽 150~300mm。试验装置包括有一个可调节溜槽坡度的支架、恒量给矿装置、截取产品装置及循环矿浆用砂泵等。一组扇形溜槽沿圆周向中心排列，去掉侧壁即为圆锥选矿机。

扇形溜槽与其他溜槽选矿方法相比，具有溜槽坡度大、槽底部装挡板、矿浆浓度大、矿浆流速随溜槽尖缩而渐增等特点。因此，其前端液流较平稳，有利于提高回收率；后端液流脉动略增，有利于提高精矿品位。

一组扇形溜槽沿圆周向中心排列，去掉侧壁即为圆锥选矿机。

3.5.3.3　皮带溜槽

皮带溜槽主要用作矿泥精选设备。工业型皮带溜槽宽 1000mm，长 3000mm；实验室型皮带溜槽仅将宽度减小到 300~500mm，长度不变，故二者的选别效果相近。实验室型设备所取得的试验指标可直接应用于工业生产，不必用工业型设备再进行校核。

横流皮带溜槽是利用剪切原理分选矿物的一种新型细粒、微粒设备，给矿和冲洗水是沿皮带横向即垂直于皮带运动方向给入，尾矿和中矿沿横向排出，精矿沿纵向在运动皮带端部排出。实验室型设备规格为 700mm×1200mm。回收粒度下限为 10mm，富集比高，故适于作精选设备。

振摆皮带溜槽是根据重砂淘洗原理，结合摇床的振动松散，连续排矿的细泥选矿设备，实验室皮带溜槽的规格为 800mm×2600mm，选矿回收率和富集比均比普通皮带溜槽高。特别是对于密度差较小的矿物，其分选精确性较高，可作精选设备用。回收粒度下限为 20mm。同其他溜槽设备一样，必须设有给矿系统的附属设备。

3.5.4　离心选矿机

实验室用离心选矿机的尺寸有 380mm×400mm、340mm×340mm 和 400mm×300mm 等不同规格。目前实验室型离心选矿机仅用于探索性试验，为提供设计资料都要求采用工业型设备进行试验。离心选矿机的试验装置必须附有恒量给矿及矿浆循环用的砂泵等附属设备，并最好备有可更换的具有不同倾角的转鼓，转鼓转速必须是可以调节的。

离心选矿机的使用要求控制好入选粒度。适宜的粒度范围为 0.074~0.010mm，大于 0.074mm 的粗粒精矿难以冲洗，影响分选效果；而小于 $10\mu m$ 的细泥太多时，对选别也不利，泥多时应预先脱泥，在给矿体时体积要适当，给矿体积决定矿浆流速和流膜厚度，给矿体积增大设备处理量增大，精矿品位上升，但精矿产率和回收率下降。选赤铁矿石时，给矿体积应控制在使流膜厚度小于 0.7mm 为宜。给矿质量分数越高，矿浆黏度越大，矿浆的流动性降低，此时尾矿量小精矿量大，但精矿品位低。在选赤铁矿石时，$\phi400mm×$ 300mm、$\phi800mm×600mm$ 和 $\phi1600mm×900mm$ 三种离心选矿机的适宜给矿质量分数分别为 8%、16% 和 24%。试验中要防止给矿嘴和冲矿嘴堵塞，并经常检查控制机构的动作是否灵活，分矿、断矿、冲水、排矿是否准确协调，发现问题要及时检修。

3.5.5　洗矿脱泥设备

3.5.5.1　洗矿设备

实验室内大块矿石的洗矿，通常是用筛分加人工刷洗。块度较小时也可采用实验室型槽式洗矿机和螺旋分级机。目前实验室洗矿试验，实际上是在理想状态下将矿块（或矿砂）同矿泥分开，所得的产品的产率、品位、金属分布率等指标，只能看作是理论指标。

3.5.5.2 矿砂分级设备

大量试样的分级，可采用实验室型机械搅拌式分级机。这种分级机的处理能力约为每小时 160kg，一次可分出四个沉砂产品，粒度范围在 $-2mm+0.074mm$。少量试样的分级可模仿工业分级原理，用铁皮自制简易的单室或多室水力分级设备。

实验室用缝隙式分级机（图 3-1）使用时根据分离粒度颗粒的自由沉降速度计算水的用量（cm^3/s）：

$$W = FV_0$$

式中　V_0——分离粒度粗粒的自由沉降末速，cm/s；

　　　F——分级箱中缝隙的总面积，cm^2。

3.5.5.3 矿泥分级

少量矿泥的分级，可在较大的容器内，用静置沉降后虹吸的方法进行，其原理与水析的方法相同。这种装置简单，但处理细级别时分级过程时间长。

矿泥量较大时，建议用水力旋流器。实验室用旋流器的规格较小，一般直径为 25~75mm，并备有一套可以拆换的部件，以便调节各项结构参数。

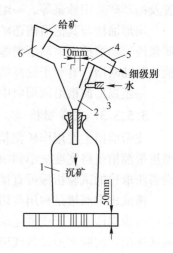

图 3-1　实验室用缝隙式分级机
1—沉砂收集瓶；2—分级箱；
3—胶皮管；4—挡板；
5—溜槽；6—给矿槽

旋流器的给料必须连续恒压给入，因而旋流器试验装置必须附有给矿斗、砂泵、压力计等一套附属装置，而且给矿口和底流（沉砂）口应能更换或调节。

3.6　磁 选 设 备

磁选机种类繁多，通常按磁场强弱、聚磁介质类型、工作介质以及结构特点等分类和命名。最基本分类的是按磁场强弱分为三类：（1）弱磁场磁选机，其工作间隙的磁场强度为 $(0.6~1.6) \times 10^5 A/m$，用于选别强磁性矿物；（2）强磁场磁选机，工作间隙的磁场强度为 $(4.8~20.8) \times 10^5 A/m$，用于选别弱磁性矿物。按工作介质，磁选机有干式及湿式之分。磁选机结构与要选别的矿物磁性强弱以及粒度有关。除磁滑轮用于选别块状物料外，一般可处理的物料粒度由几毫米至几微米。实验室常用磁选管、磁力分析仪等分析矿物中磁性矿物的含量，以确定磁选可选性指标，对矿床进行工业评价、检查磁选过程和磁选机的工作情况。表 3-6 为实验室常用磁选设备表。

表 3-6　实验室常用磁选设备表

名　称	规格型号	生 产 厂 家
磁选管	XCQS74-ϕ50	永安兴业山水探矿机械有限公司
湿法弱磁场磁选机	XCRS 型 400×240	永安兴业山水探矿机械有限公司

名　称	规格型号	生 产 厂 家
湿式强磁场磁选机	XCSQ 型 50×70	永安兴业山水探矿机械有限公司
周期式脉动高梯度磁选机	SLon－100	赣州有色冶金研究所
辊式干法强磁选机	XCQG 型	永安兴业山水探矿机械有限公司

3.6.1　弱磁场磁选设备

3.6.1.1　磁滚筒（磁滑轮）

磁滚筒有永磁和电磁两种，由于其结构简单、工作可靠、节能而被广泛应用，多用于黑色金属矿山矿石预先抛尾，从而提高原矿品位增加处理量。磁滚筒的型号由 CT－66 至 CT－816，即筒体尺寸 $D×L$ 为 630mm×600mm 至 800mm×1600mm。磁滚筒的电磁系处于分选点的上方，主要用于选出磁性物料，永磁系与电磁系并排，主要用于将磁性物料保持在圆筒表面，随圆筒的旋转被运至弱磁场区。磁滚筒对矿石进行选别时，磁性矿石采用吸着方式选出，当给矿层较厚时，处于上面的磁性矿石，由于受到的磁力较小，易进入尾矿，使其品位增高。

3.6.1.2　干选筒式弱磁场磁选机

干选筒式弱磁场磁选机多是永磁磁系，主要用于细粒级强磁性矿石的干选，也用于从粉状物料中剔除磁性杂质和提纯磁性材料。

3.6.1.3　湿式弱磁场磁选机

湿式弱磁场磁选机用于金属选矿实验室，它利用湿式方法对细粒磁性矿石进行磁选，该设备不宜进行带有腐蚀性液体的选矿试验。设备由磁选机主体及鼓形电源两部分所组成，磁选机主体主要包括：机架、磁鼓、矿槽、喷水管、传动装置、给矿箱。

湿式强磁场磁选机工作时，矿浆由给矿箱直接进入圆盘下的槽体中，通过圆盘不断转动的搅动，使矿浆混合均匀，不出现分层现象；磁性矿粒受到齿极的强磁场作用吸附到齿极上，再通过圆盘转动带至刮矿区，通过刮板将精矿从磁盘上刮下来，然后从精矿口排出；尾矿通过槽体溢流的方式由尾矿口排出，该工作流程可使尾矿损失降低，矿物回收率提高。

3.6.1.4　磁选管

磁选管常用于细粒级强磁性矿物的磁性分析。XCGS 型磁选管的主机和激磁电源只需要安放在木制的机座上，在使用前应剥除全部的包装纸，擦净防锈油并检查全部紧固螺钉是否松动，在确认机械运转部分和部分各焊点处于正常的条件下方可使用。

操作磁选管时首先接通激磁电源和主机上的激磁和电动机的电源，即可开机试运转，其输入电压在 220V±10V 时，激磁电流最大可调整到 4A。用橡胶软管接通玻璃管注水，软橡胶管连接在玻璃管上端的支管上。一根短的软胶管套在玻璃管下端尖细锥型管上，并装上夹子，以调整冲水的流量。

预先打开调节水消耗量用的下部夹子和调节清水冲洗加入量用的上部夹子，调整两夹子，使管内的水位在整个试验过程中保持不变。然后接通电源，取 5～10g 的试样（料度为 0.5mm）装入充有流水的玻璃管中，调整激磁电流使其达到预定的磁场强度，以适应矿物分选的要求。当管子在运动过程中，非磁性或弱磁性物质和杂质颗粒等将随冲水不断下沉直到被排除管外，强磁性微粒将附于管子内壁附近。工作磁场能保证把所有的磁性微粒与非磁性微粒完全分离。在磁性部分冲洗（通常是 5~10min）完毕后，关闭两个夹子，断电并排出磁性物质。

3.6.2 强磁场磁选设备

3.6.2.1 干选强磁场磁选机

在国内使用较早的干选强磁场磁选机有电磁盘式强磁场磁选机、永磁对辊强磁场磁选机及平板磁选机，主要用于选黑钨矿及其他稀有金属矿。这两种磁选机已基本定型。

3.6.2.2 湿选强磁场磁选机

国内外出现了种类繁多的湿选强磁场磁选机，能处理粒级范围较宽的粗粒矿矿石和粒级范围较窄的细粒矿石，但其基本类型可分为两类，即辊式和环式。

A 周期式高梯度磁选机

周期式高梯度磁选机工作时分给矿、漂洗和冲洗三个阶段。浓度一般为 30% 左右的料浆，由下部以相当慢的流速进入分选区，磁性颗粒被吸附在钢毛上，其余的料浆通过上部的排料阀排出。经一定时间钢毛达到饱和吸附后停止给料，打开冲洗阀，清水从下面给入并通过分选室钢毛，把夹杂在钢毛上的非磁性颗粒冲洗出去。然后切断直流电源，接通电压逐渐降低的交流电使钢毛退磁后，打开上部的冲洗水阀给入高压冲洗水，吸附在钢毛上的磁性颗粒被冲洗干净由下部排料阀排出。

完成上述一个过程称为一个工作周期，完成一个周期后即可开始下一周期的工作。整个机组的工作可以自动按程序进行，操作时完成一个周期需 10~15min 左右。

B 连续式高梯度磁选机

连续式高梯度磁选机是在周期式高梯度磁选机的基础上发展的，它的磁体结构和工作特点与周期式高梯度磁选机相近。设计连续式高梯度磁选机的主要目的在于提高磁体的负载周期率，以适应细粒的固体颗粒分选，主要应用于工业矿物、铁矿石和其他金属矿石的加工，固体废料的再生以及选煤等方面。

连续式高梯度磁选机主要由分选环、马鞍形螺线管线圈、铠装螺线管铁壳以及装有铁磁性介质的分选箱等部分组成。矿浆由上导磁体的长孔中流到处在磁化区的分选室中，弱磁性颗粒被捕集到磁化的聚磁介质上，非磁性颗粒随矿浆流通过介质的间隙流到分选室底部排出成为尾矿，捕集在聚磁介质上的弱磁性颗粒随分选环转动，被带到磁化区域的清洗段，进一步清洗掉非磁性颗粒，然后离开磁化区域，被捕集的弱磁性颗粒在冲洗水的作用下排出成为精矿。

C 干式永磁高梯度强磁选机

干式永磁高梯度强磁选机有内外两个永磁磁系，两磁系之间的分选间隙可以调节。工作时，经过叶轮分散的干燥物料随叶轮风力带入磁选机的分选空间，非磁性物随自身的轨迹抛落出去，磁性物吸附于钢板网介质上，随介质转动离开分选空间并在磁介质的振动下脱落。机械振动能提高物料分选精度，筒体形式可以避免物料的机械夹杂。该机用于钾长石除铁时，给料粒度为-0.045mm，经分选后含 Fe_2O_3 含量从 0.27% 降至 0.18%，除铁效果明显。

D 电磁盘式强磁选机

电磁盘式强磁选机有单盘、双盘和三盘三种。实验室通常用双盘，一般适宜于粗中粒的干式强磁选。三种盘式磁选机的选别原理和结构基本上是相同的。该磁选机一般由"山"字形磁极和磁极上方可转动的圆盘组成闭合磁系。在此两极之间有弹簧振动槽，振动槽与圆盘的距离可调节，以满足给矿粒度不同的要求。圆盘与振动槽之间的工作间隙依次递减，而磁场强度和磁场梯度依次递增，实现选出磁性不同的产物的目的。此机工作时，将矿物由给料斗均匀地给到给料滚筒（内装弱磁场磁系）上，此时强磁性矿物被吸在滚筒表面上随滚筒转动而被带离磁场，而弱磁性矿物由振动槽送到圆盘下面分选区，同时被吸在圆盘齿极上，并随圆盘转到振动槽之外，落到槽两侧磁性产品接料斗中，非磁性矿物经振动槽末端卸入非磁性接料斗中。

3.6.3 磁力仪

磁力仪是测量磁场强度和方向的仪器的统称。测量地磁场强度的磁力仪可分为绝对磁力仪和相对磁力仪两类。主要用途是进行磁异常数据采集以及测定岩石磁参数。从 20 世纪至今，磁力仪经历了从简单到复杂，机械原理到现代电子技术的发展过程。

实验室磁力仪用来测量样品的磁化程度（磁矩），把需要测试的样本放在磁力仪中，通过控制温度、磁场等参数进行测量。样品的磁化程度主要取决于原子内部不成对电子的排序，小部分取决于核磁矩、拉摩尔抗磁性等。

3.6.3.1 手动磁力仪

手动磁力分析仪主要由铁芯、齿极、平极和线圈组成，齿极可上下移动。通入直流电后，两磁极之间产生强磁场，其磁场强度的强弱可以通过调节激磁电流及极距来实现。一般两极之间的工作磁场强度可在 0.1~1.8T 之间变动（最高可达 2T 以上）。如果被分析的试样中有不同的磁性矿物，则可按磁性强弱依次进行分离。

手动磁力分析仪的操作过程可分为以下步骤：取 1~3g 矿砂呈单层撒在玻璃板上，并送进工作间隙；根据试样粒度调节齿极与玻璃板上矿层之间的距离；通入一定大小的激磁电流，将玻璃板贴着平极来回水平移动，使磁性矿粒吸在齿极上；取出给矿玻璃板，再换上另一块接精矿的玻璃板；切断电流，吸在齿极上的磁性矿粒落在玻璃板上，即为磁性产品。

试样重量较多或粒级较细时，一份试样分几次完成，完成后进行样品称重，即可计算各产品的质量分数。由于磁性矿粒所受的磁力随齿极与矿粒之间的距离减少而急剧增加，所以在操作过程中，玻璃板应始终贴着平极移动，使整个操作过程均在磁力相同的条件下进行。

3.6.3.2 自动磁力分析仪

自动磁力分析仪的磁场强度可在 0.01~2T 范围内均匀调节，适于干式分离小于 1~0.075mm 的弱磁性矿石。自动磁力分析仪操作时接通励磁直流电源和振动给矿器的低压交流电源，使分选槽处在不均匀磁场中，给矿器作纵向振动。

分选槽内的矿粒所受磁场的磁力分布不均，磁性较强的矿粒受磁力作用流向槽体外部强磁场区，非磁性或磁性较弱的矿粒由于重力作用流至分选槽内部。这样从分选槽流出的矿粒即为两种不同磁性的矿粒。调整励磁电流强度、振动给矿器的电流强度（即振动强度）、电振分选槽的纵向坡度和横向坡度，使分选槽上矿砂分带明显。在磁场强度和振动强度确定之后，如有堵矿现象，应适当调大纵向坡度；磁性产品产率较大时，要适当调大横向坡度。调整好后切断电流，刷净分选槽和磁极头之后，再接通励磁电流和振动槽电源，并将正式试样装入给矿杯，进行分离操作。

分离完毕后，切断电源，卸下振动分选槽，将黏附在上面的少量物料刷入磁性或非磁性矿物接矿杯中，将磁性产品和非磁性产品分别称重，计算它们的质量分数。

3.6.3.3 交直流电磁分选仪

交直流电磁分选仪分选原理为将比磁化系数和矫顽力不同的磁性矿物放入具有一定场强（交变、交直流叠加）的磁场内，利用矿物在场内的磁性差异，产生不同的状态，如吸引、排斥或以不同的速度向四周扩散运动，而达到分选矿物的目的。

试验时，首先需要将物料经筛分、除尘、烘干处理，有些物料需先在较大直流磁场中预磁，使其具有一定的剩磁感应强度，然后调节磁极端面与分选盘间的距离和角度，接通交直流激磁线圈电源，适当调节电压、电流大小，使磁极端面产生符合要求的叠加复合磁场（一般可调范围为0~0.09T）。调节给矿量大小，接通分选盘电源，使分选盘的振动调节到所需要的振幅，物料经多次分选即可达到所需要的纯度。交直流电磁分选仪主要用于将强磁性矿物（如磁铁矿、钒钛磁铁矿、磁黄铁矿等）及弱磁性矿物（如赤铁矿、菱铁矿、褐铁矿和黄铁矿等）磁化焙烧产品与弱磁性（或非磁性）矿物分离，同时能将两种以上的强磁性矿物组合进行分离提纯。对比磁化系数相近的细粒强磁性矿物，由于磁粘连作用，镜下挑选困难，故用一般直流磁选设备也很难分选，但用交直流电磁分选仪能快速分离提纯。

3.7 电选设备

电选在工业上的应用始于1908年，近年来得到了更为广泛的应用，主要是由于工业的迅速发展对各种矿物原料的需求量日益增长。电选是干式作业，不产生废水且对环境无污染，故日益为人们所重视，其应用范围也不断扩大。

电选是钛铁矿提高精矿品位和降低其中有害杂质二氧化硅和含磷矿物最为有效的方法，此外电选是白钨锡石重选粗精矿分离最为有效的方法。

电选设备如表3-7所示。

表3-7 电选设备

序号	名 称	规格型号	生 产 厂 家
1	高压电选机	XDF-ϕ250×20	石城县绿洲选矿设备有限公司
2		YD3030-11L	长沙矿冶研究院

3.7.1 高压电选机

高压电选机（又名静电分离机）是利用物料导电性能的差异，在高压电晕电场与高压静电电场相结合的复合电场中，对导体加强了静电极的吸引力，对非导体加强了斥力。在电力和机械力的作用下，实现对物料的分离。

经过挑选、破碎、磨粉后的金属和非金属混合物或其他导体和非导体混合物，通过进料漏斗给至圆筒上方，圆筒旋转携物料进入高压电极和圆筒接地电极之间电晕电场中，导电性能良好的颗粒在与接地电极表面接触时，能较快地将导电良好的金属颗粒所带电荷经圆筒电极传走，在旋转圆筒带来的离心力和自重力的作用下，脱离圆筒电极，落入导体颗粒的接料槽中。

导电性能较弱的非金属或非导体颗粒，在与圆筒接触时，很难传走它们所带的电荷。由于异性电荷相互吸引而吸附在圆筒表面，随圆筒转动带至圆筒后面被圆辊毛刷刷下，落入非导体颗粒接料槽中。

3.7.2　双辊电选机

双辊电选机采用电晕极和静电极（偏极）相结合的复合电场。当高压直流负电通至电晕极和静电极后，由于电晕极直径很小，从而向着辊筒方向放出大量电子，这些电子又将空气分子电离，正离子飞向负极，负电子则飞向辊筒（接地正极），因此靠近辊筒一边的空间都带负电荷。静电极只产生高压静电场，不放电。

矿粒随转辊进入电场后，此时不论导体或非导体都同样地吸附有负电荷，但由于矿粒带电性质的差异，运动和落下的轨迹也不同。导体矿粒获得负电荷后，能很快地通过转辊传走，与此同时，又受到偏极所产生的静电场的感应作用，靠近偏极的一端感生正电，远离偏极的另一端感生负电，负电又迅速地由辊筒传走，只剩下正电荷，由于正负相吸引，故它被偏极吸向负极（静电极），加之矿粒本身又受到离心力和重力的切向分力作用，致使导体矿粒向辊筒的前方落下而成为精矿（导体）。

对非导体来说，虽然也获得了负电荷，但由于其导电性很差，获得的电荷很难通过辊筒传走，或传走一部分也是极少的，使带负电荷的非导体与辊筒表面发生感应而紧吸于辊面。电压越高（电场强度越大），非导体受到的吸引力也就越大。随辊筒而被带到转辊的后方时，用压板刷强制刷下，此部分即为尾矿（非导体）。介于导体与非导体之间的中矿则落到中矿斗中。静电极对非导体矿粒还有一个排斥作用，避免其掉入导体部分。

物料经分选后，所得精、中、尾矿（或称导体、半导体、非导体）的质量、数量除通过电压、转速等调节外，还可通过调节分矿板的位置来调节。每个辊可分出三种或两种产品，对双辊电选机来说，则可分出五种产品，调节分矿板可使第一辊的精、中、尾矿再选，经第二辊又可分出三种产品。

3.7.3　电选机的应用

电选之所以能大规模在各个领域里广泛地采用，电晕电选的发明起了很重要的作用。这是因为它比以前的静电选矿效率高，目前大多数生产上和实验室型的电选机，使用的电场以电晕和静电场相结合的复合电场最为广泛。目前多应用于以下方面：

废旧铝塑板分离机成套设备和废电子线路板分离机成套设备（二者分离原理相同，分离纯度都能达到99%以上）；白钨与锡石的分离；磁铁矿、赤铁矿、铬铁矿、锰矿的分选；钽铌矿、钛铁矿、金红石、独居石的分选；分离其他金属和非金属混合物的金属提取；分离铝塑刨花料（如 PVC 铝塑刨花、铝塑门窗铝和塑料的分离）；铜塑复合物及铜塑混合物分离（如电子线路板铜皮的回收，PVC 铜线小排线铜塑的回收）；石英、长石的分选；石墨、金刚石、磷灰石、煤和石棉等的分选；对粉煤灰中碳的提取等。

3.8　化学选矿设备

3.8.1　焙烧设备

回转炉是一种煅烧、焙烧或干燥粒状及粉状物料的热工设备。回转炉可正转、反转，有快速、慢速驱动装置。正反转各有一极限位置：正转极限位置为倒渣位置，反转极限位置为铜水浇铸完位置。为了操作方便，还设置有氧化、还原位置、保温位置、进料位置等。

回转炉的设备特点：可满足各种温度曲线的工艺要求，实现了同一回转炉生产多种工艺甚至完全不同工艺的产品；加热效率高；气密性良好；自动化控制系统完善；小型回转炉产量较小，只能适应于产品的实验和初级合成阶段，不能满足大批量生产要求。

3.8.2　浸出实验装置

实验室氰化槽可供地质、冶金、建材、化工等实验室用于湿法浸出。SJ 型氰化槽采用变频技术，数码调整，其技术参数见表 3-8。另外增加了外充气功能。取下循环桶，安装上叶轮即成浸吸槽。液晶显示温控仪可监控矿浆温度始终处于设定值。

表 3-8　SJ 型氰化槽技术参数

型号规格	SJ-50L	SJ-100L	SJ-200L
槽体容积/L	50	100	200
叶轮直径/mm	$\phi120$	$\phi150$	$\phi180$
叶轮转速/r·min^{-1}	0~2000	0~2000	0~2000
给矿粒度/mm	0.05~0.2	0.05~0.2	0.05~0.2
充气量（是否可调）	可调	可调	可调
槽体尺寸/mm	$\phi368\times510$	$\phi488\times600$	$\phi588\times800$
功率/kW	0.75	1.1	1.5
质量/kg	75	90	120

3.9　生物培养设备

生物选矿亦称"细菌选矿"，主要是利用铁氧化细菌、硫氧化细菌及硅酸盐细菌等微生物从矿物中脱除铁、硫及硅等的选矿方法。如铁氧化细菌能氧化铁，硫氧化细菌能氧化硫，硅酸盐细菌利用分解作用能从铝土矿物中脱除硅。除用于脱硫、脱铁和脱硅外，还可用于回收铜、铀、钴、锰和金等。

细菌培养箱是适合培养细菌等微生物的试验设备，因为大部分细菌适合在室温（25℃）下生长，且在固体基质上培养时需要保持一定的湿度，所以一般的细菌培养箱由制冷系统、制热系统、空气加湿器和培养室、控制电路和操作面板等组成，并使用温度传感器和湿度传感器来维持培养室内温度和湿度的稳定。有些特殊的细菌培养箱还可以设定温度、湿度随培养时间变化。实验室常用的细菌培养箱如表3-9所示。

表3-9 实验室生物选矿设备表

名　称	规格型号	生 产 厂 家
细菌培养箱	MJX-250	上海康路有限公司设备

细菌培养箱适用于环境保护、卫生防疫、农畜、药检、水产等科研、院校试验和生产部门，是水体分析和BOD测定，细菌、微生物的培养、保存实验的专用恒温设备。

细菌培养箱要放置在阴凉、干燥、通风良好、远离热源和日晒的地方。放置平稳，以防震动发生噪声，培养箱外壳应接地。为保证冷凝器有效地散热，冷凝器与墙壁之间距离应大于100mm。箱体侧面应有50mm间隙，箱体顶部距离应有300mm空间。培养箱在搬运、维修、保养时，应避免碰撞，摇晃震动；倾斜度小于45°。仪器突然不工作，可检查熔丝管（箱后）是否烧坏，或检查供电情况。培养箱制冷工作时，不宜使箱内温度与环境温度之差大于25°。

3.10 脱 水 设 备

矿物中的水分包括成矿过程水分、开采水分、分选加工及运输、储存过程中加入的水分，这些水分以不同形式存在于矿物中。通常有4种形态：化合水分、结合水分、毛细管水分、自由水分。矿物脱水方法和设备很多，主要分为以下几种：

（1）重力脱水。是指依靠重力而实现的脱水，主要应用于粗颗粒矿物的脱水，能脱去自由水分。主要设备包括自然重力脱水（脱水斗子和脱水仓）和重力浓缩脱水（浓缩机和沉淀池）。

（2）机械力脱水。是指靠机械力而实现的水和物料的分离，能脱去自由水分。主要设备包括筛分脱水（振动筛）、离心脱水（过滤式离心脱水机和沉降式离心脱水机）和过滤脱水（真空脱水机、板框压滤机和加压过滤机）。

（3）热能干燥。是指利用热能使矿物中的水汽化蒸发的脱水，这种方法能去除矿物中的毛细水、化合水和结合水。主要方法有热力干燥和日光曝晒。

实验室用脱水设备表如表3-10所示。

表3-10 实验室脱水设备表

名　称	规格型号	生 产 厂 家
真空过滤机	DL-5C	永安兴业山水探矿机械有限公司
	XTLZ	
旋片式真空泵	2X型	永安兴业山水探矿机械有限公司
电鼓风干燥箱	101-1	上海喆钛机械制造有限公司
电热恒温干燥箱	100-1	上海喆钛机械制造有限公司

3.10.1　真空过滤机

真空过滤机是一种以真空负压为推动力实现固液分离的设备。在真空负压（0.04～0.07MPa）的作用下，悬浮液中的液体透过过滤介质（滤布）被抽走，而固体颗粒则被介质所截留，从而实现液体和固体的分离。在结构上滤板沿水平长度方向布置，可以连续完成过滤、洗涤、吸干、滤布再生等作业。

3.10.2　旋片式真空泵

旋片式真空泵可以抽除密封容器中的干燥气体，若附有气泵装置，还可以抽除一定量的可凝性气体。但它不适于抽除含氧过高的，对金属有腐蚀性的、对泵油会起化学反应以及含有颗粒尘埃的气体。旋片式真空泵是真空技术中最基本的真空获得设备之一。旋片泵多为中小型泵，旋片式真空泵有单级和双级两种类型。所谓双级，就是在结构上将两个单级泵串联起来。一般多为双级真空泵，以获得较高的真空度。

3.10.3　干燥箱

干燥箱根据干燥环境的不同，可分为电热鼓风干燥箱和真空干燥箱两大类。电热鼓风干燥箱又名"烘箱"，采用电加热方式进行鼓风循环干燥试验。真空干燥箱特别适合对干燥热敏性、易分解、易氧化物质和复杂成分物料进行快速高效的干燥处理。

3.10.3.1　电鼓风干燥箱

鼓风干燥就是通过循环风机吹出热风，保证箱内温度平衡；真空干燥是采用真空泵将箱内的空气抽出，让箱内大气压低于常压，使产品在一个很干净的状态下做试验，是一种常用的仪器设备，主要用来干燥样品，也可以提供实验所需的温度环境。

3.10.3.2　电热恒温干燥箱

电热恒温干燥箱主要特点为外壳采用静电喷涂工艺，漆膜稳定可靠；可选用多种控温仪表、控温精度高，稳定性能好；箱门采用硅胶条密封，密封效果好。电热恒温干燥箱适用于工矿业企业、化验室、科研单位等部门作干燥、熔蜡、灭菌等使用。但电热恒温干燥箱不适用于挥发性或易燃易爆的物料烘干，以免引起爆炸。

3.10.3.3　真空干燥箱

真空干燥箱广泛用于粉末干燥、烘焙以及各类玻璃容器的消毒和灭菌。真空干燥箱工作时采用智能型数字温度调节仪进行温度的设定、显示与控制，可使工作室内保持一定的真空度，并能够向内部充入惰性气体，特别是一些成分复杂的物料也能进行快速干燥。

3.11　制样设备

3.11.1　行星球磨机

行星球磨机是混合、细磨、小样制备、纳米材料分散、新产品研制和小批量生产新材料的常备装置。该设备具有体积小、功能全、效率高等特点，是实验室获取微颗粒研究试样（每次实验可同时获得四个样品）的重要设备，配合真空球磨罐使用，可在真空状态下磨制试样。

试料在研磨罐内高速翻滚，对物料产生强力剪切、冲击、碾压，达到粉碎、研磨、分散、乳化物料的目的。行星式球磨机在同一转盘上装有四个球磨（混料）罐，当转盘转动时，球磨罐在绕转盘轴公转的同时又围绕自身轴心自转，作行星式运动。罐中磨球在高速运动中相互碰撞，研磨和混合样品。该设备能用干、湿两种方法粉碎和混合不同粒度、材料各异的物料，研磨产品最小粒度可至 $0.1\mu m$。

每次实验可同时获得四个样品，配用真空混料罐，可在真空状态下磨制试样。可根据需求定制各种混料罐。混料罐材质有不锈钢、玛瑙、陶瓷、尼龙、聚氨脂、聚四氟乙烯、硬质合金等。混料罐规格有 100、250、400（聚四氟乙烯混料罐）、500mL。

在使用该行星球磨机时，要对称使用 4 个或 2 个同样重量的球磨罐。如果仅用一个球磨罐工作，要在对称位置上配一个同样重量的球磨罐，否则，偏心力会导致机器损坏。对于不同材料试验需研究转速、时间、研磨球和研磨罐材质、大小磨球的配比等不同工艺参数，以获得理想的实验结果。

3.11.2 密封式制样机

密封式制样机适用于破碎矿石、煤炭、岩石或中等硬度的非金属和脆性金属。制样粒度均匀，制样速度快，工作可靠，试样产品符合国标要求。所制得的样品无需筛分即可直接使用，且生产效率高。粉碎室密封设计，无粉尘污染，噪声小，安全环保。

开机前应检查料钵压爪是否压紧料钵，以免料钵松动，损坏机件，操作料钵压爪松紧把手时，顺时针方向为紧、逆时针方向为松；投取料样应待设备停稳后进行；若试样含水率高，应预先烘干，以免黏附在料钵和击环边缘，影响粉碎细度，一般料样含水率愈低，粉碎效果愈好；如试样需粉碎至-200 目，可在料样中添加溶剂进行混合粉碎，或延长粉碎时间；控制每次投放料样质量，并应尽量投放在击环与料钵之间，以免哽死击环，影响粉碎细度。

复习思考题

3-1 试验室常用的破碎筛分设备有哪些？

3-2 圆锥球磨机如何操作？

3-3 试比较不同种类试验室用磨矿设备的特点。

3-4 简述试验室用重选设备的适用范围。

3-5 比较试验室用磁选设备的优缺点。

4　人员及经费准备

【本章主要内容及学习要点】本章主要介绍选矿试验人员和经费的准备。重点掌握试验经费的组成。

4.1　人　员　准　备

矿物加工实验室工作人员应注意各专业合理搭配，工作人数取决于分选矿物的种类、数量及分选工作的难易程度。一般矿山实验室的工作人员包括破碎、磨矿、浮选、化验分析、检修等岗位人员，再配备必要的非生产人员，即可确定所需工作人员的数量。选矿试验开始之前应先确定项目组成员，明确试验目标。

4.2　经　费　准　备

试验经费主要是指项目研究所需投入的经费，需要在选矿试验过程中将发生的各种耗费进行分配和归集以进行成本预算。矿物加工试验经费可参照表4-1进行概算。该表用于项目研究时由项目负责人（或申请人）根据目标相关性、政策相符性和经济合理性原则编制。

表4-1　矿物加工试验经费预算表

序号	项　目　名　称	金额
1	一、项目直接费用	
2	1. 设备费	
3	（1）设备购置费	
4	（2）设备试制费	
5	（3）设备改造与租赁费	
6	2. 材料费	
7	3. 测试化验加工费	
8	4. 燃料动力费	
9	5. 差旅/会议/国际合作与交流费	
10	6. 出版/文献/信息传播/知识产权事务费	

续表 4-1

序号	项　目　名　称	金额
11	7. 劳务费	
12	8. 专家咨询费	
13	9. 其他支出	
14	二、项目间接费用	
15	1. 管理费	
16	2. 不可预见费	

对于表 4-1 所列各项费用，说明如下。

直接费用是指在项目研究开发中发生的与之直接相关的费用，主要包括：

（1）设备费。设备费指在项目实施过程中购置或试制专用仪器设备，对现有仪器设备进行升级改造，以及租赁外单位仪器设备而发生的费用。鼓励共享、试制、租赁专用仪器设备以及对现有仪器设备进行升级改造。其中设备购置费支出比例原则上应控制在项目专项经费总额的 30% 以内。符合政府采购条件的须按相关规定执行。基础研究计划项目专项资金原则上不得购置设备。高校和科研院所可自行采购科研仪器设备，自行选择仪器设备评审专家，同时要切实做好设备采购的监督管理，做到全程公开、透明、可追溯。高校和科研院所对进口仪器设备实行备案制管理，并继续落实进口科研用品免税政策。

（2）材料费。材料费指在项目实施过程中消耗的各种原材料、辅助材料、低值易耗品以及采购及运输、装卸、整理等费用。生产性材料、基建材料、大宗工业化原料及办公材料不得从专项经费中列支。

（3）测试化验加工费。测试化验加工费指在项目实施过程中由于承担单位自身技术、工艺和设备等条件限制，委托或与外单位合作（包括项目承担单位内部独立经济核算单位）进行检验、测试、化验、加工、计算、试验、设计等所支付的费用。委托测试化验加工须签订合同或协议。

（4）燃料动力费。燃料动力费指在项目实施过程中相关大型仪器设备、专用科学装置等运行发生的可以单独计量的水、电、气、燃料消耗等费用。

（5）差旅费、会议费、国际合作与交流费。本科目差旅费、会议费、国际合作与交流费三项支出总额原则上应控制在项目专项经费总额的 30% 以内。由项目承担单位结合科研活动实际需要编制预算，统筹安排使用。

1）差旅费指在项目实施过程中开展科学实验（试验）、科学考察、业务调研、学术交流等所发生的外埠交通费、住宿费、伙食补助费和市内交通费等。差旅费的开支标准按照项目承担单位当地财政部门有关规定执行。高校和科研院所可根据科研活动的实际需求，按照厉行节约、精简高效的原则，参照所在地差旅费标准研究制定科研类差旅费管理办法，合理确定科研人员乘坐交通工具等级和住宿费标准。对于野外工作难以取得住宿费发票的，项目承担单位在确保真实性的前提下，按照"授权管理、包干使用"的原则，据实报销差旅费，解决无法取得发票但需要报销城市间交通费和住宿费等问题。

2）会议费指在项目实施过程中为组织开展学术研讨、咨询论证以及协调项目等活动而发生的会议费用。项目承担单位应当按照所在地有关规定，严格控制会议规模、数量、开支标准和会期。项目承担单位发起举办的与项目研究内容无关的会议，不得在专项经费中列支。高校和科研院所需要举办的业务性会议，会议的次数、天数、人数以及会议费开支范围、标准等，按照"实事求是，厉行节约"的原则由科研单位自主确定，因工作需要，邀请国内外专家、学者和有关人员参加会议，对确需负担的城市间交通费、国际旅费，可由主办单位在会议费等费用中报销。

3）国际合作与交流费指在项目实施过程中研究人员出国及外国专家来华开展科学技术交流与合作的费用。国际合作与交流费应当严格执行所在地外事经费管理的有关规定。高校和科研院所的科研人员因业务需要临时出国开展学术交流活动的出国批次数、团组人数、在外停留天数根据实际需要安排。出国开展学术交流合作的年度计划由所在单位负责管理，并按外事审批权限报备。项目承担单位应切实加强科研人员出国开展学术交流合作经费的预算管理，认真执行因公临时出国经费先行审核制度，由经费审批部门和任务审批部门实行审批联动。

（6）出版、文献、信息传播、知识产权事务费。该费用指在项目实施过程中，需要支付的出版费、文献资料及印刷费、专用软件购买费、文献检索费、专业通信费、专利申请及其他知识产权事务等费用。需要指出的是，项目不得用专项资金支付通用性操作系统、办公软件、日常通信等费用。

（7）劳务费。劳务费指在项目实施过程中支付给项目组成员中没有工资性收入的相关研发人员和项目组临时聘用人员等（包括参与项目的研究生、博士生、访问学者以及项目聘用的研究人员、科研辅助人员等）的劳务性费用。劳务费预算由项目承担单位参照当地科学研究和技术服务业人员平均工资水平确定开支标准。

（8）专家咨询费。专家咨询费指在项目实施过程中支付给临时聘请的咨询专家的费用。需要指出的是，专家咨询费不得支付给参与项目研究与管理的工作人员。

（9）其他支出指项目在实施过程中发生的除上述支出范围之外的其他支出，包括财务验收审计费、土地租赁费、临床试验费、入户调查费、青苗补偿费、与项目任务相关的培训费等。其他费用应当在申请预算时单独列示，单独核定，不得列支项目实施前发生的各项支出、奖励支出以及不可预见费。

间接费用是指项目承担单位在组织实施项目过程中发生的无法在直接费用中列支的相关费用，主要包括项目承担单位科研人员绩效支出以及为项目研究提供的现有仪器设备及房屋，水、电、气、暖消耗，管理费用支出等。其中绩效支出是指承担单位为提高科研工作绩效安排的支出。

复习思考题

4-1 选矿试验的人员准备需要考虑哪些因素？
4-2 选矿试验所需经费包括哪些项？

选矿数理统计基础

+--

【本章主要内容及学习要点】本章主要介绍数理统计的基础、选矿随机变量的数字特征、试验数据的误差种类、选矿试验结果处理中常见的检验方法及回归分析方法。重点掌握极差分析、方差分析及数学模型的建立方法。

+--

5.1 概　　述

选矿工作者的主要任务是根据分选对象的物质组成和嵌布特性研究选择适合的分选方法，提出准确可靠的实验结果。这些实验结果和数据有的是多次分析测量出来的，有的是根据分析结果计算出来的。由于设备的系统和偶然误差的存在，分析结果与真实有差别，一次分析和几次分析的结果之间表现了不同的数据。即使用相同的方法，不同的分析人员也会得出不同的数据，同一个分析人员换了分析方法，也有不同的结果。上述的差异是客观存在的，如何处理这些差异以使我们得出的数据逼近真值，选矿厂进行指标统计时如何处理大量的生产数据，对一年出厂精矿的平均值和均方差估算误差如何计算，在进行两种设备比较时如何正确地从所得的数据分出设备优劣，新药剂使用效果如何鉴别，以及如何从一个变量所取得的值估计另一变量所取得的值等，都需要用科学的统计方法。数理统计方法就是能解决这些问题的一种科学统计方法，因此数理统计的正确运用对选矿工作者有着实际的重要意义。

5.2 数理统计基础知识

所谓数理统计方法，即通过生产和科学实验中得到一批（或几批）有代表性的数据，用这些数据来判断该事物整体性的内在规律。它的内容是用一个样本来对总体做出判断的数学统计方法。在讨论它在选矿上应用之前先说明它的几个有关概念：

（1）总体。或称母体，是指在一次统计分析中所要研究的对象全体。

（2）个体。构成总体的每个单元。

（3）统计量。是一个数值依赖于样本的随机变量。

（4）极差。样本数据中最大与最小之差。

（5）样本的数学期望。设样本容量为 n，样本为 x_1、x_2、$\cdots$、x_n，则 $\bar{x} = \dfrac{x_1 + x_2 + x_3 + \cdots + x_n}{n} = \dfrac{1}{n}\sum_{i=1}^{n} x_i$，或称样本平均值。

（6）准确度。指平均值和真值之间的偏差。

（7）真值。客观存在的真实值。

（8）样本。用抽样方法研究问题时，需从总体中抽出一部分个体进行观察，这部分个体放在一起。

（9）抽样。样本中每个个体称为一个抽样。

（10）样本容量。样本中个体抽样的个数。

（11）指标。表达总体中个体在某方面性质的数值称为每个个体的指标。

（12）样本均方差。若用 $\bar{x}$ 表示样本平均值，用 S 表示样本平均方差，即

$$S = \sqrt{\frac{1}{n} \sum_{k=1}^{n} (x - \bar{x})^2} \tag{5-1}$$

用来估计总体的均方差 $\sigma(\xi)$，称为样本均方差。

5.3　随机变量分布的数字特征量

随机变量分布的数字特征量主要有数学期望值、方差、协方差及相关系数。随机变量有各种各样不同的分布形式，但这些特征量的定义均与随机变量的分布形式无关。

5.3.1　数学期望

设连续型随机变量 x 的概率密度为 $f(x)$，若积分 $\int_{-\infty}^{+\infty} xf(x)\,\mathrm{d}x$ 绝对收敛，则称该积分值为变量 x 的数学期望（mathematical expectation），记为 $E(X)$，也常用 μ 表示。

$$E(X) = \mu = \int_{-\infty}^{+\infty} xf(x)\,\mathrm{d}x \tag{5-2}$$

显然，数学期望值（expected value）是随机变量概率密度曲线面积的重心位置，表示了随机变量的集中位置。对于单峰对称的概率密度曲线，期望值就是曲线峰值的位置。

对于离散型随机变量，数学期望定义为：

$$E(X) = \sum_{i=-\infty}^{+\infty} x_i f(x_i) \tag{5-3}$$

数学期望具有如下的运算规则：

（1）设 c 为常数，则 c 的数学期望仍为 c，即 $E(c) = c$。

（2）设 c 为常数，X 是一个随机变量，则

$$E(cX) = c \times E(X) = c \times \mu \tag{5-4}$$

（3）设 X、Y 是任意两个随机变量，则

$$E(X + Y) = E(X) + E(Y) \tag{5-5}$$

（4）设 X、Y 是两个相互独立的随机变量，则

$$E(X \times Y) = E(X) \times E(Y) \tag{5-6}$$

5.3.2　方差

设 X 是一个随机变量，若 $E\{[X - E(X)]^2\}$ 存在，则称 $E\{[X - E(X)]^2\}$ 为 X 的方

差，记为 $V(X)$，通常记为 σ^2，即

$$V(X) = \sigma^2 = E\{[X - E(X)]^2\} \tag{5-7}$$

对于连续型随机变量 X，有

$$V(X) = \int_{-\infty}^{+\infty} [x - E(X)]^2 f(x)\,\mathrm{d}x \tag{5-8}$$

对于离散型随机变量，则

$$V(X) = \sum_{i=-\infty}^{+\infty} [x_i - E(X)]^2 f(x_i) \tag{5-9}$$

其中，$\bar{x}$ 为测量数据列（$x_1, x_2, \cdots, x_i$）的算术平均值，又称样本均值。

$$\bar{x} = \frac{x_1 + x_2 + x_3 + \Lambda + x_n}{n} = \frac{1}{n}\sum_{i=1}^{n} x_i \tag{5-10}$$

方差反映了随机变量 X 的分散程度，方差的数值可粗略地描绘随机变量的分布宽度。方差越大，随机变量越分散。在测量中，方差在数值上等于平方和除以其自由度，即平均平方和（mean sum of squares），故方差又称为均方和或均方，常用 MS 或 σ^2 表示。方差可表示误差、差值或波动等单位变化的大小。

方差的平方根 $\sqrt{V(X)}$ 称为标准误差、均方根误差或均方差，常简称为标准差，用 σ 表示。方差具有如下运算规则：

（1）常数的方差为零。

（2）设 c 为常数，X 是一个随机变量，则

$$V(cX) = c^2 \times Y(X) \tag{5-11}$$

（3）设 X、Y 是两个随机变量，且相互独立，则

$$V(X \pm Y) = V(X) + V(Y) \tag{5-12}$$

【例 5-1】 某厂对旋流器的分机效率（%）做了 10 次测定，结果如下：

$$60 \quad 62 \quad 63 \quad 59 \quad 61 \quad 58 \quad 64 \quad 61 \quad 59 \quad 62$$

设旋流器的分级效率近似的服从正态分布，试求总体均值 μ 的置信水平为 0.95 的置信区间。

解： 这里共有 10 组数据，由已知数据可计算均值为：

$$\bar{x} = \frac{60 + 62 + 63 + 59 + 61 + 58 + 64 + 61 + 59 + 62}{10} = 60.9$$

$$s = \frac{\sqrt{\sum_{i=1}^{10}(E_i - \bar{E})^2}}{N - 1}$$

$$= \frac{(-0.9)^2 + 1.1^2 + 2.1^2 + (-1.9)^2 + 0.1^2 + (-2.9)^2 + 3.1^2 + 0.1^2 + (-1.9)^2 + 1.1^2}{9}$$

$$= 3.66$$

因 $1 - \alpha = 0.95$，$\alpha/2 = 0.025$，$n - 1 = 9$，查 t 分布表可得 $t_{0.025}(9) = 2.2622$，则由置信区间公式 $\left(\bar{X} \pm \dfrac{S}{\sqrt{n}} t_{\alpha/2}(n-1)\right)$ 可求得总体均值 μ 的一个置信水平为 0.95 的置信区间

为 $\left(60.9 \pm \dfrac{3.66}{\sqrt{10}} \times 2.2622\right)$，即 $(58.28，63.52)$，也即估计旋流器分机效率的均值在 58.28% 与 63.52% 之间，这个估计的可信度为 95%。

若以此区间内任意一值作为 μ 的近似值，其误差不大于 $\dfrac{3.66}{\sqrt{10}} \times 2.2622 \times 2 = 5.24(\%)$，这个误差估计的可信度为 95%。

【例 5-2】 某钼选厂一天内对该厂不同班组生产的钼回收率（%）做了 9 次统计，结果如下：

$$87 \quad 89 \quad 90 \quad 88 \quad 87 \quad 86 \quad 87 \quad 88 \quad 90$$

设钼回收率近似的服从正态分布，试求总体均值 μ 的置信水平为 0.98 的置信区间。

解：这里共有 9 组数据，由给出的数据算得该组数据的均值为：

$$\bar{x} = \frac{87 + 89 + 90 + 88 + 87 + 86 + 87 + 88 + 90}{9} = 88$$

由标准差公式可算得该组数据的标准差为：

$$s = \sqrt{\frac{\sum_{i=1}^{9}(E_i - \bar{E})^2}{N-1}} = \frac{(-1)^2 + 1^2 + 2^2 + 0^2 + (-1)^2 + (-2)^2 + (-1)^2 + 0^2 + 2^2}{8} = 2$$

这里 $1 - \alpha = 0.98$，$\alpha/2 = 0.01$，$n - 1 = 8$，$t_{0.01}(8) = 2.8965$（查 t 分布表）则由置信区间公式 $\left(\bar{X} \pm \dfrac{S}{\sqrt{n}} t_{\alpha/2}(n-1)\right)$ 可求得总体均值 μ 的一个置信水平为 0.98 的置信区间为 $\left(88 \pm \dfrac{2}{\sqrt{9}} \times 2.8965\right)$，即 $(86.07，89.93)$。

因此估计钼的回收率均值在 86.07% 与 89.93% 之间，这个估计的可信度为 98%。若以此区间内任意一值作为 μ 的近似值，其误差不大于 $\dfrac{2}{\sqrt{9}} \times 2.8965 \times 2 = 3.86(\%)$，这个误差估计的可信度为 98%。

【例 5-3】 在进行检测矿物接触角试验时，共检测了 35 次平衡接触角，其均方差为 $\pm 1.88°$，已知每次试验检测误差在 $\pm 1.5°$ 范围内，且检测数据服从正态分布，假设检测可靠度为 95%，该置信水平对应的系数为 1.96，试计算所需检测次数。

解：根据公式 $n = t^2 s^2 / \Delta^2$，已知 $S = 1.88$，$t = 1.96$，$\Delta = 1.5$。

故 $N = \dfrac{1.88^2 \times 1.96^2}{1.5^2} = 3.39 \approx 4(次)$，即需要 4 次检测。

5.3.3 协方差

协方差（covariance）可用来衡量两个总体或样本之间的相关性有多大。定义 $E\{[X - E(X)][Y - E(Y)]\}$ 为随机变量 X 与 Y 的协方差，记为：

$$Cov(X, y) = E\{[X - E(X)][Y - E(Y)]\} \tag{5-13}$$

5.3.4　相关系数

相关系数（correlation coefficient）反映了随机变量 X 与 Y 之间的线性相关程度。定义为随机变量 X 与 Y 间的相关系数。相关系数也称为标准协方差。

$$r_{xy} = \frac{Cov(X,\ y)}{\sqrt{V(X)}\ \sqrt{V(Y)}} \tag{5-14}$$

当随机变量 X 与 Y 相互独立时，有 $r_{xy} = 0$，$Cov(X,\ Y) = 0$ 称随机变量 X 和 Y 不相关。

5.3.5　极差

极差是最简单的表示法，它用 R 来表示，计算时可直接将一组数据中的最大者 x_{max} 和最小者 x_{min} 的差值作为变差的度量，即 $R = x_{max} - x_{min}$。由于极差没有充分利用数据所提供的全部信息，因此反映实际情况的精确度较差。

5.3.6　算术平均误差

算术平均值误差 δ 是各次测试结果离差绝对值的算术平均值，其计算公式为：

$$\delta = \frac{\sum\limits_{i=1}^{n} |x_i - \bar{x}|}{n} = \frac{\sum\limits_{i=1}^{n} |d_i|}{n}$$

式中，d_i 表示各次测试结果对平均值的离差。

算术平均值误差取绝对值是为了避免正负误差在计算中相互抵消而显现不出。算术平均值误差可较好地反映出各单次测试误差的平均大小，但并不能很好地反映出数据的离散程度。因为一组具有中等离差的测试数据同另一组具有大、中、小三种离差的测试数据，其算术平均误差可能相等，而离散程度并不相同。

【例 5-4】　某硫化铜矿石在连续 80h 的半工业试验中对 10 个班平均综合试样进行化验分析，每班铜精矿的品位具体如表 5-1 所示。试计算其样本平均值和算术平均误差。

表 5-1　不同班组的铜精矿品位表

序号	1	2	3	4	5	6	7	8	9	10
品位/%	21.52	20.26	21.78	22.93	21.41	20.32	21.67	22.84	21.75	21.49

解：根据表中数据可算得：

$$\bar{x} = \frac{1}{10}(21.52 + 20.26 + 21.78 + 22.93 + 21.41 + 20.32 +$$
$$21.67 + 22.84 + 21.75 + 21.49)$$
$$= 21.60\%$$

据此可将不同班组的铜精矿品位的离差计算如表 5-2 所示。

表 5-2　不同班组的铜精矿品位的离差表

序号 i	1	2	3	4	5	6	7	9	10
离差 d_i /%	-0.08	-1.34	0.18	1.33	-0.19	-1.28	0.07	0.15	-0.11

因此，$\delta = \dfrac{1}{10}$（$0.08 + 1.34 + 0.18 + 1.33 + 0.19 + 1.28 + 0.07 + 1.24 + 0.15 + 0.11$）$=$

0.60（%）。

5.3.7　标准离差

测试结果无限多时，母体的标准离差 σ 可按下式计算：

$$\sigma = \sqrt{\frac{\sum\limits_{i=1}^{n}(x_i - \mu)}{n}} \tag{5-15}$$

在有限次的测试中，子样的标准离差 s

$$\hat{\sigma} = s = \sqrt{\frac{\sum\limits_{i=1}^{n}(x_i - \overline{x})^2}{n-1}} \tag{5-16}$$

$\hat{\sigma}$ 是母体标准离差的估计值。实践中，母体的标准离差 σ 是无法知道的，只能用子样的标准离差 σ 去估计，像上面用数学期望 $\overline{x}$ 去估计真值 μ 一样。当子样个数 n 增大时，$n-1$ 将接近于 n，由数理统计可以证明 $\hat{\sigma}$ 是 σ 无偏估计。

$\hat{\sigma} = s = \sqrt{\dfrac{\sum\limits_{i=1}^{n}(x_i - \overline{x})^2}{n-1}}$ 中的分子项叫离差平方和或变差平方和，常用符号 SS 表示。

例如，例 5-4 中，

$$\begin{aligned} SS = \sum_{i=1}^{n}(x_i - \overline{x})^2 &= (0.0064 + 1.8 + 0.032 + 1.77 + 0.036 + 1.64 + \\ &\quad\ 0.049 + 1.54 + 0.022 + 0.012)\% \\ &= 6.68\% \end{aligned}$$

$\hat{\sigma} = s = \sqrt{\dfrac{\sum\limits_{i=1}^{n}(x_i - \overline{x})^2}{n-1}}$ 中的分母项 $n-1$ 则是测试数据的自由度 f。自由度的定义可理解为变数的独立值的数目，换一个说法是变数的数目减去所受的约束数。此处由 n 个 x_1 值可算出子样平均值 $\overline{x}$，$\sum\limits_{i=1}^{n} d_i = \sum\limits_{i=1}^{n}(x_i - \overline{x}) = 0$，这就是一个约束条件。有了这个约束条件后，自由度就是 $n-1$。因为当 $n-1$ 个 d_i 独立地求得后，末一个 d_i 就不再是独立的了，它可以由 $\sum\limits_{i=1}^{n} d_i = 0$ 及前 $n-1$ 个 d_i 值推得。

变差平方和除以自由度叫做平均变差平方和或简称均方 $\overline{S} = \overline{\sigma}^2$。上面的均方为：

$$\overline{\sigma} = \hat{\sigma}^2 = \frac{\sum\limits_{i=1}^{10}(x_i - \overline{x})^2}{n-1} = \frac{6.86}{9} = 76\%$$

标准离差和均方都是表示变差大小的常用方法，其特点是，不仅可不受离差正负号的影响，而且对较大的离差比较敏感，因而可较好地反映出数据的离散程度。需要注意的是，此处求得的标准离差是各个单次测试离差的一种"平均值"，$\hat{\sigma}$ 只表示每次测试数据之间的离散程度，而不是测试数据本身平均值的离差。n 次测试结果平均值的标准离差 σ_n，是单次测试标准离差的 $\dfrac{1}{\sqrt{n}}$ 倍：

$$\sigma_n = \frac{\sigma}{\sqrt{n}} \qquad \hat{\sigma}_n = \frac{\hat{\sigma}}{\sqrt{n}}$$

标准离差为：

$$\hat{\sigma} = \sqrt{\frac{\sum\limits_{i=1}^{10}(x_i - \bar{x})^2}{n-1}} = \sqrt{0.76} = 87\%$$

$$\hat{\sigma}_n = \sqrt{S} = \frac{\hat{\sigma}}{\sqrt{n}} = \frac{0.87}{\sqrt{10}} = 28\%$$

级差、算术平均误差、标准离差三种变差度量方法，都是为了表明一组测试数据的分散程度，级差表示法没有充分利用每一个数据，不能真实地反映数据的离散程度。算术平均误差可以较好地反映出各单次测试数据误差的平均值大小，但也不能很好地反映出数据的离散程度。只有用标准离差才能较好地反映出数据的离散程度，且对离差比较敏感。

5.4　选矿试验数据整理中的常见术语

5.4.1　指标

任何一项试验都有其自身的目的，据此才能提出用哪些量来衡量达到目的的程度。在试验设计中，把根据试验目的而选定的判断试验效果好坏所采用的标准称为试验指标，简称指标，主要用来衡量试验效果好坏。

选矿试验及生产中用到的指标主要分为两类，即定量指标和定性指标。定量指标也称数量指标，如质量、产率、回收率、混入率等。定性指标也称非数量指标，如精矿光泽、味道、光泽等。

在评价选矿试验优劣时，应该选取合适的指标。合适的指标的选择要求一般包括以下几个方面：选择客观性强的指标、选择易于量化即经过仪器测量而获得的指标、选择灵敏度高的指标、选择精确性强的参数作为指标。

5.4.2　因素

因素也称为因子，它是在进行试验时重点考察的内容。因素一般用大写字母 A、B、C 等来标记，如因素 A、因素 B、因素 C 等。因素分类有可控因素（浸出时间、磨矿细度、调整剂种类、调整剂用量等）和不可控因素（电压、电流等）两大类。

在选矿试验中有些因素很难控制，尤其是当某段时间内由于前段作业某些因素的变化而引起后续作业指标的波动。在选矿试验中给矿量、作业浓度、给矿品位以及给矿粒度等矿石性质和给矿条件的变化会对试验对象的分选效果产生较大的影响。如果只对某一因素进行片面考查，往往会歪曲试验对象所反应的实质。例如，在考查给矿浓度对摇床的选别效率的影响时，应同时考查给矿粒度、给矿量和冲洗水量等对选别效率的影响；而考查选别设备的某个结构参数时，也要同时考虑给矿量、给矿品位、给矿浓度，甚至还要考虑温度对作业指标的影响；进行浮选药剂用量试验时，除了考虑这些给矿因素对作业指标的影响外，还要考虑矿浆 pH 值等因素；对某一弱磁选设备进行考查时，除了考查一些经常需要考虑的因素外，最好还要考查给矿和各产品中磁性铁的含量，因为只有这样才能真正地来评价一种设备的优越性。特别要强调的是，如果要考查的因素对指标的影响程度不及未加考虑的因素中的某个或者某些时，那么这样的试验很可能会导致错误的结论。

为了得出正确的结论，在选矿试验实际过程中，选择影响试验指标因素的原则有：抓住主要因素（将影响较大的因素选入试验）同时要考虑因素之间的交互作用；找出非主要因素，并使其在试验中保持不变，以消除其干扰作用。

5.4.3 水平

水平指因素在试验中所处的不同状态。在选择参加组合试验因素的同时，不能脱离选择水平的问题。水平确定是否适当，直接影响试验结果和对结果的评估。因此，强调选择水平要有一定的依据。选择水平依据主要有三种：查阅国内外文献资料、现场生产数据以及必要的预先选矿试验。在这个基础上，尽可能将预计的最佳条件网在所定的水平范围内。同时，在选择水平时也要遵循一定的原则：水平宜取三水平为宜、水平应是等间隔的原则、水平是具体的、水平的选择必须在技术上现实可行。

5.4.4 交互作用

一个因素的水平好坏或好坏的程度受另一因素水平制约的情况，称为因素 A 与因素 B 的交互作用。选矿试验的影响因素较多，要揭露各因素的内因联系，不仅要考查主要因素的独立作用，还要考查各因素的交互作用。在浮选试验过程中，磨矿细度、捕收剂用量、pH 值、起泡剂用量等因素间的交互作用都不很显著。交互作用主要仅存在于那些在矿浆中或矿物表面可能产生相互反应或具有同类作用的成对药剂间。有的是互相制约，一个因素的用量加大，另外一个的用量也要相应多加，如氰化物和黄药；有的则是相互补充，一个因素的用量加大，另一个的用量就必须或可以少加，如硫酸锌和亚硫酸钠；有的则既互相制约，又互相补充，如石灰和碳酸钠混用时，碳酸钠可促进 pH 值的提高，但却会沉淀 Ca^{2+} 离子。

需要指出的是，在对试验数据整理时，不能将各因素效应的叠加现象误认为交互作用。例如，若在某一 pH 值下，随着磨矿细度的增加，浮选回收率可由 80% 提高到 90%，而在另一更合理的 pH 值下，可由 85% 提高到 95%，尽管为达到同一回收率所需的磨矿细度不同，却不能认为这两个因素间存在着交互作用。恰恰相反，这证明了这两个因素的效应具有可加性，互不干扰。

在实际选矿试验设计时，需要充分利用专业知识的帮助，妥善地处理可能具有交互作用的因素，即可使分析因试验的结果较为准确可靠，具体办法主要有两种：

（1）将可能具有交互作用的一对因素，暂时按一定的比例取值，此时虽不能揭露该两因素间的交互作用，但却可避免交互作用对其他因素的干扰。

（2）若该一对因素的取值比例不能预先确定，则可先将其中某一因素的取值固定，而仅变动另一因素的取值。

5.5 试验数据的结构特征及试验误差

5.5.1 试验数据的结构和特征

在对选矿试验数据进行整理分析时，需要了解试验数据的结构及特征。选矿指标具有以下特征：

（1）波动性。在同样条件下得到的铜精矿品位并不完全一样，有一定的波动。

（2）规律性。品位虽然有波动，但不是杂乱无章的，而是呈现一定的规律。这种规律只有通过数理统计才能充分显示出来。数理统计就是从波动的数据中找出规律的一种数学方法。

从上例还可知，在正常生产条件下的铜精矿品位的全体就是一个总体，而每个品位则是一个个体。10个铜精矿品位，就是在正常的半工业试验中从铜精矿品位的总体中抽出的样本，样本所含个体数目叫做样本的大小（或称容量）。

若工业性试验条件完全相同，只需采用算术平均值来代表该批样本的铜精矿品位：

$$\bar{x} = \frac{1}{n} \sum_{i=1}^{n} x_i \tag{5-17}$$

$\bar{x}$ 表示在有限次重复测试次数下所获得子样平均值。当 $n \to \infty$ 时，$\bar{x}$ 就表示在无限次重复测试次数下所获得的母体平均值，也称真值 μ_0。

大多数情况下，真值是无法知道或计算的，只能用子样的平均值来估计。用有限次测试结果的平均值对无限次测试结果的平均值（真值）进行估计，这就是参数估计，其表达式为：

$$\hat{\mu} = \bar{x} = \frac{1}{n} \sum_{i=1}^{n} x_i \tag{5-18}$$

x 在数理统计中称数学期望。数理统计的实质就是通过对样本数据的整理分析，推断出总体的规律性，其主要内容包括参数估计、统计检验、方差分析。从上述试验所获得的精矿品位而言，大多数情况下，只反映平均指标是不够的，若数据波动太大，仍旧不能认为该工艺是令人满意的，还必须考虑这组数据与数学期望的偏离程度，这就是方差分析。

5.5.2 试验误差分类

试验数据若是在试验条件不变的情况下获得的，这种试验结果之间存在的误差就叫试验误差；反之，样本数据之间的误差是由条件变化引起的，就叫条件变差。一组数据之间的差异是属于试验误差还是条件变差，即对变差的性质进行识别这就是统计检验。无论采用什么试验方法，都要求能正确地分辨条件变差和试验误差。试验误差按其性质和产生的原因可分为三类：

（1）系统误差。系统误差是由于试验技术如试验方案、仪器设备的精确度和人工操作等各种主客观因素带到试验数据中的误差。其特征是，这种误差总以同样大小的差异出现于每次试验中，因而常被忽视，也不易被发现。如果把不同的试验技术应用于同一研究对象就可以发现它。但是，我们一般不需要这样做，只是在试验前仔细地检查一下试验方案、仪器设备，必要时在计算数据时，引用特殊修正系数，就可消除系统误差对试验结果的影响。

（2）过失误差。这种误差是由于试验人员的过失或试验过程的事故所引起的。其特征是误差毫无规律性，且误差往往较大，容易被发现，在试验操作中应该绝对避免。

（3）随机误差。随机误差是由许多未能加以控制的独立因素所造成的，不能从试验中消除，但可以被发现和定量估计。其特征是具有一定的分布规律。一般随机误差都服从正态分布规律，即大小相等的正负误差出现的概率相等，绝对值小的误差出现的概率大，绝对值大的误差出现的概率小。

需要指出的是，在重复试验中，若消除了系统误差，又避免了过失误差，那么样本数据之间的误差就都归结为随机误差。随机误差具有一定的分布规律，因而可利用数理统计的方法进行识别。

5.6 选矿试验结果处理过程中的统计检验基本方法

统计检验的内容非常丰富，这里仅给出选矿厂试验及生产中常用的常用的 u 检验、t 检验和 F 检验等检验方法。

5.6.1 u 检验

统计检验理论的基础是随机误差的分布规律。经计算随机误差服从正态分布时，绝对值大于标准离差 σ 的误差出现的概率为 31.7%，绝对值大于 2σ 的误差出现的概率仅为 4.6%，绝对值大于 3σ 的误差出现的概率仅为 0.3%。

以上说明绝对值大于 2~3 倍标准离差的随机误差出现的概率可以认为是极小的。在没有条件变差的重复测试中，若出现大于 3σ 的误差即可认为是过失误差。反之，在没有过失误差的情况下，若出现大于 3σ 的变差，即认为试验条件有了显著变化，因而显现出条件变差。换句话说，可用变差同标准差 σ 的比值作为变差是否显著的标准（此处"显著"的含义是"显著地大于试验误差"）。这种检验方法，就叫做 u 检验，记为：

$$u = \frac{|\bar{x} - \mu|}{\sigma / \sqrt{n}} \tag{5-19}$$

显然，u 的取值与我们对检验可靠程度的要求有关。由上述正态分布规律可知，若 $u=2$，则判断错误的概率（记作 α）为 4.6%，即 0.046；若 $u=3$，则 $\alpha=0.3\%=0.003$。若要求 $\alpha=5\%=0.05$，即可靠性达到 95%，则 u 应等于 1.96。α 值在数理统计上叫做显著性水平，要求的显著性水平不同，应取的 u 值也不同。

u 检验是正态分布的统计检验。正态分布有两个重要的参数，一个是真值 μ，另一个是标准离差 σ。这两个参数确定后，一个正态分布 $N(\mu, \sigma^2)$ 就完全确定了。因此，关于正态分布的检验问题，就是检验这两个参数的问题。但在很多场合，标准离差比较稳定，只对真值进行检验，u 检验就适用于这一情形。

【例 5-5】 已知某选矿厂排放的污水中锌及其化合物的含量在正常情况下服从于正

态分布 N（4.55，0.108^2）。对污水检测了 5 次，其含锌量分别为 4.28、4.40、4.42、4.35、4.37mg/L。如果标准离差没有变化，总体真值有无变化？〔注：统计学上 N（μ，σ^2）表示正态分布的真值为 μ、标准离差为 σ 的正态分布，而 N（0，1）表示标准正态分布。〕

解：首先计算出样本平均值：

$$\bar{x} = \frac{1}{n} \sum_{i=1}^{n} x_i = \frac{1}{5}(4.28 + 4.40 + 4.42 + 4.35 + 4.37) = 4.36(\text{mg/L})$$

再计算 μ：

$$u = \frac{|\bar{x} - \mu_0|}{\sigma_0/\sqrt{n}} = \frac{|4.36 - 4.55|}{0.108/\sqrt{5}} = 3.9$$

式中，μ_0、σ_0 分别是原总体真值和标准离差，n 为样本大小。

如果假设总体真值没有变化，即 $\mu = \mu_0$，则 $\bar{x}$ 应遵循 N（μ_0，$\frac{\sigma_0^2}{n}$），从而遵从 N（0，1）对 $\alpha = 0.05$ 时，即当 $|u| > u_0 = 1.96$ 时，应否定假设。现在 $|u| = 3.9 > 1.96$，理应否定假设，就是说总体真值有变化，平均含锌量比原来显著地降低了。

5.6.2 t 检验

t 检验是最常用的统计检验方法之一。t 检验的原理同 u 检验法是一致的，只不过采用 u 检验法时，试验误差是用母体标准离差 σ 度量，而在实际生产中，σ 往往是不知道的，只能用子样标准离差 $\hat{\sigma}$ 来估计它，变差同子样标准离差的比值就是检验统计量 t。

$$t = \frac{|\bar{x} - \mu|}{\hat{\sigma}/\sqrt{n}} = \frac{|\bar{x} - \mu|}{\hat{\sigma}_n} \tag{5-20}$$

【例 5-6】 某选厂对水力旋流器的分级效率进行考查，按长期生产统计数据算出的平均分级 $\mu = 58\%$，后改进了结构，重新进行了 8 次考查，结果如下：60、61、64、59、56、66、60、62，试问检验分级效率的变化是不是结构改进的效果？

解：首先，算出样本的平均值 $\bar{x}$ 和标准离差 $\hat{\sigma}$：

$$\bar{x} = \frac{1}{n} \sum_{i=1}^{n} x_i = \frac{1}{8}(60 + 61 + 64 + 59 + 66 + 60 + 62)\% = 61\%$$

$$\hat{\sigma} = \sqrt{\frac{\sum_{i=1}^{8}(x_i - \bar{x})^2}{8 - 1}} = \sqrt{9.4}\% = 3.07\%$$

将上述数字代入式 $t = \frac{|\bar{x} - \mu|}{\hat{\sigma}/\sqrt{n}}$ 中，可得：

$$t = \frac{|\bar{x} - \mu|}{\hat{\sigma}/\sqrt{n}} = \frac{|61 - 58|}{3.07/\sqrt{8}} = \frac{3}{1.1} = 2.7$$

必须注意的是，当用 t 检验法代替 u 检验法时，判断差异显著性临界值 t_α 将不仅与显著性水平 α 有关，而且与自由度 $f = n-1$ 有关。原因是 u 和 t 实际可看作是一种保险系数，当用子样标准离差代替母体标准离差时，其可靠性将下降，因而保险系数必须加大。而在前面讲过，$\hat{\sigma}$ 的可靠性与其自由度有关，愈大，则 $\hat{\sigma}$ 愈接近 σ，因而保险系数 t 可愈小，反之，f 愈小时 t 必须愈大。

由 t 分布表查得，由于 $f = n - 1 = 8 - 1 = 7$，若取 $\alpha = 0.05$，则 $t_\alpha = 2.37$，现 $t > t_\alpha$，故可认为差异是显著的，分级效率的提高确是结构改进的结果，而不是随机误差造成的。

5.6.3　F 检验

在试验设计中，用来检验条件变差显著性的另一重要方法是 F 检验法。F 检验不需知道母体的标准离差 σ 和真值 μ。而在实践中，母体的标准离差和真值是很难知道的，故 F 检验是选矿试验中一种重要的检验方法。若用 $\bar{S}_i$ 表示由因素 i 引起的平均变差平方和，$\bar{S}_e$ 表示由试验误差引起的平均变差平方和，二者的比值即为检验统计量 F。

$$F = \frac{\bar{S}_i}{\bar{S}_e} \tag{5-21}$$

若算出的 F 值超过某一临界值 F_α，即可判断该项变差显著（大于试验误差），其显著性水平为 α，即可信程度为 $P = 1 - \alpha$。F 的临界值同样不仅与 α 值有关，而且与分子项 $\bar{S}_i$ 的自由度 f_1 和分母项 $\bar{S}_e$ 的自由度 f_2 有关。

【例 5-7】　在某镍矿的粗选试验中，考察的主要因素为丁基黄药、硫酸铜、六偏磷酸钠和羧甲基纤维素的用量，试验为 $L_9(3^4)$ 正交试验，各因素分别选取三个水平。试验结果如表 5-3 所示，试对不同因素对镍粗精矿品位影响显著性进行 F 检验的计算分析。

表 5-3　镍粗精矿品位表

试验编号	因素 A（PN）	B（CMC）	C（硫酸铜）	D（丁基黄药）	镍粗精矿品位/%
1	1	1	3	2	1.51
2	2	1	1	1	1.60
3	3	1	2	3	1.53
4	1	2	2	1	1.63
5	2	2	3	3	1.88
6	3	2	1	2	1.77
7	1	3	1	3	1.54
8	2	3	2	2	1.64
9	3	3	3	1	1.94

解：根据表 5-3 将不同因素的 E 值计算如表 5-4 所示。

表 5-4　镍粗精矿品位方差分析表

试验编号	因素 A（PN）	B（CMC）	C（硫酸铜）	D（丁基黄药）	镍粗精矿品位/%
1	1	1	3	2	1.51
2	2	1	1	1	1.60

续表 5-4

试验编号		因素 A （PN）	B （CMC）	C （硫酸铜）	D （丁基黄药）	镍粗精矿 品位/ %
3		3	1	2	3	1.53
4		1	2	2	1	1.63
5		2	2	3	3	1.88
6		3	2	1	2	1.77
7		1	3	1	3	1.54
8		2	3	2	2	1.64
9		3	3	3	1	1.94
镍粗精矿品位/%	E_{I}	4.68	4.64	4.91	5.17	$E_{\text{T}}=15.04$
	E_{I} 均值	1.56	1.55	1.64	1.72	
	E_{II}	5.12	5.28	4.80	4.92	
	E_{II} 均值	1.71	1.76	1.60	1.64	
	E_{III}	5.24	5.12	5.33	4.95	
	E_{III} 均值	1.75	1.71	1.78	1.65	$1/9\,E_{\text{T}}=1.67$
	r	0.19	0.21	0.18	0.08	

由于同一因素不同水平间试验结果的变化代表了该因素引起的变差，而同一水平不同试点数据间的变化，则与该因素无关。故在计算方差时，可用 E_{I} 均值、E_{II} 均值、E_{III} 均值代替 E_j 对总均值 E_0 求差，但是由于每一水平有三个考察点，因此该因素的方差总和应为：

$$SS_{\text{i}} = 3\big[\,(\overline{E}_{\text{I}} - \overline{E}_0)^2 + (\overline{E}_{\text{II}} - \overline{E}_0)^2 + (\overline{E}_{\text{I}} - \overline{E}_0)^2 + (\overline{E}_{\text{III}} - \overline{E}_0)^2\,\big] = 3\sum_{k}^{\text{III}} (\overline{E}_k - \overline{E}_0)^2$$

$$(5\text{-}22)$$

将上式变形为：

$$SS_{\text{i}} = 3\sum_{k}^{\text{III}} (\overline{E}_k - \overline{E}_0)^2 = 3\left(\sum_{k=\text{I}}^{\text{III}} \overline{E}_k^2 - \frac{\sum\limits_{k=\text{I}}^{\text{III}} \overline{E}_k^2}{3}\right) = \frac{1}{3}(E_{\text{I}}^2 + E_{\text{II}}^2 + E_{\text{III}}^2) - \frac{1}{9}E_{\text{T}}^2 \quad (5\text{-}23)$$

式中，E_{T} 表示全部观测点试验结果总和，即 $E_{\text{T}} = \sum\limits_{j=1}^{N} E_j$。 $\qquad\qquad (5\text{-}24)$

故在镍粗精矿品位方差计算中：

$$\frac{1}{9}E_{\text{T}}^2 = \frac{1}{9}\sum_{j=1}^{N} E_j^2 = \frac{1}{9}\Big(\sum_{j=1}^{9} E_j\Big)^2 = \frac{1}{9} \times 15.04^2 = 25.1335 \qquad (5\text{-}25)$$

$$SS_{\text{A}} = \frac{1}{3}(E_{\text{I}}^2 + E_{\text{II}}^2 + E_{\text{III}}^2) - \frac{1}{9}E_{\text{T}}^2 = \frac{1}{3}(4.68^2 + 5.12^2 + 5.24^2) - 25.1335 = 0.0579$$

$$(5\text{-}26)$$

$$SS_B = \frac{1}{3}(E_I^2 + E_{II}^2 + E_{III}^2) - \frac{1}{9}E_T^2 = \frac{1}{3}(4.64^2 + 5.28^2 + 5.12^2) - 25.1335 = 0.0739 \tag{5-27}$$

$$SS_C = \frac{1}{3}(E_I^2 + E_{II}^2 + E_{III}^2) - \frac{1}{9}E_T^2 = \frac{1}{3}(4.91^2 + 4.80^2 + 5.33^2) - 25.1335 = 0.0522 \tag{5-28}$$

$$SS_D = \frac{1}{3}(E_I^2 + E_{II}^2 + E_{III}^2) - \frac{1}{9}E_T^2 = \frac{1}{3}(5.17^2 + 4.92^2 + 4.95^2) - 25.1335 = 0.0124 \tag{5-29}$$

$$S_0 = \sum_{i=1}^{9} \gamma_i^2 - \frac{1}{9}E_T^2 = 25.3300 - 25.1335 = 0.1965 \tag{5-30}$$

$$S_e = S_0 - SS_A - SS_B - SS_C - SS_D = 0.0001 \tag{5-31}$$

根据以上计算结果，制作方差分析结果表，如表 5-5 所示。由于丁基黄药均方差与误差项的均方较为接近，故将其并为误差列考察。

表 5-5 镍粗精矿品位方差分析结果

方差来源	离差	自由度	均方离差	F	显著性	最优水平
A	0.0579	2	0.0289	6.8929	*	A_3、A_2
B	0.0739	2	0.0370	8.7976	* *	B_3、B_2
C	0.0522	2	0.0261	6.2143	—	—
D	0.0124	2	0.0031	—	—	
误差项	0.0001	2			—	

由表 5-5 可知，对镍粗精矿品位影响显著性大小依次为 B>A>C>D。在以上四个影响因素中，羧甲基纤维素是影响镍粗精矿品位高低的最显著因素，六偏磷酸钠是影响镍粗精矿品位次显著因素，硫酸铜和丁基黄药对镍粗精矿品位影响不大，为一般影响因素。由于镍粗精矿的品位越高越好，故四因素的最优水平应取 E 值中的最大值，即 A_3（A_2）、B_3（B_2）、C_3、D_1（D_2、D_3）。可见在现场生产中，若要提高镍粗精矿的品位，应加强对羧甲基纤维素用量的控制。

5.7 回归分析在选矿指标评价过程中的应用

回归分析是一种处理变量间相关关系的数理统计方法，利用它可评价某类矿石的选矿水平、制定矿石可选性预报图、拟订生产计划、分析试验数据和调控生产过程等方面提供科学的依据。选矿过程存在着多个变量，它们之间具有一定的依存关系。例如对可选性相近的某类矿石，其选矿回收率、精矿品位常与原矿品位间成相关关系，可用 $\varepsilon = f(\alpha)$、$\beta = f(\alpha)$ 或 $\varepsilon = f(\alpha, \beta)$ 等数学式表示。又如矿石的类型、有用矿物和脉石矿物的组成及含量、氧化程度、矿泥含量及其他工艺参数，均影响选矿指标。这些变量之间是否相关，如果相关其数学表达式是怎样的，能否根据一个或几个变量来预测和控制另一个变量的取值，其精确度和可信度又如何，诸如此类问题，均可通过回归分析法来解决。

5.7.1　一元线性回归分析

一元回归分析是一种确定因变量 y 和自变量 x 之间函数关系的方法。如果两变量之间的关系是线性的，则称为一元线性回归分析，建立的回归方程称为一元线性回归方程或一元线性回归模型。

5.7.1.1　回归直线方程的计算

由于自变量与因变量之间呈线性，因此根据测试所得的 n 对数据 $(x_i, y_i)(i = 1, 2, \cdots, n)$ 的试验点在平面坐标上可近似表示为一条直线。一元线性回归分析的统计模型（linear statistical model）为：

$$y_i = a + bx_i + \varepsilon_i (i = 1, 2, \cdots, n) \tag{5-32}$$

式中，a、b 为特定系数，常称为回归系数；ε_i 表示每次试验的随机误差。一般假定 ε_i 是一组相互独立且服从标准正态分布 $\varepsilon_i \sim N(0, \sigma^2)$ 的随机变量。

当用一个确定的函数关系式近似表达此数学模型时，其一元线性回归方程为：

$$\hat{y} = a + bx \tag{5-33}$$

因此，建立一元线性回归方程的问题就是如何确定式（5-33）中的回归系数 a、b 的问题。利用最小二乘法确定式中的回归系数 a、b。每一已知点的误差为：

$$\Delta_i = y_i - a - bx_i \tag{5-34}$$

n 个点的总误差，以每个误差的平方和表示：

$$Q = \sum_{i=1}^{n} \Delta_i^2 = \sum_{i=1}^{n} (y_i - a - bx_i)^2 \tag{5-35}$$

回归直线是在所有直线中 Q 值最小的一条直线，亦即 b 和 a 使 Q 达到极小值。分别对 a 和 b 求偏微商，令其等于 0。

$$\frac{\partial Q}{\partial a} = -2 \sum_{i=1}^{n} (y_i - a - bx_i) = 0 \tag{5-36}$$

$$\frac{\partial Q}{\partial b} = -2 \sum_{i=1}^{n} (y_i - a - bx_i) x_i = 0 \tag{5-37}$$

解得：

$$a = \bar{y} - b\bar{x} = \frac{1}{n} \left(\sum_{i=1}^{n} y_i - b \sum_{i=1}^{n} x_i \right) \tag{5-38}$$

$$b = \frac{\sum_{i=1}^{n} x_i y_i - \frac{1}{n} \sum_{i=1}^{n} x_i \sum_{i=1}^{n} y_i}{\sum_{i=1}^{n} x_i^2 - \frac{1}{n} \left(\sum_{i=1}^{n} x_i \right)^2} = \frac{\sum_{i=1}^{n} (x_i - \bar{x})(y_i - \bar{y})}{\sum_{i=1}^{n} (x_i - \bar{x})^2} = \frac{L_{xy}}{L_{xx}} \tag{5-39}$$

回归系数 b 是回归直线的斜率，其符号的正负决定两个变量间的关系是正相关还是负相关。由式（5-39）可知，b 的符号与 L_{xy} 和 L_{xx} 的符号有关。由于 L_{xx} 为正，因此 b 的符号取决于 l_{xy} 的符号。当 $l_{xy} > 0$ 时，则 $b > 0$，即回归直线的斜率为正，y 随 x 的增加而增加；当 $l_{xy} < 0$ 时，则 $b < 0$，即回归直线的斜率为负，y 随 x 的增加而减小。可见，回归系数 b 的符号总是与相关系数 r_{xy} 的符号相同。

5.7.1.2　回归直线方程的显著性检验

相关系数 r_{xy} 来描述两个变量线性关系的密切程度，如式（5-40）所示。

$$r_{xy} = \frac{L_{xy}}{\sqrt{L_{xx}L_{xy}}} \tag{5-40}$$

相关系数 r_{xy} 的取值范围为 $0 \leqslant |r_{xy}| \leqslant 1$，$|r_{xy}|$ 愈接近1，x 与 y 的线性关系愈密切。查相关系数检验表，视其是否达到"显著"的临界值——$r_{显著值}$。如 $|r_{xy}| > r_{显著值}$，则表明 x 与 y 间的线性关系显著。若 $|r_{xy}| < r_{显著值}$ 则 x 与 y 线性不相关，在这种情况下，回归直线就没有意义。二元及多元回归方程的显著性检验，采用方差分析法（又称 F 检验）较为简便。

5.7.1.3　回归方程的精度

根据标准差的定义，对剩余平方和的方差进行开方运算，即可得到回归方程的剩余标准差 S_ε，即：

$$S_\varepsilon = \sqrt{\frac{SS_\varepsilon}{f_\varepsilon}} = \sqrt{\frac{\sum_{i=1}^{n}(y_i - \hat{y}_i)^2}{n-2}} \tag{5-41}$$

又有

$$S_\varepsilon = \sqrt{\frac{(1 - r_{xy}^2)L_{yy}}{n-2}} \tag{5-42}$$

可以看出，剩余平方和 SS_ε 的值越小或相关系数 r_{xy} 越大，则剩余标准差 S_ε 越小。当 $r_{xy} = 1$ 或 $SS_\varepsilon = 0$ 时，$S_\varepsilon = 0$；当 $r_{xy} = 0$ 时，$S_\varepsilon = \sqrt{\frac{L_{yy}}{n-2}}$，这时 S_ε 值最大。因此，可以用回归方程的剩余标准差 S_ε，对回归方程的效果进行判断。S_ε 值越小，回归方程效果越好；反之，S_ε 值越大，回归方程效果越差。

剩余标准差 S_ε 的单位与因变量 y 的单位一致，而且便于计算。因此，在给定回归方程允许偏差的情况下，直接用剩余标准差与允许偏差进行比较就可判断回归方程是否合理，效果好坏。显然，剩余标准差 S_ε 值越小，从回归方程中预报变量 y 的值就越精确，因而常用剩余标准差 S_ε 作为预报精度的一个重要指标。

对于同一个 x_i，y 的实测值 y_i 是以回归值 $\hat{y}_i$ 为中心对称分布的，与剩余标准差 S_ε 的关系如下：

（1）y_i 落在 $\hat{y}_i \pm S_\varepsilon$ 区间的概率即置信度为68.27%，y_i 落在 $\hat{y}_i \pm 2S_\varepsilon$ 区间的概率即置信度为95.45%。

（2）y_i 落在 $\hat{y}_i \pm 3S_\varepsilon$ 区间的概率即置信度为99.73%。利用剩余标准差 S_ε 可以进行区间估计，给出估计量的预测区间。

【例5-8】　根据某黄铜矿浮选厂测定的铜回收率求算模型式。

解：为求出在浮选过程中 NaS_2 调浆时间与铜精矿中铜回收率之间的一元线性回归模型，选厂测定了不同 NaS_2 调浆时间下的3次铜回收率，具体数据及相关回归系数计算见表5-6。

表 5-6　铜回收率数据及模型式回归系数

NaS$_2$调浆时间/min	铜回收率/% （3次）			回归计算			预测值 y
				y	xy	x^2	
2	69.01	69.57	69.98	69.52	139.04	4	69.91
5	71.38	71.58	71.70	71.55	357.75	25	71.61
8	73.40	73.46	73.39	73.42	587.36	64	73.31
11	75.20	75.24	75.21	75.22	827.42	121	75.00
14	77.20	77.48	77.60	77.43	1084.02	196	76.70
17	78.90	78.47	78.00	78.46	1333.82	289	78.40
20	79.55	79.42	79.33	79.43	1588.60	400	80.10
$\Sigma x = 77$				$\Sigma y = 525.03$	$\Sigma xy = 5918.01$	$\Sigma x^2 = 1099$	

由上表可知，$\Sigma y = 525.03$，$\Sigma xy = 5918.01$，$\Sigma x^2 = 1099$，$n = 7$。将其代入一元线性回归模型式 $\left. \begin{array}{l} \sum y = na + b \sum x \\ \sum yx = a \sum x + b \sum x^2 \end{array} \right\}$ 中求得 $a = 68.778$、$b = 0.566$，得出一元线性回归模型式：$\hat{y} = 0.566x + 68.778$，通过该式可算得 y 的预测值，如图 5-1 所示。

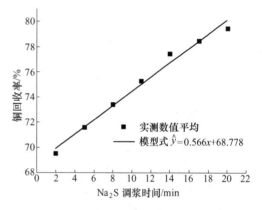

图 5-1　铜回收率实测及模型式

5.7.1.4　化曲线为直线的回归问题

在实际问题中，有时两个变量间的内在关系并非线性关系，这时选择恰当的曲线比配直线更符合实际情况。可从专业知识和从散点图的形状及特点来选择恰当的曲线。

曲线方程可通过变量变换化成回归直线方程，常见的曲线方程及其化法如下：

（1）双曲线

$$\frac{1}{y} = a + \frac{b}{x} \tag{5-43}$$

令　　　　　　　　　$y' = \frac{1}{y}, \ x' = \frac{1}{x}$

即成　　　　　　　　　$y' = a + bx'$

（2）幂函数

$$y = de^b \tag{5-44}$$

令　　　　$y' = \log y, \ x' = \log x, \ a = \log d$

即成　　　　　　　　　$y' = a + bx'$

（3）指数函数

$$y = de^{bx} \tag{5-45}$$

$$y' = \ln y, \quad a' = \ln d$$

即成
$$y' = a + bx'$$

$$y = de^{\frac{b}{x}} \tag{5-46}$$

$$y' = \ln y, \quad x' = \frac{1}{x}, \quad a = \ln d$$

即成
$$y' = a + bx'$$

（4）对数曲线

$$y = a + b\log x \tag{5-47}$$

令
$$x' = \log x$$

即成
$$y' = a + bx'$$

（5）对 S 形曲线

$$y = \frac{1}{a + be^{-x}} \tag{5-48}$$

$$y' = \frac{1}{y}, \quad x' = e^{-x}$$

即成
$$y' = a + bx'$$

由此可见，回归直线方程 $y = a + bx$ 是计算一元回归的基础。

5.7.2　一元非线性回归模型

在选矿厂中，常常遇到自变量（x）与因变量（y）的关系不是直线。例如浮选厂中药剂用量与指标的关系，常常是用量不足指标低，用量过分指标也低，有一个中间适量时指标最高。此时如以用量为横坐标，指标为纵坐标绘图，则不是直线，而是有中间极大值的弯曲曲线。此时应考虑采用非线性回归模型式。表示各种形状曲线的方程式在解析几何中有讨论，在选厂生产中实用的二次多项式：

$$y = a + bx + cx^2 \tag{5-49}$$

其系数 a、b、c 的求法，同上节所述采用最小二乘法原理，即求离差平方和

$$\sum_{i=1}^{n} \Delta_i^2 = \Sigma(y - a - bx - cx^2)^2$$

为最小，即取上式对 a、b、c，求一次偏微分并等于 0，得出下列正规方程：

$$y' = \frac{1}{y}, \quad x' = e^{-x}$$

求解时，先要算出 Σx、Σx^2、Σx^3、Σx^4、Σxy、Σxy、$\Sigma x^2 y$，以这些数值解出 a、b、c。

在选矿厂生产控制时，人们关注的是最佳工艺条件及相应最佳指标的预测。这就是方程式求极值的问题，将式（5-44）取一次微分为 0，$y' = \dfrac{\mathrm{d}y}{\mathrm{d}x} = b + 2cx$，$b + 2cx = 0$。

解得：
$$x^* = -\frac{b}{2c}$$

上式的 x^* 就是按模型式推断的最佳条件，以 x^* 代入模型式算出的 y^* 就是预测的最佳指标。

对于非线性回归模型式，求解正规方程中的系数 a、b、c，计算工作量随着数据套数的增加而繁琐。但是用电子计算机解线性方程组，却随着数据套数的增加而效率增高。所以有了电子计算机，采用标准程序，可比较便捷求解，但目前我国许多选矿厂，还没有电子计算机，故推荐手算的简易近似解法。该方法的计算过程如下：

求一元二次方程式 $y = a + bx + cx^2$ 中的三个系数 a、b、c，最好取三对（或三组）有代表性的数据 (x_1, y_1)、(x_2, y_2)、(x_3, y_3)，得出三个联立方程式，解得：
$$b = R_1/R_2, \quad C = R_3/R_2; \quad a = y_1 - bx_1 - cx_1^2$$

式中
$$R_1 = y_1(x_2^2 - x_3^2) + y_2(x_3^2 - x_1^2) + y_3(x_3^2 - x_1^2)$$
$$R_2 = (x_1 - x_2)(x_2^2 - x_3^2) - (x_3 - x_2)(x_2^2 - x_1^2)$$
$$R_3 = y_1(x_3 - x_2) + y_2(x_1 - x_3) + y_3(x_2 - x_1)$$

【例 5-9】 表 5-7 为某选厂浮选作业调整剂用量试验的结果，试根据表中数据对其进行回归分析，并计算其最佳用量。

表 5-7　某选厂调整剂用量与指标关系

调整剂用量/$g \cdot t^{-1}$	指标/%			分选效率 E/%
	γ	β	ε	
400	34.94	30.80	74.53	38.95
	35.75	30.05	76.14	38.70
	38.33	30.00	80.69	42.01
	37.20	30.25	79.53	41.98
500	43.00	30.45	89.44	50.79
600	36.72	29.83	77.03	38.57
	40.90	30.15	84.29	44.91
	39.50	29.70	83.86	44.29
	37.00	30.38	80.06	43.02

解： 由于分选效率比较全面，因此以分选效率为对象求模型式。

（1）将三组数据求平均值，如用量为 400g/t 时的分选效率平均值为：(38.95 + 38.70 + 42.01 + 41.98)/4 = 40.41，得出三组数据为 (400, 40.41) (500, 50.79) (600, 42.70)。

（2）为计算简便，将 400、500、600，进行编码，使之编为 -1、0、+1，原码 (x_i) 与编码 $(\tilde{x}_i)$ 的关系为 $(\tilde{x}_i) = \dfrac{x_i - x_0}{S}$，式中 x_i 为原码（实际数据）；x_0 为中心点，S 为数据间隔（又名步长）。本例 $x_0 = 500$，$S = 100$。

于是得出 3 点坐标为：$(-1, 40.41)$、$(0, 50.79)$、$(+1, 42.70)$，代入式

$$R_1 = y_1(x_2^2 - x_3^2) + y_2(x_3^2 - x_1^2) + y_3(x_1^2 - x_2^2)$$

$$R_2 = (x_1 - x_2)(x_2^2 - x_3^2) - (x_3 - x_2)(x_2^2 - x_1^2)$$

$$R_3 = y_1(x_3 - x_2) + y_2(x_1 - x_3) + y_3(x_2 - x_1)$$

解得 $R_1 = 40.41(0 - 1) + 50.79(1 - 1) + 42.70(1 - 0) = 2.29$

$$R_2 = (-1)(-1) - (-1) \times 1 = 2$$

$$R_3 = 40.41(1 - 0) + 50.79(-1 - 1) + 42.70(0 + 1) = -18.47$$

将 R_1、R_2、R_3 代入式 $b = R_1/R_2$、$c = R_3/R_2$、$a = y_1 - bx_1 - cx_1^2$ 中，

解得 $b = 1.145$，$c = -9.235$，$a = 40.41 - 1.145 (-1) - (-9.235) \times 1 = 50.79$，得出模型为 $y = 50.79 + 1.145\tilde{x} - 9.235\tilde{x}^2$。

（3）求最佳用量，由 $x^* = -\dfrac{b}{2c} =$

$\dfrac{1.145}{2 \times 9.235} = 0.06199$，代入模型式，得 $y^* =$

$50.79 + 0.0265 = 50.83$。

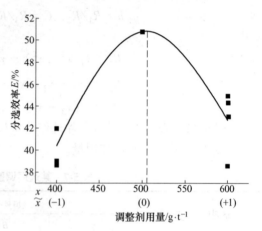

（4）译码，将 $\tilde{x}$ 码译回实际数据代入原码与编码关系式得：$\tilde{x}^* = 0.06199 = \dfrac{x_i - 500}{100}$，$x^* = 506.199$，因此得出最佳药剂用量为 506.199g/t。

数据点及模型式曲线及最佳点如图 5-2 所示。

图 5-2   一元二次回归模型（$E = 50 + \tilde{x} - 9\tilde{x}^2$）

5.7.3 多元回归模型

一元回归模型，只适合控制一个操作因素。在选矿厂生产统计及控制时，常常要求掌握几个重要因素对分选效率及指标的相互关系，以便综合控制。假设浮选试验影响因素为 x_1、x_2、$\cdots$、x_m 共 m 个，选别指标或判据为 y，则多元一次回归式为：

$$y = b_0 + b_1 x_1 + b_2 x_2 + \cdots + b_m x_m \tag{5-50}$$

在常规多元线性回归分析模型中，需根据大量数据求解回归方程中的多个系数（b_0、b_1、$\cdots$、b_m）。要从大量的 $(x_i、y_i)$ 数据中求解系数 b_0、b_1、b_2、$\cdots$、b_m 仍可用最小二乘法的原理，计算过程中命方差和最小，即一次微分为 0 的条件下求极值，可得出正规方程。例如两因素 x_1、x_2 的一次回归式为：

$$\sum y = nb_0 + b_1 \sum x_1 + b_2 \sum x_2$$

$$\sum yx_1 = b_0 \sum x_1 + b_1 \sum x_1^2 + b_2 \sum x_1 x_2$$

$$\sum yx_2 = b_0 \sum x_1 + b_1 \sum x_1 x_2 + b_2 \sum x_2^2$$

联解上式得：

$$b_1 = \frac{\dfrac{\sum y}{n}\left(\dfrac{\sum x_1^2}{\sum x_1} - \dfrac{\sum x_1 x_2}{\sum x_2}\right) + \dfrac{\sum y x_1}{\sum x_1}\left(\dfrac{\sum x_1 x_2}{\sum x_2} - \dfrac{\sum x_1}{n}\right) + \dfrac{\sum y x_2}{\sum x_2}\left(\dfrac{\sum x_1}{n} - \dfrac{\sum x_1 x_2}{\sum x_1}\right)}{\left(\dfrac{\sum x_1}{n} - \dfrac{\sum x_1 x_2}{\sum x_1}\right)\left(\dfrac{\sum x_1^2}{\sum x_1} - \dfrac{\sum x_1 x_2}{\sum x_2}\right) - \left(\dfrac{\sum x_2^2}{\sum x_2} - \dfrac{\sum x_1 x_2}{\sum x_1}\right)\left(\dfrac{\sum x_1^2}{\sum x_1} - \dfrac{\sum x_1}{n}\right)}$$ (5-51)

$$b_2 = \frac{\dfrac{\sum y}{n}\left(\dfrac{\sum x_2^2}{\sum x_2} - \dfrac{\sum x_1 x_2}{\sum x_1}\right) + \dfrac{\sum y x_1}{\sum x_1}\left(\dfrac{\sum x_2^2}{n} - \dfrac{\sum x_2^2}{\sum x_2}\right) + \dfrac{\sum y x_1}{\sum x_2}\left(\dfrac{\sum x_1^2}{\sum x_1} - \dfrac{\sum x_2}{n}\right)}{\left(\dfrac{\sum x_2}{n} - \dfrac{\sum x_1 x_2}{\sum x_1}\right)\left(\dfrac{\sum x_1^2}{\sum x_1} - \dfrac{\sum x_1 x_2}{\sum x_2}\right) - \left(\dfrac{\sum x_2^2}{\sum x_2} - \dfrac{\sum x_1 x_2}{\sum x_1}\right)\left(\dfrac{\sum x_1^2}{\sum x_1} - \dfrac{\sum x_1}{n}\right)}$$ (5-52)

$$b_0 = \frac{1}{n}\left(\sum y - b_1 x_1 - b_2 \sum x_2\right)$$ (5-53)

结合最小二乘法原理,令方差和最小,联立得出关于各系数的求解方程,最后将方程转化为矩阵由计算机运算求出系数值。考虑到目前选矿厂在实际生产操作中各项因素存在波动性,取样化验及管理控制方面不是十分严密,采取过于严密的分析模型是不切实际的。因此,可操作性更强,计算更为直观同时也能够揭示生产中现象规律的"连乘法"更适合当前选厂的管理需要。"连乘法"的本质,就是将多因素的回归模型,转化成各个独立的单因素回归模型乘积的形式。

【例 5-10】 在某镍矿粗选试验中,为系统的考察各因素对镍粗精矿品位及回收率的影响,对粗选进行了正交试验,试验结果如表 5-8 所示,试对试验结果进行多元回归分析。

表 5-8 镍粗选正交试验结果表

试验组数	各因素用量/g·t⁻¹				镍粗精矿品位 y/%
	六偏磷酸钠 (x_1)	羧甲基纤维素 (x_2)	硫酸铜 (x_3)	丁基黄药 (x_4)	
1	280	420	360	350	1.51
2	350	420	240	280	1.60
3	420	420	300	420	1.53
4	280	500	300	280	1.63
5	350	500	360	420	1.88
6	420	500	240	350	1.77
7	280	580	240	420	1.54
8	350	580	300	350	1.64
9	420	580	360	280	1.94

解:将六偏磷酸钠作为影响因素一来考察,通过表 5-8 计算可得:

$$\bar{y} = \frac{1}{9}(1.51 + 1.6 + 1.53 + 1.63 + 1.88 + 1.77 + 1.54 + 1.64 + 1.94) = 1.67\%$$

$$\bar{x_1} = \frac{1}{9}(280 + 350 + 420 + 280 + 350 + 420 + 280 + 350 + 420) = 350\text{g/t}$$

再由最小二乘法经典公式可得:

$$b_1 = \frac{\sum (y_i - \bar{y})(x_i - \bar{x})}{\sum (x_i - \bar{x})^2} = \frac{23.8}{29400} = 0.81 \times 10^{-3}$$

$$a_1 = \bar{y_1} - b_1 \bar{x_1} = 1.00 - 0.81 \times 10^{-3} \times 350 = 0.72$$

故可得因素一的回归模型为：

$$y_1 = 0.72 + 0.81 \times 10^{-3} x_1$$

同样道理，将羧甲基纤维素作为因素二来考察，根据多元素线性回归模型中各因素相关性影响可得表 5-9。

表 5-9　因素 x_1 与 y_2 关系计算表

试验组数	y	$y_1 = \dfrac{y}{\bar{y}}$	x_1	$y_1 \cdot x_1$	x_1^2
1	1.51	0.90	280	253.01	78400
2	1.6	0.96	350	335.11	122500
3	1.53	0.92	420	384.53	176400
4	1.63	0.98	280	273.12	78400
5	1.88	1.13	350	393.75	122500
6	1.77	1.06	420	444.85	176400
7	1.54	0.92	280	258.03	78400
8	1.64	0.98	350	343.48	122500
9	1.94	1.16	420	487.58	176400

将 x_1 代入因素一回归方程，得出 y_1^*。根据 y_1^* 与 y_1 计算得出 y_2，y_2 与 x_2 关系如表 5-10 所示。

表 5-10　因素 y_2 与 x_2 关系计算表

试验组数	y_1^*	$y_2 = \dfrac{y_1}{y_1^*}$	x_2	$y_2 \cdot x_2$	x_2^2
1	0.95	0.95	420	397.89	176400
2	1.00	0.96	420	403.20	176400
3	1.06	0.87	420	364.53	176400
4	0.95	1.03	500	515.79	250000
5	1.00	1.13	500	565.00	250000
6	1.06	1.00	500	500.00	250000
7	0.95	0.97	580	561.68	336400
8	1.00	0.98	580	568.40	336400
9	1.06	1.09	580	634.72	336400
合计	—	8.98	4500	4511.21	2288400

根据最小二乘法联立以下方程：

$$\sum y_2 = na + b \sum x_2$$

$$\sum x_2 y_2 = a \sum x_2 + b \sum x_2^2$$

将表 5-10 中数据代入可得：$a = 0.723$，$b = 0.55 \times 10^{-3}$。故第二因素回归模型为：

$$y_2 = 0.723 + 0.55 \times 10^{-3} x_2$$

按照以上步骤分别计算出 x_3、x_4 的回归方程系数：

$$a_3 = 0.80, \quad b_3 = 0.66 \times 10^{-3}; \quad a_4 = 0.90, \quad b_4 = -0.30 \times 10^{-3}$$

故第三因素和第四因素回归模型为：

$$y_3 = 0.80 + 0.66 \times 10^{-3} x_3$$
$$y_4 = 0.90 - 0.30 \times 10^{-3} x_4$$

将各影响因素所得回归模型进行连乘，得出总回归模型：

$$y = 1.67 \times (0.72 + 0.81 \times 10^{-3} x_1) \times (0.723 + 0.55 \times 10^{-3} x_2) \times$$
$$(0.80 + 0.66 \times 10^{-3} x_3) \times (0.90 - 0.30 \times 10^{-3} x_4)$$

分别将原始数据带入回归模型，检验其准确性，校核结果如表 5-11 所示。

表 5-11 预测值与试验值结果表

预测值/ %	试验结果/ %
1.50	1.51
1.57	1.60
1.62	1.53
1.56	1.63
1.78	1.88
1.70	1.77
1.63	1.54
1.74	1.64
1.90	1.94

通过结果分析可知，回归模型与试验数据能够较好拟合，可用于现场生产情况的短期预测。有利于通过控制现场条件，生产不同品级产品。

【例 5-11】 某红土镍矿浸出正交试验的结果如表 5-12 所示，试验时为提高试验结果分析的精度，每个试验点均进行了重复试验，计算时取两次试验的平均值，方差分析结果如表 5-13 所示。试对其进行回归分析。

表 5-12 正交试验安排及结果

试验编号	A 水平	B 水平	C 水平	D 水平	E 水平	结 果		平均值/%
						镍的浸出率/%		
1	1	1	1	1	1	37.10	33.97	35.54
2	1	2	2	2	2	66.13	64.52	65.33
3	1	3	3	3	3	94.84	92.74	93.79
4	1	4	4	4	4	95.65	92.90	94.28
5	2	1	2	3	4	77.42	79.03	78.23
6	2	2	1	4	3	79.03	82.26	80.65
7	2	3	4	1	2	91.13	84.68	87.91
8	2	4	3	2	1	89.03	90.32	89.68
9	3	1	3	4	2	70.97	61.29	66.13

续表 5-12

试验编号	A 水平	B 水平	C 水平	D 水平	E 水平	结　果		
						镍的浸出率/%		平均值/%
10	3	2	4	3	1	64.52	66.13	65.33
11	3	3	1	2	4	93.39	93.71	93.55
12	3	4	2	1	3	89.03	94.84	91.94
13	4	1	4	2	3	90.97	93.06	92.02
14	4	2	3	1	4	92.74	96.94	94.84
15	4	3	2	4	1	88.71	85.32	87.02
16	4	4	1	3	2	94.84	96.29	95.57
E_I	288.93	271.91	305.30	310.22	277.55	$E_T = \sum = 1311.75$		
E_{II}	336.45	306.14	322.50	340.57	314.93			
E_{III}	316.94	362.26	344.44	332.91	358.39	$C_T = \sum{}^2/16$		
E_{IV}	369.44	371.45	339.52	328.07	360.89	$= 1720689.11/16$		
S	13748.65/16	26744.30/16	3793.23/16	1991.88/16	18883.52/16			

表 5-13　各因素对镍浸出率影响的方差分析结果

方差来源	离差	自由度	均方离差	F	显著性	最优水平
A 硫酸浓度/mol·L^{-1}	13748.65/16	3	4582.88/16	6.89	*	4
B 液固比	26744.30/16	3	8914.77/16	13.40	* *	4
C 浸出时间/h	3793.23/16	3	1264.41/16	1.90	—	—
E 浸出温度/℃	18883.52/16	3	6294.51/16	9.46	* *	4
D 搅拌速率/r·min^{-1}	1991.88/16	3	665.39			
误差	4.30/16					
总和	65165.89/16	15	$F_{0.05}(3, 3) = 9.28$, $F_{0.1}(3, 3) = 5.39$			

　　解: 当因素水平的间距相等时, 可以用正交多项式回归处理正交试验的结果, 可以得到氧化镍浸出率与各因素之间的定量关系, 并进一步对参数进行优化。并且当水平为 4 时, 函数关系为三次多项式, 查询正交多项式表可得, 以正交多项式的回归方程为:

$$\hat{y} = b_0 + b_1\phi_1(x) + b_2\phi_2(x) + b_3\phi_3(x) \tag{5-54}$$

式中, b 为回归系数, $\phi_1(x)$、$\phi_2(x)$、$\phi_3(x)$ 分别为 x 的一次、二次和三次多项式。系数见表 5-14。

表 5-14　正交多项式的系数

x_i	$N=4$		
	ϕ_1	ϕ_2	ϕ_3
1	−3	1	−1
2	−1	−1	3
3	1	−1	−3
4	3	1	1
λ	2	1	10/3
S	20	4	20

计算式如下：

$$\phi_j = \lambda_j \phi_j(x_i) \tag{5-55}$$

$$\varphi_0(x') = 1 \tag{5-56}$$

$$\varphi_1(x') = (x' - \bar{x}') \tag{5-57}$$

$$\varphi_2(x') = (x' - \bar{x}')^2 - \frac{N^2 - 1}{12} \tag{5-58}$$

$$\varphi_3(x') = (x' - \bar{x}')^3 - \frac{3N^2 - 7}{20}(x' - \bar{x}') \tag{5-59}$$

其中 N 为水平数，λ 为调整系数，则：

$$\phi_1 = \lambda_1 \varphi_1(x') = \lambda_1(x' - \bar{x}') \tag{5-60}$$

$$\phi_2 = \lambda_2 \varphi_2(x') = \lambda_2 \left[(x' - \bar{x}')^2 - \frac{N^2 - 1}{12} \right] \tag{5-61}$$

$$\phi_3 = \lambda_3 \varphi_3(x') = \lambda_3 \left[(x' - \bar{x}')^3 - \frac{3N^2 - 7}{20}(x' - \bar{x}') \right] \tag{5-62}$$

其中 $x' = \dfrac{x - \alpha}{h}$，$\bar{x}' = \dfrac{1 + 2 + 3 + \cdots + N}{N}$；$x_i$ 为自变量观测值，回归观测值的间隔；N 为观测值的次数，$N = 4$。x_i' 为自然数，其值为 1、2、$\cdots$、N，由此可求的 α 值。

即

$$x' = \frac{x - \alpha}{h} = 1，\text{所以} \ \alpha = x - h \tag{5-63}$$

代入正交多项式后得：

$$\hat{y} = b_0 + b_1 \lambda_1 \left(\frac{x - \alpha}{h} - \bar{x}' \right) + b_2 \lambda_2 \left[\left(\frac{x - \alpha}{h} - \bar{x}' \right)^2 - \frac{N^2 - 1}{12} \right] +$$

$$b_3 \lambda_3 \left[\left(\frac{x - \alpha}{h} - \bar{x}' \right)^3 - \frac{3N^2 - 7}{20} \left(\frac{x - \alpha}{h} - \bar{x}' \right) \right] \tag{5-64}$$

为建立最优回归方程，需要先判断因素效应的显著性，对各因素的一次项、二次项和三次项的方差比较分析，决定各项次的取舍。根据表 5-14 中的正交多项式的系数列成表 5-15，其中 $\phi_1(A)$、$\phi_2(A)$、$\phi_3(A)$ 表示因子 A 的一次项、二次项和三次项；$\phi_1(B)$、$\phi_2(B)$、$\phi_3(B)$ 表示因子 B 的一次项、二次项和三次项；$\phi_1(C)$、$\phi_2(C)$、$\phi_3(C)$ 表示因子 C 的一次项、二次项和三次项；$\phi_1(D)$、$\phi_2(D)$、$\phi_3(D)$ 表示因子 D 的一次项、二次项和三次项；$\phi_1(E)$、$\phi_2(E)$、$\phi_3(E)$ 表示因子 E 的一次项、二次项和三次项，计算结果如表 5-15 所示，其中：

$$B_i = \Sigma \ (\lambda \times \eta) \tag{5-65}$$

$$D_i = s \times n \times r \tag{5-66}$$

$$d_i = B_i / D_i \tag{5-67}$$

$$Q = B_i^2 / D_i \tag{5-68}$$

式（5-65）和式（5-66）中 λ 和 s 由表 5-14 可知；η 为两次浸出率之和；n 为试验重复次数，$n = 2$；r 为重复使用 S 的次数，根据表 5-15 可得各个平方和 Q，方差结果见表 5-16。

表 5-15　方差的各项结果

试验号	A	B	C	D	E	$\phi_1(A)$	$\phi_2(A)$	$\phi_3(A)$	$\phi_1(B)$	$\phi_2(B)$	$\phi_3(B)$	$\phi_1(C)$	$\phi_2(C)$	$\phi_3(C)$	$\phi_1(D)$	$\phi_2(D)$	$\phi_3(D)$	$\phi_1(E)$	$\phi_2(E)$	$\phi_3(E)$	η_1/%	η_2/%	合计 η/%
1	1	1	1	1	1	-3	1	-1	-3	1	-1	-3	1	-1	-3	1	-1	-3	1	-1	37.10	33.97	71.07
2	1	2	2	2	2	-3	1	-1	-1	-1	3	-1	-1	3	-1	-1	3	-1	-1	3	66.13	64.52	130.65
3	1	3	3	3	3	-3	1	-1	1	-1	-3	1	-1	-3	1	-1	-3	1	-1	-3	94.84	92.74	187.58
4	1	4	4	4	4	-3	1	-1	3	1	1	3	1	1	3	1	1	3	1	1	95.65	92.9	188.55
5	2	1	2	3	4	-1	-1	3	-3	1	-1	-1	-1	3	1	-1	-3	3	1	1	77.42	79.03	156.45
6	2	2	1	4	3	-1	-1	3	-1	-1	3	-3	1	-1	3	1	1	1	-1	-3	79.03	82.26	161.29
7	2	3	4	1	2	-1	-1	3	1	-1	-3	3	1	1	-3	1	-1	-1	-1	3	91.13	84.68	175.81
8	2	4	3	2	1	-1	-1	3	3	1	1	1	-1	-3	-1	-1	3	-3	1	-1	89.03	90.32	179.35
9	3	1	3	4	2	1	-1	-3	-3	1	-1	1	-1	-3	3	1	1	-1	-1	3	70.97	61.29	132.26
10	3	2	4	3	1	1	-1	-3	-1	-1	3	3	1	1	1	-1	-3	-3	1	-1	64.52	66.13	130.65
11	3	3	1	2	4	1	-1	-3	1	-1	-3	-3	1	-1	-1	-1	3	3	1	1	93.39	93.71	187.1
12	3	4	2	1	3	1	-1	-3	3	1	1	-1	-1	3	-3	1	-1	1	-1	-3	89.03	94.84	183.87
13	4	1	4	2	3	3	1	1	-3	1	-1	3	1	1	-1	-1	3	1	-1	-3	90.97	93.06	184.03
14	4	2	3	1	4	3	1	1	-1	-1	3	1	-1	-3	-3	1	-1	3	1	1	92.74	96.94	189.68
15	4	3	2	4	1	3	1	1	1	-1	-3	-1	-1	3	3	1	1	-3	1	-1	88.71	85.32	174.03
16	4	4	1	3	2	3	1	1	3	1	1	-3	1	-1	1	-1	-3	-1	-1	3	94.84	96.29	191.13
B_i						444.04	9.94	278.08	709.52	-50.08	-137.66	249.22	-44.24	-63.16	91.78	-70.38	81.66	586.96	-69.74	-94.08			
D_i						160	32	160	160	32	160	160	32	160	160	32	160	160	32	160		$\sum = 2623.50$	
d_i						2.78	0.31	1.74	4.43	-1.57	0.86	1.56	-1.38	-0.39	0.57	2.20	0.55	3.67	-2.18	-0.59		$\bar{\eta} = 81.98$	
λ_i						10/3	1	10/3	2	1	2	10/3	1	10/3	10/3	1	10/3	10/3	1	10/3			
Q						1232.32	3.09	483.30	3146.37	78.38	1118.44	388.19	61.16	24.93	52.65	154.92	41.68	2153.26	151.99	55.32			
效应项						A_1	A_2	A_3	B_1	B_2	B_3	C_1	C_2	C_3	D_1	D_2	D_3	E_1	E_2	E_3			

表 5-16　镍浸出率各个水平方差分析结果

方差来源	离差	自由度	均方离差	F	显著性	F 表值
A 硫酸浓度 /mol·L^{-1}	(1718.71)	(3)	572.90	6.31	(*)	$F_{0.01}$ (3, 19) = 5.06
A_1	1232.32	1	1232.32	13.58	**	$F_{0.01}$ (1, 19) = 8.18
A_2	3.09	1	3.09	0.034	—	$F_{0.25}$ (1, 19) = 1.41
A_3	483.30	1	483.30	5.33	(*)	$F_{0.25}$ (1, 19) = 1.41
B 液固比	(3343.18)	(3)	1114.39	12.28	(**)	$F_{0.01}$ (1, 19) = 5.06
B_1	3146.37	1	3146.37	34.67	**	$F_{0.01}$ (1, 19) = 8.18
B_2	78.38	1	78.38	0.86	—	$F_{0.25}$ (1, 19) = 1.41
B_3	118.44	1	118.44	1.31	—	$F_{0.25}$ (1, 19) = 1.41
C 浸出时间/h	(474.29)	(3)	158.10	1.74	(—)	$F_{0.01}$ (3, 19) = 5.06
C_1	388.19	1	388.19	4.28	—	$F_{0.01}$ (1, 19) = 8.18
C_2	61.16	1	61.16	0.67	—	$F_{0.25}$ (1, 19) = 1.41
C_3	24.93	1	24.93	0.27	—	$F_{0.25}$ (1, 19) = 1.41
E 浸出温度/℃	(2360.57)	(3)	786.86	8.67	(**)	$F_{0.01}$ (3, 19) = 5.06
E_1	2153.26	1	2153.26	23.73	**	$F_{0.01}$ (1, 19) = 8.18
E_2	151.99	1	151.99	1.68	(*)	$F_{0.25}$ (1, 19) = 1.41
E_3	55.32	1	55.32	0.61	—	$F_{0.25}$ (1, 19) = 1.41
D 搅拌速率 /r·min^{-1}	(249.12)					
D_1	52, 65	19	90.74			
D_2	154.92					
D_3	41.68					
误差	123.20					
总和	8269.07	31				

由表 5-16 可知，各个因素的效应项显著性，因子 A_1、B_1、E_1 的影响特别显著，因子 A_3、E_2 的影响显著，其余因子影响不显著。因此，根据式（5-64）列出有影响的因子 A_1、B_1、E_1、E_2 的回归方程式：

$$\hat{y} = \bar{y} + b_{A1}\lambda_1(A' - \bar{A}') + b_{B1}\lambda_1(B' - \bar{B}') + b_{E1}\lambda_1(E' - \bar{E}') +$$

$$b_{E2}\lambda_2 \left[(E' - \bar{E}')^2 - \frac{N^2 - 1}{12} \right] \tag{5-69}$$

其中，因子 A 试剂浓度的水平差为：$h = 0.3$，则 $\alpha = A - 0.3 = 4.3 - 0.3 = 4$。

所以

$$A'_1 = \frac{A - 4}{0.3} = \frac{4.3 - 4}{0.3} = 1 \qquad A'_2 = \frac{A - 4}{0.3} = \frac{4.6 - 4}{0.3} = 2$$

$$A'_3 = \frac{A - 4}{0.3} = \frac{4.9 - 4}{0.3} = 3 \qquad A'_4 = \frac{A - 4}{0.3} = \frac{5.2 - 4}{0.3} = 4$$

则 $\overline{A'} = \dfrac{1+2+3+4}{4} = 2.5$ （5-70）

同理可得，因子 B 液固比的水平差为 $h=0.5$。

则 $\alpha = B - 0.5 = 2.5 - 0.5 = 2$ 则 $B_i' = \dfrac{B-2}{0.5}$ $\overline{B'} = 2.5$ （5-71）

因子 E 浸出温度的水平差为 $h=10$。

则 $\alpha = B - 10 = 70 - 10 = 60$ 则 $E_i' = \dfrac{E-60}{10}$ $\overline{E'} = 2.5$ （5-72）

即代入式（5-69）可得：

$$\hat{y} = 18.53X_A + 17.72X_B + 0.0205X_E^2 - 3.01X_E + 28.75$$ （5-73）

则式（5-73）就是表述红土镍矿中镍的浸出率与 A 硫酸浓度、B 液固比、E 浸出温度之间相关关系的线性回归方程，也是浸出反应的数学模型。将各个因子水平数代入式（5-73），即可得到镍浸出率的预测值，与两次试验结果平均值之差的平方和，可求得镍浸出率残差的标准差，计算结果见表 5-17。

表 5-17 镍浸出率的残差估计

A 硫酸浓度 /mol·L^{-1}	B 液固比	E 浸出温度 /℃	试验平均值 $\overline{y'}$	预测值 $\hat{y}$	$\overline{y'} - \hat{y}$	$(\overline{y'} - \hat{y})^2$
4.3	2.5:1	70	35.54	42.48	-6.94	48.15
4.3	3:1	80	65.33	51.99	13.34	177.98
4.3	3.5:1	90	93.79	65.60	28.19	794.73
4.3	4:1	100	94.28	83.31	10.97	120.37
4.6	3:1	90	80.65	62.30	18.35	336.80
4.6	3.5:1	80	87.91	66.41	21.50	462.34
4.6	4:1	70	89.68	74.62	15.06	226.86
4.9	2.5:1	80	66.13	54.25	11.88	141.21
4.9	3:1	70	65.33	62.46	2.87	8.25
4.9	3.5:1	100	93.55	85.57	7.98	63.73
4.9	4:1	90	91.94	85.58	6.36	40.49
5.2	2.5:1	90	92.02	64.56	27.46	754.27
5.2	3:1	100	94.84	82.27	12.57	158.11
5.2	3.5:1	70	87.02	76.88	10.14	102.90
5.2	4:1	80	95.57	86.39	9.18	84.35
					$\sum(\overline{y} - \hat{y})^2 =$	3774.67

误差 $S = \sqrt{\left[\dfrac{\sum(\overline{y'}-\hat{y})^2}{m-2}\right]} = \sqrt{\dfrac{3774.67}{16-2}} = 16.42$ （5-74）

式中，m 为测试次数，$m=16$，以此可以估计每个条件下镍浸出率的预测值精度。试验最佳浸出条件下镍的浸出率的预测值为 99.98%。

复习思考题

5-1 选矿试验存在的误差有哪些种类?

5-2 选矿试验结果处理用到的检验方法有哪些?

5-3 某铅锌矿在工业试验中对 10 个班平均综合试样进行了化验分析，每班铅精矿的回收率如表 5-18 所示。试计算其样本平均值和算术平均误差。

表 5-18 不同班组的铅精矿回收率表

序号	1	2	3	4	5	6	7	8	9	10
回收率/%	81.38	82.57	81.66	83.39	81.14	86.47	85.45	82.69	84.15	83.66

5-4 某次金浸出正交试验结果如表 5-19 所示，试对其进行 F 检验分析。

表 5-19 正交试验结果表

试验编号	A 焙烧时间 /h	B 焙烧温度 /℃	C 通气量 /m³·h⁻¹	金浸出率/%		金平均浸出率 /%
1	1	1	1	58.09	59.12	58.61
2	1	2	2	92.55	92.46	92.51
3	1	3	3	92.94	92.87	92.91
4	2	1	2	90.34	90.03	90.19
5	2	2	3	93.36	93.11	93.24
6	2	3	1	79.54	78.96	79.25
7	3	1	3	90.26	89.88	90.07
8	3	2	1	82.67	82.35	82.51
9	3	3	2	92.67	92.09	92.38

第2篇

试验方案拟定及试验设计

6　根据矿石性质拟定选矿试验方案

【本章主要内容及学习要点】 本章主要介绍矿石性质的研究方法及程序、矿石结构构造与可选性关系、试样的工艺性检测、矿石选别方法的选择、选矿试验方案的确定等。重点掌握矿石性质的检测内容、如何根据矿石性质及试样工艺性质制定试验方案。

6.1　矿石性质研究

6.1.1　矿石性质研究的内容和程序

选矿试验方案，是指试验中准备采用的选矿方案，包括欲采用的选矿方法、选矿流程和选矿设备等。如同医生给病人抓药一样，为了正确地拟订选矿试验方案，首先必须对矿石性质进行允分的了解，同时还必须综合考虑经济、技术等方面的因素。

矿石性质研究内容极其广泛，所用方法多种多样，并在不断发展中。考虑到这方面的工作大多是由各种专业人员承担，并不要求选矿人员自己去做，因而在这里只着重讨论三个问题：

（1）初步了解矿石可选性研究所涉及的矿石性质研究的内容、方法和程序；

（2）如何根据试验任务提出对于矿石性质研究工作的要求；

（3）通过一些常见的矿产试验方案实例，说明如何分析矿石性质的研究结果，并据此选择选矿方案。

6.1.1.1　矿石性质研究的内容

矿石性质研究的内容取决于各具体矿石的性质和选矿研究工作的深度，一般大致包括以下几个方面：

（1）化学组成的研究。化学组成的研究内容是研究矿石中所含化学元素的种类、含量及相互结合情况。

（2）矿物组成的研究。矿物组成的研究内容是研究矿石中所含的各种矿物的种类和含量，有用元素和有害元素的赋存形态。

（3）矿石结构构造，有用矿物的嵌布粒度及其共生关系的研究。

（4）选矿产物单体解离度及其连生体特性的研究。

（5）粒度组成和比表面的测定。

（6）矿石及其组成矿物的物理、化学、物理化学性质以及其他性质的研究。其内容较广泛，主要有密度、磁性、电性、形状、颜色、光泽、发光性、放射性、硬度、脆性、湿度、氧化程度、吸附能力、溶解度、酸碱度、泥化程度、摩擦角、堆积角、可磨度、润湿性、晶体构造等。

不仅原矿试样通常需要按上述内容进行研究，而且也要对选矿产品的性质进行考察，只不过前者一般在试验研究工作开始前就要进行，而后者是在试验过程中根据需要逐步去做。二者的研究方法也大致相同，但原矿试样的研究内容要求比较全面、详尽，而选矿产品的考察通常仅根据需要选做某些项目。

一般矿石性质的研究工作是从矿床采样开始。在矿床采样过程中，除了采取研究所需的代表性试样外，还需同时收集地质勘探的有关矿石和矿床特性等方面的资料。由于选矿试验研究工作是在地质部门已有研究工作的基础上进行的，因而在研究前对该矿床矿石的性质已有一个全面而定性的了解，再次研究的主要目的应该是：

（1）核对本次所采试样同过去研究试样的差别，获得准确的定量资料；

（2）补充地质部门未做或做得不够，但对选矿试验又非常重要的一些项目，如矿物嵌布粒度测定，考察某一有益或有害成分的赋存形态等。

6.1.1.2　矿石性质研究程序

矿石性质研究须按一定程序进行，但不是一成不变的，如某些特殊的矿石需采取一些特殊的程序。对于放射性矿石，就首先要进行放射性测量，然后具体查明哪些矿物有放射性，最后才进行化学组成及矿物鉴定工作。对于简单的矿石，根据已有的经验和一般的显微镜鉴定工作即可指导选矿试验。

选矿试验所需矿石性质研究程序，一般可按图 6-1 进行。

6.1.2　矿石物质组成常见的研究方法

一般把研究矿石的化学组成和矿物组成的工作称为矿石的物质组成研究。其研究方法通常分为元素分析方法和矿物分析方法两大类。在实际工作中经常借助于粒度分析（筛析、水析）、重选（摇床、溜槽、淘砂盘、重液分离、离心分离等）、浮选、电磁分离、静电分离、手选等方法预先将物料分类，然后进行分析研究。近年来不断有人提出各种新的分离方法和设备如电磁重液法、超声波分离法等，以解决一些过去难以分离的矿物试样的分离问题。

6.1.2.1　元素分析

元素分析的目的是为了研究矿石的化学组成，尽快查明矿石中所含元素的种类、含量。分清哪些是主要的，哪些是次要的，哪些是有益的，哪些是有害的。至于这些元素呈什么状态，通常需靠其他方法配合解决。元素分析通常采用光谱分析和化学分析等方法。

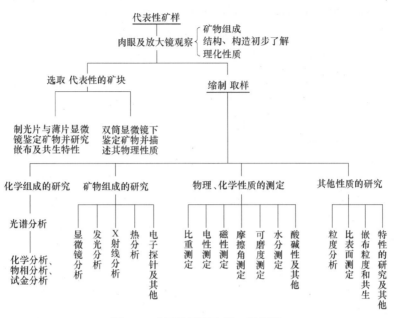

图 6-1　矿石性质研究的一般程序

A　光谱分析

光谱分析能迅速而全面地查明矿石中所含元素的种类及其大致含量范围,不至于遗漏某些稀有、稀散和微量元素。因而选矿试验常用此法对原矿或产品进行普查,查明了含有哪一些元素之后,再去进行定量的化学分析。这对于选冶过程考虑综合回收及正确评价矿石质量是非常重要的。

光谱分析原理:矿石中的各种元素经过某种能源的作用发射不同波长的光谱线,通过摄谱仪记录,然后与已知含量的谱线比较,即可得知矿石中含有哪些元素。

光谱分析的特点是灵敏度高,测定迅速,所需用的试样量少(几毫克到几十毫克),但精确定量时操作比较复杂,一般只进行定性及半定量。

有些元素如卤族元素和 S、Ra、Ac、Po 等元素,光谱法不能测定,而还有　些元素如 B、As、Hg、Sb、K、Na 等元素,由于光谱操作较特殊,有时也不做光谱分析,而直接用化学分析的办法测定。

【例 6-1】　某矿光谱半定量分析结果见表 6-1。

表 6-1　某矿光谱半定量分析结果

成分	WO_3	Bi_2O_3	PbO	BaO	K_2O	Na_2O	CaO
含量/%	0.98	0.14	0.02	0.28	2.66	0.63	14.49
成分	MgO	Al_2O_3	SiO_2	NiO	P_2O_5	Rb_2O	SrO
含量/%	2.29	6.35	68.64	0.01	0.07	0.02	0.10
成分	Fe_2O_3	MnO	SO_3	Cl	TiO_2	Cr_2O_3	
含量/%	2.01	0.06	1.00	0.01	0.21	0.02	

76

由表 6-1 可见，原矿中 WO_3 的含量 0.976%，达到了最低工业品位；铋、金、银的含量分别为 0.096%、0.23g/t、3.1g/t，达到了综合评价标准，试验中要给出回收效果结论；S 品位 0.43%，虽不高，但可能会富集而干扰钨的回收，应在试验中加以关注。

【例 6-2】 为了解某镍矿试样中主要、次要及痕量元素的相对含量，某矿采用 X 荧光光谱仪对样品进行了检测，测试结果如表 6-2 所示。

表 6-2 某镍矿矿石的 X 荧光分析结果

元素	Ni	SiO_2	K_2O	Na_2O	Fe_2O_3
含量/%	0.49	30.15	0.61	0.03	10.49
元素	Al_2O_3	O	MgO	CaO	Cu
含量/%	2.05	47.80	16.68	6.12	0.01
元素	Zn	P_2O_5	TiO_2	Cr_2O_3	
含量/%	0.020	0.015	0.030	0.17	

由表 6-2 可知，该矿石所含主要元素为 Si、Al、Mg、Ni、Fe，属低品位硫化镍矿。矿石中还含有 Ca 元素（6.12%），说明矿石中可能含有小部分白云石等矿物。该矿中所含金属元素有 Cu、Zn、Cr 等，但含量较低，可能无法综合利用。结合其他元素含量如 P_2O_5（0.015%）和 TiO_2（0.03%），还可知该矿石中可能含有微量磷灰石和钛铁矿等矿物。

B 化学全分析和化学多元素分析

化学分析方法能准确地定量分析矿石中各种元素的含量，据此决定哪几种元素在选矿工艺中必须考虑回收，哪几种元素为有害杂质需将其分离。因此化学分析是了解个别对象元素组成的一项很重要的工作。化学全分析是为了了解矿石中所含全部物质成分的含量，经光谱分析查出的元素，除痕迹元素外，其他所有元素都作为化学全分析的项，分析之总和应接近 100%。

化学多元素分析是对矿石中所含多个重要和较重要的元素的定量化学分析，不仅包括有益和有害元素，还包括造岩元素。如单一铁矿石可分析全铁（指金属矿物和非金属矿物中总的含铁量）、可溶铁（指化学分析时能用酸溶的含铁量）、氧化亚铁、S、P、Mn、SiO_2、Al_2O_3、CaO、MgO 等元素的含量。

金、银等贵金属需要用类似火法冶金的方法进行分析，所以专门称之为试金分析，实际上也可看作是化学分析的一个内容，其结果一般合并列入原矿的化学全分析或多元素分析表内。

需要指出的是，化学全分析要花费大量的人力和物力，通常仅对性质不明的新矿床，才需要对原矿进行一次化学全分析。单元试验的产品，只对主要元素进行化学分析。试验最终产品（主要指精矿或需要进一步研究的中矿和尾矿），根据需要，一般要做多元素分析。

【例 6-3】 在 X 荧光光谱分析结果基础上，为了进一步确定某镍矿石中主要化学成分的含量，对粉末试样又进行了化学多元素分析。分析结果如表 6-3 所示。

表 6-3 某镍矿石化学多元素分析结果

元素	Ni	S	MgO	Al_2O_3	SiO_2	CaO	TFe
含量/%	0.53	3.42	22.95	3.05	32.65	6.09	16.86
元素	K_2O	Cu	Co	As	Pb	Zn	
含量/%	0.23	0.015	0.023	0.003	0.002	0.010	

由表 6-3 可知,样品中的主要化学成分由 SiO_2、Fe 和 MgO 组成,这与 X 荧光光谱分析结果基本一致,由于 XRF 和化学分析这两种分析方法的精确度不一样,各元素含量略有差别。从表 6-3 还可以看出,样品的主要成分相对含量基本符合蛇纹石和滑石化学式的组成,说明试样中的脉石以滑石和蛇纹石为主。这些脉石可能会影响镍精矿的质量;试样中镍含量为 0.53%,TFe 含量为 16.86%,由此可见镍和铁为可利用的有用元素;样品中 Cu 含量为 0.015%,而 Pb 和 Zn 含量也仅为 0.002% 和 0.001%,故该镍矿不具备综合回收 Cu、Pb 和 Zn 的条件;此外,样品中 Co 含量为 0.023%,说明样品中的 Co 可能会综合回收。

【例 6-4】 为确定某白钨矿矿石中的主要有价元素种类及含量,研究对试样进行了化学多元素分析,结果如表 6-4 所示。

表 6-4 某矿多元素分析结果

元素	WO_3	Bi	S	Au^*	Ag^*	CaO	MgO
含量/%	1.20	0.096	0.43	0.23	3.1	6.37	0.98
元素	Al_2O_3	Pb	K_2O	Na_2O	SiO_2	P	As
含量/%	3.88	0.014	2.48	0.48	75.73	0.082	0.0005
元素	Mn	Mo	Co	Zn	Cd	TFe	TiO_2
含量/%	0.077	0.0049	0.0015	0.0042	0.0004	1.15	0.17

注:"*"单位为 10^{-6}。

由表 6-4 可知,原矿中 WO_3 品位为 1.20%,达到了最低工业品位要求,为主要回收元素;铋品位为 0.096%,达到了综合回收标准,应考虑综合回收;S 品位仅为 0.43%,可见原矿中硫化矿含量较少,但由于硫化矿可能在重选或浮选中富集而对钨精矿的质量造成不利影响,应在试验中加以重视。

【例 6-5】 为充分了解某尾矿的主要元素含量,研究对某铁尾矿进行了化学多元素分析,结果见表 6-5。

表 6-5 铁尾矿化学成分分析

成分	TFe	Cu	S	SiO_2	Al_2O_3	CaO	MgO	MnO	K_2O	Na_2O	$Au^①$
含量/%	18.05	0.034	15.79	25.49	5.36	11.66	5.07	0.22	1.63	1.16	0.14

① Au 的单位为 g/t。

从表 6-5 中可看出,该尾矿中主要化学成分为 Fe、S、SiO_2 和 CaO。试样中 S 的含量达到了 15.79%,全铁含量为 18.05%,由此可见铁尾矿中硫元素和铁元素可供回收利用。试样中 SiO_2 和 CaO 的含量分别为 25.49% 和 11.66%,可知尾矿中的主要脉石矿物为硅酸盐类矿物，而且含量较高。此外，尾矿中铜和金的品位仅为 0.034% 和 0.14g/t，没有回收价值。

6.1.2.2 矿物分析

光谱分析和化学分析只能查明矿石中所含元素的种类和含量。矿物分析则可进一步查明矿石中各种元素呈何种矿物存在，以及各种矿物的含量、嵌布粒度特性和相互间的共生关系。其研究方法通常为物相分析和岩矿鉴定等。

A 物相分析

物相分析的原理是，矿石中的各种矿物在各种溶剂中的溶解度和溶解速度不同，采用不同浓度的各种溶剂在不同条件下处理所分析的矿样，即可使矿石中各种矿物分离，从而可测出试样中某种元素呈何种矿物存在和含量多少。

一般可对如下元素进行物相分析：铜、铅、锌、锰、铁、钨、锡、锑、钴、镍、钛、铝、砷、汞、硅、硫、磷、钼、锗、铟、铍、铀、镉等元素。

与岩矿鉴定相比较，物相分析操作较快，定量准确，但不能将所有矿物区分，更重要的是无法测定这些矿物在矿石中的空间分布以及嵌布、嵌镶关系，因而在矿石物质组成研究工作中只是一个辅助的方法，不可能代替岩矿鉴定。由于矿石性质复杂，有的元素物相分析方法还不够成熟或处在继续研究和发展中。因此，必须综合分析物相分析、岩矿鉴定或其他分析方法所得资料，才能得出正确的结论。

【例 6-6】 试验对某镍矿石做了镍的物相分析，分析结果如表 6-6 所示。

表 6-6 镍矿石物相分析结果

名 称	硫酸镍	硫化镍	硅酸镍	相和	镍品位
含量/%	0.037	0.42	0.10	0.557	0.54
各相含量/%	6.64	75.40	17.95	100.00	

从表 6-6 可以看出，原矿中镍的存在方式主要为硫酸镍、硫化镍和硅酸镍三种，其中硫酸镍含量为 0.037%，占到全镍含量的 7% 左右，硅酸镍含量约为 0.10%，为全镍含量的 18% 左右，而硫化镍含量最高，含量为 0.42%，占全镍的 75.40%。由此可见，该矿石属混合镍矿石，其中的原生镍矿可以用浮选有效回收，大部分的硫酸镍和硅酸镍浮选回收则较困难，会丢弃于尾矿中，这可能会对镍精矿的产率及回收率产生不利影响。

【例 6-7】 原矿铁物相分析结果，铁尾矿中铁物相分析见表 6-7。

表 6-7 铁物相分析结果

相别	硫化铁	磁性铁	硅酸铁	相和
含量/%	13.82	2.83	1.40	18.05
占有率/%	76.57	15.68	7.75	100.00

从表 6-7 可以看出，原矿中铁的存在方式主要有硫化铁、磁性铁和硅酸铁三种，其中硅酸铁含量占到全铁含量的 8% 左右，磁性铁含量约为 16% 左右，而硫化铁含量最高，全铁的含量高达 76.57%，这部分硫化铁矿可以通过浮选进行有效回收，磁铁矿则可以通过磁选回收，而硅酸铁因含量较少，没有回收价值，同时可能会对精矿的品位产生不利影响。

B　岩矿鉴定

岩矿鉴定可以确切地知道有益和有害元素存在于什么矿物之中，查清矿石中矿物的种类、含量、嵌布粒度特性和嵌镶关系，测定选矿产品中有用矿物单体解离度。

测定方法包括肉眼和显微镜鉴定等常用方法和其他特殊方法。肉眼鉴定矿物时，有些特征不显著的或细小的矿物是极难鉴定的，对于它们只有用显微镜鉴定才可靠。常用的显微镜有实体显微镜（双目显微镜）、偏光显微镜和反光显微镜等。

实体显微镜只有放大作用，是肉眼观察的简单延续，用于放大物体形象，观察物体的表观特征。观察时，先把矿石碎屑在玻璃板上摊为一个薄层，然后直接进行观察，并根据矿物的形态、颜色、光泽和解理等特征来鉴别矿物。这种显微镜的分辨能力较低，但观察范围大，能看到矿物的立体形象，可初步观察矿物的种类、粒度和矿物颗粒间的相互关系，估定矿物的含量。

偏光显微镜除具有放大作用外，还在显微镜上装有两个偏光零件——起偏镜（下偏光镜）和分析镜（上偏光镜），加上可以旋转的载物台，就可以用来观察矿物的偏光性质。这种显微镜只能用来观察透明矿物。

反光显微镜的构造和偏光显微镜一样，都具有偏光零件，所不同的是在显微镜筒上装有垂直照明器。这种显微镜适用于观察不透明矿物，要求把矿石的观察表面磨制成光洁的平面，即把矿石制成适用于显微镜观察的光片。大部分有用矿物属于不透明矿物，主要运用这种显微镜进行鉴定。鉴定表上没有的矿物，或单凭显微镜还难于鉴定的矿物等，则要用其他一些特殊方法。

在显微镜下测定矿石中矿物含量的方法主要有面积法、直线法和计点法三种，即具体待测矿物所占面积（格子）、线长、点子数的百分率，工作量都比较大。选矿试验中若对精确度要求不高，也可采用估计法，即直接估计每个视野中各矿物的相对含量百分比，此时最好采用十字丝或网格目镜，以便易于按格估计。经过多次对比观察积累经验后，估计法亦可得到相当准确的结果。

应用上述各种方法都是首先得出待测矿物的体积分数，乘以各矿物的密度即可算出该样品的矿物含量百分数。

C　矿石物质组成研究的某些特殊方法

对于矿石中元素赋存状态比较简单的情况，一般采用光谱分析、化学分析、物相分析、偏光显微镜、反光显微镜等常用办法即可。对于矿石中元素赋存状态比较复杂的情况需进行深入的查定工作，采用某些特殊的或新的方法，如热分析、X 射线衍射分析电子显微镜、极谱、电渗析、激光显微光谱、离子探针、电子探针、红外光谱、拉曼光谱、电子顺磁共振谱、核磁共振波谱、穆斯鲍尔谱等。一般在物质组成研究工作中遇到以下情况需要进行更深入的工作：

（1）如果矿石中含有新矿物（人们从未发现过的矿物），可借助于电子探针、X 射线粉晶分析、电子顺磁共振谱、穆斯鲍尔谱等多种方法综合分析确定。如我国新发现的锡铁山石、围山矿、滦河矿等。

（2）不易辨别的矿物（即一般显微镜下难以辨别），如白云石和菱铁矿，需借助于 X 射线衍射分析分辨。

（3）黏土质和碳酸盐矿物等，一般在低温下较稳定，加热时呈现显著的变化（如热效应、重量损失等），每一种矿物都有特定的变化曲线，故可借助于热谱分析，如脱水曲线法和差热分析法，或与 X 射线衍射、电子显微镜等联合进行鉴定。硅酸盐矿物也可用红外光谱法鉴定。

（4）微量和分散元素常借助于电子探针、激光晕微光谱、极谱、电渗析等方法查明。如某闪锌矿中的锗、某褐铁矿中的镓等。

（5）矿物颗粒极细时，普通显微镜无法确定其粒度，可借助于电子显微镜、电子探针、离子探针、激光显微光谱仪等特殊手段。如某钒钛磁铁矿中的钛铁尖晶石和板状钛铁矿颗粒达 $1\mu m$ 以下，这样细的颗粒，普通显微镜是无能为力的。如稀土矿物一般粒度细，成分复杂，鉴定起来比较困难，常常需要采用多种方法综合鉴定。

（6）赋存状态比较复杂，如呈类质同象或吸附状态存在，一般常规方法无法解决，可借助于 X 射线粉晶、电子探针、电渗析、穆斯鲍尔谱、电子顺磁共振谱等多种方法解决。如中南某地的黑色碳质板岩中含浸染状硫化矿物，采样分析铜的品位较高，但在显微镜下未发现铜的单矿物，经电子探针分析发现有成浸染状的黄铜矿；又如用 X 射线粉晶分析研究某菱铁矿中 Fe-Mg-Mn 类质同象置换，用穆斯鲍尔谱研究某含镁磁铁矿中 Mg^{2+} 对 B 位 Fe^{2+} 的取代。复杂的情况则需采用几种方法联合研究，如某花岗岩中的红钛锰矿，采用激光光谱、能谱、电子探针、电子显微镜、红外光谱、X 射线粉晶、化学成分计算等方法研究 Fe^{2+} 和 Mn^{2+} 的类质同象置换。

6.1.3　有用和有害元素赋存状态与可选性的关系

矿石中有用和有害元素的赋存状态是拟定选矿试验方案的重要依据。因此，研究元素的赋存状态是矿石物质组成特性研究中必不可少的一个组成部分，也是一项细致而又复杂的工作。有用和有害元素在矿石中的赋存状态可分为如下三种主要形式：独立矿物、类质同象和吸附形式。

6.1.3.1　有用和有害元素在矿石中的赋存状态

A　独立矿物形式

指有用和有害元素组成独立矿物存在于矿石中，包括以下三种情况：

（1）同种元素自相结合成自然元素矿物，称为单质矿物。常见单质矿物如自然金、自然银、自然铜、自然铋等。

（2）呈化合物形式存在于矿石中。两种或两种以上元素互相结合而成的矿物赋存于矿石中，这是金属元素赋存的主要形式，是选矿的主要对象，如铁和氧组成磁铁矿和赤铁矿，铅和硫组成的方铅矿，铜、铁、硫组成的黄铜矿等。同一元素可以以一种矿物形式存在，也可以不同矿物形式存在。这种形式存在的矿物，有时呈微小珠滴或叶片状的细小包裹体赋存于另一种成分的矿物中，如闪锌矿中的黄铜矿，磁铁矿中的钛铁矿，磁黄铁矿中的镍黄铁矿等。元素以这种方式赋存时，对选矿工艺有直接影响，如某铜锌矿石中，部分黄铜矿呈细小珠滴状包裹体存在于闪锌矿中，要使这部分铜单体分离，就需要提高磨矿细度，但这又易造成过粉碎。当黄铜矿包裹体的粒度小于 $2\mu m$ 时，目前还无法选别，从而使铜的回收率降低。

（3）呈胶状沉积的细分散状态存在于矿石中。胶体是一种高度细分散的物质，带有相同的电荷，所以能以悬浮状态存在于胶体溶液中。由于自然界的胶体溶液中总是同时存在有多种胶体物质，因此当胶体溶液产生沉淀时，在一种主要胶体物质中，总伴随有其他胶体物质，某些有益和有害组分也会随之混入，形成像褐铁矿、硬锰矿等的胶体矿物。一部分铁、锰、磷等的矿石就是由胶体沉淀而富集的。由于胶体带有电荷，沉淀时往往伴有吸附现象。这种状态存在的有用成分，一般不易选别回收；以这种状态混进的有害成分，一般也不易用机械的办法排除。但是，同一是相对的，差异才是绝对的，由于沉淀时物质分布不均匀，这样就造成矿石中相对贫或富的差别，给用机械选矿方法分选提供了一定的有利条件。

B 类质同象

矿物的形式化学成分不同，但互相类似而结晶构造相同的物质，在结晶过程中，构造单位（原子、离子、分子）可以互相替换，而不破坏其结晶构造的现象，叫类质同象。如钨锰铁矿，其中锰和铁离子可以互相替换，而不破坏其结晶构造，所以 Fe^{2+} 和 Mn^{2+} 就是以类质同象的形式存在于矿石中。在晶体中，质点间互相替换的程度是不同的，有时可以无限地替换，例如钨铁矿（$FeWO_4$）中的 Fe^{2+} 可被 Mn^{2+} 顶替，若替换一部分则成 $(Fe，Mn)WO_4$；如继续顶替，Mn^{2+} 超过 Fe^{2+} 时，则成 $(Mn，Fe)WO_4$；直到完全顶替，成为钨锰矿（$MnWO_4$）。可以无限制替换的类质同象称为完全类质同象。有些矿物晶体中一种质点被另一种质点替换，只能在一定范围内进行，如闪锌矿中的 Zn^{2+} 可被 Fe^{2+} 顶替，但一般不超过 20%，这种有限制替换的类质同象，称为不完全类质同象。大冶铁矿石中部分铁与镁呈类质同象形式存在于矿石中，组成镁菱铁矿 $(Fe，Mg)CO_3$，对选矿不利。

某些稀有元素，尤其是稀散元素，本身不形成独立矿物，只能以类质同象混入物的状态分散在其他矿物中，如闪锌矿中的镓，辉钼矿中的铼，黄铁矿中的钴等，由于这些元素含量通常极少，因而一般在化学式中不表示出来。这些稀散元素一般用冶金方法回收。

C 吸附形式

某些元素以离子状态被另一些带异性电荷的物质所吸附，而存在于矿石或风化壳中，如有用元素以这种形式存在，则用一般的物相分析和岩矿鉴定方法查定是无能为力的。因此，当一般的岩矿鉴定查不到有用元素的赋存状态时，就应送去做 X 射线或差热分析或电子探针等专门的分析，才能确定元素是呈类质同象还是呈吸附状态。例如我国某花岗岩风化壳，过去曾作过化学分析，发现稀土元素的品位高于工业要求，但通过物相分析和岩矿鉴定等，都未找到独立或类质同象的矿物，因而未找到分离方法。以后经过专门分析，深入查定，终于发现了这些元素呈离子形式被高岭石、白云母等矿物吸附。

元素的赋存状态不同，处理方法及其难易程度都不一样。矿石中的元素呈独立矿物存在时，一般用机械选矿方法回收。除此之外，按目前选矿技术水平都存在不同程度的困难。如铁元素呈磁铁矿独立矿物存在，采用磁选法易于回收；然而呈类质同象存在于硅酸铁中的铁，通常机械选矿方法是无法回收的，只能用直接还原等冶金方法回收。

6.1.3.2 矿石结构、构造与可选性的关系

矿石的结构、构造，是说明矿物在矿石中的几何形态和结合关系。结构是指某矿物在矿石中的结晶程度、矿物颗粒的形状、大小和相互结合关系，而构造是指矿物集合体的形状、大小和相互结合关系。矿石的结构和构造研究手段略有不同，前者多借助显微镜观察，后者一般是利用宏观标本肉眼观察。

矿石的结构和构造所反映的虽是矿石中矿物的外形特征，但却与它们的生成条件密切相关，因而对于研究矿床成因具有重要意义。在一般的地质报告中都会对矿石的结构、构造特点给以详细的描述。矿石的结构、构造特点，对于矿石的可选性同样具有重要意义，而其中最重要的则是有用矿物颗粒形状、大小和相互结合的关系，因为它们直接决定着破碎、磨碎时有用矿物单体解离的难易程度以及连生体的特性。

选矿试验时，若已有地质报告或过去的研究报告做参考，不一定要再对矿石的结构和构造进行全面的研究。

A　矿石的结构

矿石的结构是指矿石中矿物颗粒的形态，大小及空间分布上所显示的特征。构成矿石结构的主要因素为有矿物的粒度、晶粒形态（结晶程度）及嵌镶方式等因素。

a　矿物颗粒的粒度

矿物粒度大小的分类原则及划分的类型还很不统一，但是在选矿工艺上，为了说明有用矿物粒度大小与破碎、磨碎和选别方法的重要关系，常采用粗粒嵌布、细粒嵌布、微粒和次显微粒嵌布等概念，至于怎样叫粗，怎样叫细，这完全是一个相对的概念，它与采用的选矿方法、选矿设备、矿物种类等有着密切关系。大致分类如表 6-8 所示。

表 6-8　矿物粒度嵌布的分类

粒度嵌布	颗粒尺寸	鉴定方法	适宜的选别方法
粗	20~2mm	肉眼	重介质、跳汰、磁选等
中	2~0.2mm	放大镜下肉眼	摇床、电选、重介质
细	0.2~0.02mm	放大镜、显微镜	浮选、湿式磁选、摇床
微	20~2μm	显微镜	絮凝浮选、水冶
次显微	2~0.2μm	显微镜或特殊方法	水冶、不能用物理选矿
胶体分散	<0.2μm	电子显微镜等	火冶、不能用物理选矿

b　嵌布粒度特性的研究

有用矿物嵌布粒度大小不均的，可称为粗细不等粒嵌布和细微粒不等粒嵌布等。嵌布粒度特性，是指矿石中矿物颗粒的粒度分布特性。实践中可能遇到的矿石嵌布粒度特性大致可分为以下四种类型：

（1）有用矿物颗粒具有大致相近的粒度（图 6-2 中曲线 1），可称为等粒嵌布矿石，这类矿石最简单，选别前可将矿石一直磨细到有用矿物颗粒基本完全解离为止，然后进行选别，其选别方法和难易程度则主要取决于矿物颗粒粒度的大小。

（2）粗粒占优势的矿石，即以粗粒为主的不等粒嵌布矿石（图 6-2 中曲线 2），一般应采用阶段破碎磨碎、阶段选别流程。

（3）细粒占优势的矿石，即以细粒为主的不等粒嵌布矿石一般须通过技术经济比较之后，才能决定是否

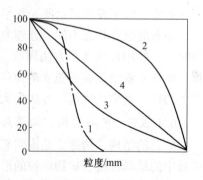

图 6-2　矿物嵌布粒度特性曲线

需要采用阶段破碎磨碎、阶段选别流程。

（4）矿物颗粒平均分布在各个粒级中，即所谓极不等粒度嵌布矿石，这种矿石最难选，常需采用多段破碎磨碎、多段选别的流程。

由上可见，矿石中有用矿物顺粒的粒度和粒度分布特性，决定着选矿方法和选矿流程的选择，以及可能达到的选别指标，因而在矿石可选性研究工作中矿石嵌布特性的研究通常具有极重要的意义。

还须注意的是，选矿工艺上常用的"矿石嵌布特性"（有人称为浸染特性）一词的含义，除了指矿石中矿物颗粒的粒度分布特性以外，有时还包含着有用矿物颗粒在矿石中的分布是否均匀等方面的性质。分布均匀的，可称为均匀嵌布矿石；散布不均匀的，称不均匀嵌布矿石（在过去的教材中，以及其他许多选矿专业书刊上把不等粒度嵌布称为不均匀嵌布，请注意区别）。矿物颗粒粒度很小时（如胶体矿物），矿物散布的不均匀性，往往有利于选别，若多种有用矿物颗粒相互毗连，紧密共生，形成较粗的集合体分布于脉石中，则称为集合嵌布矿石，这类矿石往往可在粗磨条件下丢出贫尾矿，然后将粗精矿再磨再选，就可以显著节省磨矿费用，减少下一步选别作业的处理矿量。

例如，为搞清某金矿中含金矿物的嵌布粒度特征，进而为选别流程的确定提供依据，经对光片镜下测定并结合人工重砂分析，考查了金矿物嵌布粒度特征，结果如图6-3所示。

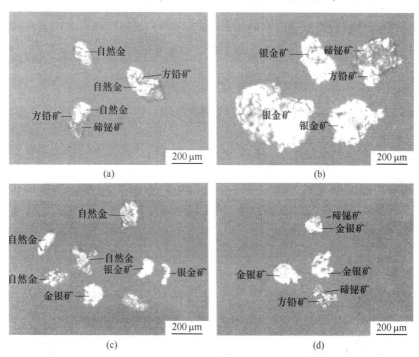

图6-3　含金矿物嵌布粒度特性显微镜图片

（a）自然金有铋、铅物连晶；（b）银金矿有铋、铅矿物连晶；

（c）自然金、银金矿、金银矿颗粒；（d）金银矿有铋、铅矿物连晶

从图6-3可以看出，该矿石中金矿物嵌布粒度以0.01～0.074mm区间的中、细粒为主，人工重砂中所见金粒所见最大金粒径为0.37mm×0.45mm×0.11mm。金矿物嵌布粒度特征测量结果见表6-9。

表 6-9　金矿物嵌布粒度测量结果

粒级区间 /mm	巨粒金	粗粒金	中粒金		细粒金	微粒金	合计
	>0.295	−0.295 +0.074	−0.074 +0.053	−0.053 +0.037	−0.037 +0.01	−0.01	100.00
含量/%	5.02	14.32	11.86	15.68	40.27	12.85	

B　矿石的构造

矿石的构造形态及其相对可选性可以大致划分如下几种：

（1）块状构造。指有用矿物集合体在矿石中占 80% 左右，呈无空洞的致密状，矿物排列无方向性者，即为块状构造。其颗粒有粗大、细小、隐晶质的几种，若为隐晶质者称为致密块状。图 6-4 为粗粒团块状闪锌矿的镜下照片。此种矿石如不含有伴生的有价成分或有害杂质（其含量较低），即可不经选别，直接送冶炼或化学处理，反之则需要选矿处理。选别此种矿石的磨矿细度及可得到的选别指标主要取决于矿石中有用矿物的嵌布粒度特性。

（2）浸染状构造。有用矿物颗粒或其细小脉状集合体，相互不结合地、孤立地、疏散地分布在脉石矿物构成的基质中，图 6-5 显示了他形粒状和长条状银金矿呈浸染状成群分布在石英脉裂隙中的情况。这类构造的矿石总的来说有利于选别，所需的磨矿细度及可能得到的选别指标主要取决于矿石中有用矿物的嵌布粒度特性，同时还取决于有用矿物分布的均匀程度，以及其中有否其他矿物包裹体，脉石矿物中有否有用矿物包裹体以及包裹体的粒度大小等。

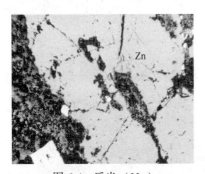

图 6-4　反光（32×）

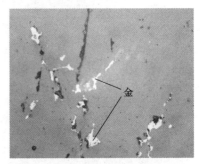

图 6-5　偏光（400×）

（3）条带状构造。有用矿物颗粒或矿物集合体，沿一个方向延伸，以条带相间出现当有用矿物条带不含有其他矿物（纯净的条带），脉石矿物条带也较纯净时，矿石易于选别。条带不纯净的情况下其选矿工艺特征与浸染状构造矿石相类似。如图 6-6 可以看出矿石中白钨矿呈条带状分布，且与白云母和方解石紧密连生。

（4）角砾状构造。指一种或多种矿物集合体不规则地胶结。这种构造的矿石如果有用矿物成破碎角砾被脉石矿物所胶结，则在粗磨的情况下即可得到粗精矿和废弃尾矿，粗精矿再磨再选。如果脉石矿物为破碎角砾，有用矿物为胶结物，则在粗磨的情况下可得到一部分合格精矿。残留在富尾矿中的有用矿物需再磨再选，方能回收。如图 6-7 闪锌矿呈稀疏浸染状与黄铁矿在一起，分布于角砾胶结物中。

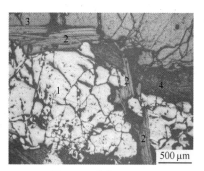

图 6-6 反光（50×）

1—白钨矿；2—白云母；

3—石英；4—方解石

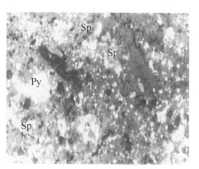

图 6-7 反光（100×）

Sp—闪锌矿；Py—黄铁矿

（5）鲕状构造。根据鲕粒和胶结物的性质可大致为：1）鲕粒为一种有用矿物时，胶结物为脉石矿物，此时磨矿粒度取决于鲕粒的粒度，精矿质量也取决于鲕粒中有用成分的含量；2）鲕粒为多种矿物（有用矿物和脉石矿物）组成的同心环带状构造。若鲕粒核心大部分为一种有用矿物组成，另一部分鲕核为脉石矿物所组成，胶结物为脉石矿物，此时可在较粗的磨矿细度下（相当于鲕粒的粒度），得到粗精矿和最终尾矿。欲再进一步提高粗精矿的质量，常需要磨到鲕粒环带的大小，此时磨矿粒度极细，造成矿石泥化，使回收率急剧下降。因此，复杂的鲕状构造矿石采用机械选矿的方法一般难以得到高质量的精矿。如图 6-8 所示，图中空心鲕粒的最外圈为赤铁矿（白色）及少量高岭石组成，中部由高岭石等脉石矿物（灰色），赤铁矿呈细小的网脉状分布在高岭石中。

与鲕状构造的矿石选矿工艺特征相近的有豆状构造、肾状构造以及结核状构造。这些构造类型的矿石如果胶结物为疏松的脉石矿物，通常采用洗矿、筛分的方法得到较粗粒的精矿。

（6）脉状及网脉状构造。一种矿物集合体的裂隙内，有另一组矿物集合体穿插成脉状及网脉状。如果有矿物在脉石中成为网脉，则此种矿石在粗磨后即可选出部分合格精矿，而将富尾矿再磨再选；如果脉石在有用矿物中成为网脉，则应选出废弃尾矿，将低品位精矿再磨再选。如图 6-9 所示，辉钼矿呈脉状分布。

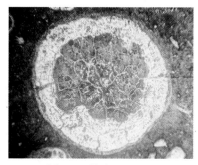

图 6-8 偏光（140×）

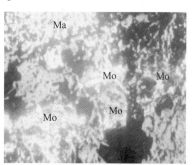

图 6-9 反光（100×）

Mo—辉钼矿；Ma—磁铁矿

（7）多孔状及蜂窝状构造。指在风化作用下，矿石中一些易溶矿物或成分被带走，在矿石中形成孔穴，则多为孔状。如果矿石在风化过程中，溶解了一部分物质，剩下的不易溶或难溶的成分形成了墙壁或隔板似的骨架，称为蜂窝状。这两种矿石都容易破碎，但如孔洞中充填、结晶有其他矿物时，则对选矿产生不利影响。

（8）似层状构造。矿物中各种矿物成分呈平行层理方向嵌布，层间接触界线较为整齐。一般铁、锰、铝的氧化物和氢氧化物具有这种构造。其选别的难易决定于层内有用矿物颗粒本身的结构关系。

（9）胶状构造。胶状构造是在胶体溶液的矿物沉淀时形成的。是一种复杂的集合体，是由弯曲而平行的条带和浑圆的带状矿瘤所组成。这种构造裂隙较多。胶状构造可以由一种矿物形成，或者由一些成层交错的矿物带所形成。如果有用矿物的胶体沉淀和脉石矿物的胶体沉淀彼此孤立地不是同时进行，则有可能选别。如二者同时沉淀，形成胶体混合物，而且有用矿物含量不高时，则难于用机械方法进行选分。如图 6-10 所示，石英脉分布于围岩裂隙中。

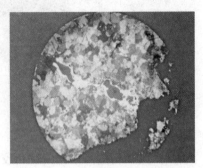

图 6-10　偏光（40×）

C　晶粒形态和嵌镶特性

根据矿物颗粒结晶的完整程度，可将矿物颗粒分为以下三种：自形晶（晶粒的晶形完整）、半自形晶（晶粒的部分晶面残缺）、他形晶（晶粒的晶形全不完整）。如果矿物颗粒的结晶完整或较好，将有利于破碎、磨矿和选别；反之，矿物的晶形或晶面不完整，则对选矿过程不利。

矿物晶粒与晶粒的接触关系称为嵌镶。如果晶粒与晶粒之间接触的边缘平坦光滑，则有利于选矿。反之，如为锯齿状的不规则形状则不利于选矿。

常见矿石结构类型主要包括以下几种：

（1）自形晶粒状结构。这种结构指的是矿物结晶颗粒具有完好的结晶外形。一般是晶出较早的和结晶生长力较强的矿物晶粒，如铬铁矿、磁铁矿、黄铁矿、毒砂等。如图 6-11 可以看出自形粒状黄铁矿呈浸染状分布在细粒花岗岩中。

（2）半自形晶粒状结构。该结构由两种或两种以上的矿物晶粒组成，其中一种晶粒是各种不同自形程度的结晶颗粒，较后形成的颗粒则往往是他形晶粒，并溶蚀先前形成的矿物颗粒。如较先形成的各种不同程度自形结晶的黄铁矿颗粒与后形成的他形结晶的方铅矿、方解石所构成的半自形晶粒状结构，如从图 6-12 可以看出锐钛矿以半自形晶体的结构形式存在。

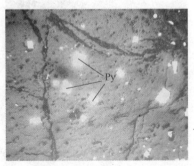

图 6-11　偏光（200×）

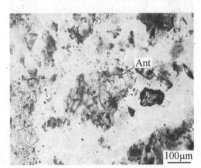

图 6-12　偏光（200×）

（3）他形晶粒状结构。该结构是由一种或数种呈他形结晶颗粒的矿物集合体组成。晶粒不具晶面，常位于自形晶粒的窄隙间，其外形决定于空隙形状，如图6-13和图6-14所示。从图6-13可以看出，呈他形粒状的黄铜矿呈浸染状分布在细粒花岗岩中。从图6-14可以看出，孔雀石（绿色）呈他形粒状，星散状分布。

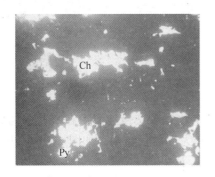

图6-13　偏光（600×）

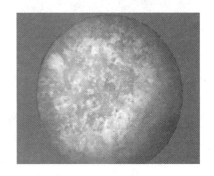

图6-14　偏光（100×）

（4）斑状结构和包含结构。斑状结构的特点是某些矿物在较细粒的基质中呈巨大的斑晶，这些斑晶具有一定程度的自形，而被溶蚀的现象不甚显著，如某多金属矿石中有黄铁矿斑晶在闪锌矿基质中构成斑状结构。包含结构是指矿石成分中有一部分巨大的晶粒，其中包含有大量细小晶体，并且这些细小晶体是毫无规律的。如从图6-15可以看出浑圆粒状的黄铜矿（Ch）包裹在黄铁矿（Py）中。

（5）交代溶蚀及交代残余结构。先结晶的矿物被后生成的矿物溶蚀交代则形成交代溶蚀结构，若交代以后，在一种矿物的集合体中还残留有不规则状、破布状或岛屿状的先生成的矿物颗粒，则为残余结构。从图6-16可以看出矽卡岩中粗大的透闪石被碳酸盐交代。

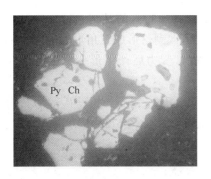

图6-15　偏光（400×）

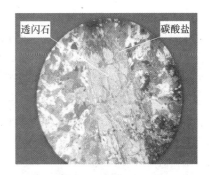

图6-16　偏光（40×）

（6）乳浊状结构。指一种矿物的细小颗粒呈珠滴状分布在另一种矿物中。如某方铅矿滴状小点在闪锌矿中形成乳浊状。而从图6-17可以看出大量乳滴状黄铁矿分布在脉石矿物中。

（7）格状结构。在主矿物内，几个不同的结晶方向分布着另一种矿物的晶体，呈现格子状。图6-18表示了磁铁矿中赤铁矿沿解理呈格状分布。

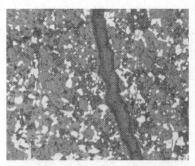

图 6-17　偏光（32×）

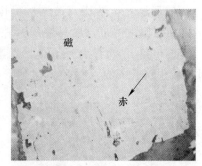

图 6-18　反光（500×）

（8）交代结构和放射状结构。片状矿物或柱状矿物颗粒交错地嵌镶在一起，构成交代结构。如果片状或柱状矿物成放射状嵌镶时，则称为放射状结构。如图 6-19 中纤铁矿集合体呈放射状聚集。

（9）海绵晶铁结构。金属矿物的他形晶细粒集合体胶结硅酸盐矿物的粗大自形晶体，形成一种特殊的结构形状，称为海绵晶铁结构，如图 6-20 为海绵晶铁构造图。

图 6-19　偏光（100×）

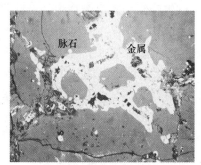

图 6-20　反光（630×）

（10）柔皱结构。这种结构是具有柔性和延展性矿物所特具的结构。特征是具有各种塑性变形而成的弯曲的柔皱花纹。如方铅矿的解理交角常剥落形成三角形的陷穴，陷穴的连线发生弯曲，形成柔皱。又如辉铜矿（可塑性矿物）受力后产生形变，也可形成柔皱状。如图 6-21 为呈柔皱结构的镍黄铁矿显微照片。

（11）压碎结构。这种结构为脆硬矿物如黄铁矿、毒砂、锡石、铬铁矿等所特有。在矿石中非常普遍，在受压的矿物中呈现裂缝和尖角的碎片，如图 6-22 所示。

图 6-21　反光（500×）

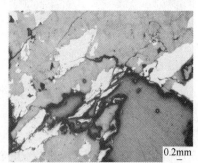

图 6-22　偏光（100×）

从上述不同矿石的结构类型图片可以看出，矿物的各种结构类型对选矿工艺会产生不同的影响，如呈交代溶蚀状、残余状、结状等交代结构的矿石，选矿要彻底分离它们是比较困难的。压碎状一般有利于磨矿及单体解离。格状等固溶体分离结构，由于接触边界平滑，也比较容易分离，但对于呈细小乳滴状的矿物颗粒，要分离出来就非常困难。其他如粒状（自形晶、半自形晶、他形晶）、交织状、海绵晶铁状等结构，除矿物成分复杂、结晶颗粒细小者外，一般比较容易选别。

6.1.4　选矿产品的考察

6.1.4.1　选矿产品考察的目的和方法

A　磨矿产品的考察

目的是考察磨矿产品中各种有用矿物的单体解离情况、磨矿产品的粒度特性以及各个化学组分和矿物组分在各粒级中的分布情况。

例如，某黄铁矿球磨机溢流产品的单体解离度分析结果见表 6-10。

表 6-10　某黄铁矿解离度测定表

粒级/mm	测定颗粒数	单体颗粒数	有效颗粒数	连生体颗粒数（有用矿物/颗粒）							单体解离度/%
				7/8	3/4	5/8	1/2	3/8	1/4	1/8	
+0.147	338	54	250	125	55	37	19	20	15	13	21.5
−0.147 +0.104	407	91	352	245	46	14	4	1	3	3	25.8
−0.104 +0.074	402	99	324	137	85	35	29	10	5	2	30.5
−0.074 +0.043	510	153	441	248	73	13	12	4	1	6	34.7
−0.043	407	144	330	113	63	29	26	11	13	8	43.7
合计	2064	541	1697	868	322	128	90	46	37	32	31.9

经过镜下观察和统计，结果如上表所示，从表中可以看出：

（1）+0.147mm 粒级矿物单体解离度为 21.5%，连生体较多，黄铁矿多与脉石矿物共生。同时，晶形较好的黄铁矿容易解离，多呈单体。

（2）−0.147mm+0.105mm 粒级下矿物单体解离度为 25.8%，在未解离的颗粒中，多为黄铁矿的富连生体，脉石矿物占的比重较少，仅在黄铁矿的边缘尚有脉石矿物连生，还有极少数的黄铁矿颗粒与辉钼矿连生。

（3）−0.105mm+0.074mm 粒级下矿物单体解离度为 30.5%，未解离的黄铁矿多为富连生体，一部分脉石矿物生长在黄铁矿内部。

（4）−0.074mm+0.043mm 粒级下矿物单体解离度为 34.7%，在未解离的颗粒中，多为黄铁矿的富连生体。

（5）−0.043mm 粒级下矿物单体解离度为 43.7%，在这个粒径范围之内，仍然有一部分未完全解离，与脉石矿物连生。

（6）对于所有测定的各粒级矿物颗粒，黄铁矿平均单体解离度为 31.9%。

B　精矿产品的考察

（1）研究精矿中杂质的存在形态、查明精矿质量不高的原因。考查多金属的粗精矿，可为下一步精选提供依据。例如某黑钨精矿含钙超过一级一类产品要求值 0.68% ~ 0.77%，查明主要是白钨含钙所引起，通过浮选白钨后，黑钨含钙可降至标准以内。

（2）查明稀贵和稀散金属富集在何种精矿内（对多金属矿而言），为化学处理提供依据。如某多金属矿石中含有镉和银，通过考察，查明镉主要富集在锌精矿内，银主要富集在铜精矿中，据此可采用适当的化学处理方法加以回收。

例如，某铜多金属矿对铜精矿和硫精矿的不同粒级中金属的分布情况进行了分析，结果如表 6-11 和表 6-12 所示。

表 6-11　铜精矿粒度组成分析

粒度组成/mm	产率/%	品位/%		回收率/%	
		Cu	S	Cu	S
+0.074	16.99	8.70	39.01	13.88	17.89
-0.074+0.053	19.37	10.38	42.56	18.88	22.25
-0.053+0.037	20.86	10.49	36.45	20.55	20.52
-0.037+0.027	13.71	10.83	35.88	13.94	13.28
-0.027+0.019	14.16	11.48	35.26	15.26	13.48
-0.019+0.013	5.37	13.12	33.36	6.62	4.84
-0.013	9.54	12.13	30.05	10.87	7.74
合　计	100	10.65	37.05	100	100

表 6-12　硫精矿粒度组成分析

粒度组成/mm	产率/%	品位/%		回收率/%	
		Cu	S	Cu	S
+0.18	2.85	0.128	39.13	5.84	2.92
-0.18+0.10	9.18	0.081	40.29	11.90	9.67
-0.10+0.074	20.11	0.058	40.46	18.66	21.28
-0.074+0.053	17.09	0.049	47.20	13.40	21.09
-0.053+0.037	14.87	0.036	41.06	8.57	15.96
-0.037+0.027	11.02	0.043	34.72	7.58	10.01
-0.027+0.019	8.53	0.045	33.77	6.14	7.53
-0.019+0.013	5.59	0.056	30.37	5.01	4.44
-0.013	10.76	0.133	25.23	22.90	7.10
合　计	100	0.625	38.24	100	100

由铜精矿粒度组成知，-0.074mm 铜品位较低，其他粒级铜品位在 10% ~ 13% 之间。硫精矿中 +0.1mm 及 -0.013mm 含铜较高，铜损失占 40.64%；硫精矿 -0.037mm 以下粒级，随着粒度的变细、硫含量降低，-0.013mm 粒级含硫仅 25.23%，说明该矿中的脉石矿物硬度较低，易于泥化。

C　中矿产品考察

对中矿产品的考察，主要是研究中矿矿物组成和共生关系，以确定中矿处理的方法。

此外，检查中矿单体解离情况，以为中矿的处理方式提供依据。如果中矿大部分解离即可返回再选，反之，则应再磨再选。某矿对铜铅混合精矿进行了混合精矿进行了金属分布率检测，结果如表 6-13 所示。

从表 6-13 可以看出，粒度分析结果中，铜铅品位在 -0.038mm 粒级明显富集，在该粒级分布率分别为 61.57% 和 71.25%；有 38.43% 的铜和 28.75% 的铅在 +0.038mm 粒级中品位变化不大，而且低于混合粗精矿品位。可见 +0.038mm 粒级的铜铅产品是主要影响铜、铅分离和产品质量的粒级，要想进一步提高精矿质量，应对混合精矿再磨后进行铜铅分离浮选。

表 6-13 铜铅混合粗精矿粒度分析结果

粒级/mm	产率/%		品位/%				分布率/%			
	个别	累计	Cu		Pb		Cu		Pb	
			个别	累计	个别	累计	个别	累计	个别	累计
+0.015	3.00	3.00	7.05	7.05	8.70	8.70	2.51	2.51	1.58	1.58
-0.015+0.074	24.00	27.00	5.63	5.79	5.79	6.89	16.03	18.54	8.40	9.98
-0.074+0.048	16.00	43.00	6.61	6.09	12.59	8.53	12.55	31.09	12.18	22.16
-0.048+0.038	8.00	51.00	7.73	6.35	13.62	9.33	7.34	38.43	6.59	28.75
-0.038	49.00	100.00	10.59	8.43	24.06	16.54	61.57	100.00	71.25	100.00
混合粗精矿	100.00	—	8.43	—	16.54	—	100.00	—	100.00	—

D 尾矿产品考察

尾矿的产品考察，主要是考察尾矿中有用成分存在形态和粒度分布，以了解有用成分损失的原因。在某金矿的调整剂浮选实验中，对尾矿的金分布率进行了检测，结果如表 6-14 所示。

表 6-14 碳酸钠调浆浮选尾矿粒度分析结果

粒度/mm	产率/%		金品位/g·t⁻¹		金分布率/%	
	个别	累计	个别	累计	个别	累计
+0.076	26.78	26.78	0.40	0.40	24.37	24.37
-0.076+0.043	15.25	42.03	0.39	0.40	13.53	37.90
-0.043+0.030	10.19	52.22	0.39	0.40	8.98	46.88
-0.030+0.020	11.27	63.49	1.01	0.50	25.90	72.78
-0.020+0.010.	16.30	79.79	0.30	0.46	11.13	83.91
-0.010	20.21	100.00	0.35	0.44	16.09	100.00
合　计	100.00	—	0.44	—	100.00	—

表 6-14 的结果表明：-0.030+0.020mm 粒级中，金品位明显富集，但其损失率较高，达到了 25.9%，而 +0.074mm 粒级金的损失率 24.37%，这也说明有部分细粒金未单体解离。

6.1.4.2 选矿产品单体解离度的测定

选矿产品单体解离度的测定，用以检查选矿产品（主要指磨碎产品、精矿、中矿和尾矿等）中有用矿物解离成单体的程度，作为确定磨碎粒度和探寻进一步提高选别指标的可能性依据。一般把有用矿物单体含量与该矿物总含量的百分比称为单体解离度。

测定方法是首先采取代表性试样，进行筛分分级，75μm 以下需事先水析，再在每个粒级中取少量代表性样品，一般 10~20g，制成光片，置于显微镜下观察，用前述直线法或计点法统计有用矿物单体解离个数与连生体个数，连生体中应分别统计出有用矿物与其他有用矿物连生或与脉石连生的个数。此外，还应区分有用矿物在连生体中所占的颗粒体积大小，一般分为 1/4、1/2、3/4 等几类，不要分得太细，以免统计繁琐。一般每一种粒级观察统计 500 颗粒左右为宜。由于同一粒级中矿物颗粒大小是近似相等的，同一矿物其密度也是一样的，这样便可根据颗粒数之间的关系先分别算出各粒级中有用矿物的单体解离度，而后求出整个产品的单体解离度。

6.1.4.3 选矿产品中连生体连生特性的研究

考察选矿产品时，除了检查矿物颗粒的单体解离程度以外，还常需研究产品中连生体的连生特性。由前尾矿产品显微镜考察示例可知，连生体的特性影响着它的选矿行为和下一步处理的方法。例如，在重选和磁选过程中，连生体的选矿行为主要取决于有用矿物在连生体中所占的比率。在浮选过程中，则尚与有用矿物和脉石（或伴生有用矿物）的连结特征有关，若有用矿物被脉石包裹，就很难浮起；若有用矿物与脉石毗连，可浮性取决于相互的比率；若有用矿物以乳浊状包裹体形式高度分散在脉石中（或反过来，杂质分散于有用矿物中），就很难选分，因为即使细磨也难以解离。

由此可知，研究连生体特征时，应对如下三方面进行较详细的考察：

（1）连生体的类型。有用矿物与何种矿物连生，是与有用矿物连生，还是与脉石矿物连生，或者好几种矿物连生。

（2）各类连生体的数量。有用矿物在每一连生体中的相对含量（通常用有用矿物在连生体中所占的面积份数来表示），各类连生体的数量，及其在各粒级中的差异。

（3）连生体的结构特征。主要研究不同矿物之间的嵌镶关系。大体有三种情况：1）包裹连生（一种矿物颗粒被包裹在另一种矿物颗粒的内部）。原矿呈乳浊状，残余结构等易产生这类连生体。2）穿插连生（一种矿物颗粒由连生体的边缘穿插到另一种矿物颗粒的内部。原矿具交代溶蚀结构、结状结构等易产生这类连生体。3）毗邻连生（不同矿物颗粒彼此邻接）。原矿具粗粒自形、半自形晶结构、格状结构等可能产生这类连生体。

在穿插和包裹连生体中，要注意区别是有用矿物穿插或被包裹在其他矿物颗粒内或是相反的情况。不同矿物颗粒相互接触界线，是平直的还是圆滑的，或者是比较曲折的。矿物或连生体的形态是粒状还是片状，磨圆程度如何，这些都会影响可选性。

矿物嵌布粒度和矿物解离的测定方法，除传统方法外，应用现代测试技术是重要的发展方向。如比表面法、自动图像分析、显微辐射照相、中子活化法、X 射线摄影法、X 射线体视法、重液梯度分离法以及应用磨矿功函数、显微热电动势、声发射参数、外电子发射、显微硬度和位错显示等方法研究矿物界面的表面性质、结构和强度特性。此外，在光片上测定矿物解离数据的校正和连生体系数、选择性解离以及根据现代体视学对二元矿物连生体出现的机率进行电算模拟与数模分析，给出各种立体转换系数，以提高测定精度。

如某钼矿对辉钼矿的粒度进行了镜下统计，结果见表 6-15。

表 6-15　某辉钼矿原生粒度统计结果

粒级/mm	颗粒数	线长/mm	分布率/%	累计分布率/%
-0.3+0.2	3	0.591	3.62	3.62
-0.2+0.1	7	0.776	4.76	8.38
-0.1+0.074	24	2.049	12.57	20.95
-0.074+0.045	98	5.448	33.42	54.37
-0.045+0.038	31	1.316	8.07	62.44
-0.038+0.02	184	5.067	31.08	93.52
-0.02	73	1.056	6.48	100.00
总　　计	420	16.303	100.00	

由表 6-15 可知，该辉钼矿粒度较细，一般集中在 0.1 ~ 0.02mm 之间，最粗可达到 0.26mm，-0.074mm 约占 79%，可见辉钼矿以细粒嵌布为主。

6.2　试样工艺性质的测定

6.2.1　比表面的测定

单位重量的矿粒群所具有的总表面叫做比表面。常用的测定方法是渗透法和吸附法。测比表面法不需要预先分散试料，因而可避免因分散效果不良而造成的误差。

6.2.1.1　渗透法

渗透法是利用流体透过待测物料层的速度测定比表面，因所用流体不同而分为液体渗透法和气体渗透法两类。

A　液体渗透法

黏度为 μ 的流体，在 Δp 的压力差下，流过一面积为 A、厚 L 的多孔物料层，其流速 u 和流量 Q，按达尔斯定律为：

$$u = \frac{Q}{A} = K\frac{\Delta p}{\mu L} \tag{6-1}$$

式中，K 为比例常数。由于流速与毛细孔的截面和长度有关，而粉状物料层中的孔道截面积和长度与试料的空隙度与表面积 S 和有关，由此可导出（库曾式）：

$$K = \frac{1}{kS_V^2} \cdot \frac{e^3}{(1-e)^2} = \frac{1}{k\rho_S^2 S_W^2} \cdot \frac{e^3}{(1-e)^2} \tag{6-2}$$

式中，S_V 为单位体积固体物料的表面积，$S_V = \rho_S S_W$；S_W 为单位重量固体物料的表面积，即比表面；ρ_S 为固体物料的密度；k 为形状系数。

将式（6-2）代入式（6-1）中即可导出：

$$S_W = \frac{1}{\rho_S}\sqrt{\frac{1}{k} \cdot \frac{e^3}{(1-e)^2} \cdot \frac{A}{Q} \cdot \frac{\Delta p}{\mu L}} \tag{6-3}$$

不论是采用国际单位制还是 CGS 制，上式都是适用的。卡门用的是 CGS 制，并且是用水柱高度量 Δp，设 $k=5$，将上式改写成下列形式：

$$S_{\mathrm{W}} = \frac{1}{\rho_{\mathrm{S}}} \sqrt{\frac{1}{5} \cdot \frac{e^3}{(1-e)^2} \cdot \frac{A}{Q} \cdot \frac{g\Delta p}{\mu L}} = \frac{14}{\rho_{\mathrm{S}}} \sqrt{\frac{e^3}{(1-e)^2} \cdot \frac{A}{Q} \cdot \frac{\Delta p}{\mu L}} \qquad (6\text{-}4)$$

而空隙度可由下式求得：

$$e = 1 - \frac{m}{AL\rho_{\mathrm{S}}} \qquad (6\text{-}5)$$

式中，m 为固体试料的质量。

液体渗透法可用于测定小到 5μm 的试料。更细的物料，以及会与水发生水合作用的物料（如水泥），须用气体渗透法。

实验装置的类型很多，其中最简单的是卡门液体渗透计（图 6-23）。包括一个直径为 1.8~2cm 的渗透管 1，长为直径的 5 倍，与磨砂口 2 与弯管 3 及阀 8 相连，接储液瓶 4，出口管 5 与抽气泵及压力调节器和气压计相连。渗透管中装金属网滤布 6，支承在铜弹簧圈 7 上。有时上面再垫滤纸，但滤布和滤纸的阻力不能超过样品 9 阻力的 1%~2%。贮水器 10 用量筒制成，出口是斜口管 11，流出水量调节到使渗透管中液面始终保持恒定高度 h_1。

试验时，将已称重样品置烧杯中，取 5~10 倍渗透用液体加入杯中共同搅拌，并加热至沸，使样品充分分散（有时可加分散剂）。然后冷却至室温，小心转入渗透管。一面搅拌一面抽气，使样品在滤布上挤紧，此时应避免分层现象。抽气真空度约为 53~66kPa。将斜口管 11 的流水量调节恒定后测出 Q 及 p。

B　气体渗透法

气体渗透法的基本原理与液体渗透法相同。常用的仪器有李（Lca）和纳斯（Nurse）设计的装置，一些国家已将它定为粒度测定的标准装置（如法国国家标准 NF X11—601）之一。由于要做一个长的（280cm）毛细管有困难，为此，戈登（Gooden）和史密斯（Smith）修改了李和纳斯透过仪，用细砂填充的管子代替，这种经改进形式的透过仪为目前粉末冶金行业中通用费氏仪（Fisher sub sieve sizer）。所用的计算公式与卡门渗透计类似。

我国水泥工业采用的气体渗透式装置如图 6-24 所示，已列入国家标准（GB 207—63）。在法、美、德、英等国的国家标准（NFP15—442、ASTMC204、DIN1164、BS4359）中也有类似装置。

6.2.1.2　吸附法

吸附法是利用分散度高的细粒物料表面自由能高、能自动吸附气体的特性，测定比表面积的方法。此法适用的粒度范围比渗透法细，在细粒范围内测试精度较高，特别是低温氮吸附法，目前是表面积测量的标准方法。吸附法种类很多，常用方法主要有容量法（如 B.E.T 多点吸附法、B.E.T 单点吸附法、测量小比表面积法等）、重量法（如石英弹簧秤、吸附天平等）、流动吸附色谱法（如 ST-03 型表面孔径测量仪）等。

低温氮吸附法是在液氮（-195.80℃）或液态空气（-192℃）温度下进行。因为在此低温下，一般不会有化学吸附的干扰，能保证气体分子在固体粒子表面作单分子层吸附，从而可按 B.E.T 公式作图或计算求得吸附量。

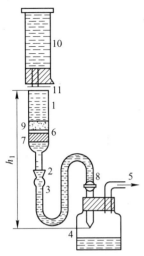

图 6-23 卡门液体渗透计图

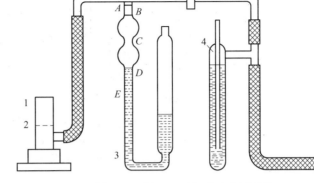

图 6-24 新 T-3 透气式比表面积仪

1—圆筒；2—穿孔圆板；3—气压计；4—负压调节器；5—活塞；6—抽气球

按 B. E. T 公式，当 $p = 0.05 \sim 0.30 p_s$ 时：

$$\frac{p}{V^{\ominus}(p_s - p)} = \frac{1}{V_m C} + \frac{C - 1}{V_m C} \cdot \frac{p}{p_s} \tag{6-6}$$

式中，$V^{\ominus}$ 为被吸附的气体在标准状态下的体积，m^3；V_m 为单分子层吸附的所需气体的体积，m^3；p 为吸附平衡的气体的压力，Pa；p_s 为被吸附气体的饱和蒸气压力，Pa；C 为常数。

测得一定温度下不同压力 p 时的吸附量 V，并将 V 换算成标准状态下的体积 $V^{\ominus}$ 后，可以 $\dfrac{p}{V^{\ominus}(p_s - p)}$ 对 $\dfrac{p}{p_s}$ 作图，得到一直线，直线的截距为 $\dfrac{1}{V_m C}$、斜率 $\dfrac{C - 1}{V_m C}$，据此算出 V_m 和 C。此法可称为多点吸附法，即未简化的 B. E. T. 法。

试验表明，在一般情况下，C 值很大，因而 B. E. T. 公式可简化为

$$\frac{p}{V^{\ominus}(p_s - p)} = \frac{p}{V_m p_s} \tag{6-7}$$

$$V_m = \frac{p_s - p}{p_s} V^{\ominus} \tag{6-8}$$

由此，只需测得一吸附点的 p 和 $V^{\ominus}$，便可算出 V_m，这是单点吸附法，或称简化 B. E. T. 法。单点吸附法与多点吸附法相比，测定误差一般不超过 5%，基本可满足一般测定的需要。

简化氮吸附测定装置如图 6-25 所示。整个测定仪由四个部分组成：测量部分、贮氮部分、氧蒸汽温度计、氮气纯化装置。

测量前先将纯化的氮气充入贮氮瓶 7 中，并用压力计 8 测量贮氮瓶中氮气的压力，然后检查系统密封状况，并测定测量部分的体积。每次测量所取试样重量应保证其总表面积不小于 $10 m^2$。试样在 100℃ 温度下烘干并冷却至室温后，装入试样瓶 4 中，抽真空使物料

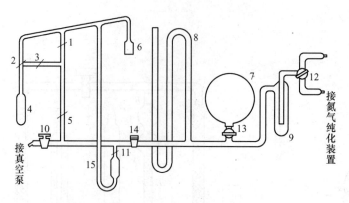

图 6-25　氮吸附仪

1~3, 5, 10~14—旋塞；4—样品瓶；6—气体瓶；
7—贮氮瓶；8—压力计；9—捕集器；15—压力计

去气，再将试样瓶浸入液氮浴中降温，然后放入纯氮让物料吸附。由压力计 15 读数变化即可推算出氮吸附量 V，并进而按式（6-8）算出 V_m。

最后按下式计算试样的比表面：

$$S_W = \frac{N_A A V_m}{0.0224G} = \frac{4.23V_m}{G} \times 10^6 \tag{6-9}$$

式中，S_W 为比表面，m^2/kg；N_A 为阿伏加德罗常数，6.023×10^{23}，mol^{-1}；A 为吸附氮每个分子的投影截面积，$15.8 \times 10^{-20}\ m^2$；$0.0224$ 为摩尔体积，m^3/mol；G 为试样质量，kg。

流动吸附色谱法实验装置示意图如图 6-26 所示。

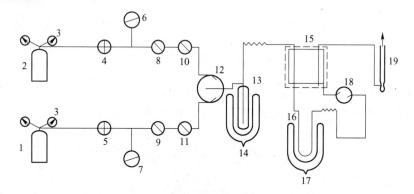

图 6-26　流动吸附色谱法实验装置示意图

1—载气瓶；2—氮气瓶；3—减压阀；4, 5—稳压阀；6, 7—压力表；8, 9—可调气阻；10, 11—三通阀；
12, 18—混合气；13—冷阱；14, 17—杜瓦瓶；15—热导池；16—样品管；19—皂沫流量计

流动吸附色谱法原理：混合气——吸附气（N_2）与载气（He 或 H_2）连续地通过固体或粉状样品，借助变化吸附气流速，以改变混合气中吸附气组成，得到不同的相对压强。在不同的相对压强及吸附气的液化温度下，吸附气被样品吸附，直至混合气中吸附气的分压达到吸附平衡压强，再回复到室温，使样品上吸附的吸附气解吸。在吸附或解吸过程中，气流中吸附气浓度发生变化，此气流作用于热导池检测器上，其桥路输出相应的脉冲信号，在记录器上得到吸附峰或解吸峰。为了标定吸附峰或解吸峰的量值，这时再由注

射阀注射已知体积的吸附气，通过热导池于记录器上得到一个标定峰。相继得到三个峰即组成一个吸附色谱图。由此可求出样品的吸附量：

$$V = \frac{273p_t}{760T_t} \cdot \frac{S_A}{S_i}V_i \tag{6-10}$$

式中，p_t 为试验时大气压；T_t 为试验时绝对温度；S_A 为解吸峰或吸附峰面积；S_i 为标定峰面积；V_i 为标定时注射的吸附气体积。

吸附平衡时相对压强 $\dfrac{p}{p_0}$ 数值可由混合气流速与吸附气流速的流速比确定：

$$\frac{p}{p_0} = \frac{R_N}{R_T} \cdot \frac{p_t}{p_0} \tag{6-11}$$

式中，p 为吸附中衡时的压力；p_0 为吸附气液化时饱和蒸气压；R_T 为混合气流速；R_N 为吸附气流速。

这样，由相对压强各点得到的 p/p_0 值作 B. E. T 图，即可求出样品的比表面积。

测定时混合气经热导池、样品管，热导池的测量臂由皂泡流量计放空。此时，由于在室温下样品无吸附作用，故经热导池的参考臂和测量臂气体的组分相同，电桥达到平衡，输出电压为零，在自动平衡记录仪上走基线。将盛满液氮的杜瓦瓶套于样品管上浸泡到固定标记位置，此时热导池测量臂由于样品吸附了混合气中的氮，使混合气中氮组分减少，电桥产生不平衡，出现了吸附峰，待吸附平衡后仍回到基线。将杜瓦瓶取下，此时吸附在样品上的氮由于受热脱附出来。热导池又出现不平衡，在记录器上又出现了一脱附峰。一般脱附峰的峰形比吸附峰好，因而一般用脱附峰的峰面积计算吸附量。峰面积可由求积仪、剪纸称重法或计算法求出，或用电子积分器与记录器并联直接读出。

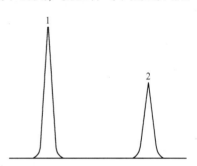

图 6-27　典型的吸收峰和标定峰色谱图
1— 标定峰，2— 解吸峰

实验时往往并不将吸附峰绘出，而仅绘出与标定峰极性相同的解吸峰。因此，通常得到的色谱图上只有解吸峰和标定峰。典型的解吸峰和标定峰色谱图如图 6-27 所示。

流动气体色谱法与静态气体吸附法比较，其优点是明显的：

（1）比表面积测量范围宽。（2）测量快速。（3）系统不需要高真空；样品预处理可直接在载气流下进行；去掉了易碎和复杂的玻璃管系统；不再接触有毒物质汞。（4）参数自动记录，操作简单。（5）重现性好。

但也存在一定的局限性，如流量变化对峰面积影响大；气流中若含高干液氮沸点的气体杂质，特别是水分时，对结果影响恶劣；热扩散现象存在，往往限制了仪器所能测定的最小表面积值；热导池的非线性情况对测景结果有影响，应预先标定。

6.2.2　相对密度和平均密度的测定

单位体积物料的质量叫做密度，用 ρ 表示，其单位为 kg/m³ 或 g/cm³；物料密度与参比物质密度之比叫相对密度，用 d 表示，是一个无量纲的量，若参比物质是水，在工程上就习惯地把它称为相对密度，在选矿工艺上由于习惯用 d 表示粒度，因而常用小写希腊字母 σ 表示相对密度。

单位体积物料的重量叫做重度，用 γ 表示，其单位按国际单位制为 N/m^3，按厘米·克·秒制为 dyn/cm^3，重度与密度的关系为 $\gamma = g\rho$。工程上常采用"千克力"作为重力单位，将 1kg 原器在纬度 45°海平面处所受的重力即重量定为 1kg，相应地采用 kg/m^3 和 g/cm^3 作为重度的单位，这时，重度和密度的单位形式上将相同，实际上它们属于不同的单位制，量纲也不相同。

物料与同体积水的重量比，即重度比 δ，由于

$$\delta = \frac{\gamma_1}{\gamma_2} = \frac{g\rho_1}{g\rho_2} = \frac{\rho_1}{\rho_2} = d \tag{6-12}$$

表明只要参比物质相同，比重比和相对密度的数值总是相等的。为了确定固体物料的比重比，通常是用4℃纯水作参比物质，4℃纯水的密度为 $1g/cm^3$，因而若采用厘米·克·秒制，比重比和密度的数值也相等，但量纲不同。

堆积的矿粒（块）群与同体积水的重量比叫做平均密度或假比重，单位体积的矿粒（块）群的重量叫做堆重度，常用单位为 t/m^3 或 kg/L，均属于工程单位制。需注意的是，此处的计算体积包括了矿粒（块）间的空隙。工程上还常直接把堆重度叫做平均密度。

固体物料相对密度通常在室温下测定，温度的些许变化对固体相对密度影响不大，因而不必注明，但试料必须事先干燥（105±2）℃。

6.2.2.1　大块相对密度的测定

大块的相对密度可以通过最简单的称量法进行，即先将矿块在空气中称量，再浸入水中称量，然后算出相对密度。介质一般采用水，也可用其他介质。称量可在精确度为 0.01~0.02g 的普通天平上进行，也可用专测相对密度用的相对密度天平进行。

（1）普通天平法。为了测大块不规则形状的物体的相对密度，首先要测物体的干重，然后用细金属丝做一个圈套，将物体挂在灵敏的工业天平或分析天平横梁的一端，再将一盛水的容器放在一个桥形的小台上，小台应不会碰到秤盘，并使物体完全浸入水中而不至于碰到容器。由于金属丝很难将物块套稳，因而最好用金属丝做一个小笼子，将待测物块放在笼内（图6-28），笼子用一根尽可能细的金属丝做成的钩子挂在天平梁上，首先测笼子在水中的重量，然后测笼子与物体在水中的重量。这里没有考虑连结物体和天平梁的那根金属丝，由于金属丝很细，浸入水中部分的长度变化引起浮力发生变化很小，误差也小，故可忽略。

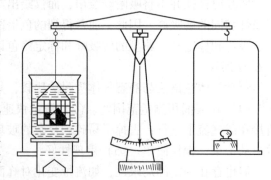

图 6-28　普通天平测比重装置

由于矿块结构的不均一性，测一块的结果没有代表性，因此必须检测多块取其测定平均值。

计算公式如下：

$$\delta = \frac{G_3 - G_1}{(G_3 - G_1) - (G_4 - G_2)} \cdot \Delta \tag{6-13}$$

式中，G_1 为笼子在空气中的重量；G_2 为笼子在介质中的重量；G_3 为矿块和笼子在空气中的重量；G_4 为矿块和笼子在介质中的重量；Δ 为介质相对密度。

（2）比重天平法。比重天平法与普通天平法的原理是相同的，但所用的称量仪器是专用比重天平，因而测定时可直接读出矿块相对密度，不需要再用公式计算，如国产岩石密度计（WMGI-62 型，北京地质仪器厂制造）。

6.2.2.2 粉状物料相对密度的测定

粉状物料的相对密度测定，可根据试验精确度的要求和试样重量采用量筒法、比重瓶法、显微比重法、扭力天平法、重液变温法、微比谱仪（利用磁流体技术）等。选矿试验中常用比重瓶法。

（1）比重瓶法。包括煮沸法、抽真空法以及抽真空同煮沸法相结合的方法，三者的差别仅仅是除去气泡的方法不同，其他操作程序均一样。

主要仪器设备包括：烘箱、干燥器；分析天平（感量 0.001g，称量 200g）；比重瓶 50~100mL；真空抽气装置（如抽气机、水银压力计、真空抽气缸、保护罩等）。

试验步骤为：

1）称烘干试样 15g，用漏斗细心倾入洗净的比该瓶内，并将附在漏斗上的试样扫入瓶内，切勿使试样飞扬或抛失。

2）注蒸馏水入比重瓶至丰满，摇动比重瓶使试样分散，将瓶和用于试验的蒸馏水同时置于真空抽气缸中进行抽气，其缸内残余压力不得超过 2cm 的水银柱，抽气时间不得少于 1h，关闭马达，由三通开关放入空气。

3）将经抽气的蒸馏水注入比重瓶至近满，放比重瓶于恒温水槽内，待瓶内浸液温度稳定。

4）将比重瓶的瓶塞塞好，使多余的水自瓶塞毛细管中溢出，擦干瓶外的水分后，称瓶、水、样合重得 G_2。

5）将样品倒出，洗净比重瓶，注入经抽气的蒸馏水至比重瓶近满，塞好瓶塞，擦干瓶外水分，称瓶、水合重得 G_1。

然后按下式算出试样相对密度：

$$\delta = \frac{G\Delta}{G_1 + G - G_2} \tag{6-14}$$

式中，G 为试样干重，kg；G_1 为瓶、水合重，kg；G_2 为瓶、水、样合重，kg；Δ 为介质相对密度。

相对密度测定需平行做两次，求其算术平均值，取两位小数，其平行差值不得大于 0.02。

测定中须注意下列几点：

1）比重瓶必须事先用热洗液洗去油污，然后用自来水冲洗，最后用蒸馏水洗净。

2）为了完全除去比重瓶中水中的气泡，也可在抽真空的同时将比重瓶置于 60~70℃ 的热水中，使水沸腾，然后再冷却到室温下进行称量。

3）水在 4℃ 时的密度为 $1g/cm^3$，20℃ 时的密度为 $0.998232g/cm^3$，在其他温度下的密度可查表 6-16，但在对精确度要求不高时均可近似地认为等于 $1g/cm^3$。

表 6-16　不同温度下水的密度

$t/℃$	密度/g·cm^{-3}	$t/℃$	密度/g·cm^{-3}	$t/℃$	密度/g·cm^{-3}
0	0.999868	12	0.999525	24	0.997326
1	0.999927	13	0.999404	25	0.997074
2	0.999968	14	0.999271	26	0.996813
3	0.999992	15	0.999126	27	0.996542
4	1.000000	16	0.998970	28	0.996262
5	0.999992	17	0.998802	29	0.995973
6	0.999968	18	0.998623	30	0.995676
7	0.999929	19	0.998433	31	0.995369
8	0.999876	20	0.998232	32	0.995054
9	0.999809	21	0.998021	33	0.994731
10	0.999728	22	0.997799	34	0.994399
11	0.999632	23	0.997567	35	0.994059

（2）显微比重法。适用于微量（10～20mg）试样密度的测定。即用一特制显微比重管或选取内径均匀的化学移液管来切制作量器，用带测微尺的显微镜代替肉眼观测试样的排液体积，即可求出矿物相对密度。介质一般采用酒精或二甲苯。精确度可达±0.2。

（3）微比重仪。微比重仪是利用磁流体技术解决微小矿物相对密度测定的一种新的测试方法。具体测定方法有经验公式法和对比测定法，后者测定方便，用已知相对密度的矿粒为标准，与未知矿粒进行对比测定，并作相对计算的一种方法。

基本原理将装有矿粒和顺磁液体的细玻璃管置于双曲线形磁极间隙中（图6-29），即只在垂直方向上有梯度变化的磁场中，矿粒将依据其相对密度差异悬浮在不同高度上。固定观测高度，通过测定激磁电流来确定矿粒的相对密度。由于矿粒受重力、浮力、磁力、磁浮力四个力的作用，根据四个力的平衡及某些假设，并解联立方程式求得待测矿粒相对密度。

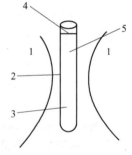

图 6-29　测量装置示意图
1—磁极；2—试管；3—顺磁液；
4—液面；5—矿粒

$$\delta = \frac{LMT\delta_B + MNTQ\chi_B - MNTQ\chi_A - KNQ\delta}{LMT - KNQ} \tag{6-15}$$

令 $K = \chi_A - \chi_0$；$L = \chi_B - \chi_0$；$M = \delta_A - \delta_0$；$N = \delta_0 - \delta_B$；$T = (I_2/I_1)^2$；$Q = (I_4/I_3)^2$

式中，δ 为待测矿物相对密度；δ_A 和 δ_B 为溶液 A 和溶液 B 的相对密度；χ_A 和 χ_B 为溶液 A 和溶液 B 的比磁化系数；δ_0 为标准矿物的相对密度；χ_0 为标准矿物的比磁化系数；I_1 为标准矿物的 A 溶液电流值；I_2 为标准矿物的 B 溶液电流值；I_3 为待测矿物的 A 溶液电流值；I_4 为待测矿物的 B 溶液电流值。

微比重仪测最微小矿物相对密度操作简便、快速、精度较高。一般相对密度测量范围2～10，被测矿物粒度0.1～0.5mm，被测矿粒可以小到0.004mg。

介质的选择　不论采用何种方法测相对密度，均应注意选择介质，对介质的基本要求是：1) 对试样的润湿性好。2) 化学性质稳定，不至于与试样起化学反应。3) 相对密度稳定。4) 蒸气压低，黏性小，表面张力小，分了半径小。对于亲水性试样，通常都是用水作介质，其他则可用酒精（95%时最稳定）、苯、甲苯、二甲苯等有机液体。5) 微比重仪应用顺磁液体，如锰、钛、镝等氯化物、硫酸盐和硝酸盐的水溶液。

6.2.3　平均密度（堆重度）的测定

平均密度是指碎散物料在自然状态下堆积时，单位体积（包括空隙）的质量，常用的单位为 t/m^3。由于水的重度是 $1t/m^3$，因而平均密度和堆重度在数值上相同，但平均密度应是一个无量纲的量。

测定平均密度的主要目的是为设计矿仓、堆栈等贮矿设施提供依据。

原矿以及粗碎和中碎产品，因粒度大，其平均密度一般应在现场就地测定，细碎和选矿产品的平均密度，可在实验室内测定。至于可选性试样是否需要测定平均密度，以及应在什么粒度下测定平均密度，应与设计部门协商决定，因为实验室选矿试样的原始粒度和破碎粒度一般与工业生产不同。

具体测定方法如下：取经过校准的容器，其容积为 V，重量为 G_0，盛满矿样并刮平，然后称量为 G_1，其平均密度 δ_D 和空隙度 e 可分别计算如下：

$$\delta_D = \frac{\gamma_D}{\gamma_w} = \frac{G_1 - G_0}{\gamma_w V} = \frac{G_1 - G_0}{V} \tag{6-16}$$

$$e = \frac{\gamma_s - \gamma_D}{\gamma_s} = \frac{\delta_s - \delta_D}{\delta_s} \tag{6-17}$$

式中，G_0、G_1 为容器装矿前和装矿后的重量，kg；V 为容器的容积，L；γ_D 和 δ_D 为矿样的堆重度（kg/L）和平均密度；γ_s 和 δ_s 为矿样的重度（kg/L）和相对密度；γ_w 为水的重度（kg/L）等于1；e 为空隙度，空隙体积占容器总容积的分数，以小数计。

测定容器不应过小，否则准确性差。即使矿块很大，容器的边长最少也要比最小块尺寸大五倍。为减小误差，应重复测定多次，取其平均值作为最终数据。若要求测定压实状态下的碎散物料的相对密度，则可在物料装入容器后利用震动的方法使其自然压实，然后测定。

6.2.4　摩擦角和堆积角的测定

摩擦角和堆积角测定的主要目的足为设计原矿仓和中间贮矿槽提供原始数据。

(1) 摩擦角的测定。用一块木制平板（也可用胶板或其他材料制成的平板），其一端铰接固定，而另一端则可借细绳牵引以使其自由升降（图6-30）。将试验物料置于板上，并将板缓缓下降，直至物料开始运动为止。此时测量其倾斜角即为摩擦角。

(2) 堆积角的测定。测定方法有自然堆积法和朗氏法。自然堆积法很简单，只需有较平的台面和地面，将物料自然堆积，测量物料。与平面之间的夹角即可。朗氏法的测定装置如图6-31所示，试料由漏斗落到一个高架圆台上，在台上形成料堆，直至试料沿料堆的各边都同等地下滑为止。转动一根活动的直尺，即可测出堆积角。

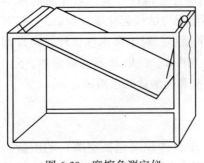

图 6-30　摩擦角测定仪

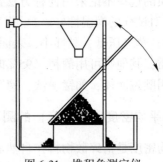

图 6-31　堆积角测定仪

6.2.5　可磨度的测定

磨矿设备是选矿的关键设备，磨矿工段的投资和经营费用，在整个选矿厂中所占有的比率都很大，而磨矿细度能否达到要求，对于所设计选矿厂能否达到设计性的意义，因而在选矿厂设计工作中，矿石的可磨度是一个重要的原始数据。

可是，在实际工作中我们经常可以看到，按实验室可磨度试验结果算出的磨矿机生产率往往与实际不符，这意味着现有的实验室可磨度测定方法是不完善的，需要在实践中研究改进。

已经提出的可磨度测定方法有多种，其差别主要表现在以下两方面：

（1）可磨度的度量标准不同。矿石可磨度的表示方法有许多种，但总的说来可归并为两大类。

第一类是以单位容积磨机的生产能力表示可磨度，一般是指单位时间的产量，但也有的是指磨矿机每转一转的产量；而生产量有的是指在指定给矿和产品粒度下处理的矿石量，有的是指新生 $-74\mu m$ 产品量，有的则是指新生总表面积（即新生的总表面积＝比表面积×吨数）。

第二类是以单位耗电量度量可磨度，即在指定的给矿和产品粒度下每磨一吨矿石的耗电量，或新生每吨 $-74\mu m$ 物料的耗电量，或每吨矿石每新生 $1000cm^2/cm^3$ 比表面的耗电量。

无论是采用第一类或第二类表示方法，又可分为绝对法和相对法（即比较法），前者是用所测出的单位容积生产能力或单位耗电量的绝对值度量可磨度，因而也叫做绝对可磨度；后者是将待测试样与标准试样的单位容积生产能力或单位耗电量的比值度量可磨度，因而也叫做相对可磨度。由于实验室磨矿机与工业磨矿机磨矿条件相差甚远，绝对值很难直接引用，因而目前都只测定相对可磨度。

（2）磨矿试验方法不同。按照磨矿试验方法的不同，可分为开路磨矿测定法和闭路磨矿测定法两类。

6.2.5.1　单位容积生产能力法

（1）开路磨矿测定法。取 $-3(-2)mm+0.15mm$ 的矿样（每份 500g 或 1000g），在固定的磨矿条件下，依次分别进行不同时间的磨矿，然后将各份磨矿产品分别用套筛（或仅用 $74\mu m$ 的标准）筛析，并绘出磨矿时间与产品中各筛下（或筛上）级别累积产率的关系曲线，从而找出为将试样磨到所要求的细度（按$-74\mu m$含量计）所需要的磨矿时间T。

磨矿机的单位容积生产能力，即绝对可磨度，按给矿量计算应为：

$$q = \frac{60G}{VT} \tag{6-18}$$

式中，q为在指定的给矿和产品粒度下，按给矿量计算的单位容积生产能力，$kg/(L \cdot h)$；G为试样原始质量，kg；V为试验用磨矿机体积，L；T为磨到指定细度所需时间，min。

按新生$-74\mu m$产品计算应为：

$$q^{-74} = \frac{60G\gamma^{-74}}{100VT} \tag{6-19}$$

式中，q^{-74}为按新生$-74\mu m$产品量计算的单位容积生产能力，$kg/(L \cdot h)$；γ^{-74}为新生$-74\mu m$含量，$\%$。

测定相对可磨度时，需用标准矿石作对照。若在相同条件下，将标准矿石磨到同一细度所需的时间为T，算出绝对可磨度为q_0或q_0^{-74}，则按相对可磨度定义：

$$K = \frac{q}{q_0} \text{ 或 } \frac{q^{-74}}{q_0^{-74}} \tag{6-20}$$

由于磨待测矿石和标准矿石的G、V、γ均相同，因而不论是按给矿或新生$-74\mu m$产品计算生产能力，推算出的相对可磨度计算公式均为：

$$K = \frac{T_0}{T} \tag{6-21}$$

这样，试验的任务仅在于求出T_0和T。

按新生$-74\mu m$含量法测定相对可磨度是常用的方法，如图6-32所示，曲线1和曲线2分别代表标准矿石和待测矿石不同时间磨矿产品用$74\mu m$标准筛筛析结果，所要求$-74\mu m$含量为x，则自纵坐标上x处引水平线分别与曲线1和2相交，两交点的横坐标即为所求之T_0和T。

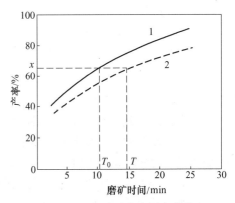

图6-32 相对可磨度测定曲线

（2）闭路磨矿测定法。把一定数量的$-3mm$左右的原矿，筛除指定粒度的合格产品后，进行不同时间的磨矿。即每次磨矿产品，在筛除指定粒度的合格产品后，返回磨矿机重磨，同时用筛除了合格产品的原矿补足筛除的部分，使磨矿机中的矿石总量保持不变，随着闭路次数的增加，产品中的合格产品量也将逐渐增加，但增加的幅度将逐渐减少，大约经过10次闭路，过程即可基本稳定。然后用最后两次的试验数据计算循环负荷和可磨度指标。

循环负荷C可按下式计算：

$$C = \frac{100 - \gamma}{\gamma} \times 100\% \tag{6-22}$$

式中，γ为最后两次磨矿产品中合格产品的平均产率，$\%$。

磨矿机的单位容积生产能力按下式计算：

$$q = \frac{60G\gamma}{100VT}(\mathrm{kg/(L \cdot h)}) \tag{6-23}$$

相对可磨度 K 则按下式计算：

$$K = \frac{q}{q_0} = \frac{\gamma T_0}{\gamma_0 T} = \frac{\gamma}{\gamma_0} \tag{6-24}$$

式中，q 和 q_0 为待测矿石和标准矿石的绝对可磨度，即单位容积生产能力，$\mathrm{kg/(L \cdot h)}$；γ 和 γ_0 为待测矿石和标准矿石在相同磨矿时间（$T = T_0$）下闭路磨矿时，最后两次磨矿产品中合格产品的平均产率，%。

磨矿时间不同，返砂量也将不同，可根据生产实践资料，选定合理的返砂量，然后根据所要求的返砂量，确定磨矿时间，并在该磨矿时间下计算可磨度。

6.2.5.2　单位耗电量法

单位耗电量法也可称单位功率法。例如，若以指定的给矿和产品粒度下处理 1t 原矿的耗电量定义单位耗电量（$\mathrm{kW \cdot h/t}$），然后即可根据设计磨矿机的处理量计算所需磨机的总功率。在按新生 $-74\mu\mathrm{m}$ 产品量或表面积计算单位耗电量时，情况也是一样的。

可磨度的计算是以第三粉碎理论为基础的，所用的方程式为：

$$W = w\left(\frac{10}{\sqrt{P}} - \frac{10}{\sqrt{F}}\right) \tag{6-25}$$

式中，W 为测得的单位耗电量，即单位功率，$\mathrm{kW \cdot h/t}$；w 为功指数，即绝对可磨度，单位同 W；P 为产品粒度，$\mu\mathrm{m}$；F 为给矿粒度，$\mu\mathrm{m}$。

相对可磨度是指标准矿石与待测矿石功指数的比值：

$$K = \frac{w_0}{w} = \frac{W_0}{W} \cdot \frac{\dfrac{10}{\sqrt{P}} - \dfrac{10}{\sqrt{F}}}{\dfrac{10}{\sqrt{P_0}} - \dfrac{10}{\sqrt{F_0}}} \tag{6-26}$$

式中，凡带下标"0"的均是指标准矿石，不带下标的均是指待测矿石。此式为测定矿石可磨度的比较法，其实质是假定两种重量相同的矿样，当给矿粒度大约相同，在磨矿时间、装球量、矿浆浓度、旋转速度均相同的条件下，在同一磨矿机内进行磨矿时，需要的输入功率或功是相同的（即 $W = W_0$）。此方法的操作步骤如下：

（1）将一定数量的标准矿石和待测矿石磨碎到 $-1.70\mathrm{mm}$；

（2）缩分出 2 个 2000g 的标准矿石矿样和 6 个 2000g 的未知矿石矿样；

（3）从每种矿行选一份 2000g 矿样作为给矿筛析样，每个样做三个筛析重复，从 1.70mm 到 $74\mu\mathrm{m}$，每个代表性的筛析样约重 250g；

（4）将三次筛析结果平均、列表、作图（用双对数坐标绘制粒度与筛下产物百分数的关系曲线）；

（5）如果要求在预定的磨矿粒度下（60%、70% 或 80% $-74\mu\mathrm{m}$）计算功指数，则待测矿石就逐次增加时间地进行磨矿，直至筛析试验表明已磨至所需粒度，记下时间，然后将标准矿石按同一条件，同一时间磨矿；

（6）将磨细的矿样烘干，并缩分出三份矿样，每份约 250g，以便进行筛分细度达到

−74μm 的筛析试验。如果磨得很细，就必须用微粒分级法，如用超微粒空气分级器补充进行粒度分析，可在曲线上绘出 80% 于该尺寸之点；

（7）将筛析结果平均、列表、绘图（同样用双对数坐标）；

（8）从图上读出给矿和产品的 80% 小于该粒度的粒度大小（以 μm 计），即给矿 F 和产品 P 的大小，将此数据代入邦德第三粉碎理论公式中即可算出功指数。

整个试验只需一套标准筛、一台筛分设备、一台分批操作式实验用磨矿机和一种标准矿石。

求出待测矿石的功指数后，即可计算功率，根据所算出之数据查找手册或制造厂产品目录选择合适的磨矿机规格。

采用上述方法测定可磨度的试验装置简单，不需要标准磨机。但是，要求标准矿石与待测矿石的磨矿特性方面大致相似，故此法对了解同一矿山不同时期矿石可磨性的变化或比较类似矿山的矿石可磨性有一定意义。而目前国内外仍主要采用邦德功指数法测定矿石的可磨度。由于存在耗费时间及没有考虑矿石的具体条件对可磨度的影响，因此，许多人研究了其改进和替代法，特别是利用计算机进行模拟计算的办法。有关这方面的研究大致可分为如下三方面：

（1）简测法。其中包括贝-布（Berry-Bruce）法、霍-伯（Horstt-Bassarear）法和阿纳康达（Anaconda）法。其中阿纳康达法的基本思想是在理想条件下，任意试验定型分批磨矿，磨机的操作功指数的计算值应与在标准程序下测得的邦德功指数 W_{IO} 的计算值与在标准程序下测的邦德功指数法 W_I 成比例，即

$$W_I = \alpha W_{IO} \tag{6-27}$$

式中，W_{IO} 为操作功指数，$W_{IO} = \overline{E}(\dfrac{10}{\sqrt{P}} - \dfrac{10}{\sqrt{F}})$，kW·h/t；$\overline{E}$ 为分批磨矿的净单位耗电量。

令 $A = \dfrac{a\overline{E}}{10}$，则邦德功指数 W_I 为：

$$W_I = A(\dfrac{10}{\sqrt{P}} - \dfrac{10}{\sqrt{F}}) \tag{6-28}$$

式中，A 为试验磨机的功率常数。

在实验室中利用某一指定磨机在某一特定条件下做磨矿试验，并同时测定磨矿输入功，经过一些处理可求出该磨机的功率常数 A，此后对任意矿石利用该磨机进行磨矿试验，只要磨矿试验条件不变，则求出该物料的 P、F 值后代入上式即可求出 W_I。

（2）替代法。其中包括哈特格罗夫（Hardgrove）法和超声波浸蚀法。

（3）模拟计算法。其中包括卡普尔（Kapur）法、卡雷（Karra）法和总体平衡动力学法。总体平衡动力学算法是根据邦德球磨可磨度试验系统的特点和分批磨矿的一阶动力学方程，建立该系统的分批磨矿模型，然后利用电子计算机进行模拟计算，最后根据可磨度的模拟计算结果计算邦德功指数。

6.2.5.3　可磨度测定时的注意事项

（1）测定相对可磨度时，作对照用的标准矿石必须稳定可靠。通常应选择矿石性质稳定、操作正常、生产数据稳定可靠，而且矿石性质比较相近的矿山的矿石作标准矿样。

专业试验研究单位应常储备有足量的同一标准矿样,不要时常更换。

(2) 由于相对可磨度数值与磨矿细度有关,因而所选磨矿细度必须根据设计要求确定。若在选矿试验时磨矿细度未能最后肯定,则必须按几个可能的粒度分别计算可磨度,并直接附上原始曲线图供设计人员使用。若今后生产上准备采用两段磨矿或阶段磨选流程,则选矿试验时也应分段测定可磨度。

(3) 是干磨还是湿磨,应与工业生产一致。采用闭路磨矿测定法时,返砂量的大小也应与生产实际相符。

(4) 实验室可磨度测定结果不能用作自磨机的设计原始数据。

6.2.5.4 矿石可磨度测定实例

矿石可磨度测定用标准矿石为杨家杖子大北岭钼矿 (T_0),被测定矿石为商洛磁铁矿 (T),被测定矿石粒度为 $-2mm+0.154mm$。

将试验样称取 500g 进行磨矿,磨矿浓度为 50%,磨不同时间,将不同时间磨出的矿浆筛去 -200 目 (0.074mm),根据 -200 目所占百分含量绘制出磨矿细度曲线图,矿石可磨度测定结果见表 6-17,矿石可磨度曲线见图 6-33。

表 6-17　矿石可磨度测定结果

磨矿时间/min	5	10	15
$-74\mu m$ 标准矿石 T_0	46.3	85.5	96.5
$-74\mu m$ 被测矿石 T	59.00	86.91	93.51

从矿石可磨度测定结果看出:标准矿石 (T_0) 磨到 $-74\mu m$ 占 70% 时需要 7min10s,被测矿石 (T) 磨到 $-74\mu m$ 占 70% 时需要 6min40s,标准矿石的磨矿时间与被测矿石的磨矿时间的比值为:

$$K = \frac{T_0}{T} = \frac{430}{400} = 1.08$$

式中,K 为磨矿难易度系数;T_0 为标准矿石磨到特定细度所需时间,s;T 为被测矿石磨到特定细度所需时间,s。

可见,商洛某磁铁矿与杨家杖子大北岭钼矿相比要易磨。

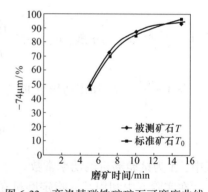

图 6-33　商洛某磁铁矿矿石可磨度曲线

6.2.6　硬度系数 (f 值) 的测定

矿石的硬度直接影响破碎机的生产能力。为了确定矿石的硬度,常需测定其硬度系数 (即 f 值),供选矿厂设计选择破碎机和磨矿机时参考。

f 值的测定方法如下:将矿石和岩石标本制成标准试件,其规格为:圆柱体,直径 ϕ = 5cm,高等于直径;立方体,5cm×5cm×5cm。磨光试件,按顺序将试件分别置于压力机承压板中心 (注意压力机承压板与试件受压面平行)。开动马达,以每秒 $5 \sim 10kg/cm^3$ 的速度施加荷载,直至试件破坏为止,记录破坏荷载,计算公式如下:

$$R = \frac{P}{ab} \tag{6-29}$$

式中，R 为试件抗压强度，kg/cm^2；P 为试件破坏荷重，kg；a 为试件受压面的长度，cm；b 为试件受压面的宽度，cm。

$$f = \frac{R}{100} \tag{6-30}$$

式中，f 为硬度系数，kg/cm^2。

为了得到较准确的 f 值，应注意如下问题：（1）所选矿石或岩石标本样应具有充分的代表性；（2）鉴于矿石不同表面上的抗压强度有差异，同样的标本一般应选择三块，以便分别测定各个面的 f 值，然后取其平均值；（3）每组标本样应取 3~5 个，并取其平均的 f 值。

6.2.7 比磁化系数的测定

矿物比磁化系数的大小是判断磁选法分选各种矿物可能性的依据。

比磁化系数的测定方法有多种，实验室常用方法有质动力法（即磁天平法）和微小矿物比磁化系数测定法。质动力法又分两类：（1）绝对法——古依法；（2）比较法——法拉第法。

6.2.7.1 古依法

此法是直接测量比磁化系数的方法。它既能测强磁性矿物的比磁化系数，又能测弱磁性矿物的比磁化系数。

（1）测量原理。将一全长等截面的试样（装在圆柱形薄壁玻璃管中），置于磁场中，使一端位于强磁场区，另一端位于弱磁场区，则试样在其长度方向所受的磁力为：

$$F_{磁} = \int_V \mu_0 \chi_0 \rho H \frac{dH}{dX} dV = \int_V \mu_0 \chi_0 \rho H \frac{dH}{dX} s dX = \frac{1}{2} \mu_0 \chi_0 \rho (H^2 - H_1^2) \tag{6-31}$$

式中，μ_0 为真空的导磁系数，$4\pi \times 10^{-7} N/A^2$；$s$ 为试样的截面积，m^2；χ_0 为试样的比磁化系数，m^3/kg；ρ 为试样的密度，kg/m^3；dV 为试样体积元；H 为试样两端所在处的最高场强，A/m；H_1 为试样两端所在处的最低场强，A/m。

由于试样足够长，且 $H \gg H_1$，所以上式可简化为：

$$F_{磁} = \frac{1}{2} \mu_0 \chi_0 \rho H^2 S = \frac{\mu_0 \chi_0 P}{2L} H^2 \tag{6-32}$$

因为 $F_{磁} = g \Delta P$，所以

$$\chi_0 = \frac{2g \cdot \Delta P \cdot L}{\mu_0 P H^2} \tag{6-33}$$

式中，ΔP 为试样在磁场中的重量增量，N；P 为试样重量（$P = \rho L S$），N；L 为试样长度，m；g 为重力加速度，$9.8 m/s^2$。

（2）测量装置。古依法测定矿物比磁化系数的装置如图 6-34 所示，此装置由分析天平、薄壁玻璃管、多层螺管线圈、直流电流表、变阻器、转换开关和直流电源组成。

（3）测定方法。在测定前，先确定空玻璃管的重量，将样品磨成粉状（其粒度根据需要而定），小份地装入玻璃管中并捣紧，直到达到 0.25m 的刻度为止。将带样品的玻璃

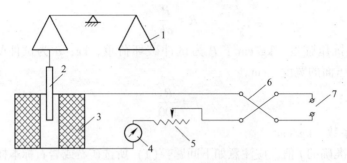

图 6-34　古依法测定矿物比磁化系数装置图

1—分析天平；2—薄壁玻璃管（$\phi = 3$、5、10mm，$L = 300$mm）；3—多层螺管线圈；

4—直流电流表（30A）；5—变阻器；6—转换开关；7—直流电源

管称重，然后将它挂于分析天平的左称盘下，使其下端位于线圈的中心，且不要碰到线圈壁。将线圈接通电流，并在磁场中对带有样品的玻璃管称重。从以上三个数据可求出 P 和 ΔP，将有关数据代入公式（6-33）中，可算出 χ_0。

6.2.7.2　法拉第法

此法一般用来测定弱磁性矿物的比磁化系数。

（1）测量原理。将一已知比磁化系数的标准样品和待测样品，先后装入小玻璃瓶中，并置于磁场中的同位置，使两次测量的 $H \mathrm{grad} H$ 相等，则两试样在磁场中所受的比磁力分别为：

$$f_1 = \mu_0 \lambda \chi_{标} H \mathrm{grad} H \tag{6-34}$$

或

$$f_2 = \mu_0 \lambda \chi_0 H \mathrm{grad} H \tag{6-35}$$

式中，f_1 为标准样品所受的比磁力；f_2 为待测样品所受的比磁力；$\chi_{标}$ 为标准样品的比磁化系数，常用焦磷酸锰（$MnPO_4$）作标准样品，其比磁化系数为 $1.46 \times 10^{-6} m^3/kg$；$\chi_0$ 为待测样品的比磁化系数，m^3/kg。

由上述二式可得：

$$\chi_0 = \chi_{标} \frac{f_2}{f_1} \tag{6-36}$$

测量的任务是确定 f_1 和 f_2。也可用其他稳定的化合物作标准样品，如氧化钆（20℃时，比磁化系数为 $1.64 \times 10^{-6} m^3/kg$）、氯化锰（$MnCl_2$，比磁化系数为 $1.44 \times 10^{-6} m^3/kg$）、硫酸锰（$MnSO_4 \cdot 4H_2O$，比磁化系数为 $0.82 \times 10^{-6} m^3/kg$）、多结晶铋矿（比磁化系数为 $0.017 \times 10^{-6} m^3/kg$）等。

（2）测量装置。常用普通天平法测量，装置如图 6-35 所示，此装置由分析天平、装样品的球形玻璃瓶（直径约 0.01m）、电磁铁芯、线圈、直流安培表、变阻器、转换开关、直流电源、非磁性材料板组成。

（3）测量方法。先称空瓶的重量，再将粉状样品装入玻璃瓶中，轻轻捣紧，装到小瓶的颈部为止，称重。然后把它挂在分析天平的左盘下，使试样瓶置于磁极空间喇叭口的中心位置，不要和磁极头接触，接通电流后，称量磁场中试样和瓶的重量。由试样重量和

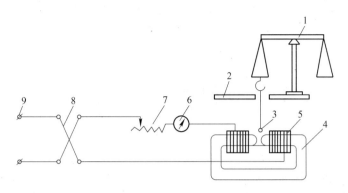

图 6-35　普通磁力天平测量装置

1—分析天平；2—非磁性材料板；3—装样品的球形玻璃瓶（直径约 10mm）；

4—电磁铁芯；5—线圈；6—直流安培表；7—变阻器；8—转换开关；9—直流电源

试样在磁场中的重量增量可求出比磁力。分别测得作用在待测样品和标准样品上的比磁力后，代入式（6-36），即可算出样品的比磁化系数 χ_0。一般需要反复测量 3~4 次，计算待测样品比磁化系数的平均值。

　　由于此装置采用的是不等磁力的磁极，测量时小玻璃瓶又上下来回晃动，因而实测时，难以测准。基于此原因，采用等磁力磁极的磁天平较好，由于样品在磁场内任何一点所受 $H\mathrm{grad}H$ 均相等，所以比较容易测准，但此种磁极形状一般难以制造，故通常仍较普遍采用不等磁力磁极的磁天平。

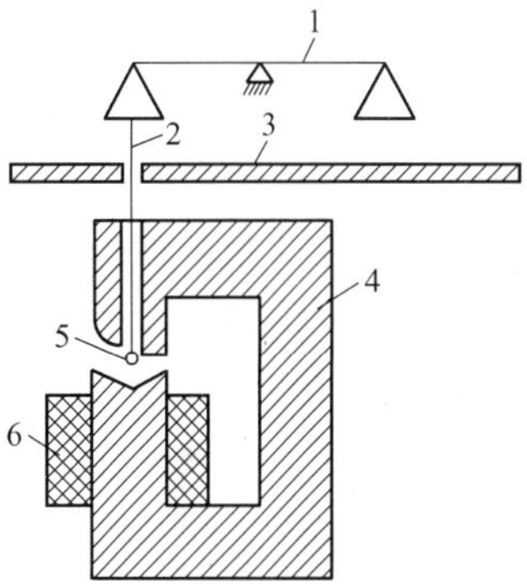

　　图 6-36 为等磁力磁极的磁天平装置，磁极工作区域的 $H\mathrm{grad}H$ = 常数。

　　测量原理是，当试样的质量 m 和所受的磁力 F 已知时，就可按下式求出比磁化系数：

$$\chi_0 = \frac{F}{mH\mathrm{grad}H} \qquad (6\text{-}37)$$

图 6-36　等磁力磁极的磁天平装置图

1—分析天平；2—非导磁材料作的线；

3—磁屏；4—铁芯；5—矿样；6—线圈

　　仪器的 $H\mathrm{grad}H$ 和线圈激磁电流之间的关系，已用曲线或表格的形式编入说明书中，可以直接查出。测量方法与普通磁力天平法相同，但扭力天平的操作简便，读数快，而且更加准确。

　　在等磁力磁性分析仪中可进行比较法和绝对法测量。

6.2.7.3　微小矿物磁化系数测定法

　　利用顺磁液体测量微小矿物比磁化系数是一种新技术，与其他方法相比，其优点是操作简便、快速、精度较高。

　　基本原理和测量装置示意图参看 6.2.2.2（4）节有关微比重仪的测量原理和装置示意图（图 6-29）。在装有顺磁性液体的细玻管中，矿粒不仅依据其相对密度，同时也依据其磁化系数的差异悬浮在不同的高度上，固定观测高度，通过测定激磁电流来确定矿粒的磁化系数。待测矿粒的比磁化系数采用对比测定法按下式计算：

$$\chi = \frac{LMT\chi_A + KL\delta_A - KL\delta_B - KNQ\chi_B}{LMT - KNQ} \tag{6-38}$$

式中，χ 为待测矿粒比磁化系数；其他符号的意义同式（6-15）。

6.3　选别方法的选择以及选别试验流程的拟定

在进行矿石选矿试验之前，应事先选择与矿石相适应的选别方法，并拟定选别试验的流程。如果一个矿石的选别，既可采用这种方法，也可采用其他方法，或者既可采用这种流程，也可采用那种流程进行选别。那么，当经济效果很明显时，就可以选择择经济上及技术上有利的方案进行矿石可行性试验；如可供选择的方案经济效果差异不明显时，就可对这些方案都进行试验，并提出试验结果，以供选矿厂设计时作比较选择。

选择选别方法及拟定选别试验流程时，还需要充分考虑到矿产地区的技术条件和经济条件的特点。例如，缺乏工业用水的地区需要进行干法选矿和湿法选矿的对比，又如磁化—焙烧需要考虑是否可获得廉价煤气的供应问题，等等。

6.3.1　矿石选别方法的选择

如果已清楚地了解矿石的矿物组成（其相应的物理或物理化学性质）以及矿石的结构和构造，就可根据不同矿物间可选性的差别程度、矿物的浸染粒度和共生特性，同时参考类似矿石的生产经验或研究成果，正确地选择选别方法。

所选择的选别方法对所研究的矿石是否适应，在进行系统试验研究之前，可先通过矿石可选性预先试验加以确定。按照选别方法，这些矿石可选性预先试验分别有重力分析、磁性分析、放射性分析、电性分析和导热性分析等。这些分析的要点是，将欲选分的物料，在一定粒度下（破碎或磨碎至一定粒度，或将破碎产品再筛分为窄级别），按密度、磁性、导电性、导热性、放射性等等的大小或强弱，分为性质（可选性强度）不同的部分。然后对这些不同的部分进行化学分析，以视其中所含的有价成分、在品位上及数量上是否有显著的差别，来确定该矿石或物料是否适用这种可选性性质，也即是否适用这种选别方法来进行选别。

这些分析的结果绘制成可选性曲线，以便研究及判断。可选性曲线的绘制方法有多种。图 6-37 以有价成分的品位及回收率为横坐标（有时在图的上方横坐标加一"分离强度参数"，例如密度大小、磁场强度或电场强度等的横坐标），以产率为纵坐标。

由可选性曲线可以判断以下问题：所选择的选别方法是否适用于该矿石的选别，可获得理想的选分结果的"强度参数"如何，可开始进行选分的有效粒度多大，选分所可获得的理想指标如何。

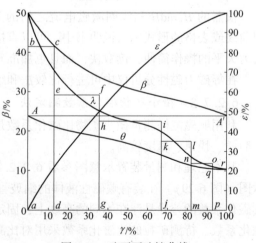

图 6-37　矿石可选性曲线

上面所述未涉及"可浮性分析"，这是由于浮选上有可借助简单因素（例如，在重力分析中根据密度的大小，在磁性分析中磁场的强度）的调节，将物料划分为具有不同可浮性部分的方法。所以矿石浮选可选性的预先试验，通常是在矿石物质组成及矿石特性研究的基础上，结合已有的经验及知识，拟就选别流程及选别的大致条件，直接在实验室浮选机上进行。在预先试验中根据浮选过程的外观现象，变化某些药剂条件，使选别获得尚可满意的效果。然后在此预先试验的基础上，才进行系统的条件试验。

如果欲选分的矿物比较少见，其可浮性条件也没有现成的经验或研究可作为预先试验的参考，就应事先对该欲选分的矿物进行矿物的可浮性研究。这种研究通常是取有关的、纯净的矿物，用一些简单的选别方法进行。然后再取有关的纯净的矿物进行配矿以进行选分试验研究。最后在这些成果上对真实的矿石进行矿石可选性的预先试验。

对纯净矿物或纯净矿物的混合物进行矿物可选性的研究常用的简单方法有：泡捡法试验、真空浮选试验、小型浮选机浮选试验、无沫浮选试验、接触角测定试验、附着时间的测定等。这些方法的特点是方法简单方便，所需献料的数量少等。

不过，应该指出，对新型矿石的可选性研究，可能是件费时且困难的研究工作，而不属于一般矿石可选性试验的范畴。

最后，矿石可选性试验所选用的选别方法，应该是那些实践上已检验过的、且看来可行的选别方法。对于工业上尚未实践过的选别方法，只能在有足够的经费及时间可予以发展，且其他选别方法已试验过为无效时，方可予以进行研究试验。

6.3.2 矿床及矿石的分类

矿床及矿石可以根据某些共同点予以分类。所以要对矿床及矿石进行分类，乃因分类有助于对之进行研究，有利于掌握其加工工艺。例加，对新发现的矿床及矿石，我们可以将之与已知的类似矿床及矿石比较，这样就利于且易于进行矿石可选性的研究。所以在讨论选择选别方法的同时，搞清矿床及矿石的分类是有帮助的。

最一般的分类是把矿产分为非矿矿产及矿石矿产。矿石矿产又分为非金属矿产及金属矿产。而金属矿产又分为黑色、有色、稀有、贵金属和轻金属等。这种分类是一般的、习惯的，按照元素的某些非选别工艺特征来划分，与选别工艺研究的关系不大。

在地质方面考虑到的特征是标准的共生矿物，围岩种类及矿床成因等。例如，铜矿石的工业类型有：层状铜矿、斑岩铜矿、含铜石英脉、矽卡岩铜矿、黄铁矿型铜矿、铜钼矿、铜镍矿、铜钛钒矿、合铜砂岩等。这样的分类有利于地质上的研究及采矿和加工上的利用。

在矿床的工业类型之下、对矿石尚有工艺品种之分。有色金属矿石常见的工艺品种有硫化矿、氧化矿、硫化-氧化混合矿及单金属矿石和多金属矿石等。通常，有价成分呈作氧化矿物存在的数量不超过该有价成分总量10%的，称为硫化矿；不超过25%~30%者，称为氧化矿；介于两者之间的，称作硫化-氧化混合矿，或简称混合矿。

有了这种矿石按可选性的分类，研究工作者对所研究的矿石，进行了物质组成及矿石特性的研究后，便有可能将所研究的矿石归类于某种类型。例如，或者与某生产上实践过的矿石相类似，或者与已进行过研究的某矿石相类似，或者属于新的类型而需全部地或局部地探寻新的选别方法或新的选别条件。不论哪种情况，均必须对类似矿石已有的资料进行研究，以帮助我们正确地选择选别方法，确定实验研究的方向及圈定实验研究的内容。

6.3.3　选别实验流程的拟定及实验进行总的步骤

由于矿石的物质及特性种种，对于如何拟定选别实验流程，难于作详尽的论述。虽然如此，下面这些原则也是应该考虑遵循的。

（1）决定选别前原矿的碎矿或磨矿粒度时，应尽量避免过粉碎，也应考虑到在尽可能粗的粒度下，选分出大量的脉石量或者选分出相当数量的有用矿物来。前者因为除去大量尾矿后，需要进一步处理的物料大为缩减，因此可大大地减少选矿费用，而后者可以避免有用矿物泥化，减少损失。由此可见，矿物浸染粒度不均匀的矿石，应采用阶段选别，而只对浸染粒度极为均匀的矿石，才采用一段选别。

至于破碎或磨矿产品中，有用矿物及脉石矿物单体分离的数量究竟应达到多大才开始选别没有定论，须视具体情况而定。一般来说，破碎或磨矿产品中，有用矿物单体分离的数量与脉石单体分离的数量加在一起，超过矿石量的 50%，即开始进行选别在经济上常属有利。对于与其他选别方法联合，在最初阶段抛弃脉石的重悬浮液选后，其排弃的脉石量达原矿量的 25% 以上者，经济上便为合算。

如果原矿到底破碎或磨碎至何粒度才宜进行选别难于确定时，则在试验的选别流程中，应考虑平行地破碎或磨碎至不同的粒度，并对之平行地进行选别试验加以比较。

（2）在尽可能粗的粒度下抛尾时应采用较简单省费的选别方法；而对剩下的未完成的产品，以效率较高的选别方法予以进一步处理。前一原则也适用于量大物料的选别，而后一原则适用于量少物料的选别。同样，前阶段的选别应选用最经济而有可能分离出最大量完成产品的选别方法或选别条件。使其后续的选别阶段，仅对量少的物料应用费用较贵而效率较高的选别方法或选别条件进行进一步处理。

（3）中矿产品的进一步选别，可应用与处理原物料相同的选别过程。如此选别过程不适用，也应采用与之相适应的其他选别方法或选别过程。

（4）矿石中存在有大量黏土质物时，应考虑其解离及筛除或洗除。如这些矿泥中含有有价成分，需采用与其相适应的选别方法进一步处理。用浮选处理的矿石，如含有大量原生矿泥，且矿泥中含有有价成分，应考虑不脱泥及砂泥分别选别的平行对比试验。

（5）如果矿石中含有有害杂质，首先应使杂质不进入精矿中，而随尾矿排弃的方案进行选别。如果这种方案不经济，则首先用较经济的选别方法排出脉石，然后对所得精矿进行进一步选别（此种对精矿排除有害杂质的进一步选别，有人称之为"净选"，以与一般的精选区别），以排除其所含有害杂质。

（6）有用矿物在矿石中的总含量如比脉石量少，且这些有用矿物的可选性相近或可使其相近者或者有用矿物大部分已与脉石解离，但不同有用矿物尚呈连生体颗粒存在的，可先将有用矿物混合选出，然后对混合精矿再行分离选别。

（7）先选易选的矿物，后选难选的矿物，以免彼此互相影响。

（8）对将作为完成精矿产出之产品的选别（分离出某一精矿），先选量少的，后选量多的。以免前者大量地夹杂入后者产品中而损失，且也避免前者影响后者产品的质量。同理，先选贵重的，后选价贱的，以免贵重的混杂于后者或损失于尾矿。

（9）呈作同象异质或细分散的伴生有价成分，选入其母体矿物的精矿中去。

以上原则对具体矿石，须视具体情况联合考虑。这些原则也适用于选别产品的进一步处理。例如，重选稀有金属精矿的浮选，钼浮选过程铜铅的脱离，锌浮选精矿的脱铅等。

因此，在确定选别试验的流程时，需解决下列问题：什么产品需要进行破碎或磨碎，破碎至何种粒度；什么产品需要进行辅助作业，如筛分、分级、脱水等，这些辅助作业应得到什么样的产品；什么产品需要进行选别，选别后得到什么产品；中矿产品如何处理；需要从什么产品中取出试样，以进行必要的分析；从选别流程及具有的设备出发，用什么设备及什么条件（如果事先可知的话）进行各产品的处理或选别；按照什么顺序进行选别及进行试验；什么产品需要进行缩分，以提供作为平行试验或补充试验用的试料。

所以，矿石选别试验的流程是所有试验作业（包括主要的及辅助的）的综合象征。这些作业旨在揭露矿石的可选特性及确定合理的选别过程、顺序和指标。

试验时，应按照流程的顺序进行，避免零星的、无系统性的试验，因为零星的、无系统性的试验，不仅能延长试验的周期，有时且引致混乱的结果。在试验中，应注意试验流程中物料的缩分问题，特别是中矿产品的缩分问题。中矿的缩分，不仅在于提供平行试验或补充试验的试料，并且也在于提供解决"再碎或再磨必须的细度"问题的试料。对进入下一选别过程的若干种物料进行缩分时，应注意它们之间应有的比例，不可使之发生变化。

在开始按拟定的试验流程进行试验之前，应分出一部分原矿作备样，以供进行其他流程的试验，或重复原流程的试验，或其他意外之需。在每一选别阶段或每一选别回路的试验中，应先解决选别前的破碎或磨碎细度问题，再进行粗选、精选、中矿处理或尾矿处理的试验。

进行重力选别、磁力选别和静电选别试验时，先以少量的物料，在选别设备上进行"条件的预先试验"。所谓的"条件的预先试验"，系通过物料在选别过程中行为的观察，来确定其适可的选别条件。然后以这些选别条件作为基础，进行正式的试验。

重选、磁选和电选等的选别试验有一特点，即如果在试验中发生错误或问题，当试样（备样量）不足时，还可以把物料重新混合在一起重新试验。浮选试验则不能。

重选、磁选和电选等的条件试验，只是当试料有足够的数量，试验要求详细地进行，且只有当试验的条件与实际生产上的条件接近（即设备的操作是连续的）时才予进行，才有意义。对浮选的实验室试验而言，则先按选别试验的流程进行预先试验，找出可行的选别条件。然后以此为基础，对各选别条件逐一试验，以确定其最佳值。

复习思考题

6-1 矿石中有用和有害元素的赋存状态与可选性关系如何？

6-2 试样比重和堆比重如何检测？

6-3 简述矿石性质研究内容及程序。

6-4 试样比表面的测试方法有哪些？

6-5 试述常见矿石结构和构造与可选性之间的关系。

6-6 为什么要对选矿产品进行考察?

6-7 矿石的选矿方法如何选择?

6-8 某矿的化学多元素分析结果如表 6-18 所示，是对其元素种类进行分析，并讨论其与矿石可选性之间关系。

表 6-18　多元素分析表　　　　　　　　　　　　　　　　（%）

Cu	Pb	Zn	Mo	P	Al_2O_3	TiO_2	Bi
0.90	0.24	0.28	0.003	0.066	7.57	0.16	0.01
Sb	Co	Ni	Mu	K_2O	Na_2O	CaO	MgO
0.014	0.0063	0.017	0.18	3.28	2.57	0.50	0.20
Au	Ag	TFe	W	S	SiO_2	As	
2.49	55.4	9.73	0.44	0.60	66.05	0.14	

7　试　验　方　法

【本章主要内容及学习要点】 本章主要介绍选矿试验方法的种类及特点、多因素试验方法的优缺点、选矿试验的设计方法。重点掌握试验设计的注意事项以及多因素部分析因试验的设计及其结果计算。

　　试验设计是研究合理地安排试验，以便通过尽可能少的试验次数，分清影响过程的主、次因素；对试验结果进行科学的分析以得到合乎实际的结论，提供可靠的试验结果。即能以较少的试验工作，获得较多和较精确的信息。

　　试验设计是一切试验研究工作都应考虑的一个带有普遍性的问题，其本身并不涉及各种专门试验的具体实践技术和工作程序。试验安排需利用各种数学方法，目前常将利用数理统计原理安排试验的方法叫做"试验设计"，但也可用来泛指一切试验安排方法，所以"试验设计"也称"试验方法"。通常包括"设计"和"分析"两部分内容。

7.1　试验方法分类

7.1.1　单因素试验法和多因素试验法

　　从如何处理试验因素的问题出发，可将试验方法分为单因素试验法和多因素试验法。

　　（1）单因素试验法。是指一次只试验一个因素（而不是只有一个因素需要试验），其他因素保持固定不变。如传统的一次一因素试验法。

　　（2）多因素试验法。是指根据需要将多个（而不是全部）因素组合在一起进行试验。在一套试验中让多个因素同时变动，而不是逐个因素依次进行试验。

　　当各因素之间不存在交互作用或交互作用很小时，采用单因素方法进行试验非常简单。反之，当各试验因素之间存在交互作用时，采用单因素试验方法可靠性差。此时，试验须反复，试验工作量大。而多因素试验方法是将多个因素组合在一起同时试验，所以有利于揭露各因素间的交互作用，并可迅速找到最佳试验条件，但试验方法较为复杂。

　　所谓交互作用就是某因素 A 对指标的影响，不但与 A 自身的水平高低有关，而且与因素 B 的水平取值有关，于是就称因素 A 与因素 B 之间存在交互作用，记作 AB 一级交互作用。如 A 的水平取值不但与 B 而且与 C 有关，就说 A、B、C 之间存在二级交互作用，记作 ABC。一般选矿试验很少存在高级交互作用的现象。

　　试验中影响试验指标（结果）的变量称为试验因素，每个因素在试验中的具体用量（试验位置）称为水平。指标、因素、水平是可以用来描述任何试验的三个因素。

选矿试验的目的是为了获得最佳的试验指标，最佳试验指标又是在所确定的最佳试验条件下获得的。所以最佳试验指标等同于最佳试验条件。

7.1.2　同时试验法和序贯试验法

从如何处理试验水平这一角度出发，可将试验安排方法分为同时试验法和序贯试验法。

（1）同时试验法是将试验点在试验前一次安排好。如传统的"均分法"或"穷举法"等。

（2）序贯试验法不是一开始就将全部试点安排好，而是先选做少数几个水平，找出目标函数（选别指标）的变化趋势后，再安排下一批试点，因而可省出一些无希望的试点。但试验批次相应地增加。

序贯试验法的主要优点是：由于后续试验是有的放矢地安排，从而减少整个试验的工作量。缺点是：每进行一批试验都要等化验结果，会影响整个试验的进度。因此，当单元试验（一个试验点）本身需要花费的时间不长，试验点不多时，可采用同时试验法；反之，则采用序贯试验法较为有利。

7.1.3　试验方法类型

无论是单因素试验法或多因素试验法，又都可再分为同时试验法和序贯试验法两类。故总体分为四类，见表7-1。

表7-1　试验方法分类

类型		适用条件	例子
单因素	同时试验法	试验范围小，单元试验花费时间短	均分法、穷举法
	序贯试验法	试验范围大，单元试验花费时间长	平分法、0.618法、分数法
多因素	同时试验法	各因素之间存在交互作用，单元试验花费时间短，试点少，试验条件简单	析因试验
	序贯试验法	多因素多水平试验，单元试验花费时间长，试点多，试验条件复杂	最陡坡、调优运算

7.1.4　试验设计应考虑的三个问题

（1）试验范围。科学实验中的试验因素，按照数学的观点，可以分为定性因素和定量因素两类。定量因素可以用一定的"量"来说明试点位置，反映条件变化。所谓试验范围，主要是指定量因素的水平变化范围；对定性因素的试验范围是明确的，试验目的一旦定下来，试验范围也就确定了。

例如磨矿细度试验，若对比$-74\mu m$含量为50%、60%、70%、80%的4个细度，这4个细度就说明了4个试点的位置，或4个单元试验的条件，也叫做磨矿细度的4个水平（或水准），则磨矿细度试验的范围就是$-0.074\mu m$含量为50%~80%。又如细粒跳汰的冲程，可以取5mm、7.5mm、10mm等3个水平，它代表了3个试点的位置，则细粒跳汰的冲程试验的范围就是5~10mm。

（2）试验点间距。若试点间隔太宽，则可能漏掉最优点或至少不能确切地找到最优点；间隔太小，又会增加试验工作量，而且有时还会使试验结果变动幅度与试验误差相混淆。标准是：试验可能达到的精度，即试验水平变化的幅度，应使试验结果变动的幅度基本上超过试验误差。

（3）试验顺序。有三种可供选择的办法：1）按试验水平高低顺序（由低到高或由高到低）依次地做；2）先做中间水平的试点；3）完全随机化。一般习惯于按试验水平高低顺序做，当然最好的方法还是随机化。

7.2　单因素试验方法

各种试验方法都可以归结为最优化问题，即用数学方法来安排选矿试验。最优化问题的实质是使条件最佳、消耗最少，指标最高。

近代最优化问题的两类方法：（1）间接最优化方法。所研究的对象能够用数学方程描述，然后用数学解析方法求出最优解。（2）直接最优化方法。直接通过少量试验，根据试验结果的比较而求得最优解。

工程上，大多数情况所研究的对象本身机理不清楚，无法用数理方程描述，对于这种情况，往往先通过做大量试验，然后用这些试验数据构造目标函数进行回归分析，再由函数求最优解，并通过试验验证。选矿试验方法，大都属于直接最优化方法，它是以数学原理为指导，用尽可能少的试验次数迅速求得最优解。传统的选矿试验是一次一因素试验，在一次一因素试验中采用优选的单因素试验法。

7.2.1　平分试验法

平分法总是在试验范围的中点安排试验，如图 7-1 所示。根据前一个试验结果，划去以下的一半试验范围。在此基础上，同样可安排下一批试验，直至把试验范围确定在比较小的范围内。

平分法试验的前提条件是：首先估计含量最优点的试验大致范围 $[a, b]$，并且预先知道目标函数 $y = f(x)$ 是单调增加或减少。对于单峰函数，不能采用平分法安排试验，而要改用 0.618 法或分数法。

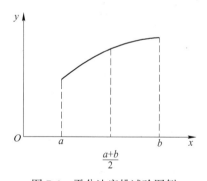

图 7-1　平分法安排试验图例

7.2.2　0.618 试验法

0.618 法安排试验图例见图 7-2。第 1 个试点 x_1 安排在试验范围 (a, b) 的 0.618 位置上，第 2 个试点 x_2 取成 x_1 的对称点，即

$$x_1 = a + 0.618(b - a)；x_2 = a + (b - x_1)$$

用 $y_1 = f(x_1)$，$y_2 = f(x_2)$ 分别表示试点 x_1 和 x_2 的试验结果，如果 y_2 的结果比 y_1 好，则把试验范围 (x_1, b) 划去。按上述方法安排第 3 个试点 x_3，x_3 与 x_2 又取成对称点，依次往下做，直到找到最优点。新安排的试点总是和保留下来的好点成对称关系。如果把每次

保留下来的试验范围看成单位长度 [0，1]，则保留下来的点总是处于 0.618 处。

图 7-2　0.618 法安排试验图例

实际上，任何试验范围都可描述为 [0，1] 单位长度。由于 0.618 是个近似值，用对称公式最多安排 14 个试验点，且试验点数与试验范围无关，这就限制了 0.618 法的应用范围。如试验条件范围大，要求的试验精度高，这样试验点总数可能超过 14 个，这时就不能用 0.618 法，应改用分数法。

7.2.3　分数试验法

分数法也适合于单峰函数，它和 0.618 法的不同之处，在于要求预先给出试验总数。下面介绍用菲波那契数安排试验的方法。

$$n = 1，2，3，4，5，6，7，8，\cdots$$

$$F_n = 1，1，2，3，5，8，13，21，\cdots$$

满足递推公式　　　　　　　　$$F_n = F_{n-1} + F_{n-2}(n \geqslant 3)$$　　　　　　　　(7-1)

试验设计时，使所有可能的试验总数正好等于 F_n，如果小于 F_n，就要在试验范围之外，虚设几个试验点，凑成个 F_n 试验点。则用分数法安排所有可能的 F_n 个试验点，最多只需做 $n-1$ 个试验，就能找到试验最佳点。

如某浮选药剂用量试验范围估计在 $15 \sim 120g/t$，精度要求 $\pm 5g/t$，即所有可能的试验总数有 21 个，正好等于 $F_8 = 21$，所以最多只需做 7 个试验，就可找到最佳点。

用分数法安排试验，上述浮选试验前两个试验点放在 $F_{n-1}/F_n = 13/21$ 和 $F_{n-2}/F_n = 8/21$ 的对称位置上，见图 7-3。与 0.618 法类似，比较两个试验点的结果，划去较差点以下的试验范围，下一个新试验点的确定与保留点又成对称关系，重复进行下去，直到试验范围内没有应该做的点为止。

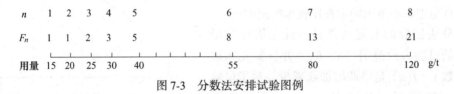

图 7-3　分数法安排试验图例

分数法与 0.618 法的区别只是用分数 F_{n-1}/F_n 和 F_{n-2}/F_n 代替 0.618 和 0.382 来确定前两个试验点，以后的步骤完全相同，当 n 越大时，$F_{n-1}/F_n \to 0.618$、$F_{n-2}/F_n \to 0.382$。分数法和 0.618 法通过比较试验结果，可划去两头的试验范围，而平分法只能划去一头的试验范围。

在传统的一次一因素试验中采用平分法、0.618 法或分数法安排试验，可以把试验条件从很大的范围缩小到很小的范围内，在此基础上，再采用均分法或穷举法安排试验，便可以很快找到试验最佳点。

均分法是把试验范围分成若干等份，试点放在等分点上，一次安排好试验；穷举法是把所有可能的试验点都一次罗列出来，试点之间间隔不一定相等。

7.3 多因素试验方法

7.3.1 一次一因素的试验设计

传统的试验设计是一次一因素试验，这种实验方法的实质是：在其他诸因素的水平固定的条件下，改变其中一个因素的水平，通过一批试验以确定该因素的最优水平，找到了这个因素的最优水平后，便固定下来，再依次考虑其他因素。

例如在一组试验中考查三个因素对选别指标影响，采用一次一因素试验，可以确定三个因素各自的最优水平和最佳搭配方案，见表7-2。

表7-2 一次一因素的试验设计

水平/因素	A 磨矿细度（-74μm 含量）/%	B 矿浆 pH 值	C 捕收剂用量/g·t^{-1}
1	70	7	100
2	90	9	150

为了方便，A、B、C 的两个水平分别写作 A_1、A_2，B_1、B_2，C_1、C_2。

首先固定 B_1、C_1，使 A 变化（分别取 A_1、A_2）进行试验，可以考查 A 对选别指标的影响，取其中指标好的一个 A 作为选定的因素。如选定 A_1，则固定 A_1、C_1，使 B 变化，再确定 B；随后同样确定 C。

7.3.1.1 一次一因素试验设计的缺点

（1）进行试验少，试验的可靠性值得怀疑。见表7-3。

表7-3 试验次数对比

试验号/水平/因素	A 磨矿细度（-74μm 含量)/%	B 矿浆 pH 值	C 捕收剂用量/g·t^{-1}	备注
1	70	7	100	确定 A
2	90	7	100	确定 A
3	70	7	100	确定 B
4	70	9	100	确定 B
5	70	7	100	确定 C
6	70	7	150	确定 C
确定条件	70	7	100	

表7-3 还可以写成表7-4的形式。

表7-4 试验设计表

试验号/水平/因素	A	B	C	备注
1	1	1	1	y_1
2	2	1	1	y_2
3	1	1	1	y_3

试验号/水平/因素	A	B	C	备注
4	1	2	1	y_4
5	1	1	2	y_5
6	1	1	1	y_6

（2）这种方法求得的最好条件并不一定是真正的最好条件，容易遗漏可能最好的条件。

例如二因素二水平的试验，见表 7-5。

表 7-5　二因素二水平例表

水平/因素	A_1	A_2
B_1	$y_1 = 11\%$	$y_2 = 13\%$
B_2	$y_3 = 12\%$	$y_4 = 11\%$

如果先固定 A_1，由 $y_3 = 12\% > y_1 = 11\%$，则选择 B_2，再固定 B_2，由 $y_3 = 12\% > y_4 = 11\%$，得到 A_1B_2 方案为最好方案，实际上我们遗漏了最好方案 A_2B_1 方案（$y_2 = 13\%$）。

（3）在一些试验中，某些因素不仅单独对指标有影响，而且因素之间还会联合起来对指标产生影响，即当因素之间存在交互作用时，可能导致错误的结论。

如表 7-6 所示，当因素 A 由 A_1 变化到 A_2 时，指标都增加 5%，而和 B 取什么水平无关；同样，当因素 B 由 B_1 变化到 B_2 时，指标都增加 3%，而和 A 取什么水平无关。可知 A、B 两因素之间没有交互作用。

表 7-6　二因素二水平例表

水平/因素	A_1	A_2
B_1	$y_1 = 50\%$	$y_2 = 55\%$
B_2	$y_3 = 53\%$	$y_4 = 58\%$

如表 7-7 所示，固定 B_1，当因素 A 由 A_1 变化到 A_2 时，指标增加 5%；固定 B_2，当因素 A 由 A_1 变化到 A_2 时，指标增加 9%。同样，固定 A_1，当因素 B 由 B_1 变化到 B_2 时，指标增加 3%；固定 A_2，当因素 B 由 B_1 变化到 B_2 时，指标增加 7%。可知 A、B 两因素之间存在交互作用，即因素 A 对指标的影响不仅和其所取的水平有关，而且还和因素 B 所取的水平有关。

表 7-7　二因素二水平例表

水平/因素	A_1	A_2
B_1	$y_1 = 50\%$	$y_2 = 55\%$
B_2	$y_3 = 53\%$	$y_4 = 62\%$

交互作用的大小可用 AB 表示：

$$AB = (y_4 - y_3) - (y_2 - y_1) = (62\% - 53\%) - (55\% - 50\%) = 9\% - 5\% = 4\%$$

或

$$AB = (y_4 - y_2) - (y_3 - y_1) = (62\% - 55\%) - (53\% - 50\%) = 7\% - 3\% = 4\%$$

表 7-7 中，$AB = (y_4 - y_3) - (y_2 - y_1) = (58\% - 53\%) - (55\% - 50\%) = 5\% - 5\% = 0$，表明没有交互作用。

在浮选中，通常捕收剂和抑制剂存在交互作用，一大另大，一小另小，需要在试验设计中注意。

（4）每个试验都不可避免地存在着试验误差，采用一次一因素试验，难以估计出试验误差，给分析问题带来一定的困难。

7.3.1.2 一次一因素试验设计的优点

（1）试验工作量较小，如一个三因素三水平选矿试验，全部排列组合的试验需要 $3^3 = 27$ 次，而采用一次一因素，只需 7 次。

（2）便于掌握。

（3）计算简便迅速。

（4）适用于影响因素较多、试验流程复杂的选矿试验。

7.3.2 析因试验

大多数多因素组合试验法是以析因试验法为基础的，因而我们首先讨论析因试验的基本原理，然后再具体介绍选矿试验中常用的各种多因素试验方法。析因试验的实质，是将各个因素的不同水平相互排列组合而配成一套试验。常用的组合方式有两类。

7.3.2.1 系统分组法

例如，为了选择最适宜的磨矿细度和选别作业条件，可以安排两套试验：第一套在粗磨条件下进行，第二套在细磨条件下进行。这种分组法的特点是强调了因素的主次，在两套试验内选别作业条件可根据粗磨和细磨的不同要求而选择不同的试验范围。

某多金属硫化矿试验，用黄药作捕收剂，氰化物作抑制剂，采用系统分组法设计试验。设磨矿细度为 $-74\mu m$ 含量占 50%，黄药用量范围在 $50 \sim 140 g/t$，氰化物用量范围在 $20 \sim 80 g/t$；当磨矿细度为 $-74\mu m$ 含量占 80%，黄药用量范围在 $140 \sim 260 g/t$，氰化物用量范围在 $100 \sim 190 g/t$。具体安排见表 7-8。

表 7-8 系统分组法应用实例

试验序号	$-74\mu m$ 含量为 50%		试验结果 /%	试验序号	$-74\mu m$ 含量为 80%		试验结果 /%
	黄药用量 /g·t⁻¹	NaCN 用量 /g·t⁻¹			黄药用量 /g·t⁻¹	NaCN /g·t⁻¹	
1	50	20	E_1	5	140	100	E_5
2	80	40	E_2	6	180	130	E_6
3	110	60	E_3	7	220	160	E_7
4	140	80	E_4	8	260	190	E_8

7.3.2.2 交叉分组法

各因素处于完全平等的地位，不同因素的不同水平都会以相同的机会相碰，这是最常用的一种方法。本节以三因素二水平析因试验为例介绍这种方法。

A　试验安排

为了解不同浸出影响因素间是否有交互影响作用，试验设计了三因素二水平的交互试验，正交表为 L_8 (2^7)。试验的三个因素均选定两个水平，如表 7-9 所示，正交试验安排及试验结果如表 7-10 所示。

表 7-9　三因素二水平表

水平/因素	C_1		C_2	
	A_1	A_2	A_1	A_2
B_1	①/E_1	②/E_2	⑤/E_5	⑥/E_6
B_2	③/E_3	④/E_4	⑦/E_7	⑧/E_8

表 7-10　正交表 L_8 (2^7) 应用实例

试验点	A	B	AB	C	AC	BC	ABC	试验结果
	1	2	3	4	5	6	7	E/%
①	1	1	1	1	1	1	1	6.23
②	2	1	2	1	2	1	2	27.93
③	1	2	2	1	1	2	2	30.65
④	2	2	1	1	2	2	1	66.03
⑤	1	1	1	2	2	2	2	24.19
⑥	2	1	2	2	1	2	1	80.65
⑦	1	2	2	2	2	1	1	46.77
⑧	2	2	1	2	1	1	2	94.61
E_I：各列水平"1"各试点指标总和	107.84	139.00	191.06	130.84	212.14	175.54	199.68	8点总和
E_{II}：各列水平"2"各试点指标总和	269.22	238.06	186.00	246.22	164.92	201.52	177.38	$E_T = 377.06$
$\bar{E}_I = \frac{1}{4}E_I$	26.96	34.75	47.77	32.71	53.04	43.89	49.42	总平均
$\bar{E}_{II} = \frac{1}{4}E_{II}$	67.31	59.52	46.50	61.56	41.23	50.38	44.35	$\bar{E}_T = 47.13$
$R = E_{II} - E_I$	183.35	121.09	-21.09	131.41	-57.25	76.01	-66.33	
$r = \bar{E}_{II} - \bar{E}_I$	40.35	24.77	-1.27	28.85	-11.81	6.50	-5.58	

表 7-9 中因素 A 代表浸出温度，因素 B 代表浸出剂用量，因素 C 代表液固比；加上下标 1 和 2 后分别代表该二因素的两个用量水平；①~⑧代表 8 个试验点；E_1~E_8 代表 8 个试验点的 8 个试验结果。采用综合选矿效率（按道格拉斯）作基本判据，实际工作可采用浸出率或其他效率作为判据。

欲确定 A 的水平，可将与 A_1 相关的四个试验结果和与 A_2 相关的四个试验结果相比较。虽然在比较时，另外两个因素 B、C 都在变动，然而它们是在两组里彼此相当地变动着，因此可认为 A_1 的变化和 A_2 变化是近似比较，精确度大大提高。确定因素 B、C 同理。

三因素二水平全面析因试验共 8 个试点，可以利用的正交表为 L_8 (2^7)，这个正交表有 8 个横行，7 个纵列，见表7-10。每个纵列又由 4 个"1"和 4 个"2"组成，每两列形成 8 个数字对 (1，1)、(1，2)、(2，1)、(2，2)，正好各出现两次。这个特性，数学上称为正交性。用正交表安排试验时，可达到诸因素各水平均匀搭配，试验结果具有综合可比性。

正交表 L_8 (2^7) 中：L—正交表；8—试验个数；2—因素的水平数；7—这种正交表最多可以安排 7 个因素的二水平试验。

表 7-10 所研究的 3 个因素 A、B、C，每个因素都取二水平，考察各因素对指标的影响，以便选取最好的条件，同时还要考查各因素的交互作用的大小。故选用 L_8 (2^7) 正交表进行全面析因试验，表头设计：第 1 列安排 A 因素，第 2 列安排 B 因素，第 3 列只得安排 AB 的交互作用列，第 4 列安排 C 因素，第 5、6 列安排 AC、BC 的交互作用列，第 7 列（ABC）可作为空白列，见表7-10。

这样 1、2、4 列就构成了试验方案的实施计划。例如第 1 号试验的条件是 $A_1B_1C_1$，也就是因素 A、B、C 都取"1"水平；第 2 号试验的条件是 $A_2B_1C_1$，即因素 A 取"2"水平，因素 B、C 都取"1"水平；其余依次类推。整个计划表明，需要进行 8 次试验，试验顺序可随机化。

表中列出了根据 8 次试验所得出的 8 个指标（试验结果）$E_1 \sim E_8$。其值是参差不齐的，有着明显的差异，这种差异一方面反映了因素 A、B、C 不同水平搭配方式对结果的影响，另一方面又混杂了试验误差。这样就不容易判断究竟哪个条件最好，哪个因素影响最大，因而需要对结果加以整理，以便去伪存真，求出各因素的影响。这就是数理统计分析。

B　效应计算

A 的主效应 r_A 表示因素 A 的两个水平对试验结果的影响：

$$r_A = \overline{E}_{IIA} - \overline{E}_{IA} = \frac{1}{4}E_{IIA} - \frac{1}{4}E_{IA} = \frac{E_2 + E_4 + E_6 + E_8}{4} - \frac{E_1 + E_3 + E_5 + E_7}{4}$$

$$= \frac{27.93 + 66.03 + 80.65 + 94.61}{4} - \frac{6.23 + 30.65 + 24.19 + 46.77}{4} \qquad (7\text{-}2)$$

$$= 67.31\% - 26.96\% = 40.35\%$$

A 的主效应 r_A 和因素 B、C 关系不大，可这样认为：在因素 A 取 A_1 水平时共进行了 4 个试验即 1、3、5、7。这 4 个试验中，因素 B、C 的水平虽然在变动，但都取遍了二种水平而且二种水平出现的次数各占一半。另一方面在因素 A 取 A_2 水平时，也做了 4 个试验，即 2、4、6、8。这 4 个试验中 B、C 也都取遍了二种水平，而且二种水平出现的次数各占一半，因此，A_1 条件下的平均指标和 A_2 条件下的平均指标是可比的。即 A 主效应 r_A 等于因素 A 取 A_1 水平时对应的试验结果平均值减去 A 取 A_2 水平时对应的试验结果平均值。r_A 反映了因素 A 不同水平对试验结果的影响（当然不能忘记其中有误差的混杂）。

同理 B、C 的主效应为：

$$r_B = \frac{E_3 + E_4 + E_7 + E_8}{4} - \frac{E_1 + E_2 + E_5 + E_6}{4} = 24.77\%$$

$$r_C = \frac{E_5 + E_6 + E_7 + E_8}{4} - \frac{E_1 + E_2 + E_3 + E_4}{4} = 28.85\%$$

主效应只能对每个因素单独作用的大小给出一个数量特征，但是还不能用来考查因素间的交互作用的影响。

当 A 取 A_1 时共做了 4 个试验，此时因素 B 的水平由 B_1 变到 B_2，由 B 水平变化对指标的影响为：

$$\frac{1}{2}(E_1 + E_5) - \frac{1}{2}(E_3 + E_7) \tag{7-3}$$

当 A 取 A_2 时共做了 4 个试验，此时因素 B 的水平由 B_1 变到 B_2，由 B 水平变化对指标的影响为：

$$\frac{1}{2}(E_2 + E_6) - \frac{1}{2}(E_4 + E_8) \tag{7-4}$$

二式之差反映了因 AB 水平变化间的相互依赖关系，这个差值的一半就称为因素 A 和因素 B 的交互效应，如表 7-10 中的 r_{AB}：

$$r_{AB} = \frac{1}{2}\left[\left(\frac{E_2 + E_6}{2} - \frac{E_4 + E_8}{2}\right) - \left(\frac{E_1 + E_5}{2} - \frac{E_3 + E_7}{2}\right)\right]$$

$$= \frac{1}{4}[(27.93 + 30.65 + 80.65 + 46.77) - (6.23 + 66.03 + 24.19 + 94.61)] = -1.27$$

同理：

$$r_{AC} = \frac{1}{4}[(E_2 + E_4 + E_5 + E_7) - (E_1 + E_3 + E_6 + E_8)] = -11.81$$

$$r_{BC} = \frac{1}{4}[(E_3 + E_4 + E_5 + E_6) - (E_1 + E_2 + E_7 + E_8)] = 6.50$$

由此可见，因素间的交互作用效应和主效应一样都是 8 个试验结果的统计分析，即用高水平的 4 个平均值减低水平的平均值。

正交表 $L_8(2^7)$ 除了前边讲的正交性外，还有另一个特征，就是对每个因素取二个水平的正交试验，每两列有一个交互作用列，这可以从 L_8 交互作用表 7-11 查出来，这样在安排试验时就可直接依照现成的表格来填写运算。

表 7-11　$L_8(2^7)$ 交互作用表

列号	1	2	3	4	5	6	7
	(1)	3	2	5	4	7	6
		(2)	1	6	7	4	5
			(3)	7	6	5	4
				(4)	1	2	3
					(5)	3	2
						(6)	1
							(7)

由表 7-11 可知，1、2 列交互作用列为第 3 列，1、4 列交互作用列为第 5 列，2、4 列

交互作用列为第 6 列，其他列依次类推。

上述效应表示因素水平变化对选别指标的影响，如：

（1）$r_A = 40.35$，说明因素 A（浸出温度）取 A_1 水平（浸出温度为 50℃）的选别指标不如 A_2 水平（浸出温度为 100℃）的浸出率高，二者平均相差 40.35%，因此因素 A 应当选取一水平 A_2；

（2）同样，$r_B = 24.77$ 说明因素 B（浸出剂用量）取 B_1 水平（浸出剂用量为 3.6mol/L）的选别指标不如 B_2 水平（浸出剂用量为 4.6mol/L）的浸出率高，二者平均相差 24.77%，因此因素 B 应当选取一水平 B_2；

（3）$r_C = 28.85$ 表明 C_2 较 C_1 好，故液固比选 4：1 较合适。

由表 7-11 的效应值还可看出，3 个因素 A、B、C 的水平变动对选别指标影响最大的是 A，其次是 C。A、B、C 三个因素对浸出率都有较大的影响，因素 A 和 C 之间的交互作用对浸出率的影响较大，其次是 B 和 C 之间的交互作用较小，因素 A 和 B 之间的交互作用可以忽略不计。

这样一来，选取 A、C 水平时，就应考虑两者的配合情况，应当选用两者配合能够得到高选别指标的组合。现在分析 A、C 四种配合对选别指标的影响，见表 7-12。

表 7-12 配合与指标的关系

水平/因素	A_1	A_2
C_1	$\dfrac{E_1 + E_3}{2} = 18.44$	$\dfrac{E_2 + E_4}{2} = 46.98$
C_2	$\dfrac{E_5 + E_7}{2} = 35.48$	$\dfrac{E_6 + E_8}{2} = 87.63$

由上述看出 A_2C_2 的搭配效果最好，所选择的最佳试验条件为 $A_2B_2C_2$，即第 8 个试验点，$E_8 = 94.61\%$。

C 效应的差异显著性检验

在析因试验中，效应的差异显著性检验一般采用 F 检验，但对于二水平的设计，由于各列的自由度为 1，也可采用 t 检验法，并可用极差代替标准差：

$$t = \frac{|\overline{E} - \mu|}{\hat{\sigma}/\sqrt{n}} \tag{7-5}$$

由上式可知，为了检验各项条件变差的显著性，需要知道试验误差的大小。试验误差最好通过安排重复试验进行估计。表 7-10 未安排重复试验，不能直接计算 $\hat{\sigma}$，因选矿试验高级交互作用（效应）经常是很小的，由此而引起的实验结果的变化一般可忽略不计，同时由表 7-11 可知，AB 的交互影响小于 ABC 的交互影响，因此将 AB 的交互影响和 ABC 的交互影响合并作为误差列，并按下式计算检验统计量 t：

$$t = \frac{r_i}{r_e} \tag{7-6}$$

式中，r_i 为第 i 列的极差；对上例中，$r_e = \sqrt{\dfrac{r_3^2 + r_7^2}{2}} = 4.05\%$，可算出其他各列的检验统计量 t 值如表 7-13 所示。

表 7-13　各因素检测统计量

列号	1	2	3	4	5	6	7
因素	A	B	AB	C	AC	BC	ABC
$r/\%$	+40.35	+24.77	−1.27	+28.85	−11.81	+6.50	−5.58
t	9.96	6.11		7.12	2.91	1.60	

由 t 分布表可知，误差项的自由度 $f=2$ 时，临界值 $t_{0.05}=4.30$。现各列中第 1、2、4 列的 t 值均大于临界值 $t_{0.05}$。由表 7-13 可知，因素 A 对浸出率的影响效果最显著，因素 C 与因素 B 的效果较显著。因素 A 与因素 C 的交互作用与因素 B 与因素 C 的交互作用均不显著。为进一步检验各因素间的交互作用，提高检验的灵敏度，将与第 7 列相近的第 6 列列入误差列，以增加自由度 f，从而提高检验灵敏度。

由表 7-11 可知，第 6 列的效应与 r_e 相近，故可将其看作是试验误差的反映，而与之前的效应合并估计误差。此时，

$$t = \frac{r_i}{\sqrt{\dfrac{\sum r_e^2}{l_e}}} \tag{7-7}$$

式中，$\sum r_e^2$ 为用来估计误差的各列的极差平方和，对上例来说，$\sum r_e^2 = r_3^2 + r_5^2 + r_7^2 = (-1.27)^2 + (+6.50)^2 + (-5.58)^2 = 75.00$；$l_e$ 为误差所占列数，此处 $l_e = 3$。

由于各列的自由度均为 1，现用 3 列估计误差，故误差的总自由度为 3，按此查 t 分布表得到新的临界值 t_α 值为 $t_{0.05}=3.18$。将各列 r_i 值以及上面已算出之 $\sum r_e^2$ 和 l_e 之值代入式（7-7）中，即可算出 $t_A = 8.07$、$t_B = 4.95$、$t_C = 5.77$、$t_{AC} = 2.36$，大于临界 $t_{0.05}$，因而可以作出判断：对选别效率有显著影响的因素分别为 A、C、B，因素 A 与因素 C 的交互作用不显著。

实际上还可以采用更简便的方法，因为我们在前面已叙述过，增大自由度的实质是增加计算试验误差所用的原始数据的个数，靠这来增加误差估计值的可靠性。现取第 7 列二级交互效应 r_7 估计试验误差，而 r_3、r_6 均接近于 r_7，就已可说明该误差估计值是可靠的，因而"保险系数"不必取得很大，完全可以近似地直接用 $\pm 2r_7$ 作为划分差异是否显著的界限，经比较后即可直接推断出对选别效果有显著影响的因素分别为 A、C、B。

对于二水平的析因试验，检验统计量 F：

$$F = \frac{\overline{S}_i}{\overline{S}_e} = \frac{2(\overline{E}_{Ii} - \overline{E}_{Ci})^2}{2(\overline{E}_{Ie} - \overline{E}_{Ce})^2} = \frac{2r_i^2}{2r_e^2} \tag{7-8}$$

式中，$\overline{S}_i$ 和 r_i 分别代表第 i 列的平均变差平方和（均方）同级差；$\overline{S}_e$ 和 r_e 分别代表误差列的平均变差平方和（均方）同级差。

上式说明，在二水平的设计中，各列的均方比恰好等于极差平方值之比。此时，若用空白列的效应估计试验误差，F 值的计算将较简单。

若误差列不只占一列，则

$$F = \frac{r_i^2}{\sum r_e^2/l_e} \qquad (7\text{-}9)$$

前已算得，上例中 $\sum r_e^2 = 75.00$，$l_e = 3$，$\sum r_e^2/l_e = 25$，将各因素 r 值代入式（7-9）后算出，$F_A = 65.11$、$F_B = 24.53$、$F_C = 33.28$。而由附表 2 中 F 分布表查得当分子项自由度 $f_1 = 1$ 而分母项自由度 $f_2 = 3$ 时，临界值 $F_{0.05} = 10.13$，F_A、F_B、F_C 均大于 $F_{0.05}$，故 A、B、C 的效应均可认为是显著的，这与用 t 检验法时得出的结论是相同的。

7.3.3 多因素多水平部分析因试验法及其应用

n 因素 p 水平全面试验试点总数为 p^n，随着 n 和 p 的增大，试验工作量将急剧增大。例如，选矿试验中常用的 5 水平的全面析因试验，二因素时试点数为 $5^2 = 25$ 个，三因素时即增至 $5^3 = 125$ 个，四因素时即增至 $5^4 = 625$ 个，五因素时即增至 $5^5 = 3125$ 个……因而在多因素多水平的情况下，采用全面试验法一般是不经济的，而是希望能从全面试验的试点中，选出一部分试点，作为"代表"，进行试验，然后利用统计分析方法，推断最优点的位置，这就是部分试验法。

利用正交表安排部分析因试验，仍可保证试点的分布即试验条件的搭配均衡而分散，因而便于统计分析。只不过采用部分试验法，各因素的效应容易产生混杂现象。而全面析因试验，各因素的效应没有任何混杂现象。为了消除因为混杂现象产生的误差，要注意以下几点：

（1）根据试验目的，确定试验欲考查的因素，只能把自变量定为因素，不能把因变量也定为因素，如把矿浆浓度定为因素，就不能把浮选加水量也当作因素，因为浓度是通过加水量调节的。还有在选矿试验中，磨矿细度是通过磨矿时间确定的（在相同的磨矿条件下）。矿浆 pH 值是通过其调整剂确定的等等。

（2）试验考查的因素可以是定量的，如药剂用量、磨矿细度、pH 值、矿浆浓度、选别时间等可测量的定量因素，也可以是不同的设备类型、药剂种类、测量仪器，甚至试验操作人员等定性因素。

（3）试验因素确定后，就要规定各种工艺因素的条件范围，确定试验条件范围必须靠专业知识和生产经验，同时也受试验设备和技术等方面的限制。如果某因素的试验范围确定的太大，那么在正交试验之前，可以采用前面介绍的单因素试验方法进行探索性试验，把试验范围缩小。

（4）确定每个因素的变动水平，在合理的试验范围内，尽可能增大两水平的间距，以保证各因素主效应比较突出。但水平定得太宽，诸因素效应可能都显著，主要矛盾不突出，估计十分广泛，结论就会不确切。水平定得太窄，效应不突出，容易误判。

（5）表头设计时，每个因素的水平并不一定都按大小顺序排列，该因素的水平最好不要全是由大到小，或由小到大，因为从试验角度并不要求。所有因素低水平或高水平碰到一起，此时可对部分因素随机化。随机化不仅指各水平大小顺序的排列，在试验操作中，对试验编号的顺序也可随机化。按照随机化的要求安排试验，可以消除系统误差。

在选矿试验中，多因素多水平部分试验法目前主要用于交互作用不很显著的场合，或仅用作预先试验的手段。

7.3.3.1　某混合镍矿粗选药剂制度优化正交试验

通过对浮选药剂用量及药剂之间相互作用的大量试验探索，并参考现场生产实践，最终确定粗选试验条件为：磨矿产品细度为$-74\mu m$，含量为 85%，捕收剂为丁基黄药、硫酸铜、六偏磷酸钠、羧甲基纤维素等为调整剂。研究拟在保证生产指标稳定不变的前提下，优化常规浮选药剂制度，降低药剂用量，减少药剂成本。

A　各因素及水平设计

粗选药剂制度优化主要包括捕收剂、活化剂、抑制剂和起泡剂四方面的调整。故结合现场生产实际，确定考察因素为丁基黄药、硫酸铜、六偏磷酸钠和羧甲基纤维素，在此基础上进行无交互作用的正交设计与正交试验。试验设计为 L_9 (3^4) 正交试验，各因素分别选取三个水平（药剂用量）。各因素水平设计如表 7-14 所示。

表 7-14　各因素水平用量表

水平	六偏磷酸钠/$g \cdot t^{-1}$（因素 A）	羧甲基纤维素/$g \cdot t^{-1}$（因素 B）	硫酸铜/$g \cdot t^{-1}$（因素 C）	丁基黄药/$g \cdot t^{-1}$（因素 D）
1	280	420	240	280
2	350	500	300	350
3	420	580	360	420

试验时为避免其他因素对选矿指标的影响，减少试验误差，提高正交试验精度，在试验过程中对下列因素进行了严格控制。

（1）设备误差。机械设备的差别虽可作为一个试验因素来考虑，但为了减少试验次数，本试验均在同一台浮选机中进行。试验前对该机进行了全面检修，以保证充气量及设备运转在试验过程中处于正常状态，以减少系统误差。

（2）入料粒度的影响。入料粒度对浮选指标的影响是显著的，为使入料粒度组成尤其是细粒含量稳定，试验时矿样在同一台球磨机磨矿，且磨矿细度均为$-74\mu m$含量为 85%。

（3）采制样误差。为保证采制样准确度，严格执行采制样操作制度，所有样品化验均做双样对比分析。

（4）条件误差。试验中对各因素（A、B、C、D）的水平试验均保证在下列允许误差范围之内：浮选矿浆浓度$\pm 5g/L$；起泡剂 MIBC 用量$\pm 2.5g/t$。

根据四因素三水平的要求，确定正交试验设计，如表 7-15 所示。

表 7-15　正交试验表

试验点	水 平 变 化			
	六偏磷酸钠	羧甲基纤维素	硫酸铜	丁基黄药
1	1	1	3	2
2	2	1	1	1
3	3	1	2	3
4	1	2	2	1
5	2	2	3	3

续表 7-15

试验点	水 平 变 化			
	六偏磷酸钠	羧甲基纤维素	硫酸铜	丁基黄药
6	3	2	1	2
7	1	3	1	3
8	2	3	2	2
9	3	3	3	1

B 试验结果及初步分析

根据 $L_9(3^4)$ 正交试验，设计9个粗选试验，试验结果如表7-16所示。由表7-16可知，试验3所得镍粗精矿产率最高，为22.56%；试验8所得镍粗精矿产率略低，为21.7%；试验1、4、5所得的镍粗精矿产率均在20%~21%之间；而试验2、6、7所得的镍粗精矿产率相对较低，在19%~20%之间；试验9所得的镍粗精矿产率最低，为13.62%。

对粗精矿回收率来说，试验5的粗精矿回收率最高为70.56%，条件4、6、8的粗精矿回收率在68%~69%左右。其余条件的粗精矿回收率在62%左右，试验9的粗精矿回收率最低，为54.24%。综合考虑粗精矿产率、品位和回收率，确定试验5为最佳点，即常规粗选最佳药剂用量为六偏磷酸钠350g/t，羧甲基纤维素500g/t，硫酸铜360g/t，丁基黄药420g/t。

表 7-16 正交试验结果表

试验组	样品名称	产率/%	品位/%	回收率/%
1	粗精矿	20.77	1.51	62.58
	中矿	4.54	0.84	7.60
	尾矿	76.69	0.20	29.82
	原矿	100.00	0.51	100.00
2	粗精矿	19.95	1.60	63.61
	中矿	4.40	0.77	7.75
	尾矿	75.65	0.19	28.64
	原矿	100.00	0.50	100.00
3	粗精矿	22.56	1.53	67.90
	中矿	4.33	0.73	6.22
	尾矿	73.11	0.18	25.88
	原矿	100.00	0.51	100.00

试验组	样品名称	产率/%	品位/%	回收率/%
4	粗精矿	20.48	1.63	68.26
	中矿	4.01	0.67	5.49
	尾矿	75.51	0.17	26.25
	原矿	100.00	0.49	100.00
5	粗精矿	20.59	1.88	70.56
	中矿	4.57	0.75	6.23
	尾矿	74.84	0.17	24.5
	原矿	100.00	0.55	100.00
6	粗精矿	19.45	1.77	68.27
	中矿	4.43	0.70	6.14
	尾矿	76.12	0.17	25.59
	原矿	100.00	0.50	100.00
7	粗精矿	19.91	1.54	62.87
	中矿	5.50	0.70	7.89
	尾矿	75.04	0.19	29.24
	原矿	100.00	0.49	100.00
8	粗精矿	21.7	1.64	69.91
	中矿	4.10	0.66	5.32
	尾矿	74.20	0.17	24.77
	原矿	100.00	0.51	100.00
9	粗精矿	13.62	1.94	54.24
	中矿	2.36	0.90	4.36
	尾矿	84.02	0.24	41.40
	原矿	100.00	0.49	100.00

C　正交试验结果极差分析

试验设计为四因素三水平正交试验，即每个因素的每个水平都参与三次试验。试验所取得的镍粗精矿品位、粗精矿回收率和粗精矿产率三次之和即为 E 值，各水平最大值与最小值之差为 r 值（极差值）。研究对不同影响因素的极差进行了计算，结果如表 7-17 所示。

表 7-17 正交试验结果极差分析表

E 值	粗精矿产率/%			
	A（PN）	B（CMC）	C（硫酸铜）	D（丁基黄药）
E_{I}	61.16	63.28	59.31	63.06
E_{II}	62.24	60.52	64.74	61.92
E_{III}	55.63	55.23	54.98	54.05
$1/3E_{\mathrm{I}}$	20.37	21.09	19.77	18.02
$1/3E_{\mathrm{II}}$	20.75	20.17	21.58	20.64
$1/3E_{\mathrm{III}}$	18.54	18.41	18.33	21.02
r	2.21	2.68	3.25	3.00

由表 7-17 可知，就镍粗精矿品位而言，因素 A、B、C、D 的极差分别为 0.19%、0.21%、0.18%、0.08%。因素 B（羧甲基纤维素）极差值最大，为显著影响因素，镍粗精矿品位与羧甲基纤维素有密切关系；因素 A（六偏磷酸钠）极差值次之，为较显著影响因素，镍粗精矿品位与 PN 有较密切关系；因素 C（硫酸铜）极差值再次之，为较显著影响因素，镍粗精矿品位与硫酸铜也有较密切关系；因素 D（丁基黄药）极差最小，为较一般影响因素，镍粗精矿品位与丁基黄药之间影响关系一般。

D 正交试验结果方差分析

为进一步判定所考察因素以及其他偶然因素（统称为试验误差）对镍粗精矿品位和产率的影响大小，进而找出影响工艺指标的主要原因，研究在极差分析基础上对试验数据进行了方差分析。

同一因素不同水平间试验结果的变化，代表了该因素引起的变差，而同一水平不通点数据间的变化，则与该因素无关。故而在计算方差时，可用 E_{I} 均值、E_{II} 均值、E_{III} 均值代替 E_j 对总均值 E_0 求差，但是由于每一水平有三个考察点，因此该因素的方差总和应为：

$$SS_{\mathrm{i}} = 3\left[(\overline{E_{\mathrm{I}}} - \overline{E_0})^2 + (\overline{E_{\mathrm{II}}} - \overline{E_0})^2 + (\overline{E_{\mathrm{I}}} - \overline{E_0})^2 + (\overline{E_{\mathrm{III}}} - \overline{E_0})^2 \right] = 3\sum_{k}^{\mathrm{III}} (E_k - E_0)^2$$

(7-10)

上式可变形为：

$$SS_{\mathrm{i}} = 3\sum_{k}^{\mathrm{III}} (\overline{E_k} - \overline{E_0})^2 = 3\left(\sum_{k=\mathrm{I}}^{\mathrm{III}} \overline{E}_k^2 - \frac{\sum_{k=\mathrm{I}}^{\mathrm{III}} \overline{E}_k^2}{3} \right) = \frac{1}{3}(E_{\mathrm{I}}^2 + E_{\mathrm{II}}^2 + E_{\mathrm{III}}^2) - \frac{1}{9}E_{\mathrm{T}}^2 \quad (7-11)$$

式中，E_{T} 表示全部观测点试验结果总和，即

$$E_{\mathrm{T}} = \sum_{j=1}^{N} E_j \quad (7-12)$$

为更进一步确定影响粗精矿产率的主要因素，研究对试验结果的粗精矿产率进行了方差分析，试验分析内容如表 7-18 所示。

表 7-18　镍粗精矿产率方差分析表

试验编号		因素 A（PN）	B（CMC）	C（硫酸铜）	D（丁基黄药）	镍粗精矿产率 γ/%
1		1	1	3	2	20.77
2		2	1	1	1	19.95
3		3	1	2	3	22.56
4		1	2	2	1	20.48
5		2	2	3	3	20.59
6		3	2	1	2	19.45
7		1	3	1	3	19.91
8		2	3	2	2	21.70
9		3	3	3	1	13.62
镍粗精矿产率/%	E_{I}	61.16	63.28	59.31	54.05	$E_{\text{T}} = 179.03$
	E_{I} 均值	20.37	21.09	19.77	18.02	
	E_{II}	62.24	60.52	64.74	61.92	
	E_{II} 均值	20.75	20.17	21.58	20.64	
	E_{III}	55.63	55.23	54.98	63.06	$1/9\ E_{\text{T}} = 19.89$
	E_{III} 均值	18.54	18.41	18.33	21.02	
	r	2.21	2.68	3.25	3.00	

故在镍粗精矿产率方差计算中有：

$$\frac{1}{9}E_{\text{T}}^2 = \frac{1}{9}\sum_{j=1}^{N} E_j^2 = \frac{1}{9}\left(\sum_{j=1}^{9} E_j\right)^2 = \frac{1}{9} \times 179.03^2 = 3561.3045$$

$$SS_{\text{A}} = \frac{1}{3}(E_{\text{I}}^2 + E_{\text{II}}^2 + E_{\text{III}}^2) - \frac{1}{9}E_{\text{T}}^2 = \frac{1}{3}(61.16^2 + 62.24^2 + 55.63^2) - 3561.3045 = 8.3822$$

$$SS_{\text{B}} = \frac{1}{3}(E_{\text{I}}^2 + E_{\text{II}}^2 + E_{\text{III}}^2) - \frac{1}{9}E_{\text{T}}^2 = \frac{1}{3}(63.28^2 + 60.52^2 + 55.23^2) - 3561.3045 = 11.1561$$

$$SS_{\text{C}} = \frac{1}{3}(E_{\text{I}}^2 + E_{\text{II}}^2 + E_{\text{III}}^2) - \frac{1}{9}E_{\text{T}}^2 = \frac{1}{3}(59.31^2 + 64.74^2 + 54.98^2) - 3561.3045 = 15.9435$$

$$SS_{\text{D}} = \frac{1}{3}(E_{\text{I}}^2 + E_{\text{II}}^2 + E_{\text{III}}^2) - \frac{1}{9}E_{\text{T}}^2 = \frac{1}{3}(54.05^2 + 61.92^2 + 63.06^2) - 3561.3045 = 16.0463$$

$$S_0 = \sum_{i=1}^{9} \gamma_i^2 - \frac{1}{9}E_{\text{T}}^2 = 3612.8325 - 3561.3045 = 51.5280$$

$$S_{\text{e}} = S_0 - SS_{\text{A}} - SS_{\text{B}} - SS_{\text{C}} - SS_{\text{D}} = 52.5280 - 8.3822 - 11.1561 - 15.9435 - 16.0463 = 0.2999$$

根据以上计算结果，制作镍粗精矿产率方差分析结果表，如表 7-19 所示。

表7-19 镍粗精矿产率方差分析结果

方差来源	离差	自由度	均方离差	F	显著性	最优水平
A	8.3822	2	4.1911	27.9500	*	A_2、A_1
B	11.1561	2	5.5781	37.1994	* *	B_1、B2
C	15.9435	2	7.9717	53.1627	* * *	C_2
D	16.0463	2	8.0231	52.5061	* * *	D_3、D_2
误差	0.2999	2	0.1499	—	—	

由表7-19可知，对镍粗精矿产率影响的因素显著性依次为 C > D > B > A。硫酸铜和丁基黄药是影响镍粗精矿产率的最显著因素，羧甲基纤维的用量是镍粗精矿产率的一般影响因素。对于现场生产而言，粗精矿的产率越高越好，故影响镍粗精矿产率的四因素最优水平应取 E 值中的最大值，即 A_2（A_1）、B_1（B_2）、C_2、D_3（D_2）。可见现场生产中若要提高镍粗精矿产率，应加强对硫酸铜用量的控制。

由极差分析和方差分析结果可知，各项指标影响的因素显著性依次排序为：镍粗精矿品位，B> A > C >D；镍粗精矿产率，C > D > B >A。因此，选取最优的粗选试验药剂条件如下：

因素 A，对于镍粗精矿品位，A 是较显著因素。且以 A_3（A_2）为优。对于粗精矿产率，A 是次要因素，且以 A_2 为优，故选 A_2。因素 B，对于镍粗精矿品位，B 是较显著因素。且以 B_3（A_2）为优。对于粗精矿产率，B 是一般影响因素，且以 B_2（B_1）为优，故选 B_2。因素 C，对于镍粗精矿品位，A 是一般因素。且以 C_3 为优。对于粗精矿产率，C 是显著影响因素，且以 C_2 为优，故选 C_3。因素 D，对于镍粗精矿品位，D 是一般因素。且以 D_1（D_3、D_2）为优。对于粗精矿产率，D 是显著影响因素，且以 D_3（D_2）为优，故选 D_3。

故常规浮选粗选作业的最佳药剂用量优化方案为 $A_2B_2C_3D_3$，即六偏磷酸钠用量为350g/t，羧甲基纤维素用量为500g/t，硫酸铜用量为360g/t，丁基黄药用量为420g/t，在此条件下，可获得镍品位为1.63%、产率为20.48%、回收率为68.26%的镍粗精矿。

7.3.3.2 铜硫混合粗精矿分离浮选预先试验

某铜硫混合粗精矿分离浮选预先试验，采用 L_{16}（4^5）正交表安排4个因素，每个因素取4个水平，具体数值见表7-20。试验安排和结果见表7-21。

表7-20 某铜硫混合粗精矿分离浮选预先试验设计

水平/因素	A 磨矿细度（-74μm 含量/%）	B CaO 用量/kg·t^{-1}	C NaCN/g·t^{-1}	D 捕收剂用量/g·t^{-1}
1	65	0.5	30	50
2	70	1	40	80
3	75	1.5	50	120
4	80	2	70	180

表 7-21　铜硫混合粗精矿分离浮选试验安排和结果

试验序号	A	B	C	D	空白列	试验结果/%	
	1	2	3	4	5	铜品位	铜回收率
1	1	1	1	1	1	8.36	62.21
2	1	2	2	2	2	13.64	79.91
3	1	3	3	3	3	6.31	51.20
4	1	4	4	4	4	9.92	77.96
5	2	1	2	3	4	4.13	43.46
6	2	2	1	4	3	6.94	81.53
7	2	3	4	1	2	5.29	53.20
8	2	4	3	2	1	8.49	79.49
9	3	1	3	4	2	20.69	66.43
10	3	2	4	3	1	19.18	78.40
11	3	3	1	2	4	19.10	64.17
12	3	4	2	1	3	21.68	75.63
13	4	1	4	2	3	9.92	74.22
14	4	2	3	1	4	10.59	86.17
15	4	3	2	4	1	12.18	66.85
16	4	4	1	3	2	14.46	63.10
回收率	ε_{I} 270.28	245.32	281.47	302.50	285.95		
	$\varepsilon_{\mathrm{II}}$ 257.68	326.01	254.39	271.50	262.64	$\varepsilon_{\mathrm{T}} = \sum\limits_{j=1}^{16}\varepsilon_j = 1102.86$	
	$\varepsilon_{\mathrm{III}}$ 284.63	235.42	257.00	236.16	282.58		
	$\varepsilon_{\mathrm{IV}}$ 290.34	301.18	310.07	292.77	271.76		
品位	β_{I} 38.23	43.10	45.01	43.12	48.21		
	β_{II} 24.41	49.91	49.05	47.94	54.08	$\beta_{\mathrm{T}} = \sum\limits_{j=1}^{16}\beta_j = 184.44$	
	β_{III} 74.65	42.88	42.88	44.08	38.41		
	β_{IV} 47.15	48.25	47.51	49.29	43.74		

（1）按回收率计算各列的变差平方和：

$$SS_{\mathrm{A}} = SS_1 = \frac{1}{4}(270.28^2 + 257.68^2 + 284.63^2 + 290.34^2) - \frac{1102.86^2}{16}$$

$$= \frac{1}{4}(73051.28 + 66398.99 + 81014.24 + 84297.32) - 76018.76$$

$$= \frac{1}{4} \times 304761.83 - 76018.76 = 76190.46 - 76018.76 = 171.7$$

$$SS_{\mathrm{B}} = SS_2 = 2130.34$$
$$SS_{\mathrm{C}} = SS_3 = 514.25$$
$$SS_{\mathrm{D}} = SS_4 = 657.32$$

$$SS_5 = 94.27$$
$$SS_e = SS_5 + SS_1 = 265.97$$

方差分析表见表 7-22。

表 7-22 方差分析表

变差来源	平方和	自由度	均方	F	显著性
磨矿细度 A	171.7	3	57.23	1.29	最不显著
pH 值 B	2130.34	3	710.11	16.02	最显著
NaCN 用量 C	514.25	3	171.42	3.87	不显著
捕收剂用量 D	657.32	3	219.11	4.94	显著
误差	265.97	6	44.33		

当 $f_1 = 3$，$f_2 = 6$ 时查 F 表得：

$$F_{0.05} = 4.76$$

结论：因素 A 在试验条件下对回收率影响最小，因素 B 影响十分显著，因素 D 次之，最后确定选别条件为 $A_1 B_2 C_4 D_1$。

（2）按精矿品位计算各列的变差平方和：

$$SS_A = SS_1 = \frac{1}{4}(38.23^2 + 24.41^2 + 74.65^2 + 47.15^2) - \frac{184.44^2}{16}$$

$$= \frac{1}{4}(1461.53 + 595.85 + 5572.62 + 2223.12) - \frac{34018.11}{16}$$

$$= 2463.28 - 2126.13 = 337.15$$

$$SS_B = SS_2 = 2.71$$
$$SS_C = SS_3 = 5.79$$
$$SS_D = SS_4 = 6.40$$
$$SS_5 = 33.21$$
$$SS_e = SS_5$$

SS_e 大于 SS_B、SS_C、SS_D，因而这 3 项可以并入误差项。

方差分析表见表 7-23。

表 7-23 方差分析表

变差来源	平方和	自由度	均方	F	显著性
磨矿细度 A	337.15	3	112.38	28.10	显著
pH 值 B	2.71	3	0.90	0.23	不显著
NaCN 用量 C	5.79	3	1.93	0.48	不显著
捕收剂用量 D	6.40	3	2.13	0.53	不显著
误差	48.11	12	4.00		

按精矿品位考虑因素 A 的影响十分显著，最好水平取 A_3。

综合回收率和品位的指标，浮选应当首先侧重于回收率的前提下照顾精矿品位，综合比较结果选用 $A_3 B_2 C_4 D_1$。

7.3.3.3　镁质红土镍矿焙烧-磁选过程中的因素影响规律

针对青海某低品位镁质红土镍矿为原料，采用还原焙烧-磁选工艺，利用正交试验方法进行试验，并对试验结果进行系统分析，以揭示不同因素对还原焙烧-磁选指标的影响规律。

研究选取还原剂用量、还原温度、料层厚度、还原时间和磁场强度等 5 个主要因素进行正交试验。设计试验时采用五因素四水平的正交方法，并将 5 个因素的水平选定在适当的范围内，正交因素及对应水平如表 7-24 所示。正交试验的安排和试验结果如表 7-25 所示。

表 7-24　正交试验各个因素水平用量表

水平	A 还原剂用量 /%	B 还原温度 /℃	C 料层厚度 /mm	D 还原时间 /min	E 磁场强度 /kA·m^{-1}
1	5	800	10	30	80
2	10	900	20	45	119
3	15	1000	30	60	160
4	20	1100	40	75	199

表 7-25　正交试验安排及结果表

试验编号	A 水平	B 水平	C 水平	D 水平	E 水平	镍粗精矿产率 /%	镍粗精矿品位 /%	镍尾矿品位 /%	镍粗精矿回收率/%
1	1	1	1	1	1	1.78	1.49	0.75	3.48
2	1	2	2	2	2	10.85	1.33	0.84	16.16
3	1	3	3	3	3	7.32	1.31	0.84	10.97
4	1	4	4	4	4	11.18	1.01	0.77	14.17
5	2	1	2	3	4	14.72	1.35	0.73	24.20
6	2	2	1	4	3	20.25	1.19	0.75	28.72
7	2	3	4	1	2	3.39	1.02	0.83	4.13
8	2	4	3	2	1	5.44	1.05	0.78	7.19
9	3	1	3	4	2	4.20	1.29	0.79	6.68
10	3	2	4	3	1	2.40	1.40	0.84	3.94
11	3	3	1	2	4	27.44	1.02	0.69	35.86
12	3	4	2	1	3	10.26	0.85	0.66	12.83
13	4	1	4	2	3	4.17	1.53	0.65	9.29
14	4	2	3	1	4	8.00	1.46	0.66	16.13
15	4	3	2	4	1	5.26	1.09	0.68	8.17
16	4	4	1	3	2	9.60	0.82	0.69	11.21

由表 7-25 可知，试验 11 所获得镍粗精矿的回收率最高，可达 35.86%，试验 1 所得镍粗精矿的回收率最低，仅为 3.48%。试验所得镍粗精矿的回收率大多在 5%~17% 之间，个别试验如 5、6 所得镍粗精矿的回收率均在 20%~30% 之间。试验 11 所得镍粗精矿的产率最高，可达 27.44%；试验 1 所得镍粗精矿的产率最低，仅为 1.78%；试验所得镍粗精

矿的产率大多在 1%~10% 之间，个别试验 2、4、5、6 以及 12 所得镍粗精矿的产率较高，均在 10%~20% 之间。

A 极差分析

研究采用五因素四水平 L_{16} (4^5) 的正交方法安排试验，由于每个因素的每个水平都参与 4 次试验，因此试验取镍粗精矿的产率和回收率各自水平的 4 次之和为各自对应的 E 值，各水平 E 平均值的最大值与最小值之差为极差值 (r)。试验结果的极差分析如表 7-26 所示。

表 7-26 各因素对镍粗精矿产率和回收率影响的极差分析结果

指标	A 指标值/%		B 指标值/%		C 指标值/%		D 指标值/%		E 指标值/%	
	镍粗精矿产率	镍粗精矿回收率	镍粗精矿产率	镍粗精矿回收率	镍粗精矿产率	镍粗精矿回收率	镍粗精矿产率	镍粗精矿回收率	镍粗精矿产率	镍粗精矿回收率
E_{I}	31.13	44.78	24.87	43.65	59.07	79.27	23.43	36.57	14.88	22.78
E_{II}	43.80	64.24	41.50	64.95	41.09	61.36	47.90	68.50	28.04	38.18
E_{III}	44.30	59.31	43.41	59.13	24.96	40.97	34.04	50.32	42.00	61.81
E_{IV}	27.03	44.80	36.48	45.40	21.14	31.53	40.89	57.74	61.34	90.36
E_{I} 均值	7.73	11.20	6.22	10.91	14.77	19.82	5.86	9.14	3.72	5.70
E_{II} 均值	70.95	16.06	10.38	16.24	10.23	14.34	11.98	17.13	7.01	9.55
E_{III} 均值	11.08	14.83	10.85	14.78	6.24	10.24	8.51	12.58	10.50	15.45
E_{IV} 均值	6.76	11.20	9.12	11.35	5.29	7.88	10.22	14.44	15.34	22.59
极差值 r	4.32	4.86	4.64	5.33	9.48	11.94	6.12	7.99	11.62	16.89

由表 7-26 得知，对镍粗精矿的产率来说，因素 A、B、C、D、E 的极差值分别为 4.32%、4.64%、9.48%、6.12%、11.62%。五个因素对镍粗精矿产率的影响程度大小依次为 E（磁场强度）>C（料层厚度）>D（还原时间）>B（还原温度）>A（还原剂用量），其中因素 E 的极差值最大，说明因素 E 对镍粗精矿的产率影响最大；而因素 C 和因素 D 的极差值次之，说明它们对镍粗精矿产率有一定影响；因素 A 和因素 B 的极差值较小，可见这两个因素对镍粗精矿的产率影响较小。

从表 7-26 对镍粗精矿回收率的分析可知，因素 A、B、C、D、E 的极差值分别为 4.86%、5.33%、11.94%、7.99%、16.89%。五个因素对镍粗精矿回收率的影响程度大小依次为 E（磁场强度）>C（料层厚度）>D（还原时间）>B（还原温度）>A（还原剂用量）。磁场强度的极差值最大，表明其对镍粗精矿的回收率有较大影响；料层厚度和还原时间的极差值次之，说明它们对镍粗精矿回收率有一定影响；还原温度和还原剂用量的极差值较低，可见这两个因素对镍粗精矿的回收率影响较小。

B 方差分析

在极差分析的基础上，研究还对还原焙烧-磁选镍粗精矿产率和回收率数据进行了方差分析。计算时为了提高分析精度，在分析镍粗精矿产率时，将 A 还原剂用量和误差的均方合并，作为误差项，方差分析结果如表 7-27 所示。在分析镍的回收率时，将 A 还原剂用量和误差的均方合并作为误差项，方差分析结果如表 7-28 所示。

138

表 7-27　各因素对镍粗精矿产率影响的方差分析结果

方差来源	离差	自由度	均方离差	F 值	显著性	最优水平
B 还原温度	52.00	3	17.33	0.89	—	1
C 料层厚度	224.89	3	74.96	3.88	*	1
D 还原时间	81.52	3	27.17	1.41	—	1
E 磁场强度	296.56	3	98.85	5.10	*	4
A 还原剂用量 误差	58.16	3	19.39	—	—	—
总和	713.13	15	$F_{0.25}(3,3) = 2.36$　$F_{0.1}(3,3) = 5.39$			

由表 7-27 可知,对镍粗精矿产率影响的因素显著性依次为 E (磁场强度) >C (料层厚度) > D (还原时间) > B (还原温度) >A (还原剂用量),其中磁场强度和料层厚度对镍粗精矿产率影响显著,而还原时间、还原温度以及还原剂用量对镍粗精矿产率影响均不显著。

表 7-28　各因素对镍回收率影响的方差分析结果

方差来源	离差	自由度	均方离差	F 值	显著性	最优水平
B 还原温度	81.31	3	27.10	1.08	—	1
C 料层厚度	341.34	3	113.78	4.54	*	1
D 还原时间	134.88	3	44.96	1.80	—	1
E 磁场强度	651.49	3	217.16	8.67	* *	4
A 还原剂用量 误差	75.16	3	25.05	—	—	—
总和	1284.18	15	$F_{0.25}(3,3) = 2.36$　$F_{0.1}(3,3) = 5.39$			

从表 7-28 得知,对镍粗精矿的回收率影响的因素显著性依次为 E (磁场强度) >C (料层厚度) >D (还原时间) >B (还原温度) >A (还原剂用量)。磁场强度是影响镍粗精矿回收率的最显著影响因素,而料层厚度为次显著影响因素,其他因素对镍粗精矿的回收率影响均不显著。

结合表 7-27 和表 7-28 可知,磁场强度和料层厚度是影响镍粗精矿产率及回收率的显著影响因素,并且对镍粗精矿产率及回收率而言,磁场强度和料层厚度的最优水平都分别为 E_4 和 C_1,即磁场强度最佳选为 199kA/m,料厚度最佳选为 10mm。而还原时间、还原温度和还原剂用量对镍粗精矿产率及回收率均影响较小,故考虑生产成本和经济成本,可选用最低水平,即还原剂用量、还原温度和还原时间的最优水平为 A_1、B_1 和 D_1。因此,还原焙烧-磁选分选镍的粗选作业最优条件为:$A_1B_1C_1D_1E_4$,即还原剂用量为 5%、还原温度为 800℃、料层厚度为 10mm、还原时间为 30min、磁场强度为 199kA/m,并且在此条件下,可获得产率为 22.88%,回收率为 38.99%的镍粗精矿。根据原矿矿石性质可知,在最优条件下获得的镍粗精矿指标偏低主要原因在于原矿中的镍主要赋存于镍蛇纹石中,其还原难度较大,并且在焙烧过程中脉石矿物的分解会对焙烧过程产生不利影响,进而会导致镍的指标偏低。

7.3.3.4 尾矿中硫元素的综合回收

某尾矿中黄铁矿的含量达到了 15.79%，具有回收价值。尾矿中全铁含量为 18.05%，研究对铁元素的物相组成进行了分析，结果表明尾矿中铁主要赋存于硫化铁中。尾矿中的主要脉石矿物为硅酸盐类矿物。浮选正交试验采用 4 因素 3 水平安排，见表 7-29。

表 7-29　正交试验各因素水平用量表

水平用量	A 硫酸铜/g·t⁻¹	B 丁基黄药/g·t⁻¹	C 浮选时间/min	D2 号油/g·t⁻¹
1	200	120	5	20
2	400	160	7	40
3	600	200	10	60

为分析各因素对回收率的影响，研究对正交试验结果的硫粗精矿回收率进行了方差分析。回收率方差分析结果如表 7-30 和表 7-31 所示，表中的回收率为两次化验计算结果，显著性以星号的多少表示。

表 7-30　硫粗精矿回收率方差分析表

试验号	A	B	C	D	回收率/%		合计
1	1	1	3	2	78.05	81.52	159.57
2	2	1	1	1	56.84	61.24	118.08
3	3	1	2	3	65.51	66.05	131.56
4	1	2	2	1	66.56	68.07	134.63
5	2	2	3	3	80.57	78.00	158.57
6	3	2	1	2	61.47	66.41	127.88
7	1	3	1	3	59.70	59.64	119.34
8	2	3	2	2	68.86	68.01	136.87
9	3	3	3	1	73.28	75.22	148.50
E_{I}	413.54	409.21	365.30	401.21			
E_{II}	413.52	421.08	403.06	424.32	$E_{\mathrm{T}} = \sum = 1235$		
E_{III}	407.94	404.71	466.64	409.47	$CT = \dfrac{1235^2}{18} = \dfrac{1525225}{18}$		
S	62.50/18	429.12/18	15738.03/18	822.82/18			

注：E_{I}、E_{II} 和 E_{III} 分别代表每一列中该因子相同水平所对应的数据之和；E_{T}=全部数据之和。

表 7-31　硫粗精矿回收率方差分析结果

方差来源	离差	自由度	均方离差	F	显著性	最优水平
硫酸铜	62.50/18	2	31.25/18	0.45	—	—
丁基黄药	429.12/18	2	214.56/18	3.09	—	—
浮选时间	15738.03/18	2	7869.02/18	113.26	＊＊	3
2 号油	822.82/18	2	411.41/18	5.92	＊	2

方差来源	离差	自由度	均方离差	F	显著性	最优水平
误差	625.29/18	9	69.48/18	—	—
总和	17677.76/18	17	$F_{0.05}(2, 9) = 4.26$　$F_{0.01}(2, 9) = 8.02$

注：$F = \dfrac{S_l/f_l}{S_{误}/f_{误}}$（$l$ 为因子，S 为离差，f 为自由度），当 F 值大于 $F_{0.01}(2, 9)$ 时，用两个星号来表示其显著性，当 F 值大于 $F_{0.05}(2, 9)$ 时，用一个星号来表示其显著性。

校正项
$$CT = \frac{(全部数据之和)^2}{数据总数} = \frac{(全部数据之和)^2}{试验总数} \tag{7-13}$$

$$S_A = \sum_{i=1}^{n} \frac{(因子水平 A_i 所对应的数据之和)^2}{水平 A_i 在全部试验中出现的次数} - 校正项（h 为因子 A 的水平数）$$
$$\tag{7-14}$$

$$S_总 = 全部项数据平方之和 - 校正项；\quad S_误 = S_总 - \sum S_因 \tag{7-15}$$

表中 $S_A = \dfrac{E_I^2 + E_{II}^2 + E_{III}^2}{6} - CT$，其他因素误差计算过程同 A 因素。

$$S_总 = 78.05^2 + \cdots + 75.22^2 - CT = \frac{17677.76}{18}$$

$$S_误 = S_总 - (S_A + S_B + S_C + S_D) = \frac{17677.76}{18} - \frac{17052.47}{18} = \frac{625.29}{18}$$

由表 7-31 可知，对硫粗精矿回收率影响的因素显著性依次为 C（浮选时间）>D（2 号油）>B（丁基黄药）>A（硫酸铜）。浮选时间是影响硫粗精矿回收率的最显著因素，2 号油用量是影响硫粗精矿回收率的次显著因素，其他因素对硫粗精矿回收率影响均较小。由于浮选时间和 2 号油用量对硫粗精矿回收率影响显著，且硫粗精矿回收率越高越有利，为保证粗选作业回收率，两者应分别选用 3 水平和 2 水平，即 C_3 和 D_2 为最佳条件。A 因素和 B 因素可选取 A_1（A_2、A_3）、B_1（B_2、B_3）。同时考虑生产成本，研究确定硫酸铜及丁基黄药选最低水平，浮选时间选 3 水平，2 号油用量选 2 水平，即 $A_1B_1C_3D_2$。为估计最合适生产条件下回收率理论值的范围，论文对硫粗选作业的回收率进行了工程平均及区间估计，预测分析表如表 7-32 所示。

表 7-32　硫粗精矿回收率预测分析表

试验号	硫酸铜	丁基黄药	浮选时间	2 号油	回收率/%		合计
1	1	1	3	2	78.05	81.52	159.57
2	2	1	1	1	56.84	61.24	118.08
3	3	1	2	3	65.51	66.05	131.56
4	1	2	2	1	66.56	68.07	134.63
5	2	2	3	3	80.57	78.00	158.57
6	3	2	2	1	61.47	66.41	127.88
7	1	3	1	3	59.70	59.64	119.34
8	2	3	2	2	68.86	68.01	136.87

续表 7-32

试验号	硫酸铜	丁基黄药	浮选时间	2号油	回收率/%		合计
9	3	3	3	1	73.28	75.22	148.50
E_{I}	413.54	409.21	365.30	401.21	$E_{\mathrm{T}} = \sum = 1235$		
E_{II}	413.52	421.08	403.06	424.32	$CT = \dfrac{1235^2}{18} = \dfrac{1525225}{18}$		
E_{III}	407.94	404.71	466.64	409.47			
$\hat{x}_1$	5.62/18	−7.37/18	−139.10/18	−31.37/18			
$\hat{x}_2$	5.56/18	28.24/18	−25.82/18	37.96/18	$\hat{x}_1 = \dfrac{E_{\mathrm{I}}}{2 \times 3} - \dfrac{E_{\mathrm{T}}}{2 \times 9}$		
$\hat{x}_3$	−11.18/18	−20.87/18	164.92/18	−6.59/18	$\hat{x}_2 = \dfrac{E_{\mathrm{II}}}{2 \times 3} - \dfrac{E_{\mathrm{T}}}{2 \times 9}$		
E_{I}^2	171015.33	167452.82	133444.09	160969.46			
E_{II}^2	170998.79	177308.37	162457.36	180047.46	$\hat{x}_3 = \dfrac{{}^*E_{\mathrm{III}}}{2 \times 3} - \dfrac{E_{\mathrm{T}}}{2 \times 9}$		
E_{III}^2	166415.04	163790.18	217752.89	167665.68			
E_{T}^2	1525225						
S	62.50/18	429.12/18	15738.03/18	822.82/18			

由表 7-32 可得，粗精矿回收率平均为：

$$\hat{\mu}_1 = \hat{\mu} + \hat{c}_3 + \hat{d}_2 = \left(\frac{1235}{18} + \frac{164.92}{18} + \frac{37.96}{18} \right)\% = 79.88\% \tag{7-16}$$

区间范围

$$\delta = \sqrt{\frac{F_{0.05}(2, 9) \cdot \dfrac{S_{\text{误}}}{f_{\text{误}}}}{n_{\mathrm{e}}}} = \left(\sqrt{4.26 \times \frac{1+2+2}{18} \times \frac{625.29}{18} \times \frac{1}{9}} \right)\% = 2.14\% \tag{7-17}$$

式中，$n_{\mathrm{e}} = \dfrac{\text{试验总数}}{1 + \text{显著因子自由度之和}}$。

故 $\mu = 79.88\% \pm 2.14\%$，即粗选回收率在 $77.74\% \sim 82.02\%$。

7.3.3.5 某红土镍矿酸浸镍正交试验

某含镍样品中主要元素有 Ni、Fe 、MgO、CaO、SiO_2 等，其中镍含量为 0.62%，铁含量为 14.95%，氧化镁含量为 28.58%，烧失量含量为 34.54%，酸浸镍时耗酸量比较大。试样中的镍主要以硅酸镍的形式存在，占有量为 76.67%，物理方法难以选别。采用酸浸工艺进行了正交试验，正交试验的设计及安排如表 7-33 所示。试验结果如表 7-34 所示，需要注意的是，每个条件试验均进行了重复试验。

表 7-33 正交试验各因素水平及用量表

水平用量	A 硫酸浓度/mol·L^{-1}	B 液固比/%	C 浸出时间/h	D 搅拌速率/r·min^{-1}	E 浸出温度/℃
1	4.30	2.5:1	2.5	250	70
2	4.60	3:1	3	300	80
3	4.90	3.5:1	3.5	350	90
4	5.20	4:1	4	400	100

表 7-34　正交试验安排及试验结果表

试验编号	A 水平	B 水平	C 水平	D 水平	E 水平	结果 镍的浸出率/%	平均值/%
1	1	1	1	1	1	37. 10　33. 97	35. 54
2	1	2	2	2	2	66. 13　64. 52	65. 33
3	1	3	3	3	3	94. 84　92. 74	93. 79
4	1	4	4	4	4	95. 65　92. 90	94. 28
5	2	1	2	3	4	77. 42　79. 03	78. 23
6	2	2	1	4	3	79. 03　82. 26	80. 65
7	2	3	4	1	2	91. 13　84. 68	87. 91
8	2	4	3	2	1	89. 03　90. 32	89. 68
9	3	1	3	4	2	70. 97　61. 29	66. 13
10	3	2	4	3	1	64. 52　66. 13	65. 33
11	3	3	1	2	4	93. 39　93. 71	93. 55
12	3	4	2	1	3	89. 03　94. 84	91. 94
13	4	1	4	2	3	90. 97　93. 06	92. 02
14	4	2	3	1	4	92. 74　96. 94	94. 84
15	4	3	1	4	1	88. 71　85. 32	87. 02
16	4	4	1	3	2	94. 84　96. 29	95. 57
E_{I}	288. 93	271. 91	305. 30	310. 22	277. 55	$E_{\mathrm{T}} = \sum = 1311.75$	
E_{II}	336. 45	306. 14	322. 50	340. 57	314. 93		
E_{III}	316. 94	362. 26	344. 44	332. 91	358. 39	$CT = \dfrac{\sum^{2}}{16} = \dfrac{1720689.11}{16}$	
E_{IV}	369. 44	371. 45	339. 52	328. 07	360. 89		
S	13748. 65/16	26744. 30/16	3793. 23/16	1991. 88/16	18883. 52/16		

由表 7-34 可知，试验 16 所获得镍的浸出率最高，平均值可达到了 95. 57%，试验 1 所得镍的浸出率最低，试验结果镍的浸出率的平均值为 35. 54%。试验 2、9、10 所得镍的浸出率均在 60%~70% 之间，试验 5 所得镍的浸出率均在 70%~80% 之间，试验 6、7、8、15 所得镍的浸出率均在 80%~90% 之间，而试验 3、4、11、12、13、14、16 所得镍的浸出率相对较高，在 90%~100% 之间，试验 1 所得镍的浸出率最低不到 40%。

试验所取得镍的浸出率各水平 4 次之和即为 E 值，各水平 E 平均值的最大值与最小值之差为极差值（r）。极差分析结果如表 7-35 所示。

表 7-35　各因素对镍浸出率影响的极差分析结果

E 值/%	A 硫酸浓度/mol·L^{-1}	B 液固比/%	C 浸出时间/h	D 搅拌速度/r·min^{-1}	E 浸出温度/℃
E_{I}	288. 93	271. 91	305. 30	310. 22	277. 55
E_{II}	336. 45	306. 14	322. 50	340. 57	314. 93

续表 7-35

E 值/%	A 硫酸浓度/mol·L^{-1}	B 液固比/%	C 浸出时间/h	D 搅拌速率/r·min^{-1}	E 浸出温度/℃
E_{III}	316.94	362.26	344.44	332.91	358.39
E_{IV}	369.44	371.45	339.52	328.07	360.89
E_{I} 平均值	72.23	67.98	76.33	77.56	69.39
E_{II} 平均值	84.11	76.53	80.63	85.14	78.73
E_{III} 平均值	79.24	90.57	86.11	83.23	89.60
E_{IV} 平均值	92.36	92.86	84.88	82.02	90.22
极差值 r	20.13	24.88	9.78	7.58	20.83

对酸浸镍的浸出率来说，因素 A、B、C、D、E 的极差分别为 20.13%、24.88%、9.78%、7.58%、20.83%。因素 B 液固比的极差值最大，为显著影响因素，说明酸浸镍时液固比对镍的浸出率影响较大；因素 A 硫酸浓度和因素 E 浸出温度的极差值次之，为较显著影响因素；因素 C 搅拌时间和因素 D 搅拌速率的极差值较小，尤其是 D 搅拌速率，因此在方差分析中可作为误差。

在极差分析的基础上，研究对镍浸出率的数据进行了方差分析。计算时为了提高分析精度，将 D 搅拌速率和误差的均方合并作为误差项。方差分析结果如表 7-36 所示。

表 7-36 各因素对镍浸出率影响的方差分析结果

方差来源	离差	自由度	均方离差	F	显著性	最优水平
A 硫酸浓度/mol·L^{-1}	13748.65/16	3	4582.88/16	6.89	*	4
B 液固比	26744.30/16	3	8914.77/16	13.40	* *	4
C 浸出时间/h	3793.23/16	3	1264.41/16	1.90	—	—
E 浸出温度/℃	18883.52/16	3	6294.51/16	9.46	* *	4
D 搅拌速率/r·min^{-1}	1991.88/16	3	665.39			
误差	4.30/16					
总和	65165.89/16	15	$F_{0.05}(3,3)=9.28$　$F_{0.1}(3,3)=5.39$			

由表 7-36 可知，对酸浸镍的浸出率影响的因素显著性依次为 B(液固比)>E(浸出温度)>A(硫酸浓度)>C(浸出时间)>D(搅拌速率)。液固比和浸出温度是影响酸浸镍的浸出率的最显著因素，硫酸浓度是镍的浸出率的次显著因素，其他因素对镍的浸出率影响均较小。由于液固比、浸出温度和硫酸浓度对镍的浸出率影响显著，为保证镍的浸出率，三者应分别选用 4 水平、4 水平和 4 水平，即 B_4、E_4 和 A_4 为最佳条件。C 因素和 D 因素可选取 $C_1(C_2、C_3、C_4)$ 和 $D_1(D_2、D_3、D_4)$。考虑生产成本，研究确定浸出时间和搅拌速率应用最低水平，浸出时间选 1 水平，搅拌速率选 1 水平，即 $A_4B_4C_1D_1E_4$。因此酸浸低品位氧化镍矿的最佳条件为：液固比为 4∶1，浸出温度为 100℃，硫酸浓度为 5.2mol/L，浸出时间 2.5h，搅拌速率为 250r/min。

7.3.4　正交试验结果的线性回归分析

对正交试验数据处理常用方法有极差分析和方差分析,极差分析直观简洁,能够发现较为明显的规律。但是由于极差分析不能确定指标差异性是由水平因子所导致还是试验误差所引起,故为进一步提高试验数据分析的准确性,对试验结果进行了方差分析和线性回归分析。通过线性回归分析能够在保证试验数据分析准确性的基础上,将试验各影响因子间相互作用关系以曲线形式表现出来,更为直观方便。

下面以第 7.3.3.1 小节中的实例为基础,对镍粗精矿回收率进行线性回归分析。根据试验结果,将六偏磷酸钠作为影响因素一来考察,并依次得出各因素间相互影响关系,建立镍粗精矿回收率的线性回归模型。镍粗精矿回收率线性回归分析表见表 7-37,计算过程及结果如表 7-37 ~ 表 7-39 所示。

表 7-37　粗精矿回收率多元线性回归模型

试验组数	各因素用量/g·t⁻¹				镍粗精矿回收率 y/%
	六偏磷酸钠 (x_1)	羧甲基纤维素 (x_2)	硫酸铜 (x_3)	丁基黄药 (x_4)	
1	280	420	360	350	62.58
2	350	420	240	280	63.61
3	420	420	300	420	67.90
4	280	500	300	280	68.26
5	350	500	360	420	70.56
6	420	500	240	350	68.27
7	280	580	240	420	62.87
8	350	580	300	350	69.91
9	420	580	360	280	54.24

将六偏磷酸钠作为影响因素一来考察,通过表 7-37 计算可得:

$$\bar{y} = \frac{1}{9}(62.58+63.61+67.90+68.26+70.56+68.27+62.87+69.91+54.24) = 65.36\%$$

$$\bar{x}_1 = \frac{1}{9}(280 + 350 + 420 + 280 + 350 + 420 + 280 + 350 + 420) = 350 \text{g/t}$$

再由最小二乘法经典公式可得:

$$b_1 = \frac{\sum (y_i - \bar{y})(x_i - \bar{x})}{\sum (x_i - x)^2} = \frac{-3.53}{29400} = -0.12 \times 10^{-3}$$

$$a_1 = \bar{y_1} - b_1\bar{x}_1 = 1.00 + 0.12 \times 10^{-3} \times 350 = 1.042$$

故可得因素一的回归模型为:

$$y_1 = 1.042 - 0.12 \times 10^{-3} x_1$$

把羧甲基纤维素作为因素二来考察,根据多元素线性回归模型中各因素相关性影响可得表 7-38。

表 7-38　因素 x_1 与 y_2 关系计算表

试验组数	y	$y_1 = y / \bar{y}$	x_1	$y_1 \cdot x_1$	x_1^2
1	62.58	0.96	280	268.11	78400
2	63.61	0.97	350	340.65	122500
3	67.9	1.04	420	436.35	176400
4	68.26	1.04	280	292.44	78400
5	70.56	1.08	350	377.87	122500
6	68.27	1.04	420	438.73	176400
7	62.87	0.96	280	269.35	78400
8	69.91	1.07	350	374.39	122500
9	54.24	0.83	420	348.57	176400

将 x_1 代入因素一的回归方程，得出 y_1^*。根据 y_1^* 与 y_1 计算得出 y_2，y_2 与 x_2 关系如表 7-39 所示。

表 7-39　因素 y_2 与 x_2 关系计算表

试验组数	y_1^*	$y_2 = y_1 / y_1^*$	x_2	$y_2 \cdot x_2$	x_2^2
1	1.01	0.95	420	3780.00	176400
2	1.00	0.97	420	408.78	176400
3	0.99	1.05	420	440.76	176400
4	1.01	1.03	500	517.05	250000
5	1.00	1.08	500	539.82	250000
6	0.99	1.06	500	527.57	250000
7	1.01	0.95	580	552.42	336400
8	1.00	1.07	580	620.42	336400
9	0.99	0.84	580	486.22	336400
合计	—	9.00	4500	7873.04	2288400

根据最小二乘法联立以下方程：

$$\sum y_2 = na + b \sum x_2$$

$$\sum x_2 y_2 = a \sum x_2 + b \sum x_2^2$$

将表 7-39 中数据代入可得：$a = 1.115$；$b = -0.23 \times 10^{-3}$。故第二因素回归模型为：

$$y_2 = 1.115 - 0.23 \times 10^{-3} x_2$$

按照以上步骤分别计算出 x_3、x_4 的回归方程系数：

$a_3 = 1.096$、$b_3 = -0.32 \times 10^{-3}$；$a_4 = 0.798$，$b_4 = 0.576 \times 10^{-3}$。

故第三因素和第四因素回归模型为：

$$y_3 = 1.096 - 0.32 \times 10^{-3} x_3$$

$$y_4 = 0.798 + 0.576 \times 10^{-3} x_4$$

将各影响因素所得回归模型进行连乘，得出总回归模型：

$$y = 65.36 \times (1.042 - 0.12 \times 10^{-3} x_1) \times (1.115 - 0.23 \times 10^{-3} x_2) \times$$
$$(1.096 - 0.32 \times 10^{-3} x_3) \times (0.798 + 0.576 \times 10^{-3} x_4)$$

分别将原始数据代入回归模型，检验其准确性，校核结果如表 7-40 所示。

表 7-40　预测值与试验值结果表

预测值/ %	试验结果/ %
63.89	62.58
64.78	63.61
68.64	67.9
65.68	68.26
68.63	70.56
66.00	68.27
65.23	62.87
64.05	69.91
58.36	54.24

通过结果分析可知，回归模型与试验数据拟合度较高，可用于现场生产情况的短期预测，对于控制现场生产指标稳定性具有指导意义。

7.3.5　序贯试验法

选矿试验的目的，是求得最佳条件和最优指标。前述析因和筛选，可以揭露内因联系和找出主要矛盾，但不一定求得最佳条件。"调优"试验设计法就是不断调节因素及水平，使趋向最佳工作状况。

7.3.5.1　陡坡法

"陡度调优法"又可通俗称为"最陡坡爬山法"，国外多称为 Box-wilson 法，是复杂多因素调优比较通用的方法。方法的实质是先进行一批少量的初步试验（利用前述的析因试验安排）。从而算出各点间的斜度（即陡度），然后沿最陡方向继续进行试验，直至登上指标高峰。

图 7-4 表示两因素的指标地形图。图中绘出等指标线（即相当于地形图中的等高线）。图中对比两种调优安排。一种是"一次变一个因素冲法"，先固定 x_2 于 B 水平，变化 x_1 的水平，进行一系列试点

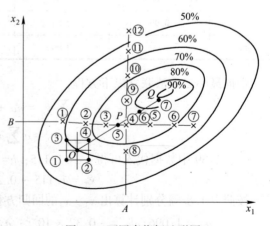

图 7-4　两因素指标地形图

①、②、③、…、⑦的条件试验，结果对比知第④点指标较高。于是固定 x_1 的水平于④

点（即图中的 A），然后变化 x_2 水平，做了⑧、⑨、⑩、…、⑫等点的条件试验，结果第⑧点指标低，⑩→⑪→⑫点指标愈来愈低。于是选定第⑨分点，可以认为（④，⑨）点是最佳条件及指标（仅 70%~80%）。而陡度法系在 O 点布置一次析因试验，定出指标的陡度，然后沿最陡方向，即图中的 OPQ 线爬最陡坡，结果经⑤⑥⑦点到达最高峰，指标达 90%以上。

陡度法是以已知的较优条件作为出发点（此点是经过试探、析因或筛选等得出，或者是现场生产的较优历史水平），然后根据经验或理论，决定因素水平变化范围（通俗名为"步长"），通过试验结果计算各因素的效应。在正交设计时，效应之比就是陡度。于是用陡度乘步长的值去定新试点，直至到达最高指标。

7.3.5.2 二次回归正交试验设计

井边沟菱铁矿尾矿中的主要化学成分为石英，有用金属矿物主要为未充分还原的菱铁矿，且铁矿物在该尾矿中的嵌布粒度很细。

A 二次回归正交试验

由前期单因素实验结果可知，当配碳量为 21%，碳酸钠用量为 15%，还原温度为 1275℃。保温时间为 120min，焙烧后产物磨矿时间为 50s，磁场强度为 290mT 时可获得品位为 86.28%，回收率为 84.46% 的最终选别指标。在此基础上，二次回归正交试验的因素与水平设计如表 7-41 所示。

表 7-41　二次回归正交试验因素与水平设计

因　素	水　平				
	−1.7244（−γ）	−1	0	1	1.7244（γ）
配碳量/%	19.27	20	21	22	22.72
碳酸钠用量/%	11.55	13	15	17	18.44
还原温度/℃	1257	1265	1275	1285	1292
保温时间/min	102	110	120	130	138
磨矿时间/s	41	45	50	55	59
磁场强度/mT	238	260	290	320	344

a 二次回归正交试验结果

深度还原-磁选工艺中配碳量（X_1）、碳酸钠用量（X_2）、还原温度（X_3）、保温时间（X_4）、磨矿时间（X_5）、磁场强度（X_6）对精矿品位（Y）和回收率的影响如表 7-42 所示。

表 7-42　二次回归正交试验设计与结果

序号	碳含量/%	碳酸钠含量/%	温度/℃	保温时间/min	磨矿时间/s	磁选电流/A	品位/%	回收率/%
1	1	1	1	1	1	1	86.77	84.78
2	1	1	1	1	−1	−1	87.55	83.00

序号	碳含量/%	碳酸钠含量/%	温度/℃	保温时间/min	磨矿时间/s	磁选电流/A	品位/%	回收率/%
3	1	1	1	−1	1	−1	84.19	86.62
4	1	1	1	−1	−1	1	88.92	82.52
5	1	1	−1	1	1	−1	84.43	86.90
6	1	1	−1	1	−1	1	89.01	82.88
7	1	1	−1	−1	1	1	86.11	84.01
8	1	1	−1	−1	−1	−1	87.76	83.11
9	1	−1	1	1	1	−1	85.65	85.07
10	1	−1	1	1	−1	1	87.76	83.57
11	1	−1	1	−1	1	1	86.56	84.63
12	1	−1	1	−1	−1	−1	88.10	82.03
13	1	−1	−1	1	1	1	86.47	84.27
14	1	−1	−1	1	−1	−1	88.26	82.18
15	1	−1	−1	−1	1	−1	85.49	85.12
16	1	−1	−1	−1	−1	1	89.49	82.66
17	−1	1	1	1	1	−1	83.43	86.74
18	−1	1	1	1	−1	1	88.00	82.38
19	−1	1	1	−1	1	1	84.43	85.01
20	−1	1	1	−1	−1	−1	86.05	84.29
21	−1	1	−1	1	1	1	84.93	86.56
22	−1	1	−1	1	−1	−1	86.74	84.67
23	−1	1	−1	−1	1	−1	82.23	88.37
24	−1	1	−1	−1	−1	1	87.82	83.33
25	−1	−1	1	1	1	1	85.55	85.60
26	−1	−1	1	1	−1	−1	88.94	83.42
27	−1	−1	1	−1	1	−1	83.71	86.54
28	−1	−1	1	−1	−1	1	88.51	82.51
29	−1	−1	−1	1	1	−1	84.32	85.72
30	−1	−1	−1	1	−1	1	88.56	82.50
31	−1	−1	−1	−1	1	1	85.06	85.16
32	−1	−1	−1	−1	−1	−1	87.36	83.78
33	−1.7244	0	0	0	0	0	85.42	85.68
34	1.7244	0	0	0	0	0	87.34	83.93

续表 7-42

序号	碳含量/%	碳酸钠含量/%	温度/℃	保温时间/min	磨矿时间/s	磁选电流/A	品位/%	回收率/%
35	0	−1.7244	0	0	0	0	87.72	83.31
36	0	1.7244	0	0	0	0	85.14	85.08
37	0	0	−1.7244	0	0	0	86.82	83.86
38	0	0	1.7244	0	0	0	86.62	84.69
39	0	0	0	−1.7244	0	0	86.70	84.89
40	0	0	0	1.7244	0	0	87.92	83.72
41	0	0	0	0	−1.7244	0	88.76	82.35
42	0	0	0	0	1.7244	0	83.50	88.16
43	0	0	0	0	0	−1.7244	85.54	84.11
44	0	0	0	0	0	1.7244	87.64	84.05
45	0	0	0	0	0	0	86.28	84.46

b　模型的建立及其显著性检验

以精矿品位（Y）为响应值，经逐步回归法拟合出精矿品位（Y）与配碳量（X_1）、碳酸钠用量（X_2）、还原温度（X_3）、保温时间（X_4）、磨矿时间（X_5）、磁场强度（X_6）的关系式如式（7-18）所示，模型显著性检验如表7-43所示。

$$Y = 86.6 + 0.6X_1 - 0.56X_2 + 0.05X_3 + 0.28X_4 - 1.69X_5 + 0.72X_6 - 0.09X_1 * X_1 - 0.08X_2 * X_2 +$$
$$0.02X_3 * X_3 + 0.22X_4 * X_4 - 0.01X_5 * X_5 - 0.02X_6 * X_6 + 0.10X_1 * X_2 + 0.03X_1 * X_3 -$$
$$0.13X_1 * X_4 + 0.16X_1 * X_5 + 0.05X_1 * X_6 - 0.05X_2 * X_3 - 0.06X_2 * X_4 + 0.09X_2 * X_5 +$$
$$0.11X_2 * X_6 + 0.12X_3 * X_4 + 0.01X_3 * X_5 - 0.03X_4 * X_5 - 0.01X_4 * X_6 + 0.04X_5 * X_6$$

$$(7-18)$$

由表7-43可以看出，无论是通过 F 值检验还是 P 值检验，回归模型均非常显著性。为确定最优条件，对回归模型式（7-18）求偏导并将结果代入原编码水平可得：当配碳量21.12%，碳酸钠含量11.55%，焙烧温度1280℃，保温时间130min，磨矿时间55s，磁场强度238mT时，可获得铁精矿品位93.15%的理论值。为验证模型的可靠性，试验在上述优化条件的基础上进行实验室试验，3次试验最终铁精矿品位平均值为90.13%，与理论值相比，相对误差为3.2%，此时精矿中铁回收率为81.77%，说明由二次回归正交试验设计所建立的模型确定的最佳工艺参数可靠，具备实际应用价值。

表 7-43　回归模型显著性分析结果

相关系数	F 值	$F_{0.01}$ (26, 18)	P 值	SS_e
0.9921	43.37	3.00	0.01	0.3759

B　均匀试验设计

在单因素试验基础上，均匀设计试验因素与水平编码如表7-44所示。

表 7-44　均匀设计因素与水平

因　素	水　平						
	1	2	3	4	5	6	7
配碳量/%	19.5	20.0	20.5	21.0	21.5	22.0	22.5
碳酸钠用量/%	12.5	13.0	13.5	14.0	14.5	15.0	16.0
还原温度/℃	1260	1265	1270	1275	1280	1285	1290
保温时间/min	105	110	115	120	125	130	135
磨矿时间/s	44	46	48	50	52	54	56
磁场强度/mT	260	270	280	290	300	310	320

a　均匀设计试验与结果

基于均匀设计试验的深度还原-磁选工艺中配碳量（X_1）、碳酸钠用量（X_2）、还原温度（X_3）、保温时间（X_4）、磨矿时间（X_5）、磁场强度（X_6）对精矿品位（Y）和回收率的影响如表 7-45 所示。

表 7-45　均匀试验设计与结果

试验序号	因素及水平						品位/%	回收率/%
	配碳量/%	碳酸钠用量/%	还原温度/℃	保温时间/min	磨矿时间/s	磁场强度/mT		
1	3	1	4	6	5	1	83.80	86.61
2	6	6	6	2	6	2	84.80	85.12
3	2	5	3	4	7	7	82.40	89.05
4	1	3	5	1	2	4	80.88	93.41
5	7	2	1	3	4	5	86.00	83.05
6	4	7	2	5	1	3	84.60	85.25
7	5	4	7	7	3	6	85.40	85.62

b　模型的建立及其显著性检验

以精矿品位（Y）为响应值，经逐步回归法拟合出精矿品位（Y）与配碳量（X_1）、碳酸钠用量（X_2）、还原温度（X_3）、保温时间（X_4）、磨矿时间（X_5）、磁场强度（X_6）的关系式如式 7-19 所示，模型显著性检验如表 7-46 所示。

$$Y = 78.9 + 1.25X_1 + 0.24X_2 + 0.0004X_1 * X_6 + 0.01X_3 * X_4 - 0.011X_4 * X_5 \qquad (7\text{-}19)$$

表 7-46　回归模型显著性分析结果

相关系数	F 值	$F_{0.01}$ (5, 1)	P 值	SS_e
0.9897	564.8	230.16	0.024	0.4216

由表 7-46 可以看出，与二次正交回归试验设计相似，无论是通过 F 值检验还是 P 值检验，回归模型均非常有显著性。为确定最优条件，对回归模型（7-19）求偏导并将结果

代入原编码水平可得：当碳含量 21.43%，碳酸钠含量 14.79%，焙烧温度 1277℃，保温时间 127min，磨矿时间 51s，磁场强度 238mT 时，可获得铁精矿品位 91.22% 的理论值。为验证模型的可靠性，试验在上述优化条件的基础上进行时实验室试验，3 次试验最终铁精矿品位平均值为 88.75%，与理论值相比，相对误差为 2.9%，此时精矿中铁回收率为 83.62%，说明由均匀试验设计所建立的模型也有一定的预测性，具备实际应用价值。

7.3.5.3 简易调优法

所谓"简易调优法"就是用效应的直观评比进行估计，先略求标准偏离、置信区间及方差分析等较复杂的计算。调优法有以下特点：

（1）试验因素及水平要尽量根据已知的较优条件为中心点（或出发点），围绕其周围进行试探。因为试点条件离原来生产的最优条件不远，就不致严重影响产品的数量和质量指标。当在周围试验发现优良趋向，即经过反复试验及统计分析，证明向某方向改变工艺条件，确能提高生产指标，这就完成试验的第一步（或叫第一周期）。于是开步走，将生产条件沿最优方向移向新的中心点，在新点周围继续试验，如此进行下去。这个特点表明，所谓"调优"，实质上就是在小范围条件内逐步趋向指标的高峰，正如登山一样，所以俗名为"小范围登山法"或"瞎子爬山法"。

（2）小型试验进行"调优"，应该是对试验的问题有了相当经验。例如经过析因筛选到"大面积撒网"等试验为基础，对工艺条件及指标已大致掌握轮廓。这时，要求从一般的条件范围中寻求更细致的最佳条件，即从大致的指标范围求更明确的最佳指标，才适用调优法。否则，漫无边际，调优就不易见效。当然，如果有些问题从理论及实践已判定了调优的中心出发点，也可开始进行调优。

（3）调优法用于选矿，如果做得成功，能够较快地提高生产指标。但是，如果操作不严，各因素波动范围太大，往往不易见效。因为调优是在小范围内进行，就只能对主要因素调优，其余大量其他因素必须尽量保持不变。在实验室小型试验时，要求严格控制还较易做到；到大型工业生产，要控制其他因素少变，是比较难的。

例如选矿厂原矿可选性的变化就很难固定。所以在进行调优试验时，就要求：1）严格操作；2）了解各因素的波动规律，使波动保持在比较稳定的状态；3）利用反复试验，随机安排，统计分析等办法。使其余因素的影响得到控制。"调优"的方法较多。先介绍简易法，再介绍比较通用的"陡坡法"和"单形法"，最后介绍生产上应用的"调优运算法"。

以下通过一个两因素简易调优的实例对调优法进行说明。

某选矿厂原来磨矿细度为 $-74\mu m$ 含量为 65%，捕收剂用量为 90g/t。回收率在 68.5%~74.5% 范围内波动，一段时期平均约 71% 左右。现用调优法试验，希望在不影响生产的条件下，趋向较佳的工艺条件，得到较优指标。

试验设计：以二水平二因素（$2^2=4$）的析因试验设计为基础，但加上调优的中心点（出发点），也就是"五点设计"。试验条件范围（水平）不能太宽，以免影响生产；也不能太窄，以免显不出效应。从经验及专业理论及调查研究结果评断，磨矿细度的增减水平区间可定为 ±10%。捕收剂用量变化步距为 20g/t。于是定出因素及水平试验设计及试验结果如表 7-47 所示，两因素调优见图 7-5。

表 7-47　二因素调优因素及水平、试验设计及结果

水平	A 磨矿细度（%-74μm 含量）	B 捕收剂用量/g·t⁻¹
-1	55	70
0	65	90
+1	75	110

试验设计				试验结果(ε)/%		
试点	A	B	AB	第一循环	第二循环	平均
①	-1	-1	+1	71.8	75.8	74.3
②	+1	-1	-1	77.8	78.4	78.1
③	-1	+1	-1	70.9	72.3	71.6
④	+1	+1	+1	73.4	75.2	74.3
⑤	0	0	0	70.9	71.3	71.1
效应统计	3.25	-3.25	-0.55			

进行试验时，按①②…⑤点的试验条件，随机安排各工班进行。每做完五点，名为一个循环。一个循环的指标是不可靠的，因而，需要进行多次循环，才能看出指标的规律性。表 7-47 列举两个循环的指标并求得其平均值。从指标可以看出，试验期间的指标波动范围（极差）是 78.4-70.9 =7.5，而未做试验前原来统计是 78.1-71.6=6.5，试验期间平均指标为 74.58 外，未做试验前为 71.0%。可见指标波动情况两者相近，而试验时期指标有所提高。调优方向可从效应值看出：

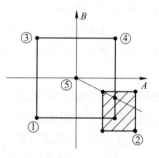

图 7-5　两因素调优图

$$A(磨矿细度)效应 = (-72.3 + 78.1 - 71.6 + 74.3)/2 = 3.25$$
$$B(捕收剂用量)效应 = (-74.3 - 78.1 + 71.6 + 74.3)/2 = -3.25$$
$$AB(交互作用) = (74.3 - 78.1 - 71.6 + 74.3)/2 = -0.55$$

与中心点(出发点)对比(名为平均变化效应)
$$= (试点 ① + 试点 ② + 试点 ③ + 试点 ④)/4 - 试点 ⑤$$
$$= (74.3 + 78.1 + 71.6 + 74.3)/4 - 71.1 = 3.48$$

评比：

（1）A（磨矿细度）效应较明显，提高指标（+3.25），可见应向细磨。

（2）B（捕收剂用量）效应也明显，减低指标（-3.25），可见要减低用量。

（3）交互作用不明显。

（4）周围试点与中心点对比，所发生的平均变化效应是 3.48，表明略有提高。

调优：指标高峰在②点附近，峰势向①④、两翼及⑤③方向下降，以③点为最低。决定调优决策如下：

（1）调优方向是向磨细（A+）减药（B-）进行，也就是图 7-5 的第四象限。

（2）调优坡度（即调优线的斜度）就是 $\dfrac{A 效应}{B 效应}$ = 3.25/-3.25 就是以横坐标为 3.25，

纵坐标为-3.25的比例，通过原点总结得斜线，这也就是最陡坡线。沿此线开步走（登山）。

（3）走一步到新的中心点，其坐标为（±1，-3.25/3.25），这也就是A、B的新水平条件。围绕此新中心设计四点（如图7-5的斜线的范围）。如此不断登上指标高峰。

7.3.5.4 单形法

单形法是1962年开始提出的，是原意为"调优运算"法的进一步简单化。例如原来调优运算法采用析因安排。二因素二水平要 $2^2=4$ 点。而本法简化为2+1=3点；三因素二水平调优运算法要做 $2^3=8$ 点，而本法简化为3+1=4点。推广至 n 水平，m 因素，调优运算法要做 n^m，而本法只要求做 $m+1$ 次。这就简化了试验工作。两因素做3点，成为一个三角形；三因素做4点，成为四面体的4个顶点。在几何构图中，所需顶点最少的图形名为单纯形，所以本法名为"单纯形法"，现简称为"单形法"。

关于单形法的基础数学推导，国内已有文献可供参考。本文不再引述，只是说明在选矿试验中的具体应用。

A 直角三角形法

最简易的单形是三角形，其中以直角三角形法对选矿应用较方便。因为如用等边三角形，就要求两个因素的步长（水平变化范围）一致，而直角三角形的两个边长可以任意选定。在选矿试验中，两因素的步长往往是不一致的。两因素的三个试点组成一个原始直角三角形，作为出发点。做完此三点基本试验，就进行调优。调优的方法是取三点的指标比较，舍弃最劣点，以其余两点作为转轴，把直角三角形翻个身，得出一个新三角形的新顶点；此新三角形试验结果，又舍弃最劣点，再翻三角形得新顶点。具体见以下实例。

某铁精矿脱硫浮选试验，经筛选及析因，已知用草酸及硫酸铜可作为磁黄铁矿的活化剂，初步掌握草酸用量约600g/t，硫酸铜用量约50g/t。初步获得的指标为0.6%S，希望把含硫量降到0.5%以下，为此设计直角三角形调优法。

先选定步长（水平变化范围），草酸为200g/t，于是草酸低水平为600-200=400g/t，高水平为600+200=800g/t；硫酸铜步长为10g/t，于是低水平为50-10=40g/t，高水平为50+10=60g/t。因素及水平见表7-48所示，并参看图7-6。

表7-48 两因素指教三角形调优（为铁精矿脱硫活化剂试验实例）

试 点		因素及水平/g·t^{-1}		指标（愈低愈好）
		草酸	硫酸铜	铁精矿含 S/%
原始三角形	①	400	40	0.4
	②	400	60	0.54（最劣）
	③	800	40	0.49
④		400	20	0.37
⑤		0	40	0.61
⑥		800	20	0.44
⑦		800	0	0.42
⑧		400	0	0.37（最优）

从图可见，由①②③点组成的原始三角形中，试验结果以第②点为最劣。于是舍弃第②点，以①③点为转轴翻得新点④。由①②④组成新三角形。④点试验结果为 0.37%，在此新三角形中，以③点为最劣舍弃之，于是以①④点为转轴得新点⑤，由①④⑤组成新三角形，⑤点指标为 0.61%。舍弃此点，以①④为转轴，翻回来仍是原来的①③④三角形。此时应该舍弃①③④三角形中的"次劣点"（即①点 0.40%），另行翻转，得第⑥点，指标为 0.44%。在三角形④③⑥中以第③点为最劣，于是以④⑥为转轴翻转得⑦点，指标为 0.42%。在三角形④⑥⑦中以第⑥点为最劣，舍弃之，翻得新点⑧指标为 0.37% 为最优，已达到要求并且还少用了硫酸铜及草酸，试验圆满完成调优任务。

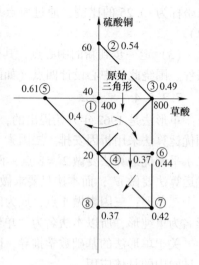

图 7-6　两因素直角三角形调优

B　多因素单形调优法

上述两因素三点组成三角形，可以在纸面用坐标绘图直观，不用计算新点条件。由此推广到三因素四点组成正四面体的四顶点，也可以绘图直观，要稍加计算才能得出新点。超过三个以上因素，就不能在纸面绘图，因为已是三度空间。如为 n 因素，就为 n 维空间，于是要靠数学推算。而单形调优法，只有在多因素时，才显出更大的功效。多因素新点的推算方法有两种：一种是以单形的顶点为原点；一种是以单形中心为原点。用两种方法算出的数值不同，但调优原理及结论是一致的。表 7-49 是根据后一种方法算出的单形调优各试点坐标系数。

多因素单形调优试验实例如下：

浮选五因素。原始单形为 5+1 = 6 个试点（表 7-49、表 7-50），各点的因素及水平条件计算式为：

$$x_{ij} = x_j^0 + r_{ij}\lambda_j \tag{7-20}$$

式中，x_{ij} 为第 i 个试验的第 j 个因素水平值；x_j^0 为第 j 个因素的中心点；r_{ij} 为坐标系数；λ_j 为因素的步长（变化范围）。

表 7-49　单形调优各试点坐标系数（原点在单形中心）

试点 (i)	因素 (j)								
	x_1	x_2	x_3	x_4	x_5	x_6	x_7	x_8	x_9
①	0.5	0.3	0.204	0.158	0.129	0.109	0.095	0.083	0.074
②	-0.5	0.3	0.204	0.158	0.129	0.109	0.095	0.083	0.074
③	0	-0.6	0.204	0.158	0.129	0.109	0.095	0.083	0.074
④	0	0	-0.612	0.158	0.129	0.109	0.095	0.083	0.074
⑤	0	0	0	-0.632	0.129	0.109	0.095	0.083	0.074

试点（i）	因素（j）								
	x_1	x_2	x_3	x_4	x_5	x_6	x_7	x_8	x_9
⑥	0	0	0	0	-0.645	0.109	0.095	0.083	0.074
⑦	0	0	0	0	0	-0.654	0.095	0.083	0.074
⑧	0	0	0	0	0	0	-0.662	0.083	0.074
⑨	0	0	0	0	0	0	0	-0.666	0.074
⑩	0	0	0	0	0	0	0	0	-0.671

表 7-50　单形调优法（浮选五因素试验实例结果）

因　素	x_1 调浆时间 /min	x_2 浮选时间 /min	x_3 起泡剂用量 $/g \cdot t^{-1}$	x_4 捕收剂用量 $/g \cdot t^{-1}$	x_5 调整剂用量 $/g \cdot t^{-1}$	
原点（基本水平）x_j^0	20	15	50	300	1000	
步长（变化区间）λ_j	10	5	25	200	500	
试验设计						试验结果 $E/\%$
原①	25	16.5	55	330	106.0	76
始②	15	16.5	55	330	106.0	50
单③	20	12.5	55	330	106.0	55
形④	20	15.0	35	330	106.0	64
⑤	20	15.0	50	175	106.0	73
⑥	20	15.0	50	300	680	70
去掉②新点⑦	27	12.0	45	255	895	65
去掉③新点⑧	25	17.0	40	225	840	57
去掉④新点⑨	25	13.5	65	225	890	50
校核①重复试点⑩	25	16.5	55	330	1060	53
去掉⑩新点⑪	18	9.5	40	225	850	80
去掉③新点⑫	22	14.0	33	185	760	85
自定向⑬新加 x_6 1900	21	13.5	42	245	885	92
校核中心点⑭	21	13.5	42	250	885	83.2
校核中心点⑭′	21	13.5	42	250	885	84

（1）在本例中，如第①个试点，因素 x_i 的水平为：

$$x_{11} = 20 + 0.5 \times 10 = 25$$

同理，第②点的二水平为：

$$x_{21} = 20 - 0.5 \times 10 = 15$$

$$x_{31} = 20 + 0 \times 10 = 20$$

试点的因素二的水平为：

$$x_{12} = 15 + 0.289 \times 5 = 16.5$$
$$x_{22} = 15 + 0.289 \times 5 = 16.5$$

于是算出原始单形①②③④⑤⑥。

（2）原始单形试验结果，第②点最劣。去掉表最劣点，设计新试点⑦。新试点的水平数值＝去掉最劣点后所余各点平均值×2−最劣点。如：

$$x_{i1} = \frac{(25 + 20 + 20 + 20 + 20)}{5} \times 2 - 15 = 27$$

同理，

$$x_{i2} = \frac{(16.5 + 12.5 + 15 + 15 + 15)}{5} \times 2 - 16.5 = 12.0$$

$$\vdots$$

$$x_{75} = 895$$

于是算出第⑦点的水平条件，第⑦试验结果 $E_⑦ = 65\%$。

（3）在单形①③④⑤⑥⑦中比较，以第③点为最劣。于是去掉第③点，设计出新试点⑧，其水平条件为：

$$x_{81} = \frac{(25 + 20 + 20 + 20 + 27)}{5} \times 2 - 20 = 22.8$$

同理，$x_{82} = 16.7 = 17.0$（为了试验加药方便，往往将算出的水平数值取整数）。$x_{83} = 30$ 取 40，$x_{84} = 226$ 取 225，$x_{85} = 842$ 取 840。以此新点条件进行试验，$E = 57\%$，是此单形①④⑤⑥⑦⑧中最劣的。这样，单形就会返回前一单形去，要采用另一规则。

（4）恢复第③点，去掉次劣点④，以①③⑤⑥⑦再与新点⑨组成单形。⑨点水平：$x_{91} = 24.8$ 取 25，$x_{92} = 13.4$，第⑨试验结果 $E_⑨ = 50\%$，又出现最劣。表明去掉第④点，新单形还是返回旧单形。

（5）第⑧⑨两次新点出现最劣，说明去掉次劣点④还是不行。需要检查过去试验有无差错。检查方法是取最好点进行复核。于是第⑩点就是重复校核最好点①的条件，结果得出 $E_⑩ = 53\%$，与原 $E_① = 76\%$，相差很远，足见第①点有错误（如重复校核无错误，只是试验误差，则仍保持①点最优，试验到此结束）。在本例中，①点应不算数。在③④⑤⑥⑦⑩单形中，⑩点为最劣，舍弃⑩点。设计出新点⑪点，得 $E_⑪ = 80\%$ 与③④⑤⑥⑦点比较，③点最劣。去掉③，设计出新点⑫点，得出 $E_⑫ = 85\%$。再往前调，指标下降。$E_⑫ = 85\%$，已令人满意，试验到此结束。

C　单形自定向调优法

在单形调优过程中，随着试验经验的积累，会逐步认清各个因素对指标的效应（例如第①点指标减第②点指标，就是 $2x_1$ 的效应）。还会发现新的因素需要加进来试验，以求向更高指标方向登峰。这种随着试验进行的方向，加入新的因素，进一步提高指标的方法，名为自定向单形调优法。加入的新因素的水平条件：

$$x_j = x_i^0 + \lambda_j \sqrt{\frac{m + 1}{2m}} \tag{7-21}$$

式中，m 为试验共有的因素数目；x_j^0 为 j 因素原点水平；λ_j 为步长（变化区间）。

加入新因素后新试点的其余各因素水平条件，就是取过去单形水平条件的平均数。自定向单形调优法实例。接上实例并见表 7-50，做到 L 点时，发现浮选机转速是值得加入试验的新因素。原来五因素调优时，浮选机转速保持 1500r/min 不变，现在加入试验，其步长（变化范围）为 500r/min，于是设计出新试点 L 点的水平条件（见表 7-50 底部）。

陡度法与单形法各有优缺点，一般对于新个别的试验结果带有随机性质而不可靠，但积累的多次循环的数据，通过统计检验，可以找出规律。

同陡度法一样，调优运算确定研究的因素及其水平变化区间，排出析因设计试点。因素水平的出发点，是已知的最优条件或现行生产条件。围绕此出发点通过预先试验、小型试验、生产经验及理论推算等确定水平的区间，例如两因素两水平，围绕中心出发点，布置 2~4 个试点加中心点，共为五个试点。将此五点布置给各生产班组做完一遍，名为一个循环。一个循环的五个试验结果的数据，都是随机性的，看不出重复性及误差，找不出规律。所以要做第二个、第三个……循环，直至数据有较明显的规律，这样才算完成一步（在统计学上名为一个"周期"）。把这一步所积累的数据进行统计分析，确定调优的方向及步长，于是将前进一步，将中心点移到新点去，再在新中心点周围布置试点，如是逐步调优，不断趋向指标高峰。

D 调优运算

上述陡度法及单形法，在实验室小型试验条件下，易于见效。在半工业化试验或工业生产条件下，影响过程的参数增多，变化区间扩大，测量误差增加，尚有一些难预先估计及控制的变数干扰。试验结果所得的指标，往往带有随机的性质。因而陡度法算出的因素效应也不可靠。"调优运算法"就是在陡度法基础上发展起来的一种工业生产中应用的调优法。调优运算法的特点是，设计的试点反复多次进行试验（名为多次循环），逐步积累数据个别的试验结果带有随机性质而不可靠，但积累的多次循环的数据，通过统计检验，可以找出规律。

多次循环积累的指标数据，要进行统计分析找规律，就要求算出下列数值：（1）平均值；（2）效应，独立因素效应，交互作用等；（3）标准变差；（4）误差范围；（5）置信区间。这些都是统计数学上的基本特征数值。计算原理可参考一般数理统计书籍。但是，选矿工作者欢迎比较简易的算法，就是将一些统计特征值的计算简化成查表的方法。

（1）平均值及效应的计算原理与前述析因试验设计等相同。要算出各因素的独立效应及交互作用；因为还有中心点，还要算出周围各试点的指标对中心点指标之差，名为"平均变化"。

（2）标准变差（σ）的计算。标准变差定义为：

$$\sigma = \sqrt{\frac{\sum (x - \bar{x})^2}{n - 1}} \tag{7-22}$$

式中，x 为观测值，$\bar{x}$ 为平均值，n 为试验循环次数。用这种定义进行计算比较麻烦，可用极差 R（数据中最大数值与最小数值之差）来计算。标准变差（σ）与极差的关系式是：

$$\sigma = \left(\frac{1}{2.326}\sqrt{\frac{n - 1}{n}}\right) R \tag{7-23}$$

式中，n 为试验循环（重复）次数。

令

$$\frac{1}{2.326}\sqrt{\frac{n-1}{n}}=K \tag{7-24}$$

并算出具体 n 与 K 的数值表，于是计算时只要算出极差 R，根据循环次数 n 查表得出 K 值，标准变差 σ 就很容易算出，即 $\sigma = KR$。

（3）误差范围的计算。通过数理统计可知，二因素两水平的主效应和交互作用，在 95% 概率时的误差范围是：

$$\frac{\pm 1.96}{\sqrt{n}}\sigma \tag{7-25}$$

令系数 $\pm 1.96/\sqrt{n}=L$，预先算好 n 对 L 的数值表，算时查出 L 就行。

平均变化的误差范围为：

$$\pm 2\cdot\sqrt{\frac{4}{5n}}\sigma \tag{7-26}$$

令系数 $2\sqrt{4/5n}=M$ 算出 M 值列于表 7-51。

对三因素而论，主效应与交互作用的误差范围，在 95% 概率时为：

$$\pm 2\cdot\frac{1}{\sqrt{2n}}\sigma \tag{7-27}$$

令系数 $2\sqrt{2n}=N$，算出 N 值列于表 7-51。

对三因素，平均变化在 95% 概率时的误差范围为：

$$\pm 2\cdot\sqrt{\frac{2}{5n}}\sigma \tag{7-28}$$

令系数 $2\sqrt{2/5n}=P$，算出 P 值列于表 7-51。计算时通过查表 7-52 就可得出各种系数的具体数值。

表 7-51　调优运算系数表（95% 概率）

循环次数 n	标准变差系数 K（ $\sigma = KR$ ）	误差范围系数			
		L	M	N	P
		两因素主效应及交互作用	两因素平均变化效应	三因素主效应及交互作用	三因素平均变化
1	—	2.000	1.789	1.414	1.265
2	0.304	1.414	1.265	1.000	0.894
3	0.351	1.155	1.033	0.816	0.732
4	0.372	1.000	0.894	0.707	0.566
5	0.385	0.894	0.800	0.632	0.516
6	0.392	0.816	0.730	0.577	0.478
7	0.398	0.756	0.676	0.534	
8	0.402	0.707	0.632	0.500	
9	0.405	0.667	0.597	0.471	
10	0.408	0.632	0.565	0.447	0.400

表 7-52　调优运算法（两因素试验设计实例）

	A 磨矿细度 （−74μm 含量）/%	B 矿浆浓度 （固体）/%			
中心点（0）	65	30			
变化区间	10	5			
低水平（−）	55	25			
高水平（+）	75	35			
2^2 全面析因试验设计			试验结果（E）/%		
			第一循环	第二循环	平均值
①	0	0	73.8	72.2	73.0
②	−	−	72.6	75.8	74.2
③	+	−	77.4	77.8	77.6
④	−	+	70.6	71.1	70.8
⑤	+	+	73.4	75.5	74.4
效应	3.5	−3.3			

（4）置信区间＝平均值±误差范围。另一个较粗略的估计，是主观选定：误差范围＝2σ，即"两倍标准变差"。

调优运算（两因素）实例如下。

A 为磨矿细度；B 为矿浆浓度。现场原条件为：磨矿细度−74μm 含量为 65%，矿浆浓度为 30%。

因素、水平及 2^2 全面析因设计见表 7-52 及图 7-7。

计算步骤：

1）求平均值。取两次循环的指标求其平均数，如表 7-52 右侧。

2）求效应。

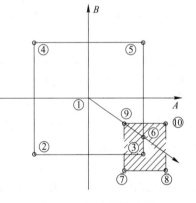

图 7-7　两因素调优实例

A 的效应 $= [(0 \times 73 - 74.2 + 77.6 - 70.8 + 74.4) \div 2]\% = 3.5\%$

B 的效应 $= [(0 \times 73 - 74.2 - 77.6 + 70.8 + 74.4) \div 2]\% = -3.3\%$

AB 的效应 $= [(0 \times 73 + 74.2 - 77.6 - 70.8 + 74.4) \div 2]\% = 0.1\%$

平均变化效应＝四周试点与中心点之差

$= [(② + ③ + ④ + ⑤ - 4 \times ①) \div 5]\%$

$= [(74.2 + 77.6 + 70.8 + 74.4 - 4 \times 73.0) \div 5]\%$

$= 1.0\%$

由计算得知，A 的效应较大，是"+"值，要向高水平（磨细）方向；B 的效应也不小，是"−"值，要向低水平（变稀）方向。其余效应较小。但究竟这些效应是否属于误差，要计算标准变差及误差范围后才能分辨。

3）求标准变差。按简化计算法。

$$\sigma = KR$$

R 是极差，先求出两次循环的差值：

① $(73.8 - 72.2)\% = 1.6\%$

② $(72.6 - 75.8)\% = -3.2\%$

③ $(77.4 - 77.8)\% = -0.4\%$

④ $(70.6 - 71.1)\% = -0.5\%$

⑤ $(73.4 - 75.5)\% = -2.1\%$

由上述差值中看出极差 R ＝最大差数－最小差数＝ $[1.6-(-3.2)]\% = 4.8\%$。

系数 K 值查表 7-54，当 n（循环）＝2 时，$K = 0.304$，于是求出标准变差为：

$$\sigma = 0.304 \times 4.8 \approx 1.5$$

4）求误差范围。对平均值、主效应及交互作用的误差范围＝ $L\sigma$。

查表 7-54，当 $n = 2$ 时，$L = 1.414$，于是求得对平均值、主效应及交互作用的误差范围为 $1.414 \times 1.5 = 2.1$。

对平均变化的误差范围＝ $M\sigma$，查表 7-54，当 $n = 2$ 时，$M = 1.265$。求得误差范围＝ $1.265 \times 1.5 = 1.9$。

从误差范围与效应值对比，可判断指标变化究竟是因素水平起的作用，或者是误差的影响。例如因素 A 的效应为 3.5，B 的效应为 -3.3，都比误差范围 2.1 大。可见 A、B 两因素的效应显著。其余交互作用及平均变化效应均不显著。

5）置信区间＝平均值±误差范围。例如中心点①的置信区间＝ $73.0\% \pm 2.1\%$

评估调优：通过上述计算，判定 A 的效应（3.5）及 B 的效应（-3.3）不是误差，而是条件起了作用。于是调优方向就应向"增加 A，减小 B"的方向（如图 7-7），以坐标为（3.5，-3.3）的一点与原点联一直线，就是调优方向线。于是根据选定的步距，将中心点向该方向移动。例如移至图 7-7 的第⑥点，在⑥点周围布点（扩大或缩小变化范围，视具体情况决定，图 7-7 是缩小变化范围），第二步的试点为⑥（新中心）⑦⑧⑨⑩。经过几次循环后计算，再走第三步。如此不断改进工艺条件，趋向指标高峰。

在实际现场工作中，常常是根据长期操经验，选择步距，决定新的中心点。例如，本例中第③点指标最高，就可以在反复校验此点后，以此点作为新的中心，再在其周围布点。

调优运算法需要反复多次循环，如因素、水平、试点数过多，时间会拖得很久。选矿与其他条件会发生变化，如设备的维修更换、原矿性质的重大波动等，使试验受到干扰，所以一般很少进行多因素（超过三个以上）多水平的调优运算。在其他工业部门运用多因素调优运算实例颇多，可参考相关文献。

复习思考题

7-1　常用的选矿试验方法有哪些？

7-2 进行试验设计时需要考虑哪些问题?

7-3 试比较单因素试验及多因素试验方法的异同。

7-4 简述序贯试验的种类及其特点?

7-5 某次铜矿选矿试验时选取乙二胺磷酸盐用量、硫化钠用量、磨矿细度和六偏磷酸钠用量等4个主要因素进行正交试验,设计试验时采用四因素三水平的正交方法,其中乙二胺磷酸盐、硫化钠和六偏磷酸钠的用量范围分别为 $100 \sim 160 g/t$、$2500 \sim 4000 g/t$ 和 $200 \sim 500 g/t$,磨矿细度范围为 $-74 \mu m$ 含量为 $60 \sim 85\%$,试绘出该试验安排表。

7-6 某红土镍矿焙烧磁选试验采用五因素四水平正交试验进行研究,试验结果如表 7-53 所示,试对镍粗精矿回收率、产率和品位分别进行极差分析、方差分析并建立其数学模型。

表 7-53 正交试验安排及结果表

试验编号	水平					试验结果			
	A 还原剂用量/%	B 还原温度/℃	C 料层厚度/mm	D 还原时间/min	E 磁场强度/Oe	镍粗精矿产率/%	镍粗精矿品位/%	镍尾矿品位/%	镍粗精矿回收率/%
1	1	1	1	1	1	1.78	1.49	0.75	3.48
2	1	2	2	2	2	10.85	1.33	0.84	16.16
3	1	3	3	3	3	7.32	1.31	0.84	10.97
4	1	4	4	4	4	11.18	1.01	0.77	14.17
5	2	1	2	3	4	14.72	1.35	0.73	24.20
6	2	2	1	4	3	20.25	1.19	0.75	28.72
7	2	3	4	1	2	3.39	1.02	0.83	4.13
8	2	4	3	2	1	5.44	1.05	0.78	7.19
9	3	1	3	4	2	4.20	1.29	0.79	6.68
10	3	2	4	3	1	2.40	1.40	0.84	3.94
11	3	3	1	2	4	27.44	1.02	0.69	35.86
12	3	4	2	1	3	10.26	0.85	0.66	12.83
13	4	1	4	2	3	4.17	1.53	0.65	9.29
14	4	2	3	1	4	8.00	1.46	0.66	16.13
15	4	3	2	4	1	5.26	1.09	0.68	8.17
16	4	4	1	3	2	9.60	0.82	0.69	11.21

第3篇

选矿试验方法各论

8 浮 选 试 验

【本章主要内容及学习要点】 本章主要介绍浮选试验的内容及程序、浮选试验的操作、浮选条件试验的内容、闭路试验的特点及操作等。重点掌握浮选试验的操作、影响浮选试验指标的因素和闭路试验数质量流程计算方法。

8.1 概　　述

浮选将矿物从悬浮在流体（主要是水中）的脉石中分离的技术，特别是在有色金属、非金属矿和可溶性盐类等的选矿中尤为广泛。浮选主要取决于亲水/疏水矿物表面与其环境之间的界面张力。本章介绍了磨矿细度、抑制剂、活化剂等变量对不同矿物浮选过程及指标的影响，并指出了闭路试验中各产物的品位、回收率等的计算过程。在多数矿石可选性研究中，浮选试验是一项必不可少的内容。

8.1.1　实验室浮选试验的内容

实验室浮选试验的内容包括：确定选别方案，考察影响选别过程的因素，查明各因素对过程影响的大小及因素间交互作用的程度，确定最佳工艺条件和最终选别指标。其中大量的工作是考虑各种药剂及其配方试验过程的影响，以寻求各种药剂的最佳用量。

8.1.2　实验室浮选试验的程序

实验室浮选试验一般按以下程序进行：

（1）拟定原则方案。根据矿石性质，结合国内外处理同类或相近似类型矿石的生产经验和科研资料，拟定原则方案。如果不能预先确定原则方案，只能对每一种可能的方案进行系统试验，找出各自的最佳工艺条件和指标，最后进行技术经济比较予以确定。

（2）准备工作。准备工作包括制备试样、检查设备和仪表、准备药剂和工具等。

（3）预先试验。预先试验即探索所选矿石可能的研究方案、原则流程、选别条件的大致范围和可能达到的指标。

（4）条件试验。根据预先试验确定的方案和大致的选别条件，编制详细的试验计划，进行系统试验，确定最佳浮选条件。

（5）闭路试验。在不连续的实验室设备上模仿连续的生产过程，即进行一组将前一试验的中矿加到下一试验相应地点的实验室闭路试验。目的是考察中矿的影响，核定所选的浮选条件和流程，并确定最终指标。

（6）实验室连续试验。实验室小型试验结束后，一般尚需进行实验室浮选连续试验，其过程与生产过程一样，但规模小，其结果更接近生产实际情况。

根据矿石性质的复杂性和试验目的，有时还需进行半工业试验甚至工业试验。

8.2　浮选试验操作

8.2.1　矿浆与药剂的搅拌

搅拌一般在磨矿机中（药剂随矿石加入）或在浮选机中进行。在某些特殊的场合下，例如浓缩后产品与药剂的作用，才用试验搅拌器进行搅拌。在磨矿机中加入的药剂，一般仅限于粗选作业中应用的下列药剂：pH值调整剂（石灰、苏打等），某些抑制剂（水玻璃、氰化物、硫酸锌等）和难溶解的捕收剂（双黄酸、白药、煤油、变压器油等）。

在浮选机中加入的药剂，其加入次序为：先加入调整剂，进行一定时间的搅拌调浆（5~10min）；然后加入活化剂或抑制剂（如果有需要），再进行一定时间的搅拌调浆（2min）；之后加入捕收剂，搅拌调浆2min；最后加入起泡剂，搅拌调浆0.5~1min；然后开启浮选机空气导管，进行浮选刮泡。

8.2.2　浮选刮泡

刮泡时需要根据浮选液面泡沫的大小、颜色、虚实、韧脆等外观现象，对起泡剂用量、充气量、矿浆液面高低进行调整，同时严格的操作可控制刮出泡沫的质量和数量。在泡沫刮取的过程中由于矿浆液面下降，须不时加入补加水以维持矿浆面在一定高度。如果矿浆的pH值对浮选无较大影响，所加入的补加水可为自来水。否则，应配制与浮选开始时矿浆pH值相等的补加水。为此，可事先用不同数量的pH调整剂与一定量的水配成浓度不同的溶液，测其各自的pH值，便可找出配制某一所需pH值补加水的pH调整剂用量。

大量实践表明，以加入补加水的方法来调整浮选机中的矿浆面，是使实验室批次浮选机浮选结果复制性不好的原因之一。此外，这种调整矿浆面的方法，有时也为浮选操作造成一些困难。例如，选择浮选（优先浮选）时，第一浮选回路的金属品位可能较低，泡沫量不多，因此矿浆面须维持于较高的水平。但浮选第二种金属矿物时，其数量可能较多，泡沫量较大，而要求较低的矿浆水平面，否则矿浆将溢出（跑槽）而破坏整个试验。为了避免这些情况，并使在整个浮选过程中不加水，以使浮选矿浆的浓度及pH值不发生严重的波动而与生产实践一致，可用通过机械力独自调整矿浆液面高低的实验室浮选机进行试验。

浮选时，如果捕收剂是分批加入（生产上浮选含有矿泥的非硫化矿石通常如此），即分若干批，每批作少量加入，每次加入后，搅拌 10~20s 便可刮泡。除了起泡剂及油类捕收剂外，其他药剂尽可能配置成稀溶液使用。浮选药剂的加入量较少时配成 1% 溶液；加入量较多时配成 2% 或 5% 溶液。易变质的药剂如黄药则需现配现用。

药剂的添加器可用移液管或校准过的注射器。移液管的缺点为在试验进行的仓促间难于吸灌。对于少量的药剂也可用细金属丝沾药以滴入（应事先校对每滴的数量），或使用微量加药针管精确加入。

如果浮选的终点易于观察判断时，则每个试验刮泡都可刮至终点。浮选的终点可根据泡沫颜色的变化及泡沫矿化的情况加以判断，泡沫所负载的矿物，则可用刮板、表面玻璃或显微镜载物片盛取少量泡沫，吹破泡沫或用水洗去矿泥，并在放大镜或显微镜下观察。

粗选（及扫选）作业泡沫可刮得深些，精选作业时则刮取浅些。当想获得贫尾矿及低品位精矿时，泡沫刮得深且快，而欲得高品位的精矿时，泡沫刮得浅且慢。欲得高品位的精矿、中矿及低品位的尾矿三种产品时，精矿刮得浅且慢，继而刮得快且深以得到中矿和贫尾矿。

浮选矿浆浓度通常为 20%~25%，有时可高至 50%。精选的矿浆浓度通常为 6%~12%。此外，在浮选过程中应注意观察及记录过程的现象，并作某些必要的测量，如矿浆的 pH 值，矿浆温度，浮选时间，药剂加入量等等。

8.2.3　浮选试验的记录

浮选试验的记录可采用印成的表格或一般的记录本（日记本），记录应包括下列内容：试验的序号，日期，名称或目的；给矿的质量，名称（原矿或其他产品）及其性质（磨矿细度，矿物组成，品位，显微镜研究的记录等）；浮选机的型式及尺寸；用水的来源及其 pH 值；药剂的名称，用量（g/t，以原矿表示），加入次序，搅拌时间等；粗选，扫选及精选的时间，矿浆浓度，充气量，矿浆 pH 值，矿浆温度，泡沫性质（泡沫结构，尺寸，数量，矿化情况，韧性，稳定性等）；尾矿的 pH 值；化学分析结果及选别指标计算结果；试验操作者等内容。

8.3　浮选条件试验内容

在预先试验的基础上，系统地考察各因素对浮选指标影响的试验，称为浮选条件试验。其目的是查明各因素对浮选过程的影响，以及各因素间的交互作用，并找出最佳浮选条件。试验内容主要包括：磨矿细度、矿浆 pH 值、抑制剂用量、活化剂用量、捕收剂用量、起泡剂用量、浮选时间、矿浆浓度、矿浆温度、精选次数、综合验证试验等。试验顺序也基本如此。

8.3.1　磨矿细度与磨矿时间关系的试验

为了在浮选研究过程中便于获得某一指定磨矿细度的浮选给矿，可事先进行磨矿细度与时间关系的试验。在保证磨矿介质负荷、磨矿浓度和磨机转速均相同的条件下，在同一磨矿机内分别对试料进行不同磨矿时间的试验，例如 5min、10min、15min、20min、

25min、30min 的磨矿等。试验可自 15min 开始，并对磨矿产品进行筛分，如产品粒度甚粗，则无须进行时间更短的磨矿，而向磨矿时间更长的方向进行试验。

磨矿完成后将磨矿产品澄清，虹吸出上部清水，烘干，取样（约 100g），利用 200 目细筛先进行湿筛。筛上物烘干后再以 200 目筛子或包括 200 目筛子的标准套筛进行干筛。先湿筛的目的在于很快地洗筛出矿泥，以免影响干筛的准确度。因此湿筛时不要求尽量将 $-74\mu m$ 者筛出，可将试料置于烧杯中加水搅拌，仅将悬浮的细粒倒入 200 目筛上筛洗，如此重复若干次。筛分后称量所有 $-74\mu m$ 及 $+74\mu m$ 目产品质量，或各粒级级别质量（如用套筛筛分），并计算产率，最后绘制 $\gamma_{-74\mu m}=f$（磨矿时间）的曲线，如图 8-1 所示。这样，由磨矿细度时间曲线便可查出某一细度的磨矿所需要的磨矿时间。

此外，如果也可用给矿粒度与所研究矿石的给矿粒度相同的石英，或其他性质不易变化的其他矿石作为标准，并在相同的磨矿条件下进行其磨矿细度与磨矿时间关系的对比试验（在磨矿前需将两者试料中的 $-0.15mm$ 级别筛出，以便按照新生成的 $-74\mu m$ 目级别的产量计算），将结果在同一图上表示出来，如图 8-2 所示，则可确定所研究矿石对标准矿石而言的相对可磨度。图 8-2 中所研究矿石试验样的可磨度为：

磨矿细度 $-74\mu m$ 为 65% 时，可磨度系数 K 值：$K_{矿石}=T_{标}/T_{矿石}=420/320=1.31>1$。

因此，该试验样比杨家杖子标准矿石易磨。

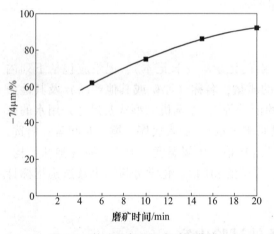

图 8-1　某矿石磨矿细度时间曲线

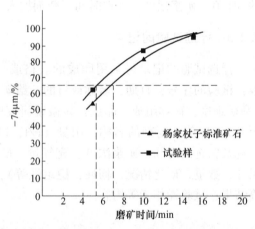

图 8-2　某矿石可磨度曲线

8.3.2　磨矿细度试验

在研究了有用矿物的浸染粒度，或者了解了在各种粒度下有用矿物的单体解离度后，依据磨矿细度与磨矿时间的关系，便可选择几个不同的磨矿细度，例如 $-74\mu m$ 含量分别为 55%、65%、75% 等来进行磨矿细度对比试验，以便通过试验的结果确定最适宜的磨矿细度。

试验时，每一个试验的泡沫分两批刮取，最终获得精矿、中矿及尾矿。刮取精矿（第一批）泡沫时，捕收剂、起泡剂的用量和刮泡时间（浮选时间）均应保持一致。具体的刮泡时间以矿化现象减弱为标志，通常为 2~5min。需要指出的是，在刮取中矿（第二批）时捕收剂用量、起泡剂用量以及刮取时间（浮选时间）可以不同。这些条件的变化，主要是以获得尽可能贫的尾矿为目的。如果浮选的终点难于判断，则浮选中矿的捕收剂，起泡剂用量及浮选时间，与每一试验应保持一致。试验结束后将浮选产物烘干、称重、取样、化学分析、计算产率和回收率，并分别计算累计品位和累计回收率，以磨矿细度或磨矿时间为横坐标，工艺指标（品位和回收率）为纵坐标曲线。对第一份泡沫及全部泡沫（即第一份加第二份泡沫，或称累积泡沫）均绘制 $\varepsilon = f$（磨矿细度），$\beta = f$（磨矿细度）等曲线。累积指标可由下列两式计算：

$$\beta_{累} = (\gamma_1 \beta_1 + \gamma_2 \beta_2) / (\gamma_1 + \gamma_2) \qquad (8\text{-}1)$$

$$\varepsilon_{累} = \varepsilon_{1+} \varepsilon_2 \qquad (8\text{-}2)$$

式中，β_1、β_2 分别为第一、二份泡沫产品的品位；γ_1，γ_2 分别为第一、二份泡沫产品的产率；ε_1、ε_2 分别为第一、二份泡沫产品的回收率。

如果第一份泡沫的可选性曲线显示粗磨时 β_1 不降低，而仅以 ε_1 有差异（图 8-3 (a)），且在此粗磨粒度下，其 $\varepsilon_{累}$ 也低于其他较细粒度时所得的 $\varepsilon_{累}$，可见有可能采用在粗磨时得到一部分合格精矿，粗磨浮选尾矿再磨再选的阶段选别流程。

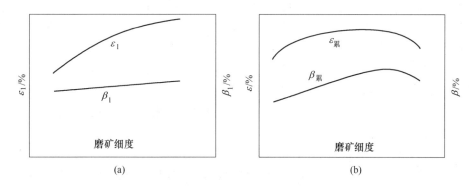

图 8-3　磨矿细度试验结果图

如果 $\varepsilon_{累}$ 曲线表示细磨矿均可得到同样高的 $\varepsilon_{累}$，仅以粗磨时 $\beta_{累}$ 较低（图 8-3 (b)），则可采用阶段选别流程：粗磨抛弃大部分尾矿，得粗精矿或得精矿（可由 β_1 见之）及中矿，然后对粗精矿或中矿再磨再选。此外，如果曲线显示 $\varepsilon_{累}$ 向细磨方向连续上升，而 $\beta_{累}$ 不降低或降低不显著，则应补充进行磨矿粒度更细的试验，直至 $\varepsilon_{累}$ 曲线显示出转折点为止（图 8-4）。

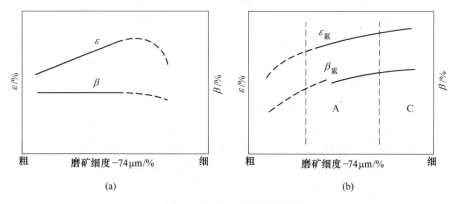

图 8-4　磨矿细度试验结果图

图 8-4 (a) 表明，在细磨矿时（未作更细磨矿的补充试验前），有用矿物未见有泥化的影响，由于细磨而使其单体分离得较好，因而 $\varepsilon_{累}$ 继续上升（原先不能浮游的连生体中的有用矿物获得解离而浮游）。如果 $\varepsilon_{累}$ 在细磨方向上不再上升或上升不显著（图 8-4 (b)），则应作更粗磨矿的试验。

需要注意的是某些复杂难选多金属矿，药剂制度对浮选过程影响较大，在找出最适宜的药剂制度以前，往往难于确定适宜的磨矿细度，这时则须在确定最适宜的药剂后，再次校核磨矿细度，或者开始时不做磨矿细度试验，而是根据矿石中有用矿物的嵌布特性选定一适当的磨矿细度，进行其他条件试验，待其他条件试验确定后，再进行磨矿细度试验。

8.3.3　pH 值调整剂试验

矿浆的 pH 值对矿粒可浮性和药剂与矿粒的作用都有影响。对多数矿石，借助实际经验可以确定 pH 值调整剂的种类和 pH 值的范围，这时试验的目的是确定调整剂的用量。其做法是：将调整剂分批加入矿浆中，每次加药后搅拌一定时间，再用电位 pH 计或比色法等测 pH 值，若 pH 值未达到预定值，则再加下一份调整剂，依次类推，直至达到所需的 pH 值为止，最后累计调整剂的用量。

但有时难以凭经验确定，仍需进行 pH 值试验。试验时，固定其他条件不变，对不同种类的调整剂分别在不同的 pH 值（或用量）条件下进行浮选试验，将试验结果以品位、回收率等指标为纵坐标，调整剂用量为横坐标绘制曲线，根据曲线进行综合分析，找出最合适的调整剂种类和用量。

应当注意的是，如果 pH 调整剂加入磨矿机中，则磨矿后矿浆置于浮选机后加水至浮选矿浆面高度后搅拌 1~2min，使 pH 调整剂浓度分布均匀，便可测浮选前矿浆的 pH 值。浮选完成后，再测浮选后矿浆的 pH 值。如果 pH 值调整剂是在浮选机中加入，则须搅拌较长的时间，例如搅拌调浆 5~10min，待矿浆的 pH 值稳定后再行检测（浮选前矿浆的 pH 值）。

8.3.4　抑制剂试验

抑制剂的种类及用量的确定对多金属矿石的优先浮选以及混合精矿的分离浮选而言，是可选性研究中最重要的问题。但这一问题的研究，常常有下列复杂情况：例如应用联合抑制剂时，须确定联合成分的比例及用量；又如若所用的抑制剂对矿浆的 pH 值有影响，在变更抑制剂用量时，须同时变更 pH 调整剂的用量，以维持矿浆 pH 值固定不变等等。不论何种情况，试验的抑制剂及其用量范围，须以已有的实践资料或理论资料为依据。常见的确定抑制剂最佳用量的试验方法有以下三种。

(1) 应用一种抑制剂，且其对矿浆 pH 值影响不大时，试验可如下进行：

其他条件固定，以抑制剂的用量为变量，进行一系列（3~5 个试验）的试验，并绘制 $\varepsilon = f$（抑制剂用量）及 $\beta = f$（抑制剂用量）曲线。在比较试验结果时，应同时考察精矿的品位及其回收率。再进行抑制剂用量试验时，最好能对所刮取的泡沫产品进行进一步精选，以显示不同抑制剂用量所获选别效率的差别。

(2) 抑制剂对矿浆 pH 值影响大时，则随着抑制剂用量的变化，对 pH 调整剂的用量也作相应的变化,使浮选矿浆的 pH 值在抑制剂用量不同的条件下仍可保持不变。具体做法是在浮选矿浆中加入不同量的 pH 调整剂,并测其所造成的 pH 值,绘制浮选矿浆 pH 值 $=f$(pH 调整剂用量)的曲线(图 8-5(a))。再以一定 pH 值(可用浮选该矿石适宜的 pH 值)的矿浆,加入不同用量的抑制剂,绘制浮选矿浆 pH 值 $=f$(抑制剂用量)的曲线(图 8-5(b))。根据上述两曲线,便可判断随着抑制剂用量不同,pH 调整剂用量应作相应变更的数量。

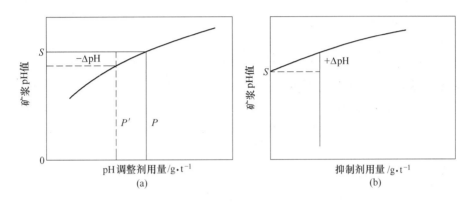

图 8-5 抑制剂用量试验

设浮选矿浆适宜的 pH 值为 S(图 8-5(a)),此时 pH 调整剂所需的用量为 P。图 8-5(b)则以此 pH 值的矿浆,加入不同用量的抑制剂而测绘成(设抑制剂有提升矿浆 pH 值的作用)。由以上曲线可见,当进行抑制剂用量为 D g/t(图 8-5(b))的试验时,pH 调整剂的用量应由 P 减至 P' g/t(图 8-5(a)),以使 $+\Delta pH$(图 8-5(b))与 $-\Delta pH$(图 8-5(b))相抵消。

(3)联合采用两种彼此联系着的抑制剂时,可采用多因素组合试验的方法进行试验。

8.3.5 活化剂试验

活化剂的作用是改变矿粒表面性质,促进欲浮矿物的捕收剂作用。活化剂与捕收剂的种类一般根据经验可以选定,试验任务主要是确定其用量。最好采用多因素组合试验。

例如某镍矿为研究活化剂的种类及用量对该矿的作用效果,进行了粗选试验,试验结果如表 8-1 所示。

表 8-1 活化剂种类试验结果

试验编号	活化剂种类	产品名称	产率/%	品位/%	回收率/%	试验条件
1	无	粗精矿	7.10	13.11	48.44	磨矿细度为 $-74\mu m$ 占 75%; 丁基黄药用量为 100g/t; 2 号油用量为 50g/t; 活化剂用量各为 500g/t
		尾矿	92.90	1.07	51.56	
		给矿	100.00	1.92	100.00	
2	硫酸铜	粗精矿	8.70	11.42	51.83	
		尾矿	91.30	1.01	47.18	
		给矿	100.00	1.91	100.00	

试验编号	活化剂种类	产品名称	产率/%	品位/%	回收率/%	试验条件
3	硫酸铜+硫化钠	粗精矿	8.00	12.29	51.04	磨矿细度为 $-74\mu m$ 占 75%；丁基黄药用量为 100g/t； 2 号油用量为 50g/t；活化剂用量各为 500g/t
		尾矿	92.00	1.02	48.96	
		给矿	100.00	1.92	100.00	
4	硫酸铜+硫酸铵	粗精矿	8.10	12.12	50.52	
		尾矿	91.90	1.04	49.48	
		给矿	100.00	1.94	100.00	

由表 8-1 可知，不加活化剂时，镍精矿的品位达到了 13.11%，而回收率仅为 48.44%。当加入硫酸铜 500g/t 时，镍精矿的回收率达到最大值为 51.83%，提高了 3.39%，品位为 11.42%。由于粗选主要考虑镍精矿的回收率，因此最佳的活化剂应选用硫酸铜。

8.3.6　捕收剂及起泡剂试验

捕收剂用量试验可采用分批添加捕收剂分批刮泡的方法，在一个试验中确定其最佳用量。其方法为，开始时加入一定量的捕收剂，例如，浮选硫化矿物一般黄药的用量为 50~100g/t，第一次可加入 20g/t，并加入一定量的起泡剂（例如，起泡剂的用量一般为 40~60g/t，可加入 10g/t。顺便指出，不论是否分批刮泡，实验室浮选机中的浮选试验，起泡剂恒分批加入，否则会发生跑槽现象而破坏试验。起泡剂每次加入的数量，以产生足够量的泡沫为度），然后刮泡。此时从泡沫外观，可以判断捕收剂用量是否足够。

如果在最初几分钟内富矿化的泡沫迅速变成空白，但在泡沫上尚见有所欲浮游的矿物颗粒，这说明捕收剂的用量不足。此时应继续加入适量捕收剂重新加强泡沫的矿化。刮出第二批泡沫后再加入一定量的捕收剂刮取第三批泡沫，直至泡沫上看不见目的矿物颗粒为止。如果最终试验结果显示回收率不高，或者对浮选尾矿用显微镜观察发现尚有相当数量的欲浮矿物颗粒，这可能是捕收剂用量不足或是浮选时间不足的缘故。这种情况下应再做一个捕收剂用量更大的浮选试验。

在分批添加捕收剂过程中，如果捕收剂加入后得不到足够数量的泡沫，或者在矿浆面上形成干的矿化膜层，这时应即添加起泡剂。如果所进行的试验是优先浮选，且优先浮选的条件已选择好，而加入捕收剂后发现矿化很强，泡沫无选择性地负荷，则意味着所加入的捕收剂过量。在这种情况下，应重新作捕收剂用量更少的试验。

每批刮出的泡沫分别烘干、称量、化学分析，并将试验结果绘制 $\varepsilon_{累}=f$（捕收剂累积用量）、$\beta_{累}=f$（捕收剂累积用量）、$\varepsilon_{累}=f$（泡沫累积产率）、$\beta_{累}=f$（泡沫累积产率）、$\gamma_{累}=f$（泡沫累积产率）等可选性曲线。通过曲线不但可确定捕收剂的适宜用量，同时也可看出精矿产率与精矿品位及回收率之间的关系。

捕收剂的用量还可用与其他条件试验相同而捕收剂不同用量的方法来比较确定。每个试验捕收剂一次全部加入，泡沫可分 2 至 3 批刮取，刮至欲浮游矿物矿化消失为止。此种试验方法与前一种试验方法比较，不仅试验次数多，工作量较大，也不能获得精矿 ε、β

及其产率等与捕收剂用量间的渐变关系。所以一次加入捕收剂的试验方法,不如分批加入的试验方法好。

起泡剂用量的试验也可用分批加入的方法进行。此时,其添加量以保证在浮选过程中有足够数量(矿浆面不露出)的泡沫为准。不过应该指出,对于某些硫化矿物的浮选,如方铅矿等矿物,有时如果增加起泡剂的用量可以大大提高其回收率。如果有丰富的经验,可不单独进行捕收剂及起泡剂用量的专门试验,而是在进行其他条件试验时,用分批加入捕收剂及起泡剂的方法确定其最佳用量。

8.3.7 浮选水质试验

浮选试验一般用自来水。试验时可将含有铁锈的水放掉再接取应用,或以大玻璃容器缸盛放待用。这样一方面可使铁盐沉淀,另一方面避免水的成分发生变化。对于非硫化矿石用油酸类捕收剂浮选者,则需在试验中使用蒸馏水或软化处理的水。

试验时,最好能应用将来选矿厂的用水,或在试验研究完成后用此水进行检查试验。如果已知将来选矿厂用水中含有多量的可溶性盐类,也可在实验室中配制同样成分的用水进行试验。

8.3.8 矿浆温度试验

大多数情况在室温条件下(15～25℃)进行浮选。温度对脂肪酸的浮选性能影响较大,使用该类捕收剂时,常采用加温浮选;另外某些复杂硫化矿采用加温浮选工艺来提高分选结果,如为了解温度对磁化改性煤油提高辉钼矿捕收效果的影响,进行了磁化改性煤油在常温和低温条件下辉钼矿浮选对比试验。试验流程为一粗一扫,中矿与粗精矿混合作为粗精矿,试验结果见表8-2。表中低温浮选环境温度为5℃,常温浮选环境温度为20℃。

表 8-2 磁化煤油对辉钼矿浮选指标的影响

试验编号	试验条件	产品名称	产率/%	品位/%	回收率/%	试验条件
1	常温非磁化	混合精矿	2.72	3.41	81.25	磨矿细度为-74μm含量占64%;氧化钙用量为400g/t,煤油用量为170g/t,2号油用量为90g/t,粗选和扫选中捕收剂和起泡剂按7：3的比例添加
		尾矿	97.28	0.022	18.75	
		原矿	100.00	0.114	100	
2	常温磁化	混合精矿	2.86	3.32	83.73	
		尾矿	97.14	0.019	16.27	
		原矿	100.00	0.113	100	
3	低温非磁化	混合精矿	4.00	2.29	78.59	
		尾矿	96.00	0.026	21.41	
		原矿	100.00	0.117	100	
4	低温磁化	混合精矿	4.19	2.24	80.99	
		尾矿	95.81	0.023	19.01	
		原矿	100.00	0.116	100	

由表8-2可以看出,低温条件下比常温条件下辉钼矿浮选回收率低2%～3%;常温条

件下，磁化煤油后混合精矿回收率由 81.25% 到 83.73%，提高了 2.48%；低温条件下，磁化煤油后混合精矿回收率由 78.59% 提高到 80.99%，提高了 2.4%，说明磁化煤油对提高辉钼矿的浮选回收率有一定的效果。

8.3.9　浮选时间试验

浮选时间的确定，可在进行其他条件试验的过程中顺便进行，即在其他条件的试验中记录其浮选时间，当浮选的诸条件已选择后，可再进行一个浮选时间的检查试验。

分批刮泡时最初几批的刮取时间的间隔宜短，以了解精矿品位的变化情况。中间间隔可长些，而末了的刮取时间间隔也宜较短，以便判断浮选终了的时间。例如，假设总的浮选时间约为 20min，即可以这样来安排刮泡时间：第一次刮泡 2min，第二次刮泡 1min，第三次刮泡 1min，而第四、五次各刮泡 5min，第六次刮泡 2min，第七次刮泡 2min，第八次刮泡 2min，等等。

各浮选产品分别烘干，称量，取样，进行化学分析及显微镜检查，并绘制 $\varepsilon_累 = f$（浮选时间），$\beta_累 = f$（浮选时间）的曲线，以及 $\beta_{个别} = f$（浮选时间）的折线图。在浮选时间的检查试验中，不仅可确定浮选所需的总时间，同时也可以确定粗选及扫选时间。一般来说粗选及扫选界线的划分，主要有以下几种情况：

（1）在粗选时是否可获得一部分无须进行精选的合格精矿。例如，图 8-6（a）中设 A 点为精矿的合格品位，则其相对应的 B 点为粗扫时间的分界点。

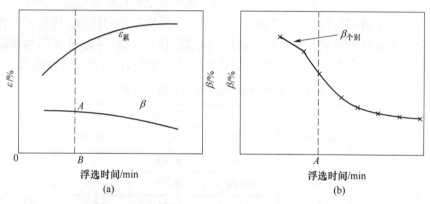

图 8-6　浮选时间试验图

（2）浮选泡沫的品位随着浮选时间而显著降低，例如图 8-6（b）中的 A 点，可作为粗扫选的分界点。

（3）泡沫产品的矿物组成或有用矿物的单体分离度发生大的变化处，作为粗扫选的分界点。此可通过显微镜对各部分泡沫产品的观测来判断。

（4）如果精选作业因粗精矿带入的用药量过多，致使精选发生困难时，则可根据精选的情况及需要来划分粗扫选。

8.3.10　精选试验

粗精矿或中矿的精选，一般在容积较小的浮选机中进行。在操作中应注意，粗精矿或中矿泡沫产品的体积，加上将其洗入精选浮选机的洗水，通常比浮选机的容积大。欲避免容纳不下矿浆的情况，可将泡沫产品先澄清，再将澄清的水倾入洗瓶内冲洗水或补给水。

由于精选的目的在于除去机械夹杂入的其他矿物，所以精选时一般不加入药剂。但在混合精矿分离浮选的精选时可加入抑制剂。例如铜钼混合精矿分离浮选时，在钼精矿的精选过程中加入水玻璃及氰化物。有时甚至需要对入选物料进行特殊处理，如精选白钨精矿时采用彼得罗夫法对其加温脱药。

粗精矿的精选试验，可同时按图 8-7 所示的两种流程进行。精选次数可视具体情况为一次或若干次。

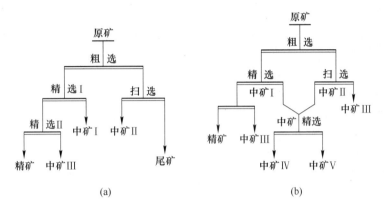

图 8-7　精选试验流程图

图 8-7（a）精选流程的目的不但在于进行精选试验，同时在于获得中矿产品（中矿Ⅰ及中矿Ⅲ），以便对其性质进行研究。图 8-7（b）不仅对中矿也有进行精选的目的，还可了解中矿不经再磨而直接选别的可能性。

8.4　实验室闭路试验

实验室闭路试验是在不连续的设备上模仿连续的生产过程的分批试验，其目的是：考察中矿返回对浮选过程的影响，包括中矿循环引起的药剂用量的变化，中矿带来的矿泥或其他有害固体，或可溶性物质是否累积起来产生不利影响；检查校核原定的浮选流程，确定可能达到的工艺指标等。

8.4.1　闭路试验操作技术

闭路试验按开路试验的流程接连重复的进行，第 1 单元试验按开路确定的最佳组合条件进行，从第 2 单元试验开始根据情况可对某些药剂用量（有时还对浮选时间）作适当调整，每次所得中矿（扫选精矿和精选尾矿）仿照生产过程给到下一试验的相应作业，直至试验产品达到平衡为止。

图 8-8 是简单的一粗——扫——精流程，而相应的实验室闭路试验流程见图 8-9。平衡的标志是最后接连几个试验的产品产量和品位大致相等。

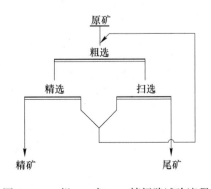

图 8-8　一粗——扫——精闭路试验流程

一般情况下，闭路试验要连做5~6个试验。为了初步判断试验是否已达到平衡，最好在试验过程中将产品（至少是精矿）过滤，将滤饼称湿重或烘干称重，如果能对产品进行快速化验，那就更好。

试验过程中出现下面两种情况，都说明中矿没有得到分选：一是随着试验的进行，中矿量一直增加，达不到平衡；二是中矿量虽未明显增加，但精矿品位不断下降，尾矿品位不断上升，一直稳定不下来，即中矿只是机械地分配到精矿和尾矿中。对以上两种情况，都要查明中矿不能分选的原因。通过对中矿只是机械地分配到精矿和尾矿中，若要查明中矿主要是由连生体组成，则应对中矿进行再磨，并将再磨产品单独进行浮选，判断再磨后的中矿是否返回原浮选流程还是要单独处理。如果是其他原因，也要对中矿单独进行研究后才能确定处理办法。

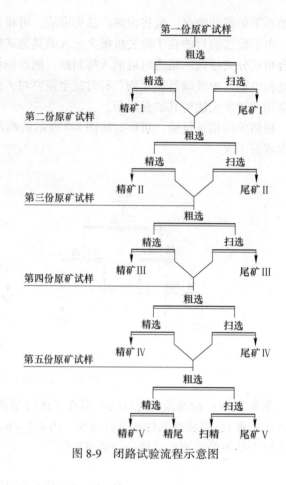

图 8-9 闭路试验流程示意图

闭路试验操作要注意以下几点：

（1）随着中矿返回，某些药剂量应适当减少。这些药剂可能包括起泡剂以及烃类非极性捕收剂、黑药和脂肪酸类等兼有起泡性能的捕收剂。

（2）中矿返回会带回大量的水，因而在试验过程中要尽量少用冲洗水和补加水，避免发生浮选槽装不下的情况，实在不得已时，应将沉淀后脱出的水留下来作冲洗水和补加水。

（3）产品存放时间长，可能对浮选产生不良的影响。因此，试验前要详细做好计划，整个闭路应连续做到底，避免中间停歇，操作中严格执行规定程序，相互配合，将耽搁时间降低到最低限度。

（4）应事先按流程标出各产物的号码，避免将标签或产品弄混。

8.4.2 闭路试验结果的计算

闭路试验最终浮选指标的计算方法有三种：

（1）较为普遍使用的方法是以达到平衡后2~3个试验结果作计算最终指标的原始数据，即将平衡后的最后2~3个试验的精矿合并作总精矿，尾矿合并作总尾矿，则总原矿=总精矿+总尾矿。

假设做了5个试验，从第3个试验开始达到平衡，用第3、4、5个试验结果作为最终指标计算的原始数据，见表 8-3。

表 8-3 闭路试验结果表

试验号	精 矿		尾 矿		中 矿	
	质量/g	品位/%	质量/g	品位/%	质量/g	品位/%
3	m_{c3}	β_3	m_{t3}	θ_3		
4	m_{c4}	β_4	m_{t4}	θ_4		
5	m_{c5}	β_5	m_{t5}	θ_5	m_{m5}	β_{m5}

将这 3 个试验看做一个整体，根据物料平衡原理，则有：

原矿 3 + 原矿 4 + 原矿 5 + 中矿 2 = (精矿 3 + 精矿 4 + 精矿 5) + (尾矿 3 + 尾矿 4 + 尾矿 5) + 中矿 5

由于试验已达到平衡，应当存在着：

中矿 2 = 中矿 5

此处中矿 2 与中矿 5 可能不完全相等，但是可根据矿石和流程的复杂程度，给予一定的波动值，中矿 2 = (1.2～1.6)中矿 5，可认为基本达到平衡。

所以有：

原矿 3 + 原矿 4 + 原矿 5 = (精矿 3 + 精矿 4 + 精矿 5) + (尾矿 3 + 尾矿 4 + 尾矿 5)

则闭路试验的产品质量、产率、金属量、品位、回收率等指标计算如下。

1) 质量和产率。

每个单元试验的平均精矿质量为：$m_c = \dfrac{m_{c3} + m_{c4} + m_{c5}}{3}$ (8-3)

平均尾矿质量为：$m_t = \dfrac{m_{t3} + m_{t4} + m_{t5}}{3}$ (8-4)

平均原矿质量为：$m_0 = m_c + m_t$

精矿和尾矿的产率分别为：$\gamma_c = \dfrac{m_c}{m_0} \times 100\%$, $\gamma_t = \dfrac{m_t}{m_0} \times 100\%$ (8-5)

2) 金属量和品位。

3 个精矿的总金属量为：$P_c = P_{c3} + P_{c4} + P_{c5} = m_{c3}\beta_3 + m_{c4}\beta_4 + m_{c5}\beta_5$ (8-6)

按加权平均法计算精矿的平均品位为：$\beta_c = \dfrac{P_c}{3m_c} = \dfrac{m_{c3}\beta_3 + m_{c4}\beta_4 + m_{c5}\beta_5}{m_{c3} + m_{c4} + m_{c5}}$ (8-7)

同理，尾矿平均品位为：$\theta = \dfrac{P_t}{3m_t} = \dfrac{m_{t3}\theta_3 + m_{t4}\theta_4 + m_{t5}\theta_5}{m_{t3} + m_{t4} + m_{t5}}$ (8-8)

原矿的平均品位为：

$$\alpha = \frac{P_c + P_t}{3(m_c + m_t)} \times 100\% = \frac{(m_{c3}\beta_3 + m_{c4}\beta_4 + m_{c5}\beta_5) + (m_{t3}\theta_3 + m_{t4}\theta_4 + m_{t5}\theta_4)}{(m_{c3} + m_{c4} + m_{c5}) + (m_{t3} + m_{t4} + m_{t5})}$$

(8-9)

3) 回收率。

精矿中金属回收率可按下列 3 个公式中的任一个计算：

$$\varepsilon = \frac{\gamma_c \beta}{\alpha} \tag{8-10}$$

$$\varepsilon = \frac{m_c \beta}{m_0 \alpha} \times 100\% \tag{8-11}$$

$$\varepsilon = \frac{P_c}{P_c + P_t} \times 100\%$$

$$= \frac{m_{c3}\beta_3 + m_{c4}\beta_4 + m_{c5}\beta_5}{(m_{c3}\beta_3 + m_{c4}\beta_4 + m_{c5}\beta_5) + (m_{t3}\theta_3 + m_{t4}\theta_4 + m_{t5}\theta_5)} \tag{8-12}$$

尾矿中的金属损失可按差值（即 $100 - \varepsilon$）计算。

如果需要计算中矿指标，则以中矿 5 的质量 m_{m5} 和品位 β_{m5} 作原始指标，其产率和回收率计算如下：

$$\gamma_{m5} = \frac{m_{m5}}{m_0} \times 100\% \tag{8-13}$$

$$\varepsilon_{m5} = \frac{\gamma_{m5}\beta_{m5}}{\alpha} \tag{8-14}$$

要说明的是，此处中矿 5 只是一个试验的中矿，不是第 3、4、5 个试验的"总中矿"，因为中矿 3 和中矿 4 已在试验过程中用掉了。

（2）将所有精矿合并作精矿，所有尾矿合并作尾矿，中矿单独再选，再选精矿并入总精矿，再选尾矿并入总尾矿。与第 1 种方法相比，该法的产品加工、化验及计算工作量较大。

（3）取最后一个试验的指标做为闭路试验的指标。该法虽然简单，但利用的数据太少，因而准确性较差。

8.4.3　闭路实验数质量流程计算实例 I （单金属矿）

对某金矿进行了如图 8-10 所示的实验室浮选闭路试验，表 8-4 为试验平衡后各试验样品的产率，以及经检测得到的试验样品的品位。以下根据已知的各样品参数计算闭路中各产品的选别指标。

表 8-4　各已知试样指标表

样品编号	样品名	质量/g	品位/g·t⁻¹
5	精矿	41.55	45.42
9	尾矿	952.45	0.34
7	中矿 1	14.02	3.30
6	中矿 2	17.99	9.79

（1）计算精矿、尾矿和给矿的指标。

$m_1 = m_5 + m_9 = 41.55\text{g} + 952.45\text{g} = 994.00\text{g}$；

$\gamma_5 = \dfrac{m_5}{m_1} = \dfrac{41.55\text{g}}{994.00\text{g}} \times 100\% = 4.18\%$，$\gamma_9 = \gamma_1 - \gamma_5 = 100\% - 4.18\% = 95.82\%$；

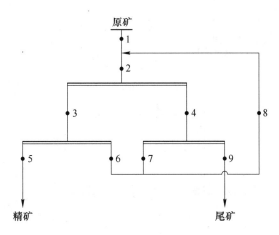

图 8-10 金矿闭路浮选试验流程图

$$\alpha = \frac{\beta_5 \gamma_5 + \beta_9 \gamma_9}{\gamma_1} = 2.22 \text{g/t} \ ; \ \varepsilon_9 = \frac{\beta_9 \gamma_9}{\alpha \gamma_1} = 14.48\% \ , \ \varepsilon_5 = \frac{\beta_5 \gamma_5}{\alpha \gamma_1} = 85.52\% \ ;$$

（2）计算各已知产品的指标。

$$\gamma_7 = \frac{m_7}{m_1} = \frac{14.02 \text{g}}{994.00 \text{g}} \times 100\% = 1.41\% \ , \ \gamma_6 = 1.81\% \ ;$$

$$\varepsilon_6 = \frac{\beta_6 \gamma_6}{\alpha \gamma_1} = 7.98\% \ , \ \varepsilon_7 = \frac{\beta_7 \gamma_7}{\alpha \gamma_1} = 2.10\%$$

（3）计算未知产品的选别指标。

1）根据产品 5、6 的指标计算产品 3 的指标。

$$\gamma_3 = \gamma_5 + \gamma_6 = 5.99\% \ , \ \beta_3 = \frac{\beta_5 \gamma_5 + \beta_6 \gamma_6}{\gamma_3} = 34.65 \text{g/t} \ , \ \varepsilon_3 = \frac{\beta_3 \gamma_3}{\alpha \gamma_1} = 93.50\%$$

2）根据产品 7、9 的指标计算产品 4 的指标。

$$\gamma_4 = \gamma_7 + \gamma_9 = 97.23\% \ , \ \beta_4 = \frac{\beta_7 \gamma_7 + \beta_9 \gamma_9}{\gamma_4} = 0.38 \text{g/t} \ , \ \varepsilon_4 = \frac{\beta_4 \gamma_4}{\alpha \gamma_1} = 16.58\%$$

3）根据产品 6、7 的指标计算产品 8 的指标。

$$\gamma_8 = \gamma_6 + \gamma_7 = 3.22\% \ , \ \beta_8 = \frac{\beta_6 \gamma_6 + \beta_7 \gamma_7}{\gamma_8} = 6.95 \text{g/t} \ , \ \varepsilon_8 = \frac{\beta_8 \gamma_8}{\alpha \gamma_1} = 10.08\%$$

4）根据产品 1、8 以及 3、4 的指标计算校核产品 2 的产率、回收率。

$$\gamma_{2\text{-a}} = \gamma_1 + \gamma_8 = 103.22\% \ , \ \varepsilon_{2\text{-a}} = \frac{\beta_{2\text{-a}} \gamma_{2\text{-a}}}{\alpha \gamma_1} = 110.08\% \ ;$$

$$\gamma_{2\text{-b}} = \gamma_3 + \gamma_4 = 103.22\% \ , \ \varepsilon_{2\text{-b}} = \frac{\beta_{2\text{-b}} \gamma_{2\text{-a}}}{\alpha \gamma_1} = 110.08\%$$

由 $\gamma_{2\text{-a}} = \gamma_{2\text{-b}}$ 以及 $\varepsilon_{2\text{-a}} = \varepsilon_{2\text{-b}}$ 可知，此处的产率和回收率均平衡。

通过以上计算可得各试样产品的金产率、品位以及回收率等指标，根据以上指标结果可得如图 8-11 所示的数质量流程图。

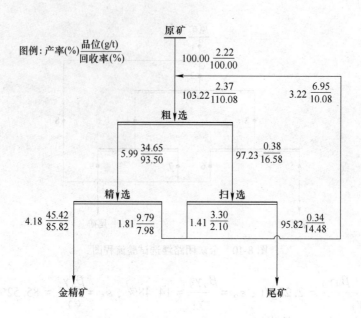

图 8-11　某金矿浮选闭路试验数质量流程图

8.4.4　闭路实验数质量流程计算实例Ⅱ（多金属矿）

某铅锌选矿厂以图 8-12 为工艺流程进行了铅锌矿浮选闭路试验，在试验达到平衡后进一步进行了一次验证试验，试验结果如表 8-5 所示。试计算该流程不同产品的选别指标。

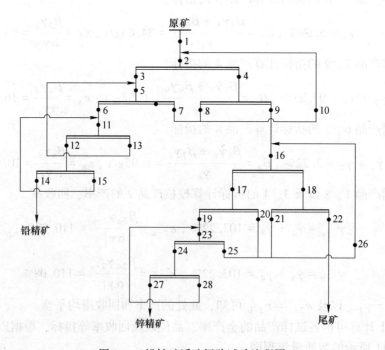

图 8-12　铅锌矿浮选闭路试验流程图

表 8-5　闭路试验所得精矿、中矿、尾矿的试验指标

样品名	样品编号	质量/g	铅品位/%	锌品位/%
铅精矿Ⅰ	14-1	39.22	59.09	4.66
铅精矿Ⅱ	14-2	39.46	58.80	4.96
锌精矿Ⅰ	27-1	126.05	0.84	50.4
锌精矿Ⅱ	27-2	125.37	0.85	50.37
尾矿Ⅰ	22-1	832.73	0.14	0.22
尾矿Ⅱ	22-2	834.17	0.14	0.20
中矿8	15	9.49	10.63	5.21
中矿7	13	31.95	6.86	7.21
中矿6	7	41.94	3.01	6.99
中矿5	8	25.96	2.56	6.71
中矿4	28	9.99	1.12	8.52
中矿3	25	20.97	1.04	8.29
中矿2	20	25.96	0.62	2.19
中矿1	21	31.95	0.64	1.61

注：样品名中Ⅰ为闭路试验达到平衡后的指标，Ⅱ为验证试验中精矿、尾矿的试验指标。

解：根据以上已知产品的参数对试验中各个产品的产率、品位、回收率进行计算，计算结果如下。

（1）计算精矿、尾矿和给矿的指标。

$m_{1-1} = m_{14-1} + m_{27-1} + m_{22-1} = 39.22g + 126.05g + 832.73g = 998g$,

$m_{1-2} = m_{14-2} + m_{27-2} + m_{22-2} = 39.46g + 125.37g + 834.17g = 999g$;

$m_1 = \dfrac{m_{1-1} + m_{1-2}}{2} = 998.5g$,　$m_{14} = \dfrac{m_{14-1} + m_{14-2}}{2} = 39.34g$,

$m_{27} = \dfrac{m_{27-1} + m_{27-2}}{2} = 125.71g$,　$m_{22} = \dfrac{m_{22-1} + m_{22-2}}{2} = 833.45g$;

$\gamma_{14} = \dfrac{m_{14}}{m_1} = \dfrac{39.34g}{998.5g} \times 100\% = 3.94\%$,　$\gamma_{27} = 12.59\%$,　$\gamma_{22} = 83.47\%$;

$\beta_{\text{铅}14} = \dfrac{\beta_{\text{铅}14-1}\gamma_{14-1} + \beta_{\text{铅}14-2}\gamma_{14-2}}{\gamma_{14-1} + \gamma_{14-2}} = 58.94\%$,　$\beta_{\text{铅}27} = 0.84\%$,　$\beta_{\text{铅}22} = 0.14\%$,

$\beta_{\text{锌}14} = 4.81\%$,　$\beta_{\text{锌}27} = 50.20\%$,　$\beta_{\text{锌}22} = 0.21\%$;

$\alpha_{\text{铅}} = \dfrac{\beta_{\text{铅}14}\gamma_{14} + \beta_{\text{铅}27}\gamma_{27} + \beta_{\text{铅}22}\gamma_{22}}{\gamma_{14} + \gamma_{27} + \gamma_{22}} = 2.55\%$,　$\alpha_{\text{锌}} = 6.69\%$;

$\varepsilon_{\text{铅}14} = \dfrac{\gamma_{14}\beta_{\text{铅}14}}{\gamma_1\alpha_{\text{铅}}} = 91.23\%$,　$\varepsilon_{\text{铅}27} = 4.18\%$,　$\varepsilon_{\text{铅}22} = 4.59\%$,

$\varepsilon_{\text{锌}14} = 2.83\%$,　$\varepsilon_{\text{锌}27} = 94.54\%$,　$\varepsilon_{\text{锌}22} = 2.62\%$,

（2）计算各已知产品的产率、回收率。

$$\gamma_{15} = \frac{m_{15}}{m_1} = \frac{9.49\text{g}}{998.5\text{g}} \times 100\% = 0.95\% , \quad \gamma_{13} = 3.20\% , \quad \gamma_7 = 4.20\% , \quad \gamma_8 = 2.60\% ,$$

$$\gamma_{28} = 1.00\% , \quad \gamma_{25} = 2.10\% , \quad \gamma_{20} = 2.60\% , \quad \gamma_{21} = 3.10\% ;$$

$$\varepsilon_{铅15} = \frac{\gamma_{15}\beta_{铅15}}{\gamma_1\alpha_铅} = 3.97\% , \quad \varepsilon_{铅13} = 8.62\% , \quad \varepsilon_{铅7} = 4.97\% , \quad \varepsilon_{铅8} = 2.61\% ,$$

$$\varepsilon_{铅28} = 0.44\% , \quad \varepsilon_{铅25} = 0.86\% , \quad \varepsilon_{铅20} = 0.63\% , \quad \varepsilon_{铅21} = 0.78\% ,$$

$$\varepsilon_{锌15} = 0.74\% , \quad \varepsilon_{锌13} = 3.45\% , \quad \varepsilon_{锌7} = 4.39\% , \quad \varepsilon_{锌8} = 2.61\% ,$$

$$\varepsilon_{锌28} = 1.27\% , \quad \varepsilon_{锌25} = 2.60\% , \quad \varepsilon_{锌20} = 0.85\% , \quad \varepsilon_{锌21} = 0.75\%$$

（3）计算未知产品的选别指标。

1）根据产品 27、22 的指标计算产品 9 的指标。

$$\gamma_9 = \gamma_{27} + \gamma_{22} = 96.06\% ;$$

$$\beta_{铅9} = \frac{\beta_{铅27}\gamma_{27} + \beta_{铅22}\gamma_{22}}{\gamma_9} = 0.23\% , \quad \beta_{锌9} = \frac{\beta_{锌27}\gamma_{27} + \beta_{锌22}\gamma_{22}}{\gamma_9} = 6.76\% ;$$

$$\varepsilon_{铅9} = \frac{\gamma_9\beta_{铅9}}{\gamma_1\alpha_铅} = 8.77\% , \quad \varepsilon_{锌9} = \frac{\gamma_9\beta_{锌9}}{\gamma_1\alpha_锌} = 97.17\%$$

2）根据产品 27、28 的指标计算产品 24 的指标。

$$\gamma_{24} = \gamma_{27} + \gamma_{28} = 13.59\% ;$$

$$\beta_{铅24} = \frac{\beta_{铅27}\gamma_{27} + \beta_{铅28}\gamma_{28}}{\gamma_{24}} = 1.04\% , \quad \beta_{锌24} = \frac{\beta_{锌27}\gamma_{27} + \beta_{锌28}\gamma_{28}}{\gamma_{24}} = 47.17\% ;$$

$$\varepsilon_{铅24} = \frac{\gamma_{24}\beta_{铅24}}{\gamma_1\alpha_铅} = 4.62\% , \quad \varepsilon_{锌24} = \frac{\gamma_{24}\beta_{锌24}}{\gamma_1\alpha_锌} = 95.82\%$$

3）根据产品 20、25、27 的指标计算产品 17 的指标。

$$\gamma_{17} = \gamma_{27} + \gamma_{25} + \gamma_{20} = 17.29\% ;$$

$$\beta_{铅17} = \frac{\beta_{铅27}\gamma_{27} + \beta_{铅25}\gamma_{25} + \beta_{铅20}\gamma_{20}}{\gamma_{17}} = 0.83\% ,$$

$$\beta_{锌17} = \frac{\beta_{锌27}\gamma_{27} + \beta_{锌25}\gamma_{25} + \beta_{锌20}\gamma_{20}}{\gamma_{17}} = 37.89\% ;$$

$$\varepsilon_{铅17} = \frac{\gamma_{17}\beta_{铅17}}{\gamma_1\alpha_铅} = 5.67\% , \quad \varepsilon_{锌17} = \frac{\gamma_{17}\beta_{锌17}}{\gamma_1\alpha_锌} = 98.00\%$$

4）根据产品 17、20 的指标计算产品 19 的指标。

$$\gamma_{19} = \gamma_{17} - \gamma_{20} = 14.69\% ;$$

$$\beta_{铅19} = \frac{\beta_{铅17}\gamma_{17} - \beta_{铅20}\gamma_{20}}{\gamma_{19}} = 0.87\% , \quad \beta_{锌19} = \frac{\beta_{锌17}\gamma_{17} - \beta_{锌20}\gamma_{20}}{\gamma_{19}} = 97.15\% ;$$

$$\varepsilon_{铅19} = \frac{\gamma_{19}\beta_{铅19}}{\gamma_1\alpha_铅} = 5.04\% , \quad \varepsilon_{锌19} = \frac{\gamma_{19}\beta_{锌19}}{\gamma_1\alpha_锌} = 97.15\%$$

5）根据产品 19、28 以及 24、25 的指标计算校核产品 23 的产率、回收率

$$\gamma_{23-a} = \gamma_{19} + \gamma_{28} = 15.69\% , \quad \gamma_{23-b} = \gamma_{24} + \gamma_{25} = 15.69\% ;$$

$$\varepsilon_{铅23-a} = \frac{\gamma_{23-a}\beta_{铅23-a}}{\gamma_1\alpha_铅} = 5.48\% , \quad \varepsilon_{锌23-a} = \frac{\gamma_{23-a}\beta_{锌23-a}}{\gamma_1\alpha_锌} = 98.42\% ,$$

$$\varepsilon_{铅23-b} = \frac{\gamma_{23-b}\beta_{铅23-b}}{\gamma_1\alpha_铅} = 5.48\%，\varepsilon_{锌23-b} = \frac{\gamma_{23-b}\beta_{锌23-b}}{\gamma_1\alpha_锌} = 98.42\%；$$

由 $\gamma_{23-a} = \gamma_{23-b}$ 以及 $\varepsilon_{铅23-a} = \varepsilon_{铅23-b}$、$\varepsilon_{锌23-a} = \varepsilon_{锌23-b}$ 可知，此处的产率和回收率均平衡。

$$\beta_{铅23} = \frac{\beta_{铅19}\gamma_{19} + \beta_{铅28}\gamma_{28}}{\gamma_{23}} = 0.89\%，\beta_{锌23} = \frac{\beta_{锌19}\gamma_{19} + \beta_{锌28}\gamma_{28}}{\gamma_{23}} = 41.94\%$$

6）根据产品 21、22 的指标计算产品 18 的指标。

$$\gamma_{18} = \gamma_{21} + \gamma_{22} = 86.57\%；$$

$$\beta_{铅18} = \frac{\beta_{铅21}\gamma_{21} + \beta_{铅22}\gamma_{22}}{\gamma_{18}} = 0.16\%，\beta_{锌18} = \frac{\beta_{锌21}\gamma_{21} + \beta_{锌22}\gamma_{22}}{\gamma_{18}} = 0.26\%；$$

$$\varepsilon_{铅18} = \frac{\gamma_{18}\beta_{铅18}}{\gamma_1\alpha_铅} = 5.37\%，\varepsilon_{锌18} = \frac{\gamma_{18}\beta_{锌18}}{\gamma_1\alpha_锌} = 3.37\%$$

7）根据产品 20、22、25 的指标计算产品 26 的指标。

$$\gamma_{26} = \gamma_{20} + \gamma_{21} + \gamma_{25} = 7.80\%；$$

$$\beta_{铅26} = \frac{\beta_{铅21}\gamma_{21} + \beta_{铅25}\gamma_{25} + \beta_{铅20}\gamma_{20}}{\gamma_{26}} = 0.74\%，$$

$$\beta_{锌26} = \frac{\beta_{锌21}\gamma_{21} + \beta_{锌25}\gamma_{25} + \beta_{锌20}\gamma_{20}}{\gamma_{26}} = 3.60\%；$$

$$\varepsilon_{铅26} = \frac{\gamma_{26}\beta_{铅26}}{\gamma_1\alpha_铅} = 2.27\%，\varepsilon_{锌26} = \frac{\gamma_{26}\beta_{锌26}}{\gamma_1\alpha_锌} = 4.20\%$$

8）根据产品 9、26 以及 17、18 的指标计算校核产品 16 的产率、回收率。

$$\gamma_{16-a} = \gamma_9 + \gamma_{26} = 103.86\%，\gamma_{16-b} = \gamma_{17} + \gamma_{18} = 103.86\%；$$

$$\varepsilon_{铅16-a} = \frac{\gamma_{16-a}\beta_{铅16-a}}{\gamma_1\alpha_铅} = 11.04\%，\varepsilon_{锌16-a} = \frac{\gamma_{16-a}\beta_{锌16-a}}{\gamma_1\alpha_锌} = 101.37\%，$$

$$\varepsilon_{铅16-b} = \frac{\gamma_{16-b}\beta_{铅16-b}}{\gamma_1\alpha_铅} = 11.04\%，\varepsilon_{锌16-b} = \frac{\gamma_{16-b}\beta_{锌16-b}}{\gamma_1\alpha_锌} = 101.37\%；$$

由 $\gamma_{16-a} = \gamma_{16-b}$ 以及 $\varepsilon_{铅16-a} = \varepsilon_{铅16-b}$、$\varepsilon_{锌16-a} = \varepsilon_{锌16-b}$ 可知，此处的产率和回收率均平衡。

$$\beta_{铅16} = \frac{\beta_{铅9}\gamma_9 + \beta_{铅26}\gamma_{26}}{\gamma_{16}} = 0.27\%，\beta_{锌16} = \frac{\beta_{锌9}\gamma_9 + \beta_{锌26}\gamma_{26}}{\gamma_{16}} = 6.53\%$$

9）根据产品 14、15 的指标计算产品 12 的指标。

$$\gamma_{12} = \gamma_{14} + \gamma_{15} = 4.89\%；$$

$$\beta_{铅12} = \frac{\beta_{铅14}\gamma_{14} + \beta_{铅15}\gamma_{15}}{\gamma_{12}} = 49.56\%，\beta_{锌12} = \frac{\beta_{锌14}\gamma_{14} + \beta_{锌15}\gamma_{15}}{\gamma_{12}} = 4.89\%；$$

$$\varepsilon_{铅12} = \frac{\gamma_{12}\beta_{铅12}}{\gamma_1\alpha_铅} = 95.20\%，\varepsilon_{锌12} = \frac{\gamma_{12}\beta_{锌12}}{\gamma_1\alpha_锌} = 3.58\%$$

10）根据产品 14、13 的指标计算产品 6 的指标。

$$\gamma_6 = \gamma_{14} + \gamma_{13} = 7.14\%；$$

$$\beta_{铅6} = \frac{\beta_{铅14}\gamma_{14} + \beta_{铅13}\gamma_{13}}{\gamma_6} = 35.60\% , \ \beta_{锌6} = \frac{\beta_{锌14}\gamma_{14} + \beta_{锌13}\gamma_{13}}{\gamma_6} = 5.89\% ;$$

$$\varepsilon_{铅6} = \frac{\gamma_6\beta_{铅6}}{\gamma_1\alpha_{铅}} = 99.85\% , \ \varepsilon_{锌6} = \frac{\gamma_6\beta_{锌6}}{\gamma_1\alpha_{锌}} = 6.29\%$$

11）根据产品 6、15 以及 12、13 的指标计算校核产品 11 的产率、回收率。

$$\gamma_{11-a} = \gamma_6 + \gamma_{15} = 8.09\% , \ \gamma_{11-b} = \gamma_{12} + \gamma_{13} = 8.09\% ;$$

$$\varepsilon_{铅11-a} = \frac{\gamma_{11-a}\beta_{铅11-a}}{\gamma_1\alpha_{铅}} = 103.82\% , \ \varepsilon_{锌11-a} = \frac{\gamma_{11-a}\beta_{锌11-a}}{\gamma_1\alpha_{锌}} = 7.03\% ,$$

$$\varepsilon_{铅11-b} = \frac{\gamma_{11-b}\beta_{铅11-b}}{\gamma_1\alpha_{铅}} = 103.82\% , \ \varepsilon_{锌11-b} = \frac{\gamma_{11-b}\beta_{锌11-b}}{\gamma_1\alpha_{锌}} = 7.03\% ;$$

由 $\gamma_{11-a} = \gamma_{11-b}$ 以及 $\varepsilon_{铅11-a} = \varepsilon_{铅11-b}$、$\varepsilon_{锌11-a} = \varepsilon_{锌11-b}$ 可知，此处的产率和回收率均平衡。

$$\beta_{铅11} = \frac{\beta_{铅6}\gamma_6 + \beta_{铅15}\gamma_{15}}{\gamma_{11}} = 32.67\% , \ \beta_{锌11} = \frac{\beta_{锌6}\gamma_6 + \beta_{锌15}\gamma_{15}}{\gamma_{11}} = 5.81\%$$

12）根据产品 14、7 的指标计算产品 3 的指标。

$$\gamma_3 = \gamma_{14} + \gamma_7 = 8.14\% ;$$

$$\beta_{铅3} = \frac{\beta_{铅14}\gamma_{14} + \beta_{铅7}\gamma_7}{\gamma_3} = 30.08\% , \ \beta_{锌3} = \frac{\beta_{锌14}\gamma_{14} + \beta_{锌7}\gamma_7}{\gamma_3} = 5.94\% ;$$

$$\varepsilon_{铅3} = \frac{\gamma_3\beta_{铅3}}{\gamma_1\alpha_{铅}} = 96.20\% , \ \varepsilon_{锌3} = \frac{\gamma_3\beta_{锌3}}{\gamma_1\alpha_{锌}} = 7.23\%$$

13）根据产品 3、13 以及 6、7 的指标计算校核产品 5 的产率、回收率。

$$\gamma_{5-a} = \gamma_3 + \gamma_{13} = 11.34\% , \ \gamma_{5-b} = \gamma_6 + \gamma_7 = 11.34\% ;$$

$$\varepsilon_{铅5-a} = \frac{\gamma_{5-a}\beta_{铅5-a}}{\gamma_1\alpha_{铅}} = 104.82\% , \ \varepsilon_{锌5-a} = \frac{\gamma_{5-a}\beta_{锌5-a}}{\gamma_1\alpha_{锌}} = 10.68\% ,$$

$$\varepsilon_{铅5-b} = \frac{\gamma_{5-b}\beta_{铅5-b}}{\gamma_1\alpha_{铅}} = 104.82\% , \ \varepsilon_{锌5-b} = \frac{\gamma_{5-b}\beta_{锌5-b}}{\gamma_1\alpha_{锌}} = 10.68\% ;$$

由 $\gamma_{5-a} = \gamma_{5-b}$ 以及 $\varepsilon_{铅5-a} = \varepsilon_{铅5-b}$、$\varepsilon_{锌5-a} = \varepsilon_{锌5-b}$ 可知，此处的产率和回收率均平衡。

$$\beta_{铅5} = \frac{\beta_{铅3}\gamma_3 + \beta_{铅13}\gamma_{13}}{\gamma_5} = 23.53\% , \ \beta_{锌5} = \frac{\beta_{锌3}\gamma_3 + \beta_{锌13}\gamma_{13}}{\gamma_5} = 6.29\%$$

14）根据产品 7、8 的指标计算产品 10 的指标。

$$\gamma_{10} = \gamma_8 + \gamma_7 = 6.80\% ;$$

$$\beta_{铅10} = \frac{\beta_{铅8}\gamma_8 + \beta_{铅7}\gamma_7}{\gamma_{10}} = 2.84\% , \ \beta_{锌10} = \frac{\beta_{锌8}\gamma_8 + \beta_{锌7}\gamma_7}{\gamma_{10}} = 6.88\% ;$$

$$\varepsilon_{铅10} = \frac{\gamma_{10}\beta_{铅10}}{\gamma_1\alpha_{铅}} = 7.58\% , \ \varepsilon_{锌10} = \frac{\gamma_{10}\beta_{锌10}}{\gamma_1\alpha_{锌}} = 7.00\%$$

15）根据产品 8、9 的指标计算产品 4 的指标。

$$\gamma_4 = \gamma_8 + \gamma_9 = 98.66\% ;$$

$$\beta_{铅4} = \frac{\beta_{铅8}\gamma_8 + \beta_{铅9}\gamma_9}{\gamma_4} = 0.29\% , \ \beta_{锌4} = \frac{\beta_{锌8}\gamma_8 + \beta_{锌9}\gamma_9}{\gamma_4} = 6.76\% ;$$

$$\varepsilon_{铅4} = \frac{\gamma_4 \beta_{铅4}}{\gamma_1 \alpha_{铅}} = 11.38\% , \ \varepsilon_{锌4} = \frac{\gamma_4 \beta_{锌4}}{\gamma_1 \alpha_{锌}} = 99.77\%$$

16）根据产品 1、10 以及 3、4 的指标计算校核产品 2 的产率、回收率。

$$\gamma_{2-a} = \gamma_1 + \gamma_{10} = 106.80\% , \ \gamma_{2-b} = \gamma_3 + \gamma_4 = 106.80\% ;$$

$$\varepsilon_{铅2-a} = \frac{\gamma_{2-a}\beta_{铅2-a}}{\gamma_1 \alpha_{铅}} = 107.58\% , \ \varepsilon_{锌2-a} = \frac{\gamma_{2-a}\beta_{锌2-a}}{\gamma_1 \alpha_{锌}} = 107.00\% ,$$

$$\varepsilon_{铅2-b} = \frac{\gamma_{2-b}\beta_{铅2-b}}{\gamma_1 \alpha_{铅}} = 107.58\% , \ \varepsilon_{锌2-b} = \frac{\gamma_{2-b}\beta_{锌2-b}}{\gamma_1 \alpha_{锌}} = 107.00\% ;$$

由 $\gamma_{2-a} = \gamma_{2-b}$ 以及 $\varepsilon_{铅2-a} = \varepsilon_{铅2-b}$、$\varepsilon_{锌2-a} = \varepsilon_{锌2-b}$ 可知，此处的产率和回收率均平衡。

$$\beta_{铅2} = \frac{\beta_{铅1}\gamma_1 + \beta_{铅10}\gamma_{10}}{\gamma_2} = 2.56\% , \ \beta_{锌2} = \frac{\beta_{锌1}\gamma_1 + \beta_{锌10}\gamma_{10}}{\gamma_2} = 6.70\%$$

根据以上计算结果，可绘制如图 8-13 所示的数质量流程图。

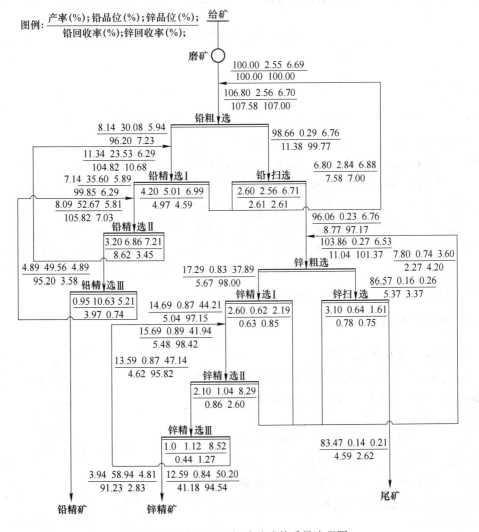

图 8-13　铅锌矿浮选闭路试验数质量流程图

8.5　某难选混合钼矿选矿试验研究实例

8.5.1　矿石性质

为确定该矿石中的主要有价元素种类及含量，研究对试样进行了化学多元素分析及钼矿物相分析，结果如表 8-6、表 8-7 所示。

表 8-6　原矿多元素分析

元素	Mo	Pb	Cu	Zn	Mn	TFe	MgO	Ni	Al_2O_3
含量/%	0.096	0.021	0.012	0.028	0.25	4.50	3.66	0.10	9.82
元素	SiO_2	CaO	K_2O	Na_2O	TiO_2	As	W	Sn	S
含量/%	51.05	20.83	1.28	0.97	1.17	0.001	0.012	0.13	0.95

表 8-7　原矿钼物相分析结果

相别	辉钼矿	氧化钼	钼钨矿	总钼
含量/%	0.080	0.011	0.005	0.096
占有率/%	83.33	11.46	5.21	100.00

由表 8-6 可知，样品中主要元素有 Mo、Fe、MgO、SiO_2、CaO 等元素，其中 Mo 仅有 0.096%，属于低品位钼矿，Zn、Pb 和 Cu 等含量较低，未达到入选品位。由表 8-7 可知，钼元素主要赋存在辉钼矿中，氧化钼和钼钨矿中的钼含量达到 16.67%，可见该钼矿属于难选混合型钼矿。结合岩矿鉴定可知，矿石中辉钼矿主要以鳞片状集合体出现，结晶较好，易富集，但部分氧化的辉钼矿难以回收。脉石矿物由原岩矿物和蚀变矿物组成，成分比较复杂，原岩矿物以石英和钠长石为主，蚀变矿物以白云母、透辉石、绿泥石和碳酸盐为主。白云母多以片状存在，可能混入钼精矿中，降低钼精矿的品位，绿泥石及碳酸盐易泥化，可恶化选别过程进而降低钼精矿质量。

8.5.2　粗选条件试验

8.5.2.1　磨矿细度试验

试验条件为：水玻璃用量为 1000g/t，煤油用量为 200g/t，2 号油用量为 70g/t，磨矿细度为变量，试验流程见图 8-14，试验结果见表 8-8。

由表 8-8 可知，随着磨矿细度的增加，钼粗精矿的品位逐渐下降，而回收率变化不大，综合考虑磨矿成本及钼精矿的品位，确定最佳磨矿细度为 −74μm 占 65%，此时钼粗精矿的品位为 2.40%，回收率为 76.84%。

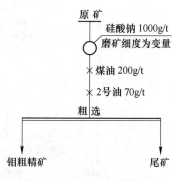

图 8-14　磨矿细度试验流程

表 8-8　磨矿细度试验结果

磨矿细度	产品名称	产率/%	品位/%	回收率/%
−74μm 占 55%	粗精矿	2.14	3.26	74.47
	尾矿	97.86	0.025	25.53
	原矿	100.00	0.096	100.00
−74μm 占 65%	粗精矿	3.05	2.40	76.84
	尾矿	96.95	0.023	23.16
	原矿	100.00	0.096	100.00
−74μm 占 75%	粗精矿	3.22	2.37	76.77
	尾矿	96.78	0.024	23.23
	原矿	100.00	0.096	100.00
−74μm 占 85%	粗精矿	3.97	1.82	76.60
	尾矿	96.03	0.023	23.40
	原矿	100.00	0.096	100.00

8.5.2.2　抑制剂种类试验

试验条件为：磨矿细度为-74μm 占 65%，煤油用量为 200g/t，2 号油用量为 70g/t，抑制剂用量均为 1000g/t，其中硫化钠+水玻璃用量为（500+500）g/t，抑制剂的种类为变量，试验流程如图 8-14 所示，试验结果见表 8-9。

表 8-9　抑制剂种类试验结果

抑制剂种类	产品名称	产率/%	品位/%	回收率/%
水玻璃	粗精矿	2.66	2.68	74.23
	尾矿	97.34	0.025	25.77
	原矿	100.00	0.096	100.00
石灰	粗精矿	2.86	2.45	74.29
	尾矿	97.14	0.025	25.71
	原矿	100.00	0.096	100.00
硫化钠	粗精矿	3.57	2.21	82.11
	尾矿	96.43	0.018	17.89
	原矿	100.00	0.096	100.00
硫化钠+水玻璃	粗精矿	3.18	2.50	82.74
	尾矿	96.82	0.017	17.53
	原矿	100.00	0.096	100.00
水玻璃	粗精矿	3.07	2.40	76.84
	尾矿	96.93	0.023	23.16
	原矿	100.00	0.096	100.00

由表 8-9 可知，采用不同种类抑制剂时，钼粗精矿的品位变化不大，但是回收率变化显著。当使用硫化钠和水玻璃组合用药时，钼粗精矿的回收率达到最大，为 82.74%。原因在于硫化钠可以在水中可形成亲水的离子吸附膜，从而有效抑制矿石中的黄铜矿和黄铁矿等其他硫化矿物，而水玻璃在水中生成硅酸胶粒，吸附在硅酸盐矿物表面，形成亲水的胶体抑制薄膜。两者联合使用可同时减小脉石矿物及部分金属矿物对浮选过程的影响，提高粗选作业选别指标。因此选用的最佳抑制剂为硫化钠和水玻璃。

8.5.2.3 粗选抑制剂用量试验

试验条件为：磨矿细度为 $-74\mu m$ 占 65%，煤油用量为 200g/t，2 号油用量为 70g/t，抑制剂种类为硫化钠+水玻璃，抑制剂用量为变量，试验流程如图 8-14 所示，试验结果见表 8-10。

表 8-10 抑制剂用量试验结果

抑制剂用量/g·t⁻¹		产品名称	产率/%	品位/%	回收率/%
硫化钠	水玻璃				
500	1000	粗精矿	3.05	2.54	80.61
		尾矿	96.95	0.019	19.39
		原矿	100.00	0.096	100.00
500	1500	粗精矿	3.04	2.56	80.41
		尾矿	96.96	0.020	19.59
		原矿	100.00	0.096	100.00
1500	500	粗精矿	3.83	2.06	82.11
		尾矿	96.17	0.018	17.89
		原矿	100.00	0.096	100.00
1000	500	粗精矿	3.85	2.03	81.32
		尾矿	96.15	0.019	18.68
		原矿	100.00	0.096	100.00
500	500	粗精矿	3.17	2.50	82.74
		尾矿	96.83	0.017	17.53
		原矿	100.00	0.096	100.00

由表 8-10 可知，水玻璃的用量对钼粗精矿的品位及回收率影响不显著，但随着硫化钠用量的增加，钼粗精矿的回收率变化不大，品位逐渐减小，当水玻璃用量为 500g/t，硫化钠用量从 500g/t 增加到 1500g/t 时，钼粗精矿的品位降低了 0.44 个百分点，因此选用粗选抑制剂的最佳用量是硫化钠和水玻璃均为 500g/t。

8.5.3 精选试验

8.5.3.1 再磨与不再磨对比试验

研究对钼粗精矿经再磨与否进行了对比精选试验，精选时添加水玻璃 200g/t，试验结果见表 8-11。

表 8-11　精选再磨与不再磨试验结果

精选条件	产品名称	产率/%	品位/%	回收率/%
不再磨细度 -44μm 占 61.20%	精矿	1.06	6.79	74.93
	尾矿	98.94	0.024	25.07
	原矿	100.00	0.096	100.00
再磨细度 -44μm 占 86.80%	精矿	0.92	7.88	75.58
	尾矿	99.08	0.024	24.42
	原矿	100.00	0.096	100.00

由表 8-11 可知，当钼粗精矿直接精选时，钼精矿的品位为 6.79%，回收率为 74.93%，当钼粗精矿再磨后精选时，钼精矿的品位为 7.88%，回收率为 75.58%。因此试验的最佳方案为钼粗精矿再磨后精选，再磨细度为-44μm 占 86.80%。

8.5.3.2　抑制剂种类试验

试验条件为：再磨细度为-44μm 占 86.80%，抑制剂种类为变量，试验结果见表 8-12。

表 8-12　抑制剂种类试验结果

精选抑制剂种类/g·t^{-1}	产品名称	产率/%	品位/%	回收率/%
硫化钠 600	精矿	0.71	10.08	74.45
	尾矿	99.29	0.025	25.55
	原矿	100.00	0.096	100.00
水玻璃 200	精矿	0.92	7.88	75.58
	尾矿	99.08	0.024	24.42
	原矿	100.00	0.096	100.00
水玻璃+硫化钠 200+600	精矿	0.71	9.72	71.65
	尾矿	99.29	0.027	28.35
	原矿	100.00	0.096	100.00
巯基乙酸钠 150	精矿	0.87	8.33	75.76
	尾矿	99.13	0.023	24.24
	原矿	100.00	0.096	100.00

由表 8-12 可知，当抑制剂选用巯基乙酸钠时，钼精矿的品位较低为 8.33%，但回收率最高为 75.76%；当抑制剂选用硫化钠时，钼精矿的品位最高为 19.08%，回收率为

74. 45%。因精选作业主要考虑钼精矿的品位，故选择最佳的精选抑制剂为硫化钠。

8.5.3.3　抑制剂用量试验

试验条件为：再磨细度为 $-44\mu m$ 占 86.80%，抑制剂为硫化钠，抑制剂用量为变量，试验结果见表 8-13。

表 8-13　抑制剂用量试验结果

抑制剂用量/g·t^{-1}	产品名称	产率/%	品位/%	回收率/%
300	钼精矿	0.85	7.93	70.21
	尾矿	99.15	0.029	29.79
	原矿	100.00	0.096	100.00
450	钼精矿	0.77	9.01	72.31
	尾矿	99.23	0.027	27.69
	原矿	100.00	0.096	100.00
600	钼精矿	0.71	10.08	74.45
	尾矿	99.29	0.025	25.55
	原矿	100.00	0.096	100.00
750	钼精矿	0.71	10.23	75.33
	尾矿	99.29	0.024	24.67
	原矿	100.00	0.096	100.00
900	钼精矿	0.69	10.58	76.24
	尾矿	99.31	0.023	23.76
	原矿	100.00	0.096	100.00

由表 8-13 可知，当硫化钠用量为 300g/t 时，钼精矿的品位为 7.93%，回收率为 70.21%；随着硫化钠用量的增加，钼精矿品位及回收率均有所提高，当硫化钠用量为 900g/t 时，钼精矿的品位为 10.58%，与 600g/t 用量下所得选别指标变化不大。考虑生产成本因素，选取硫化钠用量的最佳值为 600g/t。

8.5.4　闭路试验

在条件试验和开路试验基础上进行了闭路试验。闭路试验采用阶段磨选、一粗—两扫—粗精矿再磨—十精、中矿顺序返回的流程，闭路试验流程见图 8-15。试验获得的钼精矿品位为 45.47%，回收率为 80.19%，该钼精矿产品质量检测结果见表 8-14。

由表 8-14 可知，钼精矿中 SiO_2 小于 12%，As 小于 0.07%，达到了品级为 KMo45-A 级别，属二级钼精矿。

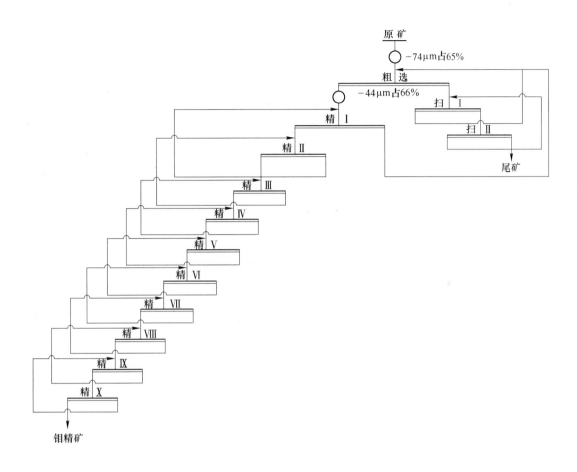

图 8-15 闭路试验流程

表 8-14 钼精矿质量分析

元素	Mo	Cu	Pb	S	As	P	Sn	CaO	SiO$_2$	WO$_3$
含量/%	45.47	0.014	0.12	32.85	0.0038	0.01	0.01	1.71	5.29	0.001

复习思考题

8-1 浮选试验的内容有哪些，程序如何？

8-2 如何确定浮选时间？

8-3 浮选条件试验包括哪些内容？

8-4 浮选试验室闭路试验需要注意哪些事项？

8-5 某铅锌多金属矿浮选闭路试验结果如表 8-15 所示，闭路试验流程如图 8-16 所示，试完成闭路试验的数质量流程计算。

表 8-15　某铅锌多金属矿浮选闭路试验结果表

试验次数	产品名称	质量/g	品位/%		
			Pb	Zn	S
四	铅精矿	44.98	57.85	3.86	17.34
	锌精矿	113.95	0.37	42.42	31.95
	硫精矿 1	370.85	0.20	0.69	35.91
	硫精矿 2	53.98			
	尾矿	415.84	0.15	0.29	4.55
	原矿	999.60	2.79	5.42	21.56
五	铅精矿	46.50	57.05	4.94	17.89
	锌精矿	117.50	0.36	40.87	33.60
	硫精矿 1	402.91	0.20	0.65	36.42
	硫精矿 2	49.10	0.24	0.73	28.31
	尾矿	384.01	0.15	0.27	4.42
	原矿	1000.02	2.84	5.43	22.54

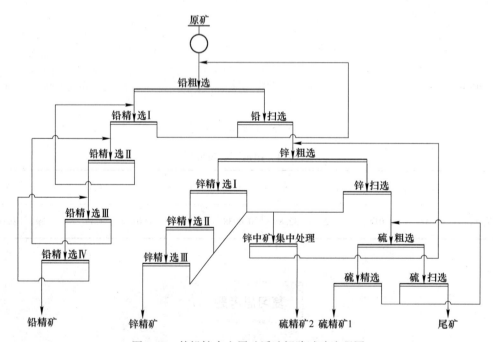

图 8-16　某铅锌多金属矿浮选闭路试验流程图

9 重选试验

【本章主要内容及学习要点】本章主要介绍重力分析的方法、重选试验流程、重选试验的操作、典型重选设备的可选性试验及重选试验结果的整理。重点掌握重选试验操作和重选试验结果评价方法。

9.1 概　　述

重选过程的物理原理相对比较简单，从矿石性质本身来看，密度是主要影响因素，是不可改变的，但粒度是可以控制的。在选别过程中只要其入选原料的密度和粒度组成相近，选别条件便基本相同。重选过程中发生的物理现象，大多可以凭肉眼直接观察判断，这些都决定了重选试验中有关工艺因素的考查工作与浮选不相同。

重选所处理物料的入选粒度一般较粗，粒度范围也较宽。不同粒度的物料要求选用不同的设备，即使可以用同一类设备处理，为了提高效率，物料也常常分级选别，再加上为了避免过粉碎对选别的不利影响，常采用阶段选别流程，导致流程的组合一般都比较复杂。

此外，重选试验通常是按开路流程进行的，原因是重选工艺因素比较简单和稳定。重选试验中中矿返回影响较小，中矿返回试验的目的主要在于考查中矿的分配，而很少像浮选那样，会由于中矿的返回而明显地影响到原矿的选别条件和效率。另一方面，重选流程长，物料粗，用料多，试验工作量大，在一般的实验室条件下，很难组织全流程范围的闭路和连续试验。

相对于全流程而言，重选试验大多是开路、不连续的，每个具体作业却又常是按连续给矿原则工作，有时甚至是闭路循环的（如旋流器、离心机）。重选试验所用设备规格比较大，除可选性评价试验目前一般采用实验室型设备外，为选矿厂设计提供依据的可选性试验，目前大多倾向于采用半工业型设备，个别甚至采用工业型设备。

9.2 重 力 分 析

重力分析，又称比重（密度）组成分析，即对物料进行筛分、重力分离、化学分析。其实质是在理想的条件下将矿石分离为不同比重（密度）的部分，根据不同比重（密度）部分的产率和品位，算出各部分有用成分的分布率。这种方法得出的指标，通常称之为"重选理论指标"，即重选过程可能达到的最高指标。重力分析和重介质选矿的实验室试验技术是一致的，在此一并讨论。

矿石不同比重（密度）部分的分离方法有三种：（1）重液分离法；（2）重悬浮液分离法；（3）逐块测比重（密度）法。第一种方法又称为浮沉试验法，是重选试验最基本的方法。

9.2.1　试样的准备

试样的准备根据试验的目的不同而异。作为物质组成研究的手段，试样的粒度下限取决于现有重液分离试验技术可能达到的限度。例如，在重力场中分离的粒度下限为 0.074~0.040mm。作为重介质选矿试验，其试验下限粒度则取决于现有生产技术可能达到的水平，目前一般以 3~2mm 为限。

为考查试样的入选粒度，则作为分级试样的准备，首先将试样破碎到不同粒度，按 25mm、18mm、12mm、6mm、3mm 等级别进行筛分分级，洗涤脱泥后，分别进行试验。先从粗级别开始试验。若在较粗的入选粒度下已能得出满意的分离指标，则不必对较细级别的试样进行试验，否则即应逐步降低入选粒度，直至得出满意的分离指标为止。-3mm 的级别不进行试验，但亦需烘干、称量，并进行化学分析。

分级试样的分级比，一般大致为 $\sqrt{2}$。例如，可将试样筛分成 -100mm+70mm、-70mm+50mm、-50mm+35mm、-35mm+25mm、-25mm+18mm、-18mm+12mm、-12mm+6mm、-6mm+3mm 等级别。

重悬浮液分离试验通常采用具有不同粒度上限的宽级别物料作为试样。例如，取 4 份原始试样，第一份试样直接在 3mm 筛子上洗涤脱泥，+3mm 的级别烘干后进行分离试验，-3mm 的级别烘干后称量并送化学分析。其余的几份试样，若确定上限粒度分别为 18mm、12mm、6mm，则分别在 18mm、12mm、6mm 的筛子上筛分，并将筛上产物破碎到小于该级别的筛孔尺寸，然后按照第一份试样相同的步骤继续进行制备。

原始试样的总重量随物料的粒度上限而异，应能满足试样最小重量 $Q = Kd^2$ 的关系。一般当最大粒度为 25mm 时，可取 25~30kg 左右。逐块测比重（密度）法分离矿块时，所用的试样量一般较小。各级矿块总数大致为 200 块左右。

试样必须按正规的缩分方法缩分，试样重量或块数只要大致符合要求即可。

9.2.2　分离方法

9.2.2.1　重液分离法

重液分离是矿物分析和测定矿石中有用矿物浸染粒度最常用的方法之一。

在重介质选矿试验中，重液分离法是作为预先试验的方法，目的是确定重介质选矿过程的理论指标。其分离过程是将矿块置于一定密度的重液中，密度大于重液者下沉，小于重液者上浮，密度与重液相近者则处于悬浮状态。据此可利用一系列不同密度的重液来分离轻、重的矿石。大于 0.074~0.040mm 的试样，均利用重力自然沉降分离；小于 0.074~0.040mm 的试样，则需在离心力场中分离。

块状和粗粒物料的分离试验通常在烧杯或玻璃缸中进行。首先将不同密度的重液按要求配好，分别放入容器中，然后将试样分小批给入重液中，搅拌后静置，待其分层后将浮物和沉物分别用漏勺捞出，待全部试样分离完毕后再转入下一个分离密度进行分离。分离试验通常是按照密度从小到大的顺序进行。例如，先用2.6的重液分离出浮物和沉物，浮物作为最终产品，沉物再用密度2.7的重液分离，如此类推，最后将试样分成-2.6、-2.7+2.6、-2.8+2.7、-2.9+2.8、-3.0+2.9，+3.0等密度部分，但若发现某一个密度部分产率甚大，亦可再增加一个分离密度，将该部分再分成两个部分。各部分产品需分别洗涤、烘干、称量、化学分析，洗下的重液可再生利用。

细粒物料的分离，可利用化学试验用的普通漏斗进行。当用三溴甲烷或二碘甲烷作重液时，可用下端套有橡皮管的普通漏斗，在橡皮管上套上两个夹子，先夹紧下夹，使漏斗内盛满重液，然后给入试料，用玻璃棒搅拌数次，盖上表面皿，静置分层，待重矿进入橡皮管而轻矿物浮至漏斗中后，即可夹紧上夹，将轻、重矿物隔开，然后分别放出。

离心力场中的分离是利用离心试管作分离容器，在手摇或电动离心机中产生离心作用。操作时，离心机中位于对称位置的两管所装重量要相近，否则高速转动时玻璃管会破裂。离心机转速渐增，一般最高3000~4000r/min，持续3~5min，逐渐减速停止。离心试管上层矿物用玻璃棒拨出，或用小网勺舀出。

9.2.2.2　重悬浮液分离法

目前生产上重介质选矿大多是用重悬浮液做介质，因而对于重介质选矿试验，重液分离只能作为预先试验，最后还必须在实际悬浮液中进行正式分离试验。有时由于重液缺乏，或物料粒度粗，试样多，或矿石松散，不适于在重液中分离，可不经重液分离而直接用悬浮液试验，包括用在物质组成研究工作中作为单矿物分离的手段。但重悬浮液分离法不适用于研究细粒物料，因为细粒物料被介质污染后难以同介质分离。

分离操作可在直径和高度大约200mm的圆筒形容器（桶、缸、杯）中进行。分离试验操作与重液分离类似，主要差别是悬浮液为非均匀介质，静置时会分层，必须不断搅拌方能保持密度的稳定。

将配制好的悬浮液注入分离容器，不断搅拌，并测其密度。调节到要求数值后，一面缓慢搅拌，一面加入预先用同样悬浮液浸湿的试样。停止搅拌后5~10s，用漏勺自悬浮液表面（插入深度大致相当于一块最大块的尺寸）捞出浮物，然后再取出沉物。如除浮物和沉物之外还有大量密度与悬浮液接近的中间产物处于不沉不浮的状态，则最好单独收集。取出的产物分别置于筛子上用水洗净，并烘干、称量、取样、送化学分析。若有必要，回收的悬浮质可用选矿的方法再生。

逐块测比重（密度）法常用的重液大部分稀贵有毒，当块度大时，耗用重液多，因而一般大于10mm的块状物料可用逐块测比重（密度）法测定。

将测过密度的矿块，按一定的密度间隔分成几堆，即几个不同密度的部分，例如，-2.6、-2.62+2.6、-2.65+2.62…分别称量、取样、送化学分析。划分密度间隔的原则是，靠近预定分离密度的地方间隔取窄些，但又要使每一个密度部分的矿块不至于过少。

9.2.3　试验结果的表示

上述每一种分离方法的试验结果所得出的原始数据是不同级别试样的不同密度部分的重量和品位，并且要进一步计算其产率和金属分布率。试验结果的表示方法，一般为根据原始数据计算试验结果，并列表表示。另一种方法是，根据试验结果绘出可选性曲线。

设原矿试样破碎到-25mm，分级进行试验，结果列于表9-1中。现说明表中各栏的计算方法。

表 9-1　各级别重液分离试验给果

级别 /mm	各部分的密度 /kg·m⁻³	各部分的产率/%		品位 /%	金属分布率/%	
		对级别	对原矿		对级别	对原矿
-25+18	-2.7	32.7	5.9	0.20	1.9	0.5
	+2.7-2.8	14.0	2.5	0.55	2.2	0.6
	+2.8-2.9	13.6	2.4	1.11	4.3	1.1
	+2.9-3.0	6.0	1.1	1.59	2.6	0.6
	+3.0	33.7	6.0	9.23	89.0	22.9
	小计	100.0	17.9	3.59	100.0	25.7
-18+10	-2.7	37.3	5.1	0.18	3.7	0.4
	+2.7-2.8	18.1	2.5	0.55	5.4	0.5
	+2.8-2.9	7.0	0.9	0.80	3.0	0.3
	+2.9-3.0	5.0	0.7	1.23	3.3	0.3
	+3.0	32.6	4.4	4.75	84.5	8.6
	小计	100.0	13.6	1.84	100.0	10.1
-10+5	-2.7	34.0	9.5	0.22	3.5	0.8
	+2.7-2.8	20.7	5.8	0.72	6.9	1.7
	+2.8-2.9	11.2	3.1	1.00	5.2	1.3
	+2.9-3.0	6.7	1.9	2.25	6.9	1.7
	+3.0	27.4	7.6	6.15	77.5	18.7
	小计	100.0	27.9	2.15	100.0	24.2
-6+3	-2.7	15.3	2.4	0.20	1.5	0.2
	+2.7-2.8	15.9	2.5	0.55	4.0	0.5
	+2.8-2.9	12.1	2.9	0.60	2.8	0.4
	+2.9-3.0	14.1	2.3	0.72	4.7	0.7
	+3.0	42.6	6.8	4.88	87.0	12.0
	小计	100.0	15.9	2.15	100.0	13.8

第一栏是各级别的粒度。

第二栏是各部分的密度。

第三栏是各部分对本级别的产率：

$$\gamma_{bj} = \frac{该部分重量}{该级别重量} \times 100\% \tag{9-1}$$

第四栏是各部分对原矿的产率：

$$\gamma_{by} = \frac{\gamma_j \times \gamma_{bj}}{100}\% \tag{9-2}$$

第五栏是品位，其中各部分的品位是原始数据（化验结果），各级别小计品位 β_b 则是按下式算得：

$$\alpha_j = \frac{\sum \gamma_{bj} \times \beta_b}{100} \tag{9-3}$$

第六栏是各部分对本级别的金属分布率：

$$\varepsilon_{bj} = \frac{\gamma_{bj} \times \beta_b}{\alpha_j} \tag{9-4}$$

第七栏是各部分对原矿的金属分布率：

$$\varepsilon_{by} = \frac{\gamma_{bj} \times \beta_b}{\alpha} \tag{9-5}$$

式中，α 为原矿品位，其计算见表 9-2。

由表 9-1 的数据可综合得 -25mm+3mm 级别的累计指标（表 9-2）。表 9-2 的重液分离试验结果是考查丢弃尾矿问题，因而各部分密度产物是由轻向重累计。如果要考查精矿（重产物）指标，则倒过来从 +3.0 密度部分开始由重向轻累计。

表 9-2　-25mm+3mm 重液分离试验综合结果

各部分的密度 /kg·m⁻³	产率/%			品位/%		金属分布率/%		
	对本级		对原矿	个别	累积	对本级		对原矿
	个别	累积				个别	累积	
-2.7	30.4	30.4	22.9	0.2	0.2	2.6	2.6	1.9
+2.7-2.8	17.6	48.0	13.3	0.6	0.35	4.5	7.1	3.3
+2.8-2.9	11.4	59.4	8.6	0.9	0.47	4.0	11.1	3.0
+2.9-3.0	7.8	67.2	5.92	1.6	0.6	4.5	15.6	3.3
-3.0	32.8	100.0	24.7	6.1	2.43	84.4	100.0	62.3
-2.5+3.0	100.0		75.4	2.43		100.0		73.8
-3.0			24.6	2.65				26.2
原矿			100.0	2.48				100.0

以上通过重力分析，对于某种矿石是否能用重力选矿法处理，将做出判断。设上述重力分析的目的是判断用重介质选矿法丢弃废石的可能性，要求尾矿品位不大于 0.4%，产率不小于 35%。重力分析结果说明了以下三个问题：

（1）入选粒度。由表 9-1 可知，不同级别的选别指标相差不大。当粒度为 25mm，分离密度为 2.8 时，其金属分布率为 1.1%（对原矿），这项指标是比较低的。这说明破碎到较粗的粒度就能满足丢弃废石的要求。

（2）分离密度。由表 9-1 看出，若分离密度取 2.8，则尾矿品位为 0.35%，产率对本级为 48%，对原矿为 36.2%，符合要求。

（3）分离指标。当分离密度为 2.8 和尾矿品位为 0.35% 时，尾矿产率对作业给矿为 48.0%，对原矿为 36.2%；金属损失率对作业给矿为 7.1%，对原矿则为 5.2%。

如果是用重力分析考查精矿指标，就要使有用矿物富集到高密度部分。品位符合精矿质量要求，其前提就是要将试样破碎到使有用矿物单体分离的粒度。因而将不同粒度试样按密度分离，试验结果对比分析，哪一个级别的高密度部分品位愈高，就说明哪个级别的单体分离愈完全。因此重力分析也是一种物质组成研究的手段，其可用于考查矿石的嵌布粒度特性，原因就在于此。

显然，可以根据重力分析结果来选择入选粒度和选别段数。若是一段选别，就应取高密度部分（理论上它就是将来的精矿）品位和金属分布率均达到试验要求（还要注意理论指标和实际指标的差别）的那个粒度作为入选粒度；若粗粒级的高密度部分，金属分布率虽然较低，但品位已符合精矿质量要求，即可考虑采用阶段磨选流程。由于不同粒度的重力分析结果可以说明为使有用矿物单体分离所必须的破碎粒度，因此它不仅对重选过程有直接的指导意义，而且对其他选矿方法的试验工作也有一定的参考价值。

重力分析的结果也可用曲线形式表示，如图 9-1 所示。图中曲线分别表示不同分离密度时的尾矿品位 θ_q（轻产物累计品位），尾矿产率 γ_q（轻产物累计产率）和精矿回收率 ε_{zh}（重产物中累计金属分布率 = 100 − 轻产物中累计金属分布率）。

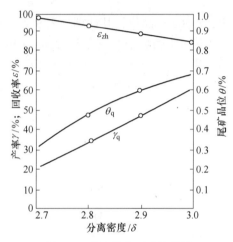

图 9-1 重液分离可选性曲线

实验室内进行的重液选矿试验，由于其操作方法都是分批间断操作，影响因素单纯，操作简单稳定，完全没有涉及设备选择和工作参数的考查问题，因而所得分选指标会比实际生产时高一些。因此实际矿石的重介质选矿试验，在上述浮沉试验的基础上，必须在模拟生产设备结构型式的连续试验装置上进一步进行试验。

由于重介质选矿作业所处理的物料粒度一般较粗，因而试验设备一般不比工业设备小很多，多数可认为是"半工业型"的，有的甚至是较小尺寸的工业型设备。只在个别情况下才使用所谓"实验室型"的小设备。

常用的重介质选矿设备有重介质振动槽、圆筒形和锥形重介质选矿机、重介质旋流器。它们的连续试验装置的组成是类似的，即包括矿仓、给矿机、悬浮液搅拌桶、分选机、脱介（质）筛和冲洗筛、砂泵以及其他运输和贮存装置等一整套设备。但重介质振动槽、圆筒型和锥型重介质选矿机的给矿均可用给矿机自然给入，而重介质旋流器必须利用砂泵或恒压槽在一定压力下给矿。

重介质选矿设备的操作方法与生产设备类似。有关这方面的内容可参阅重选教材。

9.3 重选试验流程

在重选可选性研究中，最主要的任务就是选择和确定工艺流程和相应的设备。

试验流程通常根据矿石性质并参照同类矿石的生产实践决定，但应比生产流程灵活，因为入选粒度、丢尾粒度和中矿处理方法等许多具体问题需通过试验考查和对比后才能确定，拟定试验流程所需的原始资料主要有：

（1）矿石的泥化程度和碎散性，据此确定洗矿和"泥砂分选"的必要性。

（2）矿石的贫化率，据此判断是否有必要采用重介质选矿、光电选或手选等方法进行预选，丢弃废石。

（3）矿石的粒度组成和金属在各粒级中的分布率，这对于砂矿床尤为重要，因为在大部分砂矿中，有用矿物往往主要集中在各个中间粒度的级别中。

（4）矿石的嵌布特性，它决定着选矿方法和流程结构的选择，包括入选粒度、丢尾粒度、选别段数、中矿处理方法和设备组合等一系列基本问题。

（5）矿石中共生重矿物的性质、含量及其与主要有用矿物的嵌镶关系，这涉及这些共生重矿物在重选过程中的走向，以及重选粗精矿和中矿的加工处理方法。

图9-2和图9-3所示是一个钨锡原生脉矿重选试验流程实例，具有一定的典型性。根据物质组成研究资料，初步确定入选粒度为−12mm，最终破碎粒度为0.5mm，考虑钨、锡矿物价值高，性脆易过粉碎，准备采用三段碎磨和选别的流程。

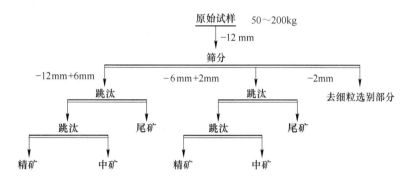

图9-2　粗细不等粒嵌布钨锡矿石探索性试验流程（一）

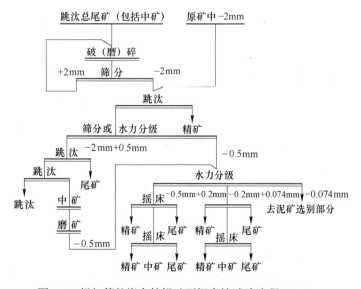

图9-3　粗细等粒嵌布钨锡矿石探索性试验流程（二）

图9-3所示是试验流程的第一部分，即粗粒选别部分，试验的主要目的是考查所定的入选粒度是否合理和在什么粒度可以开始丢尾矿。若粗粒级既不能得到精矿又不能丢尾

矿，就应将全部试样均重新破碎到较小粒度后重新开始试验。如果粗粒级可以得精矿，但不能丢尾矿，就应将中矿和尾矿合并作为"跳汰尾矿"，送下段选别，如果同时可以丢出尾矿，就可仅将中矿送下段选别。若跳汰只能丢尾矿，则它仅起预选即初步富集作用。

图 9-3 所示流程第二部分，是细粒选别段，主要设备为摇床，试验的主要任务是：

（1）如果+2mm 各级均未能丢出可以废弃的尾矿就需要继续探索抛尾的起始粒度。

（2）确定最终磨矿粒度。

（3）最后选定设备，特别是中粒部分的选别设备。例如，-2mm+0.5mm 级也可以改用摇床选；又如，如果中粒跳汰在流程中的作用是预选，就还应考虑改用圆锥选矿机的可能性。

-74μm 矿泥的选别流程在图中未绘出。目前国内最常用的流程是：先用旋流器分级；大于38μm 的粗泥送到摇床选别；小于38μm 的细泥用离心溜槽粗选，皮带溜槽精选。矿泥中金属主要分布于较粗级别中时，也可直接采用自动溜槽或普通溜槽粗选，皮带溜槽精选，事先不一定要分级。

探索性试验结束后，须重新取一份数量较多的试样，按所选定的流程做正式流程试验，以便取得可作为设计依据的工艺指标。

9.4　重选试验操作

重选试验操作的内容，主要包括工艺条件的考查及重选试验过程的操作方法两个方面。

9.4.1　工艺因素的考查

重选试验，在进行系统的流程试验前，一般都要考查影响各种设备效率的工艺因素，找出其最合适的工艺条件。

9.4.1.1　考查内容

（1）负荷。主要是指给矿量（按干矿计算）、给矿浓度、体积负荷（给入矿浆体积）。对于不同的设备，考查的重点亦有所不同。跳汰机和洗矿设备，主要是控制给矿量，流膜选矿设备则主要是控制体积负荷。

负荷量是一个重要的因素，但在确定负荷量时要全面考虑技术经济效果，调节的范围要适当。对于旋流器，不仅要考查负荷量，还必须考查给浆压力。给浆压力是影响旋流器工作的最重要因素之一。

（2）水量。重选过程（湿法）的水量也是一个重要因素，除了与负荷有关的给矿水外，还有各种补加水，如跳汰机和重介质振动槽的筛下水，流膜选矿设备所用的冲洗水等。

（3）介质和床层。重选过程中，最基本的选别介质是水以及水同固体物料的悬浮液。重悬浮液选矿时首先要确定悬浮液的密度，然后选择加重剂的品种和粒度组成，以及悬浮液中加重剂的固体含量。

细粒跳汰过程，除了由入选物料形成的自然床层以外，还要添加人工床层。自然床层厚度、人工床厚度、床层材料和粒度等都是可能影响跳汰选别效果的因素。

（4）设备结构参数。此处所指的是在选矿试验过程中要调节的那些参数。对摇床、尖缩溜槽、皮带溜槽等这类在重力场中作用的普通流膜选矿设备，需要调节的结构参数主要是坡度（倾角）。

在离心力场中分离时，设备的结构参数比较重要。最突出的是旋流器，几乎全部参数都是可以调节的，但其中有些参数是在设计实验室设备时即应考虑决定的，进行选矿试验时只是如何根据作业性质选择其规格尺寸的问题，如筒体的直径和高度、锥角和给矿口尺寸等，实际使用中经常要调节的主要是沉砂口和溢流口的尺寸。

（5）设备运动参数。对于往复运动的设备，如跳汰机和摇床，以及重介质振动槽，运动参数指的是冲程和冲次。其中冲次可根据所选物料粒度预先选定，需要通过对比试验考查的主要是冲程。对于回转运动的设备，运动参数就是指转速，如离心选矿机的转鼓转速。

（6）作业时间。对于间歇给矿的设备，需考查作业时间的影响，如离心选矿机和自动溜槽的给矿时间和冲洗时间。

9.4.1.2 考查方法

上述各种工艺因素的考查，其判断方法大多根据分选过程的现象直观观察，即判断其选别效果的优劣。最典型的是摇床，其分选现象完全可通过物料在床面呈扇形分布的情况直观判断，因而在试验过程中摇床的操作条件都是在正式试验前利用少量试样临时调节，很少安排专门的条件试验，跳汰机的分选也可根据床层松散程度作初步判断，必要时此基础上安排较少的条件试验进行考查。

有的重选设备虽然不能依靠直观判断选定操作条件，但可做出某些初步判断，进而帮助减少试验工作的盲目性和工作量。例如各种溜槽，特别是离心溜槽试验中，若发现"拉沟"现象，即可断定其选别效果不会好，而不必盲目取样化验。

前面罗列了重选试验时需要考虑的各项工艺因素，具体试验则必须了解各类设备各有其特点，不能盲目地对所有因素都进行考查。例如，跳汰试验首先应调节冲程，其次是人工床厚度和筛下水量。对摇床主要调节冲程、冲洗水量和床面坡度，其体积负荷虽然是一个重要因素，但常是按定额选取。至于其他因素，只要它们已有一般规律可循，就没有必要在每次试验时都重新系统考查，也没有必要在操作中随时调节。例如摇床的冲次，可根据试料粒度预先选定，操作中不再调节。

9.4.1.3 操作方法

重选试验过程的操作，主要是给矿、接矿以及产品的计量和取样。

A 给矿和接矿

给矿方法有间断给矿和连续给矿两种。间断给矿时，试料是一次给入或分几批给入，其操作方法是等一批试料处理完毕以后，才给入第二批。间断给矿方法仅在探索性试验时为考查某些工艺操作条件时用，如实验室重液或重悬浮液分离试验、在小型跳汰机中进行预先试验或精选试验等多数情况下，重选试验都是采用连续给矿方法。负荷的稳定，对于重选设备的正常工作，是一个重要的前提。因而各种试验设备，最好附有机械给矿装置。对于细粒和泥矿选别设备，不仅要求给矿量恒定，还要求浓度和体积负荷恒定，因而还必须附有搅拌桶和湿式给料装置。

如果要求给浆具有一定压力（如旋流器），就需要配设砂泵和高位恒压给矿槽（斗）。有时候，即使是在自然压力下给浆，为了保持给浆量的稳定，最好也设高位恒压给矿斗。所不同的是，前者给矿斗与选别设备之间高差必须大到能形成足够的进浆压力；而后者高差不要很大，只要便于配置和操作即可。图 9-4 为小型离心选矿机试验装置。

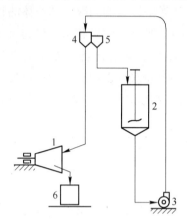

图 9-4　某小型离心选矿机试验装置

1—离心选矿机，φ380mm×400mm；2—搅拌桶，φ500mm×1000mm；

3—立式砂泵，3/4 英寸；4—高位恒压给矿斗；5—溢流斗；6—接矿容器

重选试验时，矿浆产品的接取通常都必须备有一大批大桶或大缸。此外，在预先试验时，为了节省试样，常需将产品混合后循环再用，因而连续装置通常都设有矿浆循环管道。可以用砂泵将产品扬送到原给矿搅拌桶或给矿斗中。

如何确定精矿截取量也是试验操作中的一个重要问题。在大多数情况下，精矿的截取量可根据直观判断来确定。如果不能直接从现象上进行判断，就只有将产品划细些，即多接几个产品，分别计量和取样化验，并据此绘制精矿产率对精矿品位和回收率的关系曲线，从曲线图中即可找出精矿达到预定的选别指标的截取量。

B　计量和取样

重选试验一般流程长，所用试样量大，因此计量取样操作要特别注意，要求所取样品具有代表性，计量要准确，否则会造成很大的误差。

（1）计量。计量总的原则是最终产品应尽可能地直接称量，如不能全部直接称量，至少应将精矿直接称量。粗粒产品如跳汰产品，一般可全部收集，脱水烘干后直接称量。细粒和泥矿产品，若试样量不大，也最好全部收集起来，脱水烘干后直接称量。若试样量大，不宜全部烘干称重，则有两个方法处理：一是仍将全部产品收集起来，然后直接称量矿浆的湿重，并取样测量其浓度，据此计算矿浆的干重；二是在试验进行过程中，待矿浆流量稳定后，用截流法测量单位时间内流过的矿浆量，同时测量其浓度，据此算出单位时间内处理的干矿量和得出的产品重量（干重）。后者实质是取样计量，而不是全量计量，

因而计量的准确性首先取决于取样方法的可靠性。在具体操作中必须遵循取样的基本原则，同时计时要准确。

由于在重选试验中，某些产品（矿泥及泥状尾矿）容易流失而造成计量的不准确，而原矿或作业给矿常是干矿，容易计量，因而原矿和作业给矿都必须计量。在全流程试验时，中间产品的重量原则上可以根据最终产品的重量反推，但对于一些关键性的产品，只要计量不影响下一步试验，也最好计量。

（2）取样。块状和粗粒产品的取样于并计量后，用堆锥四分法缩分取样，通常是在全部产品脱细粒和矿泥产品，若产品量不大，也可采用上述方法。产品量大时，则采用截流取样法。

对于一些周期性的作业，例如离心选矿机，若试验时间仅仅是一个周期的槽形取样器，就可让精矿留在锥体上，待设备停稳后，将锥面上沿轴线方向全长，沿矿层厚，沉积的矿砂作为试样。一般要在锥面上刻取两条样槽，于锥体圆周上两相对的位置，即各相距180°。

9.4.2 典型重选设备的可选性试验

9.4.2.1 流槽选矿可选性试验

流槽用于选别难于在淘汰盘上选别的细物料，处理粒度通常为-0.15（0.10）mm。流槽通常用来粗选淘汰盘的矿泥尾矿或浮选尾矿，所得粗精矿再以淘汰盘精选之。试料的重量视有价成分的含量，自2（品位高的）~25kg（品位低的）。

流槽试验的目的在于确定应用流槽选的适宜性，选别指标，以及流槽铺面的种类，槽的倾角，矿紧的浓度，流槽的单位负荷，清洗时间的间隔等。

若实验室中或在野外没有淘汰盘或流槽，则可用淘金盘或木盆对砂金、砂铂，砂锡等进行淘洗试验，其结果也可用估计淘金盘选或流槽选的适应性及可能得到的选别指标。

9.4.2.2 螺旋选矿可选性试验

因为螺旋选矿机所得到的工艺（回收率）及经济指标高于跳汰选、流槽选和跳汰盘选，是一种高效的选别设备，所以近年来成功地用来代替跳汰机、流槽、淘汰盘等处理砂矿、有色金属及稀有金属矿石。在重力选别或联合方法选别流程中，常作为第一阶段的选别方法；在浮选厂中，用以回收浮选尾矿中的重金属矿物。

入选物料中如含有大量的黏土质矿泥，能恶化选别过程。遇此情况，欲得好的选别指标，选别前应事先脱泥。此外，选别的物料不宜含有大量呈作片状的脉石颗粒。

螺旋选别适宜的物料粒度范围对砂矿而言为-16mm，对矿石而言为-3mm+0.1mm。因为螺旋选别的工艺及经济指标高于跳汰选、流槽选及跳汰盘选，故后面这些选别法对矿石可选性的试验结果，可用来评价该矿石应用螺旋选别的适宜性。

当有足量的试料并要求进行详细的试验时，可在螺旋选矿机上进行连续操作的可选性试验。这种详细的试验在于确定选别过程适宜的主要参数，如螺旋槽的断面形状、螺旋的长度（螺旋圈数）、螺旋的升角、精矿截流器的数目及其安装地点、螺旋选矿机的生产力、给矿的浓度、洗水的用量、精矿的产率等。

9.4.2.3　跳汰选可选性试验

根据矿石的重力分析及其可选性曲线，可以判断该矿石是否适用跳汰选矿法，以及预测最理想选别指标。当矿石中矿物组成的密度差大于 1.0 时，跳汰选别可得到良好的选别结果，也即重力可选性指数 e 大于 1.25 可作为适用跳汰选矿法的标志。

根据比较，当选矿厂的生产力大于 100t/d 时，对于−25mm+66mm 或−25mm+3mm 的粗级别物料，采用重悬浮液选别比跳汰选别可得到较高的经济效率。因此，在通常条件下矿石跳汰选的可选性研究，宜对−3mm 或−6mm 的物料进行。跳汰选别试验在实验室中可用实验室跳汰机，或水力鼓动机（适用于研究细物料）或手动跳汰筛进行。

在研究过程中，需要对分级物料及未分级物料进行平行试验，以确定比较其选别可能性及可得到的选别指标。

对物料的分级可采用筛比为等降系数 $e = \dfrac{\delta_{重} - 1}{\delta_{轻} - 1}$ 的筛子进行筛分。对每一级别称量，以计算其产率，并用之作为试验的试料。

在正式试验（如用跳汰机）之前，应事先进行条件的预先试验，即先以一部分试料进行跳汰试验。通过对分层现象的观察，调节并选择好跳汰机的工作参数，如冲程、冲次、溢流堰高度、用水量等等。

跳汰细级别（−4mm）物料时采用人工床。此时跳汰机筛网的孔眼应能容许重矿物最大颗粒的通过。矿物可用铁丝截成，其大小约大于所试验物料中重矿物最大颗粒的三倍。欲得富的精矿（网下产品）时，用厚的人工床（厚至 30mm）；而欲选出放弃尾矿时，用薄床（不小于 10mm）。筛网上矿石层的厚度，在连续操作的跳汰机上，可用溢流堰的高度来调节。

跳汰试验后，将所得精矿、中矿及尾矿产品烘干，称量，破碎，取样，磨细，进行化学分析。如果可废弃的尾矿的产率相当大，或者可得到富的精矿，其有价成分的向收率大于 30% 时，便可得出该试料适用跳汰选别的结论。

试验的结果可列表表示，如所得产品在四种（精矿、中矿 1、中矿 2、尾矿）以上，可以画制 $\gamma = f(\theta)$，$\gamma = f(\varepsilon)$，$\gamma = f(\gamma)$ 等可选性曲线。

如果试样的数量足够，且试验要求详细进行时，应该查明冲程、冲次、溢流堰高度、给矿浓度、网下水量、矿床层性质（厚度、密度、尺寸）以及跳汰机单位负荷（给矿速度）等因素的影响。但应注意，这些条件的测定只有在试验的工作条件与实际生产上的条件相接近（即跳汰试验是连续操作）时才予进行。

在研究任何一个因素的影响时，要做几个不同数值的单因素试验，即在试验中其余条件保持不变，仅对一个或两个相互联系着的因素（如冲程及冲次）予以变化。每个试验应重复进行 2~3 次，取其平均结果。

9.5　重选试验结果

9.5.1　试验结果的计算

重选小型试验结果的计算方法与重力分析结果的计算方法相似，此处不再重复。

由于重选试验流程复杂，需要的试样量大，因而在实验室条件下，为了确定最终选别指标，一般都是按开路原则（中矿不返回）进行流程试验。这样，最后总会剩下一些中矿。在计算最终指标时，如何处理这部分中矿，是一个比较麻烦的问题。

一般来说，当中矿产率较大时，无论采用何种计算办法，都难以得出合乎实情的指标。在试验过程中，应事先注意到把中矿尽量处理，通过多次再选的办法使最终中矿的产率和金属量都很小。这时，可用下列公式计算从中矿部分可能得到的回收率，然后加入精矿回收率中，即为闭路作业精矿的总回收率。

$$\varepsilon = \varepsilon_1 + \varepsilon_2 \times \frac{\varepsilon_1}{\varepsilon_1 + \varepsilon_3} \tag{9-6}$$

式中 ε ——按闭路原则工作时，可能达到的精矿回收率指标；

ε_1 ——按开路原则试验时，精矿中有用成分的回收率；

ε_2 ——按开路原则试验时，最终中矿中有用成分的回收率；

ε_3 ——按开路原则试验时，尾矿中有用成分的回收率。

这个公式的实质是，假定中矿的可选性与原矿相同。显然，这种情况是很少的，大多数情况下中矿的可选性都比原矿差，即矿物组成可能比原矿复杂，常有中等密度矿物富集，嵌布粒度也可能比原矿细，因而其选别效果也应比原矿差。这样，有人建议在按上式计算之后，应再按经验打一个折扣，根据中矿的组成和嵌布特性，可以是七折、六折或对折。在对中矿指标进行计算之前，若发现中矿性质与原矿相差甚远，实际难以选别，就只能建议以最终难选中矿产出，不要进行计算。

9.5.2 试验结果的分析

评定选矿效果的好坏，一般采用精矿品位和回收率。在重选试验中，特别是对于细粒物料的选别，还常采用粒级回收率作为评定选别效果的依据。通常是将原矿、精矿、尾矿分别进行筛析和水析，根据各个级别的化验品位和产率，算出各产品中各个粒级的金属分布率，再按以下公式计算粒级回收率。

$$\varepsilon_i = \frac{\varepsilon_c \times D_{ci}}{\sum\limits_{j=1}^{n} \varepsilon_j D_{ji}} \times 100\% \tag{9-7}$$

式中，ε_i 为某粒级有用成分在精矿中的回收率；ε_c 为精矿中有用成分的回收率；D_{ci} 为精矿中某粒级有用成分的分布率；ε_j 为第 j 个产品中有用成分的总回收率；D_{ji} 为第 j 个产品中有用成分在粒级 i 中的分布率。

表 9-3 中 +1.6mm 级的金属回收率为

$$\varepsilon_{+1.6} = \frac{95.12 \times 1.84}{100 \times 2.33} \times 100\% = 75.11\%$$

式中，95.12% 为已知精矿中金属的回收率；1.84% 和 2.33% 分别为原矿和精矿中 +1.6mm 级的金属分布率。

表 9-3　某白钨矿螺旋溜槽粗选粒级回收率的计算

粒级/mm	原矿			精矿			粒级回收率/%
	产率/%	品位/%	金属分布率/%	产率/%	品位/%	金属分布/%	
+1.6	6.27	0.38	2.33	13.06	0.32	1.84	75.11
−1.6+1.2	8.93	0.73	6.85	10.46	1.40	6.47	89.84
−1.2+0.9	17.06	0.85	13.94	17.34	1.80	13.79	94.09
−0.9+0.5	21.11	0.86	18.86	25.86	1.58	18.06	91.08
−0.5+0.2	21.15	1.38	28.06	12.88	4.95	28.17	95.49
−0.2+0.074	10.84	1.29	13.45	5.26	5.74	13.34	94.34
−0.074+0.038	7.44	1.38	9.86	2.76	8.32	10.13	97.72
−0.038	7.20	1.22	8.45	12.38	1.50	8.20	92.30
合计	100.00	1.04	100.00	100.00	2.263	100.00	95.12

由表 9-3 可知，当原矿磨至−0.074mm，含量为 40% 时，经螺旋溜槽重选后钨金属在各个粒级中的分布比较均匀。可见经螺旋溜槽重选既不能有效抛尾，也不能得到高品位的钨精矿。

利用粒级回收率这个指标，可以判断在原矿粒度组成不同的情况下，选矿效果的优劣。这种方法在我国重选生产和试验工作已广泛的应用。

9.6　重选实例

9.6.1　矿石性质

某矿原矿光谱半定量分析结果见表 9-4，原矿化学多项分析结果见表 9-5。

表 9-4　原矿光谱半定量分析结果

元素	Ag	Al_2O_3	B	Ba	Be	Ce	CaO	Cd
含量/×10⁻⁶	<1	12.62%	53.51	677.6	1.385	54.02	3.266%	0.6173
元素	Cu	TFe_2O_3	Ga	Co	Hf	K_2O	La	Li
含量/×10⁻⁶	37.71	4.657%	21.03	11.36	8.68	2.297%	22.31	28.08
元素	MgO	Mn	Mo	Na_2O	Nb	Ni	P	Pb
含量/×10⁻⁶	1.34%	937.5	4.1	2.773%	2.851	15.09	479.4	20.25
元素	Rb	Cr	Sc	Sn	Sr	Ta	Th	Ti
含量/×10⁻⁶	57.16	55.57	13.27	32.28	128.2	<1	12.65	2817

元素	V	W	Y	Zn	Zr	—	—	—
含量/×10⁻⁶	56.98	62.78	22.3	49.31	51.66	—	—	—

注："%"为百分含量。

表 9-5　原矿化学多项分析结果

项目	Au*	Ag*	Cu	Pb	Zn	S	As	Mo	Sb*
含量/×10⁻²	1.98	0.37	0.0037	0.0021	0.005	0.28	0.0003	0.0004	0.2
项目	Co	TFe	WO₃	SiO₂	Al₂O₃	K2O	Na₂O	CaO	MgO
含量/×10⁻²	0.0012	2.21	0.0002	69.41	12.25	2.21	2.72	3.17	1.30

注：带"＊"的元素其含量单位为×10⁻⁶。

已查明该矿的围岩为千枚岩和片状千枚岩，赋矿岩石为硅化千枚岩。矿石矿物简单；除自然金外，仅少量黄铁矿、微量黄铜矿和方铅矿。脉石矿物主要是石英、钠长石、绢云母、绿泥石、方解石，少量为白云母和黑云母。

经统计，自然金的粒度以粗粒面积含量为主，占 79.31%（＞0.074mm）；其次为中、细粒金（0.074~0.02mm），占面积含量的 22.64%；其余为微粒和超微粒金（＜0.02mm）。自然金的形态以片状和麦粒为主，其次为多边形和粒状。自然金多分布于石英与绢云母之间且粒度较粗，而包裹在黄铁矿中者较少且粒度细小。因自然金多分布在矿物粒间，包裹金仅占少量。因此，为了提高金的回收率，同时避免单体金的过磨损失，采用重-浮联选流程进行试验，这是只介绍尼尔森重选试验部分内容。

9.6.2　重选尼尔森条件试验

为了确定最合理的尼尔森选别条件，需进行一些必要的条件试验，如磨矿细度试验、冲洗水试验、G 值试验等。

9.6.2.1　磨矿细度试验

选择合适的磨矿细度是确保获取高回收率、避免不必要的过磨现象、减少磨矿成本的首要前提条件。本次试验利用重选方法进行了磨矿细度试验，确定较为合适的选矿方法和磨矿细度。试验流程如图 9-5 所示，试验结果见表 9-6。

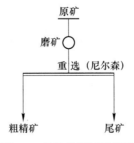

图 9-5　重选条件试验流程

表 9-6　磨矿细度试验结果

试验编号	磨矿细度 (−74μm 含量)/%	产品名称	产率/%	金品位/g·t⁻¹	回收率/%	试验条件
1	54.8	粗精矿	1.32	110.54	72.64	
		尾矿	98.68	0.56	27.36	
		原矿	100.00	2.01	100.00	
2	65.2	粗精矿	1.48	112.12	81.77	
		尾矿	98.52	0.38	18.23	
		原矿	100.00	2.03	100.00	
3	69.8	粗精矿	1.34	128.15	82.30	给矿浓度为17%；冲洗水速度为 3.5L/min；扩大重力倍数为60
		尾矿	98.66	0.37	17.70	
		原矿	100.00	2.09	100.00	
4	78.2	粗精矿	1.28	126.46	81.00	
		尾矿	98.72	0.38	19.00	
		原矿	100.00	2.00	100.00	
5	85.3	粗精矿	1.21	118.12	76.47	
		尾矿	98.79	0.44	25.53	
		原矿	100.00	1.87	100.00	
6	90.7	粗精矿	1.13	126.50	75.26	
		尾矿	98.87	0.48	24.74	
		原矿	100.00	1.90	100.00	

从表 9-6 磨矿细度试验结果看出，随着磨矿细度的增加，粗精矿金的回收率也随之增加，但磨矿细度增加到 78.2%~90.7% 时，回收率反而降低，故应选择较粗的磨矿细度，同时结合国内选矿厂的生产实践，为了更好地适应选矿厂生产需要，最终磨矿细度选择为 −0.074mm，占 69.8% 为宜。

9.6.2.2　尼尔森冲洗水速度试验

试验流程如图 9-5 所示，试验结果见表 9-7。

表 9-7　冲洗水速度试验结果

试验编号	冲洗水速度 /L·min⁻¹	产品名称	产率/%	金品位/g·t⁻¹	回收率/%	试验条件
1	2.5	粗精矿	1.39	113.06	79.29	
		尾矿	98.61	0.42	20.71	
		原矿	100.00	1.98	100.00	
2	3.0	粗精矿	1.36	120.15	81.09	磨矿细度为 −0.074mm 含量 69.8%；给矿浓度为17%；扩大重力倍数为60
		尾矿	98.64	0.38	18.91	
		原矿	100.00	2.01	100.00	
3	3.5	粗精矿	1.34	120.57	81.41	
		尾矿	98.66	0.37	18.59	
		原矿	100.00	1.99	100.00	
4	5.0	粗精矿	1.31	121.01	78.79	
		尾矿	98.69	0.42	21.21	
		原矿	100.00	1.98	100.00	

从表9-7结果可以看出，冲洗水对金的回收率影响不大，冲洗水速度为3.5L/min时金的回收率相对较高，所以最终选择冲洗水速度为3.5L/min。

9.6.2.3 扩大重力倍数试验

试验流程如图9-5所示，试验结果见表9-8。

表9-8 扩大重力倍数试验结果

试验编号	扩大重力倍数	产品名称	产率/%	金品位/g·t^{-1}	回收率/%	试验条件
1	60	粗精矿	1.34	120.57	81.41	磨矿细度为-0.074mm含量69.8%；给矿浓度为17%；冲洗水速度3.5L/min
		尾矿	98.66	0.37	18.59	
		原矿	100.00	1.99	100.00	
2	90	粗精矿	1.40	113.13	80.20	
		尾矿	98.60	0.40	19.80	
		原矿	100.00	1.97	100.00	
3	120	粗精矿	1.44	109.24	79.70	
		尾矿	98.56	0.41	20.30	
		原矿	100.00	1.97	100.00	

从表9-8结果可知，随着扩大重力倍数增加，金品位和回收率都有所下降，故选择常用的扩大重力倍数为60。

9.6.2.4 尼尔森给矿浓度试验

试验流程如图9-5所示，试验结果见表9-9。

表9-9 给矿浓度试验结果

试验编号	给矿浓度/%	产品名称	产率/%	金品位/g·t^{-1}	回收率/%	试验条件
1	10	粗精矿	1.98	82.82	81.19	磨矿细度为-0.074mm含量69.8%；扩大重力倍数为60；冲洗水速度3.5L/min
		尾矿	98.02	0.39	18.81	
		原矿	100.00	2.02	100.00	
2	17	粗精矿	1.34	120.57	81.41	
		尾矿	98.66	0.37	18.59	
		原矿	100.00	1.99	100.00	
3	34	粗精矿	0.73	222.75	81.50	
		尾矿	99.27	0.37	18.50	
		原矿	100.00	2.00	100.00	

由表9-9看出，随着给矿浓度的增加，金粗精矿品位明显增加，但是回收率变化不大，考虑到金品位以及现场生产，选择给矿浓度为34%，以适应现场球磨机溢流矿浆浓度。

9.6.2.5 尼尔森精选试验

由试验结果可知，尼尔森精矿品位为222.75g/t，虽然效果较好，但是金品位还无法达到百分级别，距离直接进行冶炼还有一定差距，为了提取一部分可直接冶炼的自然金，故进行了精选试验。试验流程如图9-6所示，试验结果见表9-10。

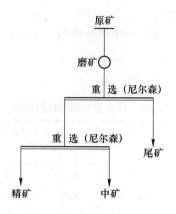

图 9-6 精选试验流程

表 9-10 精选条件试验结果

试验编号	产品名称	产率/%	金品位/g·t⁻¹	回收率/%	试 验 条 件
1	精矿	0.22	627.30	69.35	磨矿细度为−0.074mm 含量 9.8%；扩大重力倍数为 60；冲洗水速度为 3.5L/min；给矿浓度为 34%
2	中矿	0.52	44.90	11.56	
3	尾矿	99.26	0.38	19.09	
4	原矿	100.00	1.99	100.00	

从表 9-10 试验结果可以看出，尼尔森精选效果明显，金品位达到 627.30g/t。为了达到重选金精矿直接冶炼的目的，金品位还需进一步提高，由于尼尔森精矿量很少，不能满足摇床再精选试验，因此利用淘沙盘进行了淘洗试验。试验流程见图 9-7，试验结果见表 9-11。

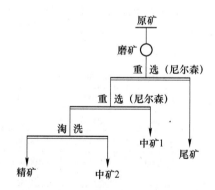

图 9-7 再精选试验流程

表 9-11 再精选试验结果

产品名称	产率/%	金品位/g·t⁻¹	回收率/%
精矿	0.02	5250	53.03
中矿 2	0.20	161.6	16.16
中矿 1	0.52	46.15	12.12
尾矿	99.26	0.37	18.69
原矿	100.00	1.98	100.00

由表 9-11 可知，尼尔森粗精矿经过再精选后，金精矿品位达到 5250g/t，金回收率 53.03%。重选试验指标较为理想，重选尾矿可进行浮选试验，以进一步提高金的回收率。

复习思考题

9-1 重选试验的内容有哪些，试验流程如何？

9-2 重选试验工艺因素的考察有哪些内容？

9-3 重选设备可选性试验如何进行？

9-4 如何重选试验结果进行评价？

10 磁选和电选试验

【**本章主要内容及学习要点**】本章主要介绍磁选前矿石预处理方法、磁选预先试验和正式试验内容、不同类型矿石的磁选流程。重点掌握磁选前矿石预处理方法的特点和常见的磁选流程。

10.1 概　　述

磁选是根据各种矿物磁性差异分离矿物的一种选矿方法。磁选通常用来分选铁、锰、镍、铬、钛以及一些有色和稀有金属矿石。随着工业和科学技术的发展，磁选的应用日趋广泛，不仅应用于陶瓷工业、玻璃工业原料的制备以及冶金产品的处理等，而且还扩大到污水净化、烟尘及废气净化等方面。目前我国磁选主要用于铁矿石的分选、钨锡和稀有金属等矿石的精选。

电选主要用于有色和稀有金属粗精矿的精选，也有用于选别黑色和非金属矿的。电选试验的程序也是先做探索试验，再做条件试验和流程试验。与浮选、重选、磁选试验不同之处是，大多数情况下，实验室试验指标接近工业生产指标，可不进行半工业或工业试验，直接以实验室试验指标作为设计和生产依据。

10.2 磁 选 试 验

磁选试验的目的在于确定在磁场中分离矿物时最适宜的入选粒度、来自不同粒级中分离出精矿和废弃尾矿的可能性、中间产品的处理方法、磁选前物料的准备、磁选设备、磁选条件和流程等。要确定所研究的矿石能否采用磁选，首先必须研究矿石的磁性，即事先对矿石进行磁性分析，然后再做预先试验、正式试验，以确定磁选操作条件和流程结构。

10.2.1　磁选前矿石预处理

磁选前矿石的准备作业有筛分、除尘、脱泥、磁化、脱磁、干燥和磁化焙烧等。是否应用或应用哪些准备作业，要结合被处理原料的物质组成和选别过程的条件具体分析。

10.2.1.1　筛分、除尘和脱泥

由磁选理论可知，磁选机的磁场力随着离开磁系磁极距离的增加而下降，下降幅度与磁选机的种类有关。此时，如选分未分级的粒度范围较宽的矿石时，矿石的最大矿粒和最小矿粒距磁极的距离差异很大，它们受到的磁场力的差异也很大。这就给恰当地选择磁选

机线圈电流（线圈按匝数）以便分出需要质量的磁性精矿和选择磁系结构和工作参数（如分选弱磁性矿石时的辊的齿距、极距、盘的厚度，等等）带来一定困难。

按粒度分级以缩小矿石的入选粒度上下限，可以提高选矿指标，这已被生产实践所证实。选分强磁性矿石，如其粒度为 50~0mm 或 25~0mm，最好在选分前将它分成两个级别：+6(8)mm 和 -6(8)mm。分选弱磁性矿石，矿石粒度很少超过 5~6mm，在某些情况下也要分成 +3mm 和 -3mm 两个级别或更多级别。

筛分细粒矿石的效率不高且费用比较高，因此它只在个别情况下才采用（如精选稀有金属矿石的精矿时）。在多数情况下，对于细粒矿石，采用的是除尘和脱泥。

湿选细粒浸染的贫磁铁矿石，在选分前，对磨细的矿石或在过滤前，对磨细的精矿进行脱泥（如在磁力脱泥槽或其他水力设备中进行），对提高选矿指标是有利的。湿选含泥的褐铁矿石和锰矿石，在选分前也应进行脱泥，而干选含泥的铁矿石在选分前应进行除尘。

10.2.1.2 干燥

多数研究表明，干选细粒强磁性和弱磁性矿石时，矿石表面水分含量过高会降低选矿指标。这是因为矿石表面水膜的存在增加了矿粒间的黏着力，易使磁性产品混入大量的微细的非磁性矿粒或非磁性产品混入一些微细的磁性矿粒。矿石的容许水分含量与它的粒度有关，粒度愈细，容许水分就愈低。例如，对粒度 20~0mm 范围的矿石，容许水分为 4%~5%，而对粒度 2~0mm 范围的矿石容许水分仅为 0.5%~1.0%。

10.2.1.3 弱磁性铁矿石的磁化焙烧

A 磁化焙烧的目的

磁化焙烧的目的在于利用一定条件把弱磁性铁矿物（赤铁矿、褐铁矿、菱铁矿和黄铁矿等）变成强磁性铁矿物（如磁铁矿或 γ-赤铁矿）。

磁化焙烧所消耗燃料（包括矿石加热和还原、水分和结晶水蒸发等）比较大，约占原矿石重量的 6%~10%，因此只有在利用其他方法不能获得良好技术经济指标时，才可考虑利用焙烧磁选法。

B 磁化焙烧的原理

矿石的性质不同，其化学反应也不同。磁化焙烧按其原理可分为还原焙烧、中性焙烧和氧化焙烧。

（1）还原焙烧。这种焙烧适用于赤铁矿石和褐铁矿石。常用的还原剂有 C、CO 和 H_2 等。赤铁矿的化学反应如下：

$$3Fe_2O_3 + C \xrightarrow{ -570℃ } 2Fe_3O_4 + CO \qquad (10\text{-}1)$$

$$3Fe_2O_3 + CO \xrightarrow{ -570℃ } 2Fe_3O_4 + CO_2 \qquad (10\text{-}2)$$

$$3Fe_2O_3 + H_2 \xrightarrow{ -570℃ } 2Fe_3O_4 + H_2O \qquad (10\text{-}3)$$

褐铁矿在加热过程中首先排出化合水，变成不含水的赤铁矿，然后按上述反应被还原成磁铁矿。

（2）中性焙烧。这种焙烧适用于菱铁矿石。菱铁矿在不通空气或通入少量空气的条件下加热到 300~400℃时，被分解变成磁铁矿，它的化学反应如下：

$$3FeCO_3 \xrightarrow{300 \sim 400℃} Fe_3O_4 + 2CO_2 + CO(\text{不通空气时}) \quad (10-4)$$

$$4FeCO_3 + O_2 \longrightarrow 2Fe_2O_3 + 4CO_2(\text{通入少量空气时}) \quad (10-5)$$

$$3Fe_2O_3 + CO \longrightarrow 2Fe_3O_4 + CO_2 \quad (10-6)$$

（3）氧化焙烧。这种焙烧适用于黄铁矿。黄铁矿在氧化气氛（或通入大量空气）中短时间焙烧时被氧化变成磁黄铁矿，它的化学反应为：

$$7FeS_2 + 18O_2 \longrightarrow Fe_7O_8 + 14SO_2 \quad (10-7)$$

如焙烧时间很长，则磁黄铁矿按下列反应变成磁铁矿，即：

$$3Fe_7S_8 + 38O_2 \longrightarrow 7Fe_3O_4 + 24SO_2 \quad (10-8)$$

这种焙烧方法多用在稀有金属精矿中的提纯过程，用焙烧-磁选分出精矿中的黄铁矿。

还原焙烧过程矿石由炉顶矿槽通过给矿漏斗给到炉子的预热带之后，靠自重自动下落经过加热带，被加热到700~800℃以后进入还原带和下部供给的还原煤气接触进行还原。还原后从炉内排出，经由排矿辊卸入水封槽中冷却，冷却后的焙烧矿由搬出机搬出运往下工序处理。

焙烧过程中矿石经过加热、还原和冷却三个环节，它们是互相联系互相影响的，在它们当中还原是一个主要环节，加热是为矿石进行还原创造的必要条件，而冷却是为了保持还原的效果。

C 影响竖炉焙烧的主要因素

（1）矿石的性质。这里矿石的性质主要是指矿物的种类、脉石成分和结构状态。这些性质主要决定了矿石在还原过程中的难易程度。一般来说，具有层状结构的矿石较致密状、鲕状和结核状的矿石容易还原。脉石成分以石英为主的矿石，因受热后石英发生晶形转变、体积膨胀，引起矿石的爆裂，增加了矿石的气孔率，而有利于气-固还原反应的进行。

（2）矿石的粒度和粒度组成。矿石粒度的大小及其组成对还原过程的影响主要是矿石被还原的均匀性。在焙烧时间、温度、还原剂成分和用量等条件相同时，小块矿石较大块矿石先完成还原过程，而大块矿石的表层较其中心部位先完成还原过程。为了克服矿石在还原过程中的不均匀性，提高焙烧矿的质量，必须缩小入炉矿石的粒度上下限。根据我国的生产实践，竖炉焙烧矿石的粒度以75~20mm比较合适。

（3）焙烧温度。在工业生产中，赤铁矿的还原温度下限是450℃，适宜的还原温度不应超过700~800℃。对于气孔率小、粒度大的难还原矿石或采用固体还原剂时，需要的还原温度是850~900℃。当温度过高时，将会产生弱磁性的富氏体（FeO溶于Fe_3O_4中的一种低熔点混合物）和弱磁性的硅酸铁。这样会降低焙烧矿的磁性，并影响炉子的正常生产（高温造成的炉料软化熔融或过还原生成的硅酸铁熔融体都会黏附在炉壁或附加装置上）。当温度过低时（如在250~300℃以下），虽然赤铁矿也可以被还原成磁铁矿，并不发生过还原现象，但是还原反应的速度却很慢，它不仅影响焙烧炉的处理能力，而且在低温下生成的Fe_3O_4磁性较弱。因此，在工业生产上是不能采用低温还原焙烧的。各种不同矿石的适宜还原温度，由于矿石性质、加热方式和还原剂的种类不同而变化很大，应该对具体情况进行具体分析，通过试验去确定。

（4）还原剂成分。工业上用的还原剂有气体还原剂和固体还原剂。气体还原剂主要是各种煤气和天然气，固体还原剂如焦炭和煤粉等。我国处理铁矿石的竖炉还原焙烧所用的还原剂是各种煤气，如炼焦煤气、高炉煤气、混合煤气（炼焦煤气和高炉煤气）、发生炉煤气和水煤气等。各种煤气的主要成分见表 10-1。

表 10-1 各种煤气的主要成分 （体积分数）

煤气种类	CO_2/%	C_nH_m/%	O_2/%	CO/%	H_2/%	CH_4/%	N_2/%	Q_h /kJ·Nm^{-3}
炼焦煤气	3.0	2.8	0.4	8.80	58	26	1.0	20064
混合煤气	13.0	0.4	0.5	22.3	14.3	5.1	44.4	6487.36
高炉煤气	15.36	—	—	25.37	2.11	0.36	56.80	3469.40
水煤气	8.0	—	0.6	37.0	50.0	0.4	4.0	10157.4

鞍钢烧结总厂竖炉还原焙烧所用的还原剂有混合煤气（高炉煤气占 78%，炼焦煤气占 22%）、炼焦煤气（炼焦净化煤气）和水煤气（焦炭水煤气）。

在还原焙烧过程中，起还原作用的主要成分是 CO 和 H_2。用 CO 作还原剂时，在温度大于 250~300℃，赤铁矿便开始被还原成磁铁矿，即：

$$3Fe_2O_3 + CO \rightleftharpoons 2Fe_3O_4 + CO_2 \qquad (10-9)$$

而在温度达到 570℃ 或更高时，上述反应进行得比较迅速。

还原煤气中 CO 的浓度增加时，矿石的还原速度也不断增加。但在还原反应过程中生成的 CO_2 对还原是不利的，因为 CO_2 在矿石表面较 CO 更易被吸附，CO_2 在矿石表面的吸附阻碍了 CO 的吸附，使还原速度降低，同时 CO_2 浓度的增加将导致还原反应过程新生成的 CO_2 向外扩散发生困难。因此，CO_2 的浓度愈大，还原反应的速度也就愈慢。生产上必须保持烟道有一定抽力以排出炉内的废气。

虽然还原煤气中 CO 的浓度增加可以提高还原反应的速度，但不是越高越好。例如当 CO 的浓度太高或焙烧矿在还原气氛中停留的时间太长，则将发生如下的过还原反应：

$$Fe_3O_4 + CO \rightleftharpoons 3FeO + CO_2 \qquad (10-10)$$

$$FeO + CO \rightleftharpoons Fe + CO_2 (温度为 570℃) \qquad (10-11)$$

反应所生成的 FeO 是弱磁性的，对下一步磁选不利，会降低回收率，而反应所生成的金属铁是强磁性的，磁选虽然可以回收，但是浪费了燃料和还原剂，降低了炉子的处理能力。因此，在生产中对还原煤气流量和焙烧矿排出速度的控制是十分必要的。

实践证明，用单一的 CO 作还原剂时，铁矿石的还原速度是较慢的，如果还原气体中含有适量的 H_2，能够显著提高还原反应的速度。赤铁矿在温度超过 570℃ 时，被 H_2 还原的化学反应方程式如下：

$$3Fe_2O_3 + H_2 \rightleftharpoons 2Fe_3O_4 + H_2O \qquad (10-12)$$

$$Fe_3O_4 + H_2 \rightleftharpoons 3FeO + H_2O \qquad (10-13)$$

$$FeO + H_2 \rightleftharpoons Fe + H_2O \qquad (10-14)$$

在工业生产中，具有实际意义的还原剂是含有 CO 和 H_2 的混合气体。表 10-2 是使用混合煤气、炼焦煤气和水煤气作还原剂所得焙烧矿的选分结果。

表 10-2　不同还原剂所得焙烧矿的选分结果

煤气种类	原矿品位/%	精矿品位/%	尾矿品位/%	铁回收率/%
混合煤气	36.95	62.55	10.94	85.30
炼焦煤气	35.24	56.27	11.95	83.91
水煤气	33.02	63.20	8.04	86.40

从表中结果看出，焙烧矿质量以水煤气作还原剂最好，混合煤气次之，炼焦煤气最差。

用水煤气作还原剂还有以下几方面的优点：

1）其中有效还原剂成分高，$CO+H_2$ 的含量达 87%，而炼焦煤气为 66.8%，混合煤气为 36.6%，还原性能好。

2）其中 CH_4 和高级碳氢化合物少，热耗损失少。因为在还原焙烧条件下，CH_4 燃烧不完全而损失掉。

3）CO 含量高，还原反应放热量较大，因而相应地可减少加热煤气的用量。

尽管用水煤气作还原剂有上述优点，但使用水煤气时需要建立煤气发生站，增加基建投资且水煤气的成本较高。因此，在冶金联合企业中，采用混合煤气作还原剂，不仅焙烧效果良好，而且有利于冶金企业的煤气平衡，这样无论从技术上、经济上都是比较好的。

4）焙烧矿的冷却。为了保证焙烧矿的质量，应当使焙烧矿出炉后在隔绝空气的条件下冷却到 400℃ 以下，然后再和空气接触或水接触，以保持焙烧矿的磁性。若在 400℃ 以上就接触空气，焙烧矿将被氧化成弱磁性的 α-亦铁矿，焙烧矿质量将显著下降。

D　实验室磁化焙烧试验

弱磁性铁矿石，一般都可用焙烧磁选法处理。特别对嵌布粒度极细的和矿石结构、构造复杂的鲕状铁矿石及矿物组成复杂的混合矿石，在目前情况下，焙烧磁选法是较为有效的处理方法。

磁化焙烧实验室试验的目的，在于确定矿石采用磁化焙烧磁选的可能性、可能达到的指标和焙烧的大致工艺条件。整个工艺条件的最后确定，依赖于半工业试验或工业试验。

实验室试验内容主要是还原剂的种类和用量、焙烧温度和时间等，工业试验时，才对炉型结构、矿石粒度等进行系统试验。实验室焙烧设备有管式电炉、马弗炉、坩埚电炉、回转炉和实验室型沸腾炉等。目前生产上常用设备是竖炉子、斜坡式焙烧炉、回转炉和沸腾炉等，国内主要是竖炉。

根据焙烧气氛的不同，铁矿石焙烧可分为还原焙烧、中性焙烧和氧化焙烧。三种焙烧所用实验室设备和操作过程基本相同，只是气氛不同。还原焙烧适用于赤铁矿和褐铁矿，中性焙烧适用于菱铁矿，氧化焙烧适用于黄铁矿。

10.2.2　预先试验

磁选的预先试验一般是对不同磨矿粒度及各种选别条件下的产品进行磁性分析，初步确定适宜的入选粒度、选别段数、大致的选别条件和可能达到的指标。实验室一般采用磁性分析仪（或实验室型磁选机）做预先试验，它可用少量试样进行广泛的探索，以找出各种不同因素对磁选分离的影响，可加快整个试验进度。

在预先试验的基础上，可用较多的试样在实验室型的磁选机上进行正式试验。磁选机的型式较多，故需根据预先试验的结果和有关的实践资料来进行选择。例如，强磁性矿物可用弱磁场磁选机，弱磁性矿物需用强磁场磁选机；粗粒的可进行干式磁选，细粒的需进行湿式磁选。

磁选机选定后，可先用小部分试样进行探索性试验，在试验过程中，根据分离的情况来调节各种影响因素，如给矿粒度、给矿速度、磁场强度及其他工艺条件，顺次地进行试验直到得出满意的选别结果为止。最后可用大量的试样用前面所找到的最适宜条件进行检查试验。检查试验的结果可作为最终的磁选试验指标。

10.2.2.1 矿石的磁性分析

矿石磁性分析的目的在于确定矿石中磁性矿物的磁性大小及其含量。通常在进行矿产评价、矿石可选性研究以及检验磁选厂的产品和磁选机的工作情况时，都要做磁性分析。矿石的磁性分析主要包括矿物的比磁化系数的测定与矿石中磁性矿物含量的分析两部分。

10.2.2.2 矿石中主要矿物比磁化系数的测定

（1）强磁选矿物。比磁化系数大于 $35×10^{-6} m^3/kg$。属于这类矿物的主要有磁铁矿、钛铁矿磁黄铁矿、磁赤铁矿、磁黄铁矿等。此类矿物属易选矿物。

（2）弱磁选矿物。比磁化系数大于 $(7.5～0.1)×10^{-6} m^3/kg$。属于这类矿物的最多，如磁性铁矿物。

（3）非磁选矿物。比磁化系数小于 $0.1×10^{-6} m^3/kg$。现有磁选设备不能有效地进行回收。属于这类矿物也较多，如白钨矿、锡石和自然金等金属矿物。

10.2.2.3 磁性矿物含量的分析

实验室常用磁选管、手动磁力分析仪、自动磁力分析仪、湿式强磁力分析仪和交直流电磁分选仪等分析矿石中磁性矿物含量，以确定磁选可选性指标，对矿床进行工业评价，检查磁选过程和磁选机的工作情况。对磁性分析仪器的要求是：矿物按磁性分离的精确度高，可调范围比较宽，处理少量物料时损失不大于2%。

试验时，取适量（对 $\phi40mm$ 左右磁选管，以在管内壁上吸 $2～3g$ 磁性产物为宜，对于 $\phi100mm$ 左右磁选管一般为 $7～8g$）有代表性的细磨试样，装入小烧杯中进行调浆，使其充分分散。然后将水引入玻璃管内，并调节玻璃管上下端橡皮管的夹子，使玻璃管内水的流量保持稳定，水面高于磁极30mm左右。接通直流电源，并调节到预先规定的电流，开始给矿。先将烧杯中的矿泥部分徐徐地由玻璃管的上端冲洗到管内，待矿泥部分给完后再给沉于杯底的矿砂。磁性矿粒在磁力的作用下，被吸引在极间的管内壁上，而非磁性矿粒则随冲洗水从玻璃管下端排出。然后继续将玻璃管作往复的上下移动和转动，使物料受到更好的清洗，当脉石颗粒和矿泥被清洗干净后（管内水清晰、不浑浊时为止），停止给水，放出管中的水，更换接矿器，切断直流电源，洗出磁性产品。一份磁析样品一次做不完时，可分几次做，做完后，精矿和尾矿分别合在一起脱水、烘干、称重、取样、送化学分析，求出磁性部分在原试样中的百分含量并评定磁选分离效果。

用大量试样在实验室型磁选设备上进行试验得出的或工业生产得出的磁选产物，多半都用磁选管进行磁性分析，检查各产物中磁性矿物的含量，以评定磁选效果。对组成比较简单的矿石，如单一磁铁矿石，磁选管的磁性分析结果便可满足矿床工业评价的需要。

10.2.3 正式试验

10.2.3.1 强磁性矿石的磁选试验

根据矿物的嵌布粒度选择相应的磁选机，粗粒的矿石采用干选离心筒式磁选机及磁滑轮，细粒的矿石采用磁力脱水槽和湿式筒式磁选机。

A 干式磁选试验

干式磁选试验有两种情况：块状干式试验和干磨干选试验。

B 湿式磁选试验

湿式磁选试验的目的是为了确定合理的选别流程，包括分选段数及每一选别段所用的设备。分选段数是根据嵌布粒度及对精矿质量的要求而定。

湿式磁选试验主要采用以下几种设备：磁力脱水槽、预选器和脱磁器。

脱磁效果的简单检查方法，可将同一矿样分成两部分，即未磁化的及磁化后脱磁的，然后将两种矿样进行沉降试验，如脱磁的与未磁化的矿粒沉降时间相同（达到水已澄清），则脱磁率为100%。

10.2.3.2 弱磁选矿石的磁选试验

弱磁选矿石的磁选试验内容包括：根据矿石性质的不同确定适宜的设备结构参数和操作条件，如磁场强度、介质型式、选机转数、给矿量、给矿粒度、给矿浓度、精矿区和尾矿区的冲洗水量、水压等。

10.2.4 流程试验

流程试验要解决的问题是：选别段数、各段的磨矿细度、精选和扫选次数、中矿处理方式，以及各作业应采用什么设备和工艺条件等。有时还要采用多种方法组合的联合流程。

10.3 不同类型矿石的磁选流程

10.3.1 铁矿石的磁选流程

10.3.1.1 铁矿石类型

我国重要的铁矿石类型有六种：鞍山式、宣龙式、大庙式、大冶式、白云鄂博式和镜铁山式等。根据铁矿物的不同，有工业价值的铁矿石主要有：磁铁矿石、赤铁矿石、褐铁矿石、菱铁矿石和混合类型铁矿石（如赤铁矿-磁铁矿混合矿石、含钛磁铁矿石、含铜磁铁矿石以及含稀土元素铁矿石等）。

10.3.1.2 铁矿石工业要求和产品质量标准

A 铁矿石一般工业要求

需选矿后才能冶炼的矿石见表10-3，不需选矿直接进入冶炼的矿石见表10-4。铁矿石中综合回收伴生金属最低品位参考指标见表10-5。

表 10-3 铁矿石一般工业要求

矿石类型	Fe 边界品位/ %	Fe 工业品位/ %
磁铁矿石	20	25
赤铁矿石	25	80
镜铁矿石	20	25
菱铁矿石	18	25
褐铁矿或针铁矿石	20~25	25~30

表 10-4 铁矿石一般工业要求

矿石类型		边界品位	工业品位	杂质平均允许含量/%							
				S	P	SiO_2	Pb	Zn	Sn	As	Cu
高炉富矿炼铁用	磁铁矿石 赤铁矿石		≥50	<0.3	<0.25		<0.1	<0.2	<0.08	<0.07	<0.2
	褐铁矿石 针铁矿石	≥40	≥45	<0.3	<0.25		<0.1	<0.2	<0.08	<0.07	<0.2
	菱铁矿石	≥35	≥40	<0.3	<0.25		<0.1	<0.2	<0.08	<0.07	<0.2

表 10-5 铁矿石中综合回收伴生金属最低品位参考指标

元 素	Co	Cu	Zn	Mo	Pb	Ni	Sn	TiO_2	V_2O_5	Ga	Ge	P
含量/%(>)	0.02	0.2	0.5	0.02	0.2	0.2	0.1	5	0.2	0.001	0.001	0.8

B 产品质量标准

精矿质量标准一般由国家（或部）规定，在确定选矿厂的选分指标时，必须在保证精矿质量的基础上，最大限度地提高精矿的回收率。

10.3.1.3 单一磁选流程

鞍山式贫磁铁矿石在我国铁矿石资源中占有重要地位，是目前磁选的主要对象。下面结合鞍本集团南芬选矿厂对其所用选别流程加以介绍。

（1）矿石性质。南芬选矿厂处理的矿石为典型的鞍山贫磁铁矿石。矿石中铁矿物以磁铁矿为主，含少量赤铁矿；脉石矿物以石英为主，含少量角闪石、绿泥石、方解石、云母、绿帘石和磷灰石。矿石呈条带状构造，由铁矿物层和脉石层的互层组成。铁矿条带厚度平均为 0.5~0.8mm，非铁矿条带厚度平均为 0.2~0.4mm。铁矿物呈细粒嵌布，嵌布粒度为 0.1mm 左右。矿石密度为 3.3~3.5g/cm^3，矿石普氏硬度为 8~12，磁性率为33%~36%左右。原矿的化学分析见表 10-6。

表 10-6 原矿石的化学分析

年份	成分/%											
	TFe	SFe	TFeO	SFeO	Fe_2O_3	SiO_2	S	P	Al_2O_3	CaO	MgO	Mn
1979	30.55	30.17	12.55	11.7	30.14	48.99	0.169	0.036	1.718	1.103	1.727	0.12
1980	29.89	28.7	12.35	11.2	28.6	49.51	0.23	0.032	2.115	0.994	2.296	0.081
1981	30.94	30.1	12.1	11.25	30.54	50.26	0.238	0.022	1.179	0.977	2.154	0.068

（2）选别流程。选矿厂采用阶段磨矿阶段选别流程（见图 10-1）。在这种流程中，首

218

先把矿石粗磨到 $-0.3mm$，使脉石层和铁矿物基本解离。粗磨产品先用磁力脱泥槽进行一段选别，选出部分最终尾矿（单体分离的细粒脉石和矿泥）和需要再磨再选的粗精矿。粗精矿经细磨磨到 $0.1mm$ 左右，此时大部分铁矿物和脉石矿物达到单体分离，细磨后的粗精矿经过磁力脱泥槽和筒式磁选机的选别后，所得磁选精矿又进入击振细筛筛分，筛下产品进入最后一段磁力脱水槽选别，获得最终精矿和尾矿。筛上产品循环返回到细磨磨矿机中进行再磨。每段选别作业选出的尾矿汇合一起为最终尾矿。

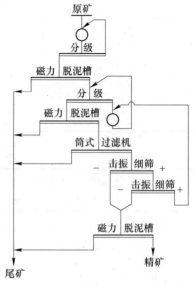

图 10-1 磁铁矿石选别流程

该流程比较简单，指标良好。当原矿品位为 30% 时，选出的精矿品位可达 68%，回收率为 82% 左右。

处理鞍山式贫磁铁矿石，无论国内和国外，一般都采用阶段磨矿、阶段选别流程。近几年来，都对现有磁选厂的工艺流程不断地进行强化和改进。为了获得高品位精矿，除增加选别次数外，有的磁选厂增设了磁选精矿的反浮选作业，用捕收剂将连生体和夹杂的单体石英分离出来，效果良好。现场使用磁选柱等新型高效磁选设备，也取得了良好效果。

10.3.1.4 焙烧磁选流程

A 焙烧磁铁矿石的选别

鞍山式贫赤铁矿石在我国铁矿石资源中占有重要地位。矿石中的矿物组成比较简单，主要的铁矿物为假象赤铁矿、赤铁矿、磁铁矿，其次为镜铁矿、黄铁矿以及少量的褐铁矿、针铁矿、菱铁矿和铁白云石等。脉石矿物主要为石英，其次为透闪石、角闪石、阳起石、绢云母、绿泥石和方解石等。下面结合鞍钢两个选矿厂，对其所用选别流程加以介绍。

鞍钢烧结总厂采用的选别流程如图 10-2 所示。

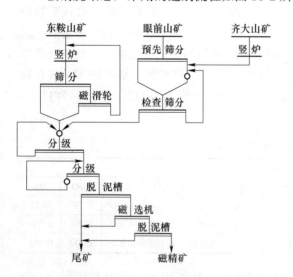

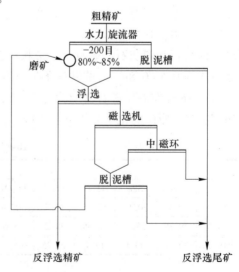

图 10-2 赤铁矿石焙烧磁选浮选联合流程

该厂所处理的矿石有东鞍山赤铁矿石、齐大山赤铁矿石和眼前山磁铁矿石。前两种矿石的矿量约占原矿量的50%以上，它们的磁性率比较低，约为3.5%～10%，选前先经竖炉进行焙烧。焙烧后的矿石经筛分后，筛上部分经磁滑轮进行磁性检查，将焙烧不完全磁性较弱的矿石返回再行焙烧，形成闭路。这样可以弥补用竖炉焙烧块矿造成大块矿石内外还原度不一致、磁性强弱不均的现象，能提高焙烧产品的合格率，有利于提高回收率。经磁滑轮选出的磁性部分和筛下部分送去磁选，采用两段连续磨矿多段选别流程。后一种矿石的磁性率较高，直接送去磁选。所得磁选精矿再行分级磨矿，然后进行反浮选，获得最终精矿，而浮选泡沫（尾矿）用磁选方法选出最终合格尾矿，其磁性部分成为中矿返回再磨再选，以保证金属回收率。所用浮选药剂为阳离子捕收剂合成十二胺，耗量为120～180g/t磁选精矿。

原矿品位为29.84%时，最终精矿品位为65.85%（比磁选精矿品位高3.5%左右），回收率为75.85%。

鞍钢齐大山选矿厂采用的选别流程如图10-3所示。

该厂矿石先经竖炉进行焙烧，其流程结构与鞍钢烧结总厂的相同。焙烧后的矿石送到磁重联合、粗细分选、中矿再磨的阶段选别流程中进行选别。磨细矿石首先用场强较高的筒式磁选机（距磁极表面10mm处的平均场强为144kA/m），选出产率约为45%的合格尾矿。粗精矿再用水力旋流器进行分级，细粒部分（溢流，−74μm达80%以上）进入带有击振细筛作业的磁选流程中进行选别，而粗粒部分（沉砂）进入螺旋溜槽中进行重选，选出的精矿与磁选精矿合在一起为最终精矿，而选出的中矿经浓缩分级和再磨后，返回再选。

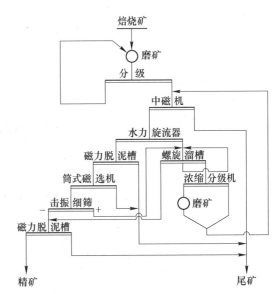

图 10-3 赤铁矿石焙烧磁重联选流程

原矿铁品位为28.27%时，精矿铁品位为62.65%，回收率为81.63%。这一流程的特点是：在第一段粗磨后，经过一次磁选和重选即可获得粗粒的合格精矿，经过带击振细筛的磁选获得细粒的合格精矿；第二段细磨的矿量较少，第一、二段磨机的容积比达3:1或4:1，可大幅度降低电能消耗和钢球衬板等材料消耗。

B 镜铁矿石的选别

镜铁山式铁矿石在铁矿石储量中占有一定地位，酒泉钢铁公司选矿厂处理该类型铁矿石。

（1）矿石性质。矿石中主要的铁矿物有镜铁矿、褐铁矿和菱铁矿，主要脉石矿物有重晶石、石英、碧玉和铁白云石等。矿石具有条带状和块状两种构造，以条带状为主。铁矿物之间嵌布关系密切，结晶粒度粗细不均，一般为0.01～0.2mm。其中镜铁矿多呈细小鳞片状，易破碎为单体小块；褐铁矿、菱铁矿结晶粒度粗，不易单体解离。

这种矿石的块矿部分用焙烧磁选处理，而粉矿部分（-10mm）用磁选处理。粉矿的化学分析和矿物组成见表 10-7 和表 10-8。

表 10-7　粉矿的化学分析

成分	TFe	FeO	Fe_2O_3	BaO	CaO	MgO	MnO	Al_2O_3	SiO_2	P	S	烧损
含量/%	30.15	6.70	35.64	6.66	0.77	2.75	0.91	3.64	28.80	0.037	1.39	9.18

表 10-8　粉矿的矿物组成

矿物名称	镜铁矿	菱铁矿	褐铁矿	铁白云石	千枚岩	碧　玉	石　英	重晶石
含量/%	19.10	11.96	21.77	3.26	8.78	17.30	6.53	10.56

（2）粉矿的选别流程。粉矿部分（-10mm）采用仿琼斯型强磁场磁选机处理，所用流程为一粗一扫选别流程。当给矿品位为 29.90% 时，精矿品位为 47.20%，回收率为 75.15%。

10.3.2　其他矿石的磁选流程

10.3.2.1　锰矿石的磁选流程

锰是一种重要的金属，在工业上应用非常广泛。世界锰矿储量 90% 以上集中在南非、苏联、澳大利亚、加蓬、巴西和印度等国。我国锰矿储量丰富，居世界前列，为发展我国工业提供了物质基础。

A　锰矿石的工业类型和工业要求

锰矿石按其自然类型分为碳酸盐锰矿和氧化锰矿两大类。我国碳酸盐锰矿多，约占锰矿总储量的 57%。

根据工业用途，锰矿石分为冶金和化工用两大类。世界约有 92% 的锰用于钢铁工业。据统计，世界平均锰矿石的产量为钢产量的 3%~4%。我国由于锰矿石含锰量较低，每吨钢消耗量为 5%~10%。表 10-9 为我国冶金用锰矿石工业指标表（DZ/T 0200—2002），表 10-10 为化工用锰矿石技术标准表。

表 10-9　我国冶金锰矿石技术标准

品级	Mn/%	Mn/Fe	P/Mn	粒度/mm
一	≥40	≥7	≤0.004	≥3
二	≥35	≥5	≤0.005	≥3
三	≥30	≥3	≤0.006	≥10
四	≥25	≥2	≤0.006	≥10
五	≥18	不限	不限	

表 10-10　俄罗斯、南非和美国部分精矿、矿石技术标准

国家	产品	一级品	二级品	三级品	四级品	备注
俄罗斯	恰图拉锰精矿	48	42	35	22	
	尼科波尔锰精矿	43	34	25	—	

续表 10-10

国家	产品		一级品	二级品	三级品	四级品	备注
南非	冶金锰		48	45~48	40~45	30~40	
	化工锰		75~85	65~75	35~65	—	以 MnO_2 计
美国	冶金锰		48	46	44	—	
	化工锰	电池	75	68	—	—	以 MnO_2 计
		化学	80	82			

各国对选出的锰精矿品位要求不一，主要取决于原矿品位和对精矿的不同用途。

B 锰矿石的选别

在世界范围内，随着钢铁工业的发展，锰矿石的需要量日益增加。各国富锰矿石日趋减少，开采出的贫锰矿石越来越多。因此，贫锰矿石的选矿为各国所重视，并得到较快的发展。对于原矿矿物成分比较简单且嵌布粒度较粗的矿石，可以用洗选、筛选、重选和磁选等方法取得合格精矿，而对于成分复杂、嵌布粒度较细的贫锰矿石，需采用一般选矿方法和特殊选矿方法（主要是化学法）的联合选矿方法处理，才可能得到高品位的锰精矿。目前，锰矿选矿方法有重选（主要是跳汰选、摇床选）、重介质-强磁选、焙烧-强磁选、单一强磁选、浮选以及包括几种方法的联合选矿方法。

锰矿物属于弱磁性矿物，其比磁化率和脉石矿物的差别较大，因此，锰矿石的强磁选占有重要地位。很早以前就采用干式强磁选机处理锰矿石，干式强磁选机的缺点是不能选别细粒嵌布的锰矿石。近年来，各种湿式强磁选机发展较快，并越来越广泛地用于选别 0~0.5mm 级别乃至更细级别的矿石。因此，用磁选法处理锰矿石显示了广阔的前景。对组成比较简单嵌布较粗的碳酸盐锰矿石和氧化锰矿石，采用单一强磁选流程已在生产上使用，并获得较好的指标。选别碳酸盐锰矿石，磁选机的磁场强度需在 480kA/m 以上，而选别氧化锰矿石，磁选机的磁场强度要高，一般要在 960kA/m 以上。

我国锰矿石资源丰富，类型很多，但富矿石极少，贫锰矿石多（占90%以上），而且酸性矿多，碱性矿少，高磷高铁矿多，低磷低铁矿少。这些特点造成了选矿的难度以及流程的复杂性。近几年来，我国自己研制出的各种强磁选机相继生产，使锰矿石强磁选成为锰矿石的主要选矿方法。下面结合具体选矿厂加以介绍。

（1）氧化锰矿石的选别。广西八一锰矿的矿石属风化堆积型氧化锰矿床。目前，用强磁选机处理多年堆积的筛洗矿粉，粒度小于 5mm。矿物组成为：硬锰矿占 30.27%，钡镁锰矿占 13.02%，软锰矿占 5.42%，针铁矿占 13.88%，黏土占 24.45%，石英质矿物占 11.09%。采用 CS-1 型湿式电磁感应辊式强磁选机处理该矿粉，当矿粉含锰品位为 23.45%，经一次选别后，可获得含锰品位为 27.91% 的锰精矿，锰回收率达 93.97%。

（2）碳酸盐锰矿石的选别。湖南湘潭锰矿矿石属海相沉积原生碳酸盐锰矿床。锰矿物有菱锰矿、钙菱锰矿、锰方解石和含锰方解石。脉石矿物有石英-玉髓、铁白云石-白云石、方解石、高岭石、碳质黏土类和黄铁矿等。采用 CS-1 型辊式强磁机处理该矿红旗井区当期生产出窿矿石，当入选矿石粒度为 7~0mm，原矿含锰品位为 21.63%，通过一次粗选和一次精选的单一磁选流程，可获得含锰品位 28.45%、锰回收率为 49.29% 和含锰品位 23.05%、锰回收率为 38.27% 的两种精矿。尾矿锰品位降至 8.54%。其原则流程见图 10-4。

（3）氧化锰矿石和氧化碳酸盐锰矿石的选别。俄罗斯尼科波尔矿区各选矿厂处理的原矿石主要是氧化锰矿石和氧化碳酸盐矿石。矿石中主要含锰矿物为水锰矿、软锰矿和硬锰矿，脉石矿物为石英、方解石、蛋白石、海绿石、白云石、黏土、砂石、长石和磷酸钙等。该矿区波格丹诺维奇选矿厂锰矿石选矿原则流程如图 10-5 所示。

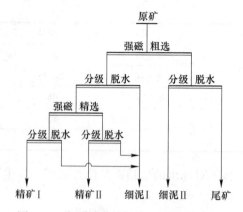

图 10-4　湘潭碳酸盐锰矿石磁选原则流程

该流程包括洗矿、大于 3mm 洗过矿石的重选（主要是跳汰选）、跳汰选的中矿和小于 3mm 粒级矿石的强磁选、磁选粗精矿的跳汰选、矿泥的浮选等，在强磁选作用中采用电磁经湿式辊式磁选机。该矿区包格达诺夫选矿厂所用的辊式磁选机的工艺指标为：从给矿粒度 3~0.16mm、含锰 35.7% 的原矿中选出含锰 40% 的精矿，精矿中锰回收率 99%，尾矿品位 5.6%。据最近资料的报道，由于锰矿石品位下降，为提高选矿回收率和改善精矿质量，俄罗斯一些锰矿选矿厂已将重-磁流程改为重-浮选矿流程。

10.3.2.2　含钛、铜和稀土元素磁铁矿石的选别流程

A　含钒钛磁铁矿石的选别

大庙式铁矿石是一种含钒钛磁铁矿石。下面介绍处理这类矿石的矿石性质和选别工艺流程。

（1）矿石性质。某选厂处理的矿石中铁矿物主要是钛磁铁矿和钛铁矿，其次是赤铁矿、褐铁矿、针铁矿和磁铁矿。硫化矿物主要是磁黄铁矿，少量是钴镍黄铁矿、黄铁矿、硫钴矿、硫镍钴矿、黄铜矿和墨铜矿。

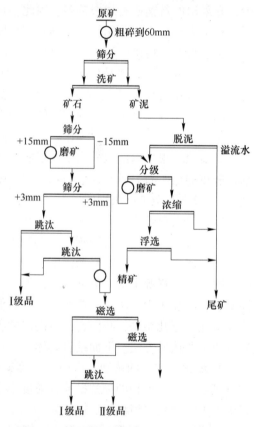

图 10-5　俄罗斯尼科波尔矿区波格丹维奇
选矿厂锰矿石选矿流程

脉石矿物主要是钛普通辉石和斜长石，少量是绿泥石、绢云母和伊丁石等。原矿的化学分析和矿物组成见表 10-11 和表 10-12。

表 10-11　原矿的化学分析

成　分	TFe	FeO	Fe_2O_3	TiO_2	V_2O_5	Ce_4O_3	Ga_2O_3	SiO_2	Al_2O_3
含量/%	30.55	22.82	18.32	10.42	0.30	0.029	0.0021	16.26	7.90

成 分	CaO	MgO	MnO	S	Co	Ni	Cu	烧碱
含量/%	6.80	6.35	0.294	0.64	0.016	0.014	0.015	1.90

表 10-12　原矿的矿物组成

矿物名称	钛磁铁矿	钛铁矿	硫化矿	钛普通辉石①	斜长石②
含量/%	43~44	7.5~8.5	1~2	28~29	18~19

①包括橄榄石等；②包括绿泥石等。

矿石中的钛磁铁矿包括磁铁矿、钛铁晶石、镁铝尖晶石和少量钛铁矿片晶所组成的复合矿物相，粒度较粗，80%~90%的金属累计分布在 600~425μm 范围内，易破碎解离，从铁的分布看，79.3%~83.51%赋存在钛磁铁矿中，是回收铁矿物的主要对象。其他铁则赋存在钛铁矿和硅酸盐矿物以及以硫化铁形式存在。

钛铁矿常与钛磁铁矿紧密共生，颗粒较大，80%以上（重量分布）在 425μm 左右，容易分选。从钛的分布来看，32.03%~38%的钛赋存在粒状钛铁矿中，是钛的主要回收对象。有 56%~62.74%的钛赋存在钛磁铁矿中，其他赋存在钛普通辉石中。硫化矿以磁黄铁矿为主，含量约占原矿的 1.5%，粒度较细，有 80%分布在 100~150μm 内。钴镍硫化物主要是钴镍黄铁矿。35.1%~51.95%的钴赋存在磁黄铁矿为主的硫化物中，是回收钴的主要对象。另外一部分钴则赋存在钛磁铁矿中，进入钛铁精矿不能单独回收。

（2）选别流程。目前能回收的有用矿物是钛磁铁矿、钛铁矿和钴镍硫化物。选铁原则流程如图 10-6 所示，选钛、硫、钴原则流程如图 10-7 所示。

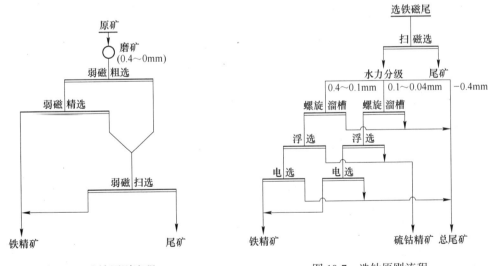

图 10-6　选铁原则流程　　　　图 10-7　选钛原则流程

粒度为 35~0mm 矿石被磨到 0.4~0mm 以后，经一次弱磁场磁选机粗选、精选和扫选，可获得含 Fe 为 50%~51.5%、TiO_2 为 12%~13%、V_2O 为 50.6%的铁精矿，回收率为 72%左右。弱磁场磁选机选出的尾矿经过重选-浮选-电选处理后，可获得含 TiO_2 46%~48%、回收率为 20%~30%的钛精矿和含 Co 0.3%、回收率为 5%的硫钴精矿。

B　含铜磁铁矿石的选别

（1）矿石性质。大冶式铁矿石是一种含铜铁矿石，这种矿石分为原生矿石和氧化矿石，特征是含铜。原生矿石中铁矿物主要是磁铁矿，而铜矿物主要是黄铜矿。氧化矿石中主要铁矿物是假象赤铁矿，而铜矿物是孔雀石、赤铜矿、蓝铜和硅孔雀石。铜的含量具有工业价值。在原生矿石中，硫和钴的含量较高，也具有工业价值。脉石矿物为石英、绿泥石、绢云母、高岭石、方解石、白云石和普通角闪石等。

原生矿石具有致密状构造，为磁铁矿的细粒和微细粒组成，颗粒间为非金属矿物所充填，磁铁矿颗粒和集合体的大小在 0.1~0.01mm 之间，黄铜矿颗粒和集合体的大小在 0.2~0.001mm 之间。

（2）选别流程。这类矿石中含有强磁性的磁铁矿和可浮性好的黄铜矿，可以采用磁浮联合流程处理。根据矿石的具体情况，又可分为磁-浮和浮-磁两类流程。对于原矿中含硫化物很低的矿石，可采用磁-浮流程，而对于含硫化物较高的矿石，通常采用浮-磁流程。采用前一种流程可先磁选出含铜很低的铁精矿，并可减少浮选作业的给矿量，节省浮选药剂用量。而采用后一种流程先浮选出铜精矿，可保证铜精矿和铁精矿的质量和铜的回收率。

武钢大冶铁矿选矿厂处理的铁矿石是原生带矿石中含有磁铁矿、赤铁矿、菱铁矿共生组合的混合矿石，且量较大。这种矿石的矿物组成和其铁含量见表10-13。所用选别流程如图10-8所示。

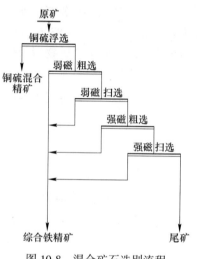

图10-8　混合矿石选别流程

表10-13　混合铁矿石中的主要矿物含量

矿物名称	磁铁矿假象赤铁矿	赤（褐）铁矿	菱铁矿	白云石	绿泥石（粒）	绿泥石（片）	角闪石	绿帘石	透辉石	石榴石（深）	金云母	石榴石（浅）
铁含量/%	59.44	70.00	40.30	9.32	23.00	19.99	14.60	11.47	1.91	14.48	2.40	4.94

这种流程适应性强，对各种不同类型的混合矿石均可取得较好的选别指标。当原矿铁品位为30%~52%时，综合铁精矿品位可达50%~61%（烧损后品位为55%~62%），回收率波动很大。

C　含稀土元素铁矿石的选别

白云鄂博式铁矿石是含稀土元素铁矿石。根据矿物成分矿石分为磁铁矿型和假象赤铁矿型高品位矿石、钠辉石型钠闪石型中品位和低品位矿石。矿石中除铁矿物外，还有一定数量的萤石和稀土元素。矿床中大部分为中贫赤铁矿石。它的主要矿物组成是：赤铁矿占31%、磁铁矿占19.3%、萤石占16.5%、钠角闪石占6.03%、钠辉石占2.44%、金云母占0.86%、氟磷铈矿占3.8%、独居石1.2%、白云石（方解石）占9.4%、黄铁矿占2.46%、重晶石占1.01%、石英占6.0%。矿石属于细粒和微细粒嵌布，其中萤石和稀土元素致密共生。

处理这类矿石应考虑尽量回收其中的有用成分。目前某厂用弱磁浮选流程处理这类矿石。用磁选先回收磁铁矿。矿石中的赤铁矿、稀土矿物、含钛矿物、含铌矿物、含氟矿物主要富集于磁选的尾矿中，再用浮选和其他选矿方法对它们进行回收。

由于矿石中矿物组成复杂，且嵌布粒度很细，所获得的选别指标不够理想，有待于研究和提高。

10.3.2.3　有色和稀有金属矿石的磁选流程

磁选广泛应用于有色和稀有金属矿石（脉钨矿、脉锡矿、砂锡矿和海滨砂矿等矿石）重选粗精矿的精选。

在这些矿石中一般都含有多种磁性矿物，如磁铁矿、赤铁矿、磁黄铁矿、钛铁矿、黑钨矿、钽铁矿、铌铁矿和独居石等。这些金属矿物的密度一般比脉石矿物的密度大，通常先用重选法将它们富集，得到混合粗精矿。粗精矿经干燥、筛分分成若干级别，再根据其矿物成分、粒度组成和其他性质可采用单一磁选或包括磁选与其他选矿方法（浮选、粒浮、电选和重选）的联合流程进行精选，以达到提高精矿质量和综合利用矿产资源的目的。

A　粗钨精矿的精选

无论是脉钨矿和脉锡矿的重选粗精矿或是砂锡矿的重选粗精矿，除含有黑钨矿和锡石外，还含有其他多种矿物。对脉矿粗精矿而言，尚含有磁铁矿、赤铁矿和多种硫化矿，而砂矿粗精矿中还含有多种稀有金属矿物，如锆英石、金红石、独居石和褐钇铌锡精选厂，其原料性质相差很大，根据锡和硫的含量不同，分为高锡钨精矿和高硫钨精矿；根据钨的品位，分为高品位钨精矿和低品位钨精矿。对于高品位粗钨精矿和高锡粗钨精矿，采用先磁选后重浮的流程，而对于低品位钨精矿和高硫粗钨精矿则采用先重浮后磁选的流程。某黑钨矿重选粗精矿的精选流程如图 10-9 所示。

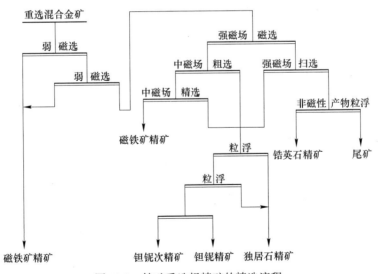

图 10-9　钨矿重选粗精矿的精选流程

首先将混合粗精矿用闭路流程破碎到 3mm 以下，然后通过振动筛分为三级：-3mm+0.83mm，-0.83mm+0.2mm，-0.2mm，分别给入干式盘式强磁选机中分选。生产实践证明分级入选比不分级入选的效果好。

　　粗钨精矿中一般都含有一些磁铁矿，因此在物料给入强磁选机之前要采用弱磁场磁选机分出磁铁矿，以保证强磁选机的正常工作。强磁选设备目前多采用双盘式干式强磁选机。在粗选作业中，第一盘的磁场强度稍低，选出高质量的黑钨精矿，第二盘的磁场强度稍高，除选出单体黑钨矿外还选出一部分连生体，称为次精矿。尾矿用同样的办法扫选一次，得出合格黑钨精矿和次精矿。粗选和扫选的次精矿，合并精选两次得出合格黑钨精矿和杂砂（尾矿）。杂砂主要矿物是白钨、锡石和其他硫化物，送到下一步作业综合回收其中有用成分。由流程可以看出，绝大部分合格黑钨精矿均由强磁选得出。按照该流程所取得的强磁选指标见表 10-14。

表 10-14　黑钨粗精矿精选指标

矿石类型	原矿品位/%		精矿品位/%			尾矿品位/%		回收率/%
	WO₃	Sn	WO₃	Sn	S	WO₃	Sn	
高锡易选 1	59.19	±4.0	71.09	0.079	0.42	7.51	23.18	92.45
高锡易选 2	55.89	±7.0	71.39	0.094	0.23	11.93	31.63	89.03
低锡易选	55.67	±1.4	71.05	0.035	0.51	22.27	5.69	88.25
高硫难选	46.87	±0.1	68.83	0.054	1.1	13.70	1.58	75.40
高硫高锡难选	24.9	24.56	65.35	1.095	1.27	2.25	51.85	63.37
低硫低锡难选	58.27	0.15	71.27	0.022	0.39	19.88	1.18	85.13

　　B　含钽铌-独居石矿物粗精矿的选别

　　含钽铌矿物的重选粗精矿中矿物组成复杂，除含有锆英石、褐钇铌矿和其他钽铌矿物外，还含有磁铁矿、钛铁矿、独居石、石英、云母、石榴石、电气石和褐铁矿等多种矿物。磁铁矿含量较多，采用弱磁场磁选机回收，而铌钽矿物与独居石、钛铁矿的磁性相差不大，若采用磁选不能完全达到精选分离这些矿物的目的，必须采用磁选与其他方法的联合流程，独居石、锆英石可以用油酸钠、水玻璃、碳酸钠等药剂进行粒浮。此外，钽铌矿物是导电矿物，独居石不是导电矿物，用电选分离也是有效的。因此，对于这种粗精矿可以采用磁选-粒浮、磁选-电选联合流程处理。某厂含钽铌矿物的重选混合精矿的磁选-粒浮精选流程如图 10-10 所示。

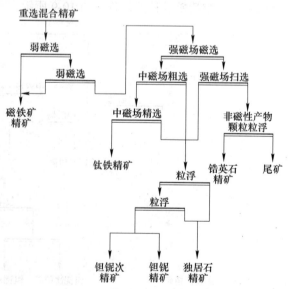

图 10-10　某厂含铌钽-独居石粗精矿的精选流程

　　该厂重选粗精矿的矿物组成为：磁铁矿约占 50%，钛铁矿约占 30%，独居石约占 2%，锆英石约占 5%，褐钇铌矿约占 2%，石英约占 9%，锡石、云母、石榴石、电气石和褐铁矿等约占 2%。

流程首先用弱磁场磁选机分出磁铁矿，以保证进入强磁选作业的矿砂中不含有磁铁矿。强磁场粗选和强磁场扫选作业的目的是尽最大可能把铌钽矿物、独居石和钛铁矿等弱磁性矿物回收到磁性产物中去。磁性产物用中磁选经粗选-精选获得钛铁矿精矿。

中磁选的尾矿和强磁场扫选的中矿主要是褐钇铌矿和独居石，用碳酸钠、水玻璃、油酸钠等药剂进行粒浮，浮物为独居石精矿，沉物为钽铌精矿。强磁场扫选的尾矿主要矿物是锆英石和石英，采用上述同样药剂进行粒浮，浮物为锆英石精矿，沉物为石英。分选指标如下：

钽铌精矿——（Nb·Ta）$_2$O$_5$ 含量为 30.74%，回收率为 61.74%。

钽铌中矿——（Nb·Ta）$_2$O$_5$ 含量为 5.94%，回收率为 4.92%。

独居石精矿——R$_2$O$_3$ 含量为 60.94%，回收率为 65.43%。

锆英石精矿——ZrO$_2$ 含量为 59.83%，回收率为 88.49%。

钛铁矿精矿——TiO$_2$ 含量为 43.24%，回收率为 89.99%。

磁铁矿精矿——Fe 含量为 67.18%，回收率为 95.45%。

C 海滨砂矿粗精矿的精选

海滨砂矿重选粗精矿中主要回收矿物为钛铁矿、独居石、金红石和锆英石等。钛铁矿磁性最强，独居石次之，金红石和锆英石都是非磁性矿物，而金红石的导电度比锆英石高得多。因此，处理这种矿石时，一般可采用磁选-电选联合流程。

我国某矿的原矿以海滨砂矿和冲积砂矿为主，主要金属矿物有锆英石、金红石、锐钛矿、磁铁矿和褐铁矿，而脉石矿物以石英、长石和云母为主。该矿所采用的磁选、电选精选流程如图 10-11 所示。

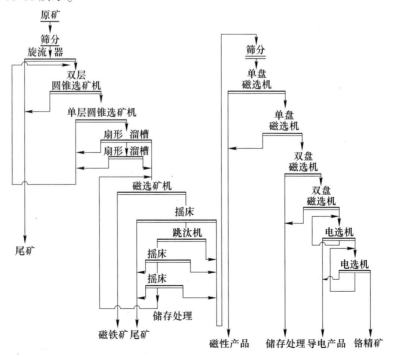

图 10-11 某厂海滨砂矿选矿流程

在重选粗精矿中，弱磁性矿物较多，如钛铁矿、赤铁矿、石榴子石、角闪石、绿帘石、榍石和白钛石等，用强磁场磁选机将它们分离出来。磁选尾矿中主要含非导电矿物的锆英石和导电矿物的金红石、锐钛矿，通过电选可以达到将它们分离的目的，并得到合格的精矿。由于金红石和锐钛矿污染程度较大，同时还含有较多的锆英石包裹体和其他矿物，难以选出合格产品，故作为尾矿丢掉。

所用磁选设备主要为干式单盘和双盘强磁选机，其回收率为 96%~98%。电选作业分两次精选，回收率在 94% 以上。最终精矿锆英石品位（含 ZrO_2）达 60% 以上。该矿 1976~1980 年选矿总平均生产指标见表 10-15。

表 10-15　选矿总平均指标

原矿品位/%	精矿品位/%	回收率/%
0.258	60.72	67.18

D　强磁性重介质的回收和再生

在重悬浮液分离循环系统中所用强磁性重介质（如硅铁或磁铁矿）的回收和再生包括重悬浮液同选别产品的分离、重悬浮液浓缩前的磁化、浓缩产品的磁选、磁性产品（重介质）的脱水、磁性产品的脱磁和所需浓度重悬浮液的准备等作业。

重悬浮液同选别产品的分离在筛子上进行。大部分（90%~95%）重悬浮液比较容易从面积不大的筛子泄下，泄下的重悬浮液保持本身的密度由泵直接返到重悬浮液分离装置中。筛上剩余的重悬浮液残留在矿块之间和矿块的表面上，用压力较高的水从筛子前大部分筛面上冲洗下来。

对重悬浮液进行磁化是为了使其中的重介质在浓缩时形成磁团聚和沉淀，这样可减少需要的浓缩机面积。

浓缩产品进入磁选机中以使重介质同非磁性矿粒和矿泥分开。为了减少磁选时重介质的损失，通常磁选作业包括两段，即一段粗选作业和一段扫选作业。希望得到再生的重悬浮液的密度最大，以便不减少工作的重悬浮液的密度。为浓稠再生的重悬浮液，可采用沉没式螺旋分级机。

重介质的脱磁是重悬浮液循环中的最后作业。这一作业是必需的，因为重介质在磁选后被磁化，而被磁化的重介质是不稳定的。

强磁性重介质的回收再生流程如图 10-12 所示。

近些年已研制出高场强磁选机，不需担心重介质的损失，洗出的重悬浮液可直接进入这种磁选机，这样便简化了重介质的回收再生流程，在磁选前可以没有磁化和浓缩作业。

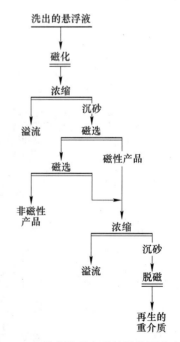

图 10-12　强磁性重介质的回收再生流程

10.4 电选试验

目前，电选主要用于有色和稀有金属粗精矿的精选，也有用于选别黑色和非金属矿的除杂。

电选试验的程序也是先做探索试验，再做条件试验和流程试验。与浮选、重选、磁选试验不同之处是，大多数情况下，实验室试验指标接近工业生产指标，可不进行半工业或工业试验，而直接以实验室试验指标作为设计和生产依据。

国内实验室电选设备大多数是电晕电场和复合电场辊式电选机，电压大多数是 20~40kV。近年来又试制成 60kV 高压电选机。国外用的较多者是卡普科型高压电选机，其特点是将静电极与电晕极结合起来。电选机由高压直流电源和分选主机两部分组成，主机的主要部件如图 10-13 所示。

电选入选粒度一般都小于 1mm，最大不得超过 3mm。对于大于 1mm 者，常常要破碎到 1mm 以下。矿粒表面上的水分对电选不利，电选前，要将试料加热干燥。有时为了改变矿粒表面性质，电选前需用药剂对试料进行处理。这种处理一般在水中进行，但也有进行干式处理的，即将试料与固体药剂的混合物加热，使药剂蒸发，它的蒸气被吸附在矿粒的表面上。进行湿式处理时，事后必须将试料烘干。

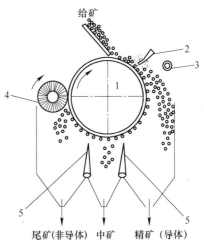

图 10-13 电选机示意图
1—转鼓；2—电晕极；3—偏极（静电极）；
4—毛刷；5—分矿调节隔板

10.4.1 试验内容

（1）电压大小。电压大小直接影响分选电场的强度，从而影响电场对矿粒作用力的大小，对分选效果影响较大。一般情况下，粒度大时电压要高一些，而粒度小时电压可低一些；要提高导体产品质量，电压稍低一点，要提高非导体质量，电压稍高一点；扫选时将电压适当提高，可使导体矿物尽可能地分出来；精选时应适当提高电压，有利于提高精矿品位。

（2）电极位置。电极位置是指电晕极、偏极（有时无偏极）在转鼓（接地极）第一象限内的角度和离转鼓表面的距离，以及电晕极和偏极之间的距离。电晕极位置的变化，能改变电晕充电区范围和电晕电流的大小。电晕极的作用主要是使矿粒带电（充电），因而电晕电流的大小是决定分选效果好坏的关键。在多根电晕丝中，第一根电晕丝的影响是最主要的，它与转鼓中纵向中心线成 30°~35° 的夹角，距转鼓表面 40~60mm。偏极位置影响着静电场的强度和梯度，从而影响电场对矿粒的作用力的大小，它与转鼓纵向中心线成 45°~60° 的夹角，距转鼓表面 20 ~ 45cm。电晕极与偏极的相对位置的变化，会引起电场位置的移动，同时也会影响电场强度的大小。

（3）转鼓速度。一般原则是粒度粗，转速应小；粒度小，转速应大；而且转速与粗选、扫选、精选作业的要求有关。

（4）试料加温。温度矿粒表面的水分会使电选过程恶化。电选前必须对试料加温，一方面可以除去矿粒表面的水，另一方面可提高矿物的导电性，从而改善分选过程。加温温度为600~300℃左右，大多数在600~200℃。

（5）分级。电选要求粒度愈均匀愈好。但过窄的分级在生产上是难于实现的。在不严重影响分选效果时，尽量少分级。常按下列粒度分级。

稀有金属矿：-0.59mm+0.25mm、-0.25mm+0.15mm、-0.15mm+0.106mm、-0.106mm+0.074mm、-0.074mm。

有色金属矿：-0.59mm+0.15mm、-0.15mm+0.106mm、-0.106mm+0.074mm、-0.074mm。

有时也可以用电选机进行分级。从前面出来的导体产品是粗粒级，非导体产品是细粒级，介于二者之间的中矿即为中等粒级。

（6）分矿板位置。在其他条件相同时，调节分矿板位置，可控制精、中、尾矿的产率和品位。

（7）给矿量。给矿量太大，会影响选矿指标；太少，处理量降低。流程试验主要是确定精选和扫选次数，中矿处理方法以及精选、扫选作业的合适条件。处理细粒级时，要增加扫选次数。流程中产出的中矿，如果属连生体，则应返回再磨再选。如已单体解离，则可混入原矿中再选。这时，常遇到残余电荷的影响。为了消除残余电荷的影响，宜将中矿停放几天再处理。试验时必须高度注意安全。各高压线接头必须严密连接，防止漏电。电选机的所有接近通电流构件的金属部件都应接地（接地电阻应小于6Ω），且应经常检查，防止松动。高压电断开时，高压电极上尚有残余电荷，必须用接地放电器把它放掉，才能与其接触。

10.4.2 预先试验

电选的预先试验是根据分离矿物的比导电度、整流性和介电常数，按照同类型矿石电选经验，采用相近条件进行初步试验，观察初步分选效果，作为下一步条件试验的基础。

10.4.3 正式试验

电选的条件试验是在预先试验的基础上，对影响电选的各项因素进行系统试验，找出主要的和次要的因素，并确定最好的条件，以便在流程试验中采用。

10.5 磁选实例

10.5.1 矿石性质

某铁矿的原矿化学多元素分析结果见表10-16，原矿铁物相分析结果见表10-17。

表 10-16 原矿化学多元素分析结果

元素	MgO	Al_2O_3	SiO_2	P_2O_5	SO_3	K_2O	CaO
含量/%	0.4	12.70	13.60	0.04	0.07	0.03	0.04
元素	MnO	Fe_2O_3	Co_2O_3	NiO	TiO_2	CrO_3	
含量/%	1.0	69.4	0.10	0.9	0.5	1.0	

表 10-17 原矿铁物相分析结果

相　别	含量/%	占有率/%
磁性铁	23.3	55.12
碳酸铁	0.9	2.13
赤褐铁	16.71	39.53
硅酸铁	1.3	3.08
黄铁矿	0.063	0.14
相　和	42.273	100.000

从铁物相分析结果看出：该铁矿主要回收的是磁铁矿，赤褐铁及碳酸铁原矿品位低，没有回收价值。硅酸铁（SiFe）是指铁矿石中含铁硅酸盐矿物中的铁，含铁硅酸盐矿物主要有：橄榄石类、石榴石类、辉石类、闪石类、黑云母、铁绿泥石等。该铁矿主要含硅酸铁矿物是角闪石 $Ca_2(Mg,Fe)_4Al(Si_7,AlO_{22})(OH)_2$，由于硅酸铁一般含铁低，含硅高，是目前工业不可用铁，所以该铁矿主要回收的铁矿物为磁性铁。

10.5.2　选矿试验

10.5.2.1　弱磁加强磁试验

由于该矿石中含有一部分非强磁性铁，可通过强磁选别获得，为了能提高铁的回收率，所以采用了弱磁加强磁的选别方法。

本次试验采用的是弱磁粗选一次，精选两次，所有的中矿再经过强磁粗选，弱磁粗选的场强为 0.175T，精一的场强为 0.12T，精二的场强为 0.1T，强磁粗选的场强为变量，试验流程如图 10-14 所示，试验结果如表 10-18 所示。

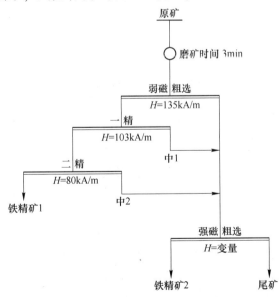

图 10-14　弱磁+强磁试验流程

表 10-18　弱磁加强磁试验结果

强磁场强/T	产品名称	产率/%	铁品位/%				铁回收率/%			
			TFe		mFe		TFe		mFe	
1.1580	铁精矿 1	38.72	55.60	46.89	45.80	30.19	53.45	78.60	86.49	99.51
	铁精矿 2	28.85	35.10		9.25		25.15		13.02	
	尾矿	32.43	26.58	—	<0.1	—	21.40	—	0.49	—
	原矿	100.0	40.28	—	20.50	—	100.0	—	100.0	—
1.5180	铁精矿 1	38.72	55.60	46.42	45.80	28.66	52.65	81.85	85.36	99.52
	铁精矿 2	33.39	35.70		8.80		29.20		14.16	
	尾矿	27.89	26.60	—	<0.1	—	18.15	—	0.48	—
	原矿	100.00	40.89	—	20.77	—	100.0	—	100.0	—

从表 10-18 可以看出，通过弱磁加强磁所获得的铁精矿中全铁含量为 46% 左右，磁铁的含量为 30% 左右，选别指标不理想，所以该方法不适合此种矿物。

10.5.2.2　磨矿细度试验

不同的矿物进行选别时都有最适合的磨矿细度，而且不同的选别方式也对磨矿细度有不同的要求。在磁选过程中，磨矿过细，使生产成本增大，而且在磁选过程中会形成牢固的磁性颗粒链或磁性颗粒团，使精矿品位降低，因此在磁选过程中，不同磨矿细度对目的矿物的富集效果差异很大，因此进行了磨矿细度试验。

本次试验是通过弱磁磁选探索的，采用的是一粗二精的工艺流程。试验流程见图 10-15，试验结果见表 10-19。

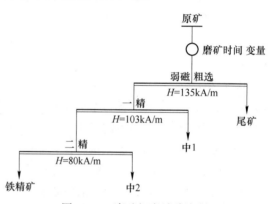

图 10-15　磨矿细度试验流程

表 10-19　磨矿细度试验结果

磨矿细度 (−74μm 含量)/%	产品名称	产率/%	铁品位/%		铁回收率/%	
			TFe	mFe	TFe	mFe
84.29	精矿	39.20	54.40	48.30	53.35	91.67
	中 2	3.28	38.50	14.07	3.15	2.23
	中 1	13.66	32.35	2.53	11.06	1.69
	尾矿	43.86	29.55	2.07	32.44	4.41
	原矿	100.00	39.96	20.55	100.00	100.0
94.17	精矿	35.89	57.40	50.25	51.43	91.29
	中 2	3.51	39.0	13.57	3.42	2.43
	中 1	5.61	33.95	4.43	4.74	1.27
	尾矿	54.99	29.45	1.80	40.41	5.01
	原矿	100.00	40.06	19.75	100.00	100.00

磨矿细度 (−74μm 含量)/%	产品名称	产率/%	铁品位/%		铁回收率/%	
			TFe	mFe	TFe	mFe
94.79	精矿	34.61	58.62	50.85	51.03	91.33
	中2	4.47	37.70	12.60	4.25	2.91
	中1	11.25	32.90	4.15	9.31	2.44
	尾矿	49.07	28.35	1.28	35.41	3.32
	原矿	100.00	39.76	19.27	100.00	100.00
97.29	精矿	33.17	59.69	53.90	49.93	93.31
	中2	4.66	36.90	10.10	4.32	2.47
	中1	12.78	30.20	2.30	9.68	1.52
	尾矿	49.39	29.10	0.80	36.07	2.10
	原矿	100.00	39.84	19.04	100.00	100.00

从试验结果可以看出，随着磨矿细度的增加，铁精矿中全铁和磁铁的含量都增加，而全铁和磁铁的回收率变化不大。由于磨矿成本比较大，综合考虑，确定磨矿细度为−74μm 占 94.79%（磨矿时间为 5min）。

10.5.2.3 精选再磨与不再磨对比试验

为了考察细度对铁精矿的影响，精选做再磨与不再磨对比。再磨：粗选磨矿 1min，对粗精矿再磨 3min，进行三次弱磁精选，试验流程如图 10-16 所示；不再磨：粗选分别磨矿 5min，直接进行三次精选，试验流程如图 10-17 所示。试验结果见表 10-20。

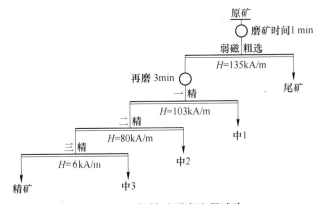

图 10-16 粗精矿再磨流程试验

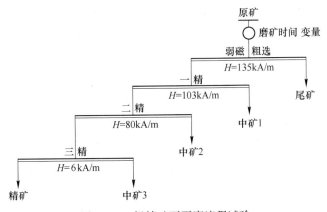

图 10-17 粗精矿不再磨流程试验

表 10-20　粗精矿再磨和不再磨流程对比试验结果表

细　度	产物名称	产率/%	铁品位/%		铁回收率/%	
			TFe	mFe	TFe	mFe
再磨 -44μm 占 89.66%	精矿	32.78	59.50	53.85	48.79	89.73
	中 3	4.43	38.20	13.10	4.23	2.95
	中 2	11.90	33.50	4.20	9.98	2.54
	中 1	16.67	30.70	2.10	12.81	1.78
	尾矿	34.22	28.25	1.72	24.19	3.00
	原矿	100.00	39.97	19.67	100.00	100.00
不再磨 -74μm 占 94.79%	精矿	31.49	60.25	53.90	47.71	88.06
	中 3	3.12	42.30	20.20	3.32	3.27
	中 2	4.47	37.70	12.60	4.25	2.91
	中 1	11.25	32.90	4.15	9.31	2.44
	尾矿	49.67	28.35	1.28	35.41	3.32
	原矿	100.00	39.76	19.27	100.00	100.00
不再磨 -74μm 占 97.29%	精矿	30.49	61.40	56.60	46.99	90.65
	中 3	2.68	43.80	23.20	2.94	3.21
	中 2	4.66	36.90	10.10	4.32	2.47
	中 1	12.78	30.20	2.30	9.68	1.52
	尾矿	49.39	29.10	0.80	36.07	2.10
	原矿	100.00	39.84	19.04	100.00	100.00

　　从表 10-20 可以看出，磨矿细度为-74μm 含量为 97.29%时，铁精矿中全铁和磁铁的含量最大，且回收最大，磨矿细度为-74μm 含量为 94.29%和再磨所得的铁精矿中全铁、磁铁的含量和回收率相差都不大。由于磨矿成本比较大，而再磨又比较复杂，综合考虑，最终选择不再磨，磨矿细度为 94.29%（磨矿时间为 5min）。

　　在以上探索试验的基础上，最终确定了整个工艺流程。采用弱磁选别的工艺回收矿石中的铁。试验流程如图 10-18 所示，试验结果见表 10-21。

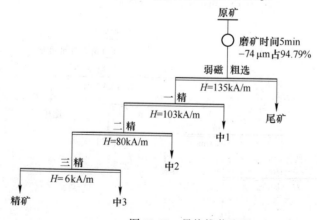

图 10-18　最终推荐流程

表 10-21 最终推荐试验流程试验结果

产物名称	产率/%	铁品位/%		铁回收率/%	
		TFe	mFe	TFe	mFe
精矿	31.49	60.25	53.90	47.71	88.06
中3	3.12	42.30	20.20	3.32	3.27
中2	4.47	37.70	12.60	4.25	2.91
中1	11.25	32.90	4.15	9.31	2.44
尾矿	49.67	28.35	1.28	35.41	3.32
原矿	100.00	39.76	19.27	100.00	100.00

由最终推荐流程所得结果看出，采用弱磁选别，一粗三精的流程可以获得铁精矿中全铁品位为 60.25%，回收率为 47.71%；磁铁品位为 53.9%，回收率为 88.06%。

复习思考题

10-1 磁选试验前矿石如何预处理？

10-2 重选正式试验包括哪些内容？

10-3 简述不同类型矿石磁选流程的选择依据。

10-4 电选试验的注意事项有哪些？

11 化学选矿试验

【**本章主要内容及学习要点**】本章主要介绍化学选矿试验的过程、焙烧试验的种类及特点、浸出试验的步骤和操作及化学选矿实例。重点掌握焙烧试验的特点和应用、浸出试验的内容及注意事项。

11.1　概　　述

化学选矿法是基于矿物和矿物组分的化学性质（如热稳定性、氧化还原性、溶解性、离子半径差异络合性、水化性等）的差异，利用化学方法改变矿物组成而使其有用组分富集的矿物加工过程。它是处理和综合利用某些贫、细、杂等难选矿物和选冶过程中某些难处理中间产品的有效方法之一，也是解决三废（废水、废渣、废气）问题，变废为宝及保护环境的重要方法之一。它和物理选矿的处理对象相同，都是处理原矿和使组分富集及综合利用矿物资源。但比物理选矿的应用范围更广，因为化学选矿还可处理某些中间产品，如物理选矿的尾矿以及三废产品。

化学选矿主要应用在以下几个方面：提高精矿品位；减少精矿杂质；处理物理、化学性质相近的中间产品；处理尾矿或选矿厂老尾矿；与物理选矿方法联合使用或单独处理采用物理方法难以处理的各种原料。

11.2　化学选矿过程

化学选矿过程一般包括下面三个主要工序：

（1）原料准备。包括破碎筛分、磨矿分级等作业，其目的是使矿物原料碎磨至一定的粒度，以使矿物解离更完全。若后续为高温处理作业，有时还需用某些机械选矿法除去原料中的有害杂质，使矿物原料与化学药品配料，混匀，并为分解作业创造较有利的条件。

（2）矿物分解。矿物分解的目的是使矿物原料同化学药剂作用，使矿物组分直接选择性的溶解于溶液中，或经高温处理使矿物组分转变为易溶解的形态后溶于溶液中，从而达到有用组分的分离和初步富集。矿物分解可用直接浸出法，或先经高温处理后用浸出和其他选矿方法。高温处理可用焙烧法（氧化、还原、硫酸化、氯化等）和煅烧法。浸出法包括水溶剂浸出法（酸法、碱法、盐浸法、细菌浸出法等）和非水溶剂浸出法。矿物分解有时是有用组分的选择性溶解，有时是有害杂质的选择性溶解，二者皆可使有用组分富集和净化。矿物分解后，可从溶液、浸渣和烟尘中综合回收各种有用组分。不同分解方法的组合构成了某种矿物原料处理的独特工艺流程。

（3）化学精矿的制取。这一工序主要是从浸出液中沉淀析出化学精矿，但有时也用高温处理方法（氯化物或氧化物挥发）生产化学精矿。从浸出液中沉析化学精矿，一般可采用化学沉淀法（如中和水解法，难溶盐沉析法或蒸馏结晶法等）和金属沉淀法（金属置换法、气体还原法和电积法等）。从浸液中沉析化学精矿之前，一般需采用化学沉淀法、离子交换吸附法或有机溶剂萃取法和离子浮选法进行净化分离，以除去某些有害杂质得到较高质量的化学精矿。

11.3　化学选矿方法

化学选矿法包括各种形式的焙烧、浸出、溶剂萃取、离子交换、沉淀和电沉积等方法。下面对化学选矿中常用的一些典型方法作以简单的介绍。

11.3.1　焙烧试验

焙烧一般是难选矿物化学处理的重要步骤，目的是矿石中某些组分在一定的气氛下加热到一定温度发生化学变化，达到有用组分与无用组分分离的目的，为后续的物理选矿或浸出作业创造必要的条件。焙烧包括还原焙烧、氯化焙烧、硫酸化焙烧、硫化焙烧和挥发焙烧等，这里仅简单介绍还原焙烧法、氯化离析法和粒铁法。影响焙烧效果最重要的因素包括温度、气氛、粒度、时间、添加剂的种类和用量、空气过剩系数等。

弱磁性铁矿石（或锰矿石），在条件（如建厂地区的煤气供应、燃料供应、基本建设投资以及建厂规模）许可时采用磁化焙烧-磁选法处理。特别对于嵌布粒度极细，矿石结构、构造较复杂的鲕状铁矿石，在目前条件下磁化焙烧-磁选是其主要的处理办法。

根据焙烧气氛的不同，铁矿石的磁化焙烧可分为还原焙烧、中性焙烧和氧化焙烧。还原焙烧适于赤铁矿和褐铁矿，中性焙烧适用于菱铁矿，氧化焙烧适用于黄铁矿。还原焙烧是在还原剂（C、CO 和 H_2 等）存在条件下把矿石加热到适当温度（550~750℃），此时赤铁矿和褐铁矿被还原为磁铁矿。中性焙烧是矿石在不通空气或通入少量空气的条件下，加热到一定温度（300~400℃），菱铁矿被分解成磁铁矿。氧化焙烧是在通入适量空气的条件下焙烧黄铁矿，使黄铁矿变成磁铁矿。

11.3.1.1　还原焙烧法

在实验室管式焙烧炉中用煤气作还原剂进行磁化焙烧的装置如图 11-1 所示。

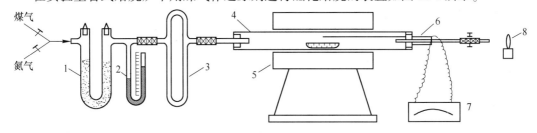

图 11-1　还原焙烧装置

1—氯化钙干燥管；2—压力计；3—气体流量计；4—反应瓷管；5—管状电炉；6—热电偶；7—高温表；8—煤气灯

试验时试料粒度为 3~0mm，试料质量 10~20g。将试样装在瓷舟中送入反应瓷管内，瓷管两端用插有玻璃管的胶塞塞紧，使一端作为煤气和氮气的入口，而另一端和煤气灯连接。然后往瓷管中通入氮气驱除瓷管中的空气。焙烧炉接上电源对炉子进行预热，用变阻器或自动控温器控制炉温到规定的温度，切断氮气，通入一定流量的煤气，开始记录还原时间。此时注意应立即点燃煤气灯，以烧掉多余的煤气。焙烧过程中应控制炉温恒定，还原到所需时间后，切断煤气停止加热，改通氮气并冷却到 200℃ 以下（或将瓷舟移入充氮的密封容器中，水淬冷却），取出焙烧矿，冷却至室温，然后将焙烧好的试样送去进行磁选试验（一般用磁选管磁选），必要时可取样进行化学分析。没有氮气时，可直接用水淬冷却试样。

用固体还原剂（煤粉、炭粉等）时，还原剂粒度一般小于试料粒度，如果还原时间长，则还原剂粒度可粗些，反之则细些，但也不能太细，否则很快燃烧完，还原不充分。试验时，需将还原剂粉末同试样混匀后，直接装到瓷管或瓷舟中，送入管状电炉或马弗炉内进行焙烧。

还原焙烧试验主要考查还原剂的种类和用量、焙烧温度和时间。焙烧温度和焙烧时间是相互关联的一对因素。焙烧温度低时，加热时间要长，还原反应速度慢，还原剂用量增加，故温度过低时并不能保证焙烧矿的质量。温度过高时又容易产生过还原，使焙烧矿磁性变弱。试样还原时不仅与焙烧温度有关，还取决于试样粒度大小、矿石性质、还原剂成分等，因而必须通过试验考查确定焙烧条件。

实验室还原焙烧试验结果可以说明这种铁矿石还原焙烧的可能性及指标，所得到的适宜焙烧条件可供工业焙烧炉设计参考。影响还原焙烧的因素很多，如炉型结构、矿石粒度、热工制度等。小型试验与大型试验往往有较大差距，在实验室条件下，只能对温度、时间、还原剂种类和用量这几个因素进行试验。实验室焙烧试验结束后，必须进行扩大试验，将来生产上准备采用何种炉型结构，扩大试验就需要准备在同样炉型结构上进行。若工业生产决定采用竖炉焙烧，且矿石性质与现有生产选厂相近，则可将试样装入特制金属笼中，直接利用现有生产竖炉，进行投笼试验。若采用回转窑，则通常需先在半工业型回转窑中试验，再逐步扩大到采用工业型设备，在炉型结构、热工制度等方面，均须注意模拟关系。

还原焙烧试验时需注意如下事项：焙烧矿样必须放在炉内恒温区；热电偶热端应放在恒温区；经常检查瓷管，如坏了或漏气则必须马上更换；若矿样含结晶水高，应先预热去掉水分，使物料较疏松有利于还原。

11.3.1.2　氯化焙烧试验

实验室氯化焙烧试验一般采用实验室型焙烧炉。实验室氯化焙烧试验的目的主要是确定采用氯化焙烧的可能性，大致确定氯化焙烧的条件：温度、时间、粒度、氯化剂种类和用量等。关于氯化剂的选择，要考虑工艺过程的特点、氯化过程的反应速度和完全程度、氯化剂的来源和运输等。目前工业上常用的氯化剂有氯气、氯化钙、氯化钠、氯化氢，此外氯化铁和氯化镁也可做氯化剂。

氯化焙烧通常分高温氯化挥发焙烧法、中温氯化焙烧法、离析法（即氯化还原焙烧法，又称金属化焙烧法）。

（1）高温氯化挥发焙烧法。在高温下将欲提取的金属呈氯化物挥发出来而与大量脉石分离，并用收尘器捕集下来，然后进行湿法处理，分离提取有价金属。此法一般具有金属回收率高、富集物浓度大而数量少、便于提取的优点，但有耗热能多、对设备腐蚀性强的缺点。

（2）中温氯化焙烧法。在不高的温度下，将欲提取的金属转化为氯化物或硫酸盐，然后通过浸出焙砂以分离脉石，从浸出液中分离提取有价金属。此法一般耗能不多，易于实现，但金属回收率低，富集浓度小，体积大，回收不便，且进一步处理的设备庞大。

（3）离析法。将矿石配以少量的煤（或焦炭）和食盐（或 $CaCl_2$ 等），在中性或弱还原性的气氛中进行焙烧，使金属生成氯化物挥发出来，并在炭粒表面上被还原成金属，金属细粒附在炭粒表面上，下一步用选矿方法或用氨浸进行分离。这一方法适用于含铜、金、银、铅、锑、铋、锡、镍等金属矿石。此法比一般氯化冶金的方法用的氯化剂少，成本比较低，因此受到人们的重视。例如，此法对原生泥特别多，结合铜占总铜含量的30%以上的氧化铜矿石的处理比较有效。尤其是对综合回收金银而言，离析法比酸浸法更优越。它的主要缺点是热能消耗较大，对缺乏燃料的地区来说成本较高。因而究竟采用何种方法，在很大程度上则取决于有关地区的具体技术经济和地理条件情况。

例如，难选铜矿石的离析-浮选，是先将矿石破碎至一定粒度（通常小于 4~5mm），然后配入食盐（用量为矿石的 0.3%~2%）和煤粉（或焦炭）均匀混合后一同装入坩埚内，在马弗炉或管状电炉内进行还原焙烧。如果采用两段离析法，则先将矿石在马弗炉内预热，然后再混入煤和食盐，装在有盖瓷坩埚内，送入焙烧炉内进行离析。焙烧温度一般为 700~800℃，焙烧时间一般为 20~120min，焙烧矿经水淬冷却和磨碎后（磨矿细度一般 -75μm，含量为 60%~80%），再用通常浮选硫化矿的方法浮选，但由于铜系附着于煤粉表面，虽经磨矿，也不会完全分离，所以捕收剂除黄药及黑药外，还要同时添加煤油。同时矿石中伴生的金、银、铅、镍、钴、锑、钯、铋、锡等易还原的金属也在焙烧过程中离析出来一并进入精矿，在冶炼中回收。

实验室试验时给矿粒度一般为 5~4mm；煤粉粒度为 0.5~2mm，最好采用无烟煤或焦炭，烟煤效果较差；食盐种类和粒度对焙烧效果影响不大，其用量与脉石类型有关，脉石为硅酸盐类时食盐加入量只需 0.5% 左右，为碳酸盐类时则需 1.5% 左右。最优工艺条件均须通过试验确定。

采用离析法处理各种难选铜矿石，可以获得较高的选别指标。但是这种方法存在着成本高、技术操作复杂以及机械设备容易腐蚀（湿法收尘时）等方面的缺点。因而实验室试验结果必须经半工业试验验证，仔细确定工艺流程、设备和工艺条件后才能用于生产。

11.3.1.3　粒铁法

粒铁法是一种还原焙烧过程，是将铁矿石直接还原为金属铁粒，再进行磁选将铁选出，它是处理含硅酸铁较多、结构复杂的微细粒浸染贫铁矿石的有效方法。

制造粒铁常用的设备为回转炉，在炉中进行矿石的加热和还原。入炉的矿石粒度为10~25mm，混以一定量的熔剂（石灰石）及还原剂（无烟煤或褐煤等），用重油或煤粉加热。当炉料加热至半熔融状态时（温度一般为 1200~1300℃），矿石中的铁被碳还原后形成小的铁粒，分布在生成的炉渣上。经水淬冷却后进行细磨，再用弱磁场磁选机将还原的铁选出作为精矿，可直接用于炼钢。

此方法适于处理各种低品位的铁矿，也可以处理各种多金属复合矿石，如含镍贫铁矿石和钛磁铁矿等。用此法处理难选贫铁矿时，铁回收率可达90%以上，精矿品位可达90%～94%，其缺点是炉子产量低，炉衬消耗大，炉子热利用差。

11.3.2　浸出试验

浸出是利用化学试剂选择性地溶解矿物原料中某些组分的工艺过程。使有用组分进入溶液，杂质和脉石等不需浸出的组分留在浸渣中从而达到彼此分离的目的。根据矿物原料的性质不同，可以预先焙烧然后浸出，也可以直接浸出。浸出有各种不同的分类方法，根据浸出剂可分为药剂浸出和细菌浸出，按浸出介质可分为水溶剂浸出和非水溶剂浸出，按浸出过程物料的运动方式可分为渗滤浸出和搅拌浸出。其中渗滤浸出又可分为堆浸、池浸、槽浸和就地浸出等等。现只对药剂浸出作简要介绍。

11.3.2.1　浸出试验的步骤

A　试样的采取和加工

试样的采取和加工方法与一般选矿试验样品相同。在实验室条件下浸出试样粒度一般要求小于0.25～0.075mm，常加工至0.15mm。在先物理选矿而后化学选矿的联合流程中，其粒度即为选矿产品的自然粒度。

B　拟订试验方案

根据试样的产品性质，确定浸出方案。浸出是依靠化学试剂与试样选择性地发生化学作用，使欲浸出的金属元素进入溶液中，而脉石等不需浸出的矿物留在残渣中，然后过滤洗涤，使溶液与滤液分开，达到金属分离的目的。在浸出液中对不同性质的矿石或产品，必须选择不同化学试剂进行浸出。根据所选择的溶剂不同，浸出可分为水浸、酸浸（如盐酸、硫酸、硝酸等）、碱浸（如氢氧化钠、碳酸钠、硫化钠和氨）等。根据浸出压力不同，又可分为高压浸出和常压浸出。例如以水溶性硫酸铜为主的氧化铜矿石采用常压水浸；以硅酸盐脉石为主的氧化铜矿石一般采用常压酸浸；以白云石等碳酸盐脉石为主的氧化铜矿石则采用高压氨浸。从浸出方式不同，又可分为渗滤浸出和搅拌浸出，渗滤浸出又可分为池浸、堆浸和就地浸等。渗滤浸出适用于浸出-100mm+0.075mm粒级的物料，而搅拌浸出主要应用于浸出细粒和矿泥。在什么情况下采用何种浸出方案，必须根据浸出试料性质作具体分析。

C　条件试验

条件试验的目的是在预先试验基础上，系统地对每一个影响浸出的因素进行试验，找出得到最佳浸出率的适宜条件。试验方法如同物理选矿方法一样，可用"一次一因素"的方法和统计学的方法。在条件试验基础上要进行综合验证试验。对于组成简单的试样和有生产现场资料参考的情况下，一般在综合条件验证性试验基础上即可在生产现场进行试验。

D　连续性试验和其他试验

对于浸出试样性质复杂和采用新设备新工艺的情况下，为保证工艺的可靠性和减少建厂后的损失，一般要进行半工业试验和工业试验。化学处理的浸出液，在欲将浸出的金属离子或化合物分离后，分离后的溶液要返回再用。分离后的溶液及残存在溶液中的各种离子在循环中的影响，在不同规模的试验中必须严加注意。

11.3.2.2 浸出试验操作

A 常压浸出操作

常压浸出是指在实验室环境的大气压下进行浸出。按其浸出方式不同，分为搅拌浸出和渗滤浸出。

（1）搅拌浸出。搅拌浸出主要用于浸出细粒和矿泥，浸出时间短，应用广泛。搅拌浸出试验，一般是在 500~1000mL 的三口瓶或烧杯中进行，有时也在自行设计的其他形式的玻璃仪器中进行。图 11-2 是 SO_2 浸出小型试验设备连接示意图。试样加入三口瓶中进行常压加温浸出。为使矿浆成悬浮状态，一般采用电动搅拌器进行搅拌。矿浆温度通过水银导电表、调压变压器、电子继电器的控制进行调节。二氧化硫的加入量可以通过毛细管流量计测定，残存在废气中的二氧化硫可以通过滴定管测定，加入量减去废气中的排出量，就可得到二氧化硫与试样作用的实际用量。

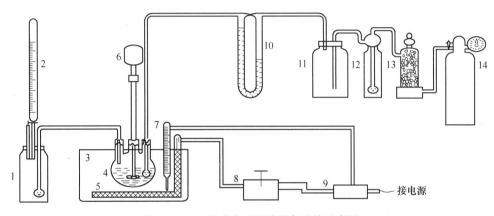

图 11-2　SO_2 浸出小型试验设备连接示意图

1—吸收瓶（内装 5%H_2O_2）；2—碱滴定管；3—玻璃水浴；4—三口烧瓶；5—加热器；
6—电动搅拌器；7—水银导电表；8—调压变压器；9—电子继电器；10—毛细管流量计；
11—缓冲瓶；12—气体洗瓶；13—气体干燥瓶；14—SO_2 钢筒

（2）渗滤浸出。堆浸是在采矿场附近宽广而不透水地基上，把低品位矿石堆积 10~20m 高进行浸出，物料粒度 100~0.075mm；就地浸出是在未采掘的矿床中，或在坑内开采和露天开采的废坑中用细菌浸出，即利用某些微生物及其代谢产物氧化、溶浸矿石，例如氧化铁硫杆菌和氧化硫杆菌能把黄铁矿氧化成硫酸和硫酸高铁，而硫酸和硫酸高铁是化学选矿中常用的浸矿剂（溶剂），利用这种浸矿剂就能把矿石中的铜、铀、镍、钴、钼等金属溶浸出来，从中富集各种有用金属。这些试验不限于实验室，还必须扩大到用直径 600mm，高为 25~30m 的柱式浸出装置上进行，在此不详述。

实验室进行渗滤试验一般采用渗滤柱，渗滤柱用玻璃管或硬塑料管等做成，柱的粗细长短根据矿石量而定，处理量一般为 0.5~2kg 或更多。浸出装置主要由高位槽（装浸矿剂）、渗滤柱、收集瓶组成。浸出剂由高位槽以一定速度流下，通过柱内的矿石到收集瓶。当高位槽的浸矿剂全部渗滤完时，则为一次循环浸出。每批浸矿剂可以反复循环使用多次。每更换一次浸矿剂就称为一个浸出周期。浸出结束时用水洗涤矿柱，然后将矿烘干，称重，化验。知道了原矿和浸出液中的金属含量，就可算出金属浸出率，并可以根据浸渣进行校核。

B　高压浸出操作

高压浸出是指在高于实验室环境下的大气压下进行浸出，一般有几个大气压至几十个大气压，在 1~2L 机械搅拌式电加热高压釜中进行。将试剂溶液和浸出试料同时加入釜中，上好釜盖后，开始升温，至比试验温度低 10~15℃时开始搅拌，到达试验温度后，开始保持恒温浸出，待达到预定的浸出时间后，停止加热搅拌，降至要求的温度，开釜取出矿浆。

C　浸出条件试验

这里重点讨论搅拌浸出的条件试验。小型分批浸出试验的试料量为 50~500g，一般用 50~100g，综合条件验证性试验为 1kg 或更多。

化学处理的回收率虽然与多方面的原因有关，但主要取决于化学试剂对矿物作用的浸出率的大小。浸出率大小与试料粒度、试剂种类和用量、矿浆温度、浸出压力、搅拌速度、浸出时间、液固比等因素有关。

（1）试料粒度。浸出试料粒度粗细直接与磨矿费用、试剂与试料作用时间和浸出渣洗涤过滤难易程度有关。一般要求试料粒度小于 250~150mm。

（2）试剂种类和用量。如前所述，浸出率大小主要取决于化学试剂对矿物的作用，化学试剂种类的选择是根据试料性质确定的，一般原则是所选试剂对试料中需要浸出的有用矿物具有选择性作用，而对脉石等不需浸出的矿物基本上不起作用，实践中一般对以酸性为主的硅酸盐或硅铝酸盐脉石采用酸浸，以碱性为主的碳酸盐脉石采用碱浸。选择试剂时，还应考虑试剂来源广泛，价格便宜，不影响工人健康，对设备腐蚀小等。试剂浓度以百分浓度或 mol/L 表示。试剂用量是根据需要浸出的金属量，按化学反应平衡方程式计算理论用量，而实际用量均超过理论用量。试验操作中应控制浸出后的溶液中最终酸或碱的含量。

（3）矿浆温度。矿浆温度对加速试剂与试料的反应速度，缩短浸出时间都具有重要影响。常压加温温度一般控制在 95℃以下，当要求浸出温度超过 100℃时，一般是在高压釜中进行浸出，才能维持所需的矿浆温度。为了有利于工人操作，在保证浸出率高的条件下，温度越低越好。

（4）浸出压力。高压浸出试验均在高压釜中进行，加压目的是加速试剂经脉石矿物的气孔与裂隙扩散速度，以提高目的金属元素与试剂的反应速度。在某些情况（例如浸出硫化铜与氧化铜的混合铜矿石）下，借助压缩空气中的氧分压氧化某些硫化矿物。一般高压浸出速度较快，浸出率较高。

（5）浸出时间。浸出时间与浸出容器容积大小直接相关，在保证浸出率高的前提下希望浸出时间短。

（6）搅拌速度。搅拌的目的是使矿浆呈悬浮状态，促进溶剂与试料的反应速度。试验中搅拌速度变化范围是 100~500r/min，一般为 150~300r/min。

（7）矿浆液固比。液固比大小直接关系到试剂用量、浸出时间和设备容积等问题。液固比大，试剂用量大，浸出时间长，浸出设备容积大，因此在不影响浸出率的条件下，应尽可能减小液固比，但液固比太小，不利于矿浆输送、澄清和洗涤。试验一般控制液固比为 4 : 1~6 : 1，常为 4 : 1。

上述各个影响因素中，其主要因素是试剂种类和用量、矿浆温度和浸出时间、浸出压力。

11.3.3 浸出液的处理

低品位矿石或选矿中间产出等经过浸出后，欲浸出的有用金属和伴生金属一道溶解在浸出液里，为了提取有用金属，首先必须从浸出液中分离杂质金属，提高浸出液中欲提取的有用金属的纯度，最终回收有用金属。因为除去杂质金属的方法与回收有用金属的方法大致相同，故不分别讨论。

从纯净的浸出液中回收有用金属可采用沉淀法、溶剂萃取法、离子交换法、电解法等。沉淀法又分为水解沉淀法、离子沉淀法、金属沉淀法（或置换沉淀法）、气体沉淀法（或氧化还原沉淀法）、结晶法等。

11.3.3.1 置换沉淀

交换沉淀法是用一种金属从另一种金属盐浸出液中将该金属沉淀出来，然后将金属沉淀物与浸出液分离。这个过程可以用金属电极电位来预测，具有较正电位（氧化）的金属将进入浸出液取代正电位较低的金属。例如用铁沉淀铜，因为元素 Fe/Fe^{3+} 的电极电位为 +0.036V，而元素 Cu/Cu^{2+} 的电极电位为 -0.337V，前者的电化比后者高，因此铁可以置换铜，同理也可以用锌置换金和银。

用置换沉淀法将所需要的金属沉淀回收该沉淀的方法有两个方案：从浸出液中置换沉淀或从浸出矿浆中置换沉淀。现以铁置换铜为例具体说明如下。

第一个方案是用硫酸或细菌浸出铜矿石。若浸出的矿浆中含泥量很少，浸出液易于与滤渣分离，一般是把浸出液与滤渣分离，然后将浸出液送到装有铁屑或海绵铁的溜槽或沉淀堆中进行沉淀，得到含铜 70%~85% 的置换铜送去熔炼；另一个方案是浸出液与滤渣不分离，在浸出矿浆中进行置换沉淀，这个方案适于处理硫化铜-氧化铜混合型矿石，用硫酸浸出氧化铜，剩余的硫化矿的表面被酸净化，再在矿浆中添加磨细的海绵铁，供溶解的铜以沉淀铜的形式沉淀出来，硫化铜和沉淀铜在酸性或碱性矿浆中用一般浮选方法进行浮选。此外，也可以添加硫化剂（如硫化钠）使溶液中的铜变成硫化物沉淀。此法的优点是可以免去溶液和固体分离的庞杂作业，且同时回收浸出法难以回收的硫化铜。置换-硫化沉淀试验要确定沉淀剂的用量和粒度、搅拌时间和强度。

铁粉的用量根据理论上的计算为 0.88kg/kg 铜，实际上约需 2kg/kg 铜。一般可在矿浆 pH 值为 2 的条件下，进行一系列试验来确定铁粉和海绵铁的用量。铁粉的粒度一般不大于 0.1mm，最好是 74μm。搅拌时间 5~10min，搅拌时间过长会使已沉淀的铜重新溶解。硫化钠用量一般高于理论量 1~4 倍，在矿浆 pH 值小于 7 的条件下，硫化沉淀铜的速度极快，在 5min 内即可完成。

11.3.3.2 溶剂萃取

溶剂萃取通常是指溶于水相中的被萃取组分与有机相接触后，通过物理或化学作用，使被萃取物部分地或几乎全部地进入有机相，以实现被萃取组分的富集和分离的过程。例如用萃取剂法萃取铜，是用一种有机相（通常是萃取剂和稀释剂煤油）从酸性浸出液中选择性地萃取铜，使铜得到富集而与铁及其他杂质分离，萃取后的萃余液返回浸出作业。

负载有机相进行洗涤，除去所夹带的杂质，然后用硫酸溶液反萃负载有机相，以得到容积更小的反萃液，此时铜的含量可达 10～25mg/L，反萃液送去电积得电积铜。反萃后的空载有机相返回萃取作业，电积残液可返回作反萃液或浸出液。

溶剂萃取具有平衡速度快、处理容量大、分离效果好、回收率高、操作简单、流程短、易于实现遥控和自动化等优点，该方法在核燃料工业、稀土、稀有、有色和黑色冶金工业中日益获得广泛应用。尤其对于一部分低品位矿石和难选中矿，利用溶剂萃取法富集和分离有用金属具有较好的推广价值。

A　溶剂萃取试验流程、设备和操作技术

a　溶剂萃取工艺流程

萃取工艺流程包括萃取、洗涤和反萃取三个作业，其原则流程见图 11-3。

（1）萃取作业。将含有被萃取组分的水溶液与有机相充分接触，使被萃取组分进入有机相。两相接触前的水溶液称为料液，两相接触后的水溶液称为萃余液。含有萃合物的有机相称为负载有机相。有机溶液与水溶液互不相溶，它们是两相。

（2）洗涤作业。用某种水溶液（通常是空白水相）与负载有机相充分接触，使进入有机相的杂质洗回到水相的过程，称为洗涤。用作洗涤的水溶液称为洗涤剂。

（3）反萃取作业。用某种水溶液（如酸、碱等）与经过洗涤后的负载有机

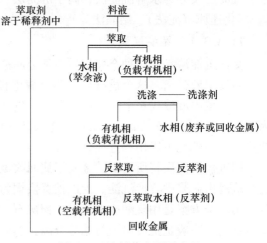

图 11-3　溶剂萃取原则流程

相接触，使被萃取物自有机相转入水相，这个与萃取相反的过程称为反萃取。所使用的水溶液称为反萃取剂。反萃后的水相称为反萃液。反萃后的有机物不含被萃取的无机物，此时的有机相称空载有机相，通过反萃取，有机相获得"再生"，可返回再使用。

b　试验设备和操作技术

实验室进行条件试验和串级模拟萃取试验时，常用 60mL 或 125mL 梨形分液漏斗作萃取、洗涤和反萃取试验。试验时，把 20mL 或 40mL（一般为 20mL）要分离的料液，倒入分液漏斗中，加入相应量的有机相，塞好分液漏斗的活塞，用手摇或放在电动震荡器上震荡，使有机相和水相接触，待分配过程到达平衡后，静置，使负载有机相和萃余水相分层，然后转动分液漏斗下面的阀门，使萃余水相或负载有机相流入锥形瓶中，达到分离的目的。按上述方式每进行一次萃取，称为一级或单级萃取。有时一级萃取不能达到富集、分离的目的，而需要采用多级萃取。将经过一级萃取后的水相和另一份新有机相充分接触，平衡后分相称为二级萃取，依此类推，直至 n 级。实验室条件试验常采用单级萃取和错流萃取。错流萃取如图 11-4 所示，图中方框代表分液漏斗或萃取器，实验室测定萃取剂的饱和容量即采用错流萃取。

B　实验室溶剂萃取试验内容

试验内容包括：选择萃取体系、萃取、洗涤和反萃取条件试验、串级模拟试验。

图 11-4　错流萃取示意图

（1）选择萃取体系。萃取体系的分类尚未统一，根据被萃取金属离子结构特征分类，则分为简单分子萃取体系、中性配合物萃取体系、螯合物萃取体系、离子缔合萃取体系、协同萃取体系及高温萃取体系。料液中萃取金属离子的结构不同，选择的萃取体系也不同。

试验时，首先必须将要研究的料液进行分析测定，了解料液的性质和组成，例如是酸性溶液或是碱性溶液、属哪一类酸或碱、浓度多高、被萃取组分和杂质存在形态和浓度如何等。鉴于此，并结合已有的生产经验和文献资料，选择萃取体系。例如，对于用硫酸或细菌浸出氧化铜的料液，考虑到铜是以阳离子状态存在，料液呈酸性，这时就应选用阳离子交换体系或螯合萃取体系，而不能采用铵盐类萃取体系。又如，拟从钨酸钠溶液中提取钨，因为以钨酸根阴离子状态存在，可选用离子缔合萃取体系，又因为料液是碱性溶液，因此也只能选用离子缔合萃取体系中的铵盐萃取剂，而决不能选用阳离子交换或螯合萃取体系。

为了适应分离效果较好的萃取体系，在某些情况下，对原液的酸度与组成进行调整，甚至可以改变提供料液的处理办法。萃取体系的确定只是为选择萃取剂指明了一个方向，要确定有机相组成，还必须综合考虑其他因素，如萃取剂的选择性，萃取容量等。

（2）溶液萃取条件试验。进行条件试验之前，首先应作探索试验，目的是初步考察选择的萃取剂分相性质和萃取效果，从而决定采用这种萃取剂的可能性。

影响萃取的因素很多，但在试验和生产中一般要考虑的因素包括：有机相的组成和各组分浓度、萃取温度、萃取时间、相比、料液的酸度和被萃取组分的浓度、盐析剂的种类和浓度。条件试验的任务就是通过试验找出各因素对分配比、分离系数、萃取率的影响，确定各因素的最佳条件。有关条件试验的内容概要分述如下。

1）有机相的组成和各组分浓度。有机相一般由萃取剂和稀释剂组成，有时还加添加剂。在某些情况下，只有萃取剂组成有机相。萃取剂是一种有机溶剂，它与被萃溶液发生作用生成一些不溶于水而易溶于有机相的化合物。萃取剂的性质对整个工艺流程和合理性具有决定性的作用，常用的萃取剂参阅手册。稀释剂是一种用于溶解萃取剂和添加剂的有机溶剂，它没有从溶液中萃取金属离子的能力，但它会影响萃取剂的能力，常用的稀释剂有煤油、苯等有机溶剂。添加剂是用以解决萃取过程出现乳化和生成三相的问题，常用的添加剂有醇、甲醛三丁酯等。

有机相组分和各组分的浓度主要是通过试验测定的萃取饱和容量、分离系数、平衡时间、相分离好坏等基本萃取性能而确定。原则上尽量使用纯的萃取剂或萃取浓度高的有机相，以此增加萃取能力，提高产量。

2）萃取温度。萃取温度的高低可以决定两相区的大小和影响溶剂的黏度。温度升高，可加快分相速度，但同时增加有机相在水中的溶解度和稀释剂的挥发，故在萃取操作中应尽量采用常温。

3）萃取时间。萃取时两相混合的时间应保证萃取物的浓度在两相中达到平衡。时间过短，被萃取物的浓度在两相中达不到平衡，萃取效率低；反之时间过长，设备生产率下降。加强搅拌，有利于缩短萃取时间，一般几分钟内即可达到平衡。

4）相比。相比是指有机相与水相的体积比，相比的大小对萃取效率有直接影响。当相比等于 1 时，在简化萃取设备和控制液体流速方面均有明显的优点。但在试验和生产中，往往是根据具体萃取作业而定，当有机相萃取容量低于水相中被萃取组分的浓度时，则相比大于 1，反之则相比可小于 1。不论萃取和反萃取都不希望相比过高。

5）料液的酸度和被萃取组分的浓度。萃取剂与被萃取物作用的活性基团，如同浮选用的捕收剂，其活化基团一般是—SO_3、—COO^-、—NH_2、—NH 等。料液酸度的高低，直接影响萃取剂活化基团的解离度，从而影响萃取率和分配系数大小。因此，应通过试验，找出最适宜的酸度。料液中被萃取组分的浓度对分配比有一定影响。

6）盐析剂的种类和浓度。为提高萃取率和分配系数，经常在水相中添加盐析剂，特别是在含氧溶剂的萃取过程。例如用乙醚萃取 $UO_2(NO_3)_2$ 时，分配系数因溶液中 UO_2^{2+} 离子浓度的降低而减小，如果在萃取液中加入硝酸盐，就能使分配系数保持相当大，萃取就可完全。一般而言，高价离子 Al^{3+}、Fe^{3+} 等具有较强的盐析作用，当离子的电荷相同时，离子半径愈小，盐析作用愈强，因而不同的盐析剂的效果是不同的。

除了萃取条件试验，还有洗涤作业、反萃作业的条件试验，例如洗涤剂种类和浓度、洗涤的温度、相比、接触时间；反萃取剂种类和浓度、反萃的温度、相比、接触时间等。这些条件试验可参照萃取试验的方法，在此就不一一叙述了。

为了考察萃取效果，需将负载有机相进行反萃后所得反萃液和萃余液进行化验，得出有机相和萃余液中的金属含量，以 g/L 表示，根据需要分别按式（11-1）~式（11-3）算出分配比 D、分离系数 β、萃取率 E。

$$D = \frac{[A]_{\text{有}}}{[A]_{\text{水}}} \tag{11-1}$$

式中，D 为分配比；$[A]_{\text{有}}$ 为有机相中溶质 A 所有各种化学形式的浓度；$[A]_{\text{水}}$ 为水相中溶质 A 所有各种化学形式的浓度。

$$\beta = \frac{D_A}{D_B} \tag{11-2}$$

式中，β 为分离系数；D_A 为溶质 A 的分配比；D_B 为溶质 B 的分配比。

$$E = \frac{[A]_{\text{有}}}{[A]_{\text{有}} + [A]_{\text{水}}} \times 100\% = \frac{D}{D + 1} \times 100\% \tag{11-3}$$

式中，E 为萃取率，%；$[A]_{\text{有}}$ 为有机相中被萃取溶质 A 的浓度；$[A]_{\text{水}}$ 为水相中残留的溶质 A 的浓度；D 为分配比。

（3）串级模拟试验。串级模拟试验与实验室浮选闭路试验类似，也是一种模拟连续生产过程的分批试验，即用分液漏斗进行分批操作模拟连续多级萃取过程，这个方法比较接近实际，是实验室经常采用的一种方法。试验目的是：发现在多级逆流萃取过程中可能出现的各种现象，如乳化、三相等；验证条件试验确定的最佳工艺条件是否合理，能否满足对产品的要求；最终确定所需理论级数。理论级数在串级模拟试验前用计算法和图解法初步确定，再用试验进一步核定，一般比上述两种方法确定的级数多1~3级。

现以五级逆流萃取串级模拟试验为例，说明串级模拟试验方法。五级逆流萃取串级模拟试验示意图见图11-5。试验操作步骤如下：取5个分液漏斗，分别编1、2、3、4、5五个标号，开始操作时，按图11-5箭头所指方向进行；从第3号分液漏斗开始试验，加入有机相和料液，置于电动震荡器震荡，使过程达到平衡，静置，待两液相澄清分层后，有机相转入第2号分液漏斗，水相移入第4号；在第4号分液漏斗中加入新有机相，在第2号分液漏斗中加入料液，第二次震荡2、4两号分液漏斗，使过程达到平衡，静置分层后，第4号的有机相移入第3号，水相移入第5号，而第2号的有机相移入第1号，水相移入第3号；在第1

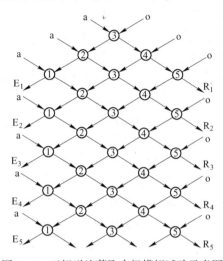

图11-5　五级逆流萃取串级模拟试验示意图
o—有机相；a—料液；E—负载有机相；R—萃余液

号分液漏斗加入料液，第5号加入新有机相，第三次振荡1、3、5号分液漏斗，静置分层后，第1号分液漏斗中的有机相移出不要，水相移至第2号，第3号的有机相移入第2号，水相移入第4号，第5号的有机相转入第4号，水相转出不要。按上述步骤继续做下去，直至负载有机相E和萃余液R中被萃取组分的含量保持恒定，也就是萃取体系达到了平衡，若负载有机相和萃余相中所含组分达到了预期的要求，则可结束试验。如体系达到平衡后，没有获得预期的分离效果，则应调整级数，重新试验，直到获得预期的分离效果。

在试验过程中，判断萃取体系是否已达到平衡，可通过下列几方面进行判断：出料排数（参阅图11-5，第3号算第一排，第2、4号算第二排，第1、3、5号算第三排，自上而下，如此类推）是级数的两倍以上时，一般萃取体系可达平衡；用化学分析估计达到平衡后的负载有机相和萃余液所含被萃取组分，如分析结果连续多次都是恒定的，则萃取体系已达平衡；除此，还可以根据负载，有机相和萃余液的某些物理性质（如颜色）恒定与否来判断过程是否稳定。

反萃取是萃取的逆过程，可参照萃取试验操作方式进行。但此时加入分液漏斗的溶液是经过洗涤的负载有机相和反萃液，经多级反萃取后，获得的空载有机相和反萃液。

按图11-5进行全流程试验时，可依萃取、洗涤和反萃取三个作业顺序分段进行。

在某些情况下，需在串级模拟试验基础上，进行连续串级试验，其试验设备包括混合澄清槽、萃取塔、离心萃取器，其中以混合澄清槽应用较多。

　　C　离子交换

离子交换是根据离子交换树脂对水溶液（或浸出液）中各组分的吸附能力不同，和各组分与淋洗剂生成的配合物稳定性不同使元素富集和分离的技术。离子交换法按选用的淋洗剂和操作的不同，分为简单离子交换分离法和离子交换色层分离法。

简单离子交换分离法是将溶液流过离子交换柱，使能够起离子交换作用的离子吸附在树脂上，而不起交换作用的离子随溶液流去。随后用水洗去交换柱中残留的溶液，再用适当的淋洗剂将已吸附在树脂上的离子淋洗下来，送下一工序回收有用金属。

　　离子交换色层分离法，它是基于欲分离离子与树脂的亲和力不同，将待分离的混合物浸出液流过离子交换柱，使欲回收的离子全部吸附到树脂上，用水洗去吸附柱中残留的溶液后，连通吸附柱与分离柱，用适当的淋洗剂流过吸附柱，由于吸附在树脂上的离子对树脂的亲和力不同，随着淋洗剂的不断流入，被吸附的离子沿交换柱洗下来时，自上而下移动的速度不同，逐渐分离成不同的离子吸附带，先后由分离柱流出，或采用不同的淋洗剂先后将吸附的离子分别洗出，将流出液分别收集，即得到分离的纯化合物溶液。再从溶液中回收有价金属或化合物。有关离子交换试验装置、操作步骤和条件试验分别叙述如下。

　　(1) 离子交换操作步骤。

　　1) 树脂的预处理。市售离子交换树脂一般为 Na^+ 或 Cl^- 型，含水程度不等，而且含杂质，为使树脂转为试验所需要的离子形式，就需要进行预处理。吸附柱树脂粒度为 180~250μm，分离柱树脂为 150~180μm。使用前将树脂用水浸泡 12~24h，使树脂充分溶胀，并漂洗去过细的树脂和夹杂物。然后根据不同类型的离子交换树脂，用酸或碱等浸泡 24h 使树脂转型。转型后用水淋洗即可装柱。

　　2) 装柱。先使交换柱充水，约占柱体容积的三分之一，将已预处理的树脂与水混合成半流体状，由柱顶连续均匀地加入交换柱，使树脂均匀而自由下沉，加入的树脂高度约为柱高的 90%，树脂层上面一定要保持一层水，以免空气进入树脂间隙而形成气泡，影响分离效果。树脂下沉后，再用纯水洗涤柱内树脂至中性或接近中性。

　　3) 树脂转型。根据试验需要将树脂转变为一定的离子型式。分离提纯稀土，吸附柱通常转为 NH_4^+ 型，分离柱通常转为 Cu^{2+}-H^+ 型或 NH_4^+ 型。转为 Cu^{2+}-H^+ 型，可将 $CuSO_4$: H_2SO_4 = 1/2mol : 1/2mol 的混合液以 6mm/min 流速通过分离柱，至流出液中有 Cu^{2+} 的颜色出现为止。转型后的树脂均需以纯水将留在树脂空隙中多余的溶液洗出。

　　4) 吸附。将含有用金属的浸出液以一定流速通过吸附柱中的树脂床，需回收的金属离子离开水相后吸附于树脂相。当树脂床对溶液中的金属离子吸附达到饱和时，流出液中便出现金属离子，此时便停止给料，最后用纯水洗涤吸附柱，直至无金属离子流出为止。

　　5) 淋洗。淋洗条件取决于吸附物的成分和对产品的要求。吸附柱吸附完和分离柱转型后，接通吸附柱和分离柱，用配成一定浓度和 pH 值的淋洗液以一定流速流过吸附柱和分离柱。用乙二胺四乙酸作为分离提纯稀土元素的淋洗剂时，当稀土离子开始从最后一根分离柱中流出，就开始分份收集。不同的淋洗剂，会使各稀土离子流出顺序不同，分份收集后进一步处理，即可得单一稀土氧化物。淋洗完毕后，用纯水洗出柱中存留的淋洗剂，收集并留待下一步回收，柱子重新转型后，可留待下一批进行交换分离试验。

　　6) 树脂的再生。离子交换树脂的再生在应用上是一个很重要的步骤。已使用过并已失去交换能力的树脂，必须采用一定的再生剂进行处理，使树脂恢复到交换前的形态。树脂能够再生的根本原因是树脂的反应均是可逆反应，只要控制好条件，可使平衡朝着所需要的方向移动。每一种离子交换树脂的再生条件各不相同，再生条件与再生程度将直接影响到每一种树脂的使用价值。强酸性阳离子交换树脂，可用 2mol 的盐酸或 1mol 硫酸等溶液处理使树脂再生，强碱性阴离子交换树脂的再生则可用 2mol 的氢氧化钠等碱溶液处理。

　　离子交换试验除用交换床外，也可在平衡条件下进行，即将一定体积的浸出液与一定重量的树脂置于交换器中，并长时间振荡，直至达到平衡。在此条件下，任一金属离子被交换树脂吸附的程度，可用分配系数 D 表示：

$$D = \frac{树脂中金属离子浓度}{水相中金属离子浓度} \tag{11-4}$$

D 值愈大，说明树脂对金属离子的亲和力愈大。

（2）离子交换条件试验。影响离子交换效果的因素是多方面的，实验室条件试验的主要项目包括树脂的物理性质和化学性质、料液的成分和性质、淋洗剂的浓度与 pH 值、流速、温度、柱形和柱比等。

1）树脂的选择。首先需要了解料液的成分及酸度，根据料液中欲回收的离子状态，参照生产经验和文献资料，确定选用的离子交换树脂类型。同时要注意树脂的粒度和交联度，一般选用 250~150μm 的粒度和 8%~10% 左右的交联度，此外，还要考虑交换容量大、选择性高和交换反应速度快等性能好的交换树脂，这三者可通过定量的树脂与不同浓度的料液进行交换反应后，测定料液的原始浓度和交换反应后溶液的浓度得知。

2）料液的组成和性质。料液离子浓度过低，吸附时间长，生产率低；浓度过高，来不及吸附，离子流出柱外，增加处理手续。料液的 pH 值高低影响离子交换树脂的交换反应，强酸强碱性离子交换树脂电离度大，受 pH 值影响很小；弱酸弱碱性离子交换树脂电离度小，受 pH 值影响较大。

3）流速。无论是吸附或淋洗，流速过快，反应来不及平衡，离子在树脂上吸附和解吸的次数少，则分离效果差，影响产品质量；流速过慢，生产周期长，效率低。一般采用线速度为 4~5mm/min。

4）温度。提高交换过程的温度，有利于交换反应速度加快，并使配合物溶解度增加，因而可采用较高的淋洗液浓度，较快的淋洗速度，从而提高生产率；但温度升高，会降低离子交换树脂的选择性。

5）柱形和柱比。柱形是指交换柱直径与柱长之比，在交换树脂用量和料液流速相同的情况下，采用直径较小的交换柱，则两种相互分离组分的离子带重叠区相对减小，有利提高产品回收率和分离效率。柱形的选择与树脂粒度、料液流速等因素有关，其比值变动范围较大，一般采用 1:20~1:40。柱比是吸附柱和分离柱直径相同时的长度比。柱比大，即分离柱长，欲分离的离子在分离柱吸附-解吸的重复次数增加，可提高分离效果，但增加了树脂和淋洗剂的用量及淋洗时间。因此要保证达到分离要求的情况下，尽量采用最小的柱比。柱比与产品质量的要求、淋洗剂的种类和淋洗条件有关，而合理的柱比，必须通过试验确定。

6）淋洗液的 pH 值和浓度。淋洗液的 pH 值影响淋洗液与被淋洗粒子的络合反应和分离效果，例如乙二胺四乙酸与稀土的络合反应受 pH 值影响大。淋洗液的浓度大时，淋液体积小，淋洗时间短，流出液中金属离子浓度高，便于下一步处理。浓度过高可能会堵塞交换柱，影响淋洗过程的正常进行。

总之，离子交换具有富集比大，可用于回收溶液中低含量的金属离子或化合物等优点，但同时也具有生产率低等弱点，若与有机萃取法联合使用，互相补充，则能更好地发挥各自的优点，克服其缺点。

11.4　化学选矿实例一（焙烧实验）

某公司钒矿含碳高达 35% 左右，如果不预先脱除，细磨后其表面能及吸附能力很强，严重影响钒的浸出率，因此，首先进行了焙烧脱碳试验。

11.4.1 焙烧脱碳磨矿细度试验

试验用工艺流程见图 11-6，试验结果详见表 11-1。

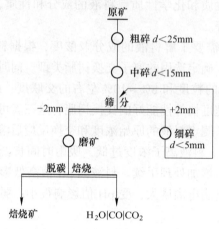

图 11-6 焙烧脱碳工艺流程图

表 11-1 焙烧脱碳磨矿细度试验结果

试验编号	磨矿细度	产物名称	焙烧矿品位 $C/\%$	焙烧矿产率 /%	烧失率/%	试验条件
1	$-2mm$	焙烧矿	18.94	81.84	18.16	焙烧温度为 750℃；焙烧时间为 2h，关闭炉门
2	$-74\mu m$ 含量 70%	焙烧矿	19.25	80.76	19.24	
3	$-74\mu m$ 含量 80%	焙烧矿	19.65	80.67	19.32	
4	$-74\mu m$ 含量 90%	焙烧矿	19.97	80.73	19.23	

从试验结果可以看出，关闭炉门焙烧，磨矿后矿粒间空隙减小，焙烧后料面板结，气体流动不畅，随磨矿细度增加，脱碳效果不明显。

11.4.2 焙烧脱碳温度试验

试验用工艺流程同图 11-6，试验结果详见表 11-2。

表 11-2 搅拌焙烧脱碳温度试验结果

试验编号	焙烧脱碳温度/℃	产物名称	焙烧矿品位 $C/\%$	焙烧矿产率 /%	烧失率/%	试验条件
1	650	焙烧矿	14.35	79.30	20.70	磨矿细度为 $-74\mu m$ 含量 70%；焙烧时间为 2h，关闭炉门
2	750	焙烧矿	14.41	79.40	20.60	
3	850	焙烧矿	14.20	77.20	22.80	
4	950	焙烧矿	14.30	77.30	22.70	

从试验结果可以看出，随焙烧脱碳温度增加，焙烧后料面板结，气体流动不畅，脱碳效果提高幅度不大，以 850℃较好。

11.4.3 焙烧脱碳焙烧时间试验

试验用工艺流程同图 11-6，试验结果详见表 11-3。

表 11-3 焙烧脱碳温度试验结果

试验编号	焙烧时间/min	产物名称	焙烧矿品位 C/%	焙烧矿产率/%	烧失率/%	试验条件
1	60	焙烧矿	20.10	85.86	14.14	磨矿细度为−74μm 含量70%，关闭炉门；焙烧温度为850℃
2	120	焙烧矿	14.10	75.02	24.98	
3	180	焙烧矿	14.25	75.24	24.76	
4	240	焙烧矿	13.65	74.24	25.76	
5	300	焙烧矿	8.65	70.20	29.80	

从试验结果可以看出，随焙烧脱碳的焙烧时间增加，焙烧后料面板结，气体流动不畅，脱碳效果提高幅度不大，综合考虑能耗和焙烧成本，以 120min 较好。

11.4.4 搅拌焙烧脱碳磨矿细度试验

试验用工艺流程同图 11-6，试验结果详见表 11-4。

表 11-4 搅拌焙烧脱碳磨矿细度试验结果

试验编号	磨矿细度	产物名称	焙烧矿品位 C/%	焙烧矿产率/%	烧失率/%	试验条件
1	−2mm	焙烧矿	14.45	77.37	22.63	焙烧温度750℃；焙烧时间2h，每20min搅拌一次
2	−74μm 含量70%	焙烧矿	9.91	72.18	27.82	
3	−74μm 含量80%	焙烧矿	5.94	69.28	30.72	
4	−74μm 含量90%	焙烧矿	5.94	69.28	30.72	

从试验结果可以看出，搅拌焙烧，随磨矿细度增加，脱碳效果明显提高，但是，综合考虑能耗和磨矿成本，磨矿细度以 70%−74μm 为宜。

11.4.5 搅拌焙烧脱碳通风量试验

试验用工艺流程同图 11-6，试验结果详见表 11-5。

表 11-5 搅拌焙烧脱碳通风量试验结果

试验编号	炉门开口宽度/mm	产物名称	焙烧矿品位 C/%	焙烧矿产率/%	烧失率/%	试验条件
1	20	焙烧矿	8.74	71.16	28.84	磨矿细度为−74μm 含量70%；焙烧温度850℃；焙烧时间2h
2	40	焙烧矿	8.57	70.75	29.25	
3	60	焙烧矿	6.96	69.65	30.35	

从试验结果可以看出，搅拌通风焙烧，随着磨矿细度的增加，脱碳效果有所提高，但是综合考虑能耗和磨矿成本，炉门开口宽度以 20mm 为宜。

综合以上试验结果可知，该钒矿焙烧脱碳最优工艺条件为：磨矿细度为 70%-74μm，焙烧温度为 850℃，焙烧时间为 2h，炉门开口宽度为 20mm，进行搅拌焙烧可以达到焙烧脱碳的目的，如果采用回转窑焙烧，这些条件也可以实现。

11.5 化学选矿实例二（化学酸浸实验）

11.5.1 矿石性质

为确定矿石中的主要有价元素种类及含量，研究对试样进行了化学多元素分析和镍的物相分析，结果见表 11-6 和表 11-7。

表 11-6 原矿多元素分析

元素	Ni	Ca	Pb	Zn	SiO_2	Al_2O_3	As
含量/%	0.71	0.011	0.027	0.023	38.10	0.55	0.019
元素	S	TFe	K_2O	Na_2O	CaO	MgO	Mn
含量/%	0.061	6.08	0.093	0.031	4.71	32.04	0.16

表 11-7 原矿镍物相分析结果

相别	硫化镍中镍	硫酸镍中镍	硅酸镍中镍	总镍
含量/%	0.015	0.014	0.68	0.709
占有率/%	2.12	1.97	95.15	100.00

由表 11-6 可知，样品中主要元素有 Ni、MgO、CaO、Fe、SiO_2、Al_2O_3 等元素，其中镍含量为 0.71%，铁含量为 6.08%，氧化镁含量为 32.04%。因此，主要研究对矿石中的镍元素进行回收。由表 11-7 可知，原矿中镍的赋存状态主要是氧化矿，其中氧化镍（硫酸镍和硅酸镍）占 98% 左右，结合岩矿鉴定结果可知，镍主要赋存在镍蛇纹石中。原矿中矿物种类比较复杂，主要矿物为磁铁矿、铬铁矿、镍蛇纹石、镁橄榄石、透闪石和铁白云石。由于原矿中镍蛇纹石为镍的主要载体矿物，且大部分镍蛇纹石呈轻微绿泥石化，而硅酸镍矿物采用物理选矿方法难于富集，因此试验采用化学选矿方法处理。

11.5.2 工艺流程的确定

由于该矿中氧化镁含量较大，研究采用硫酸化焙烧镍浸出工艺和直接酸浸镍工艺进行了探索对比试验，结果表明，采用硫酸化焙烧水浸工艺，镍的浸出率仅为 32.14%。结合矿物中含镍不高，并含有氧化铁及氧化镁的特点，试验采用如图 11-7 所示的技术路线、如图 11-8 所示的流程综合回收镍。

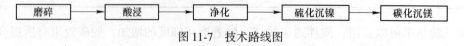

图 11-7 技术路线图

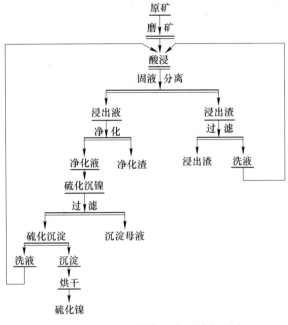

图 11-8 酸浸氧化镍试验原则流程图

11.5.3 浸出条件试验

研究分别考察了酸的种类，酸的用量，试料粒度，浸出时间，浸出温度，液固比工艺因素对镍的浸出率的影响。

11.5.3.1 酸的种类试验

试验条件：原料粒度为 −2mm 占 60%，浸出温度为 70℃，浸出时间为 2h，浸出液固比为 3∶1，试验结果如表 11-8 所示。

表 11-8 酸的种类试验结果

酸的种类	酸的用量/g·L^{-1}	镍的浸出率/%
硫酸	200	74.76
盐酸	200	75.00
硫酸+盐酸	50+150	81.37

由表 11-8 可知，盐酸比硫酸浸出效果好，盐酸为浸出剂时镍的浸出率为 75%，而采用硫酸+盐酸联合用药浸出工艺可使镍的浸出率达到 81.37%。由于硫酸腐蚀性较大，而盐酸易挥发导致其消耗量增大，两者联合浸出既能保证镍的浸出效果，又可改善操作环境，因此研究采用硫酸+盐酸联合浸出的工艺。

11.5.3.2 试料粒度试验

试验条件为：浸出温度为 70℃，浸出时间为 2h，液固比为 3∶1，浸出剂硫酸+盐酸用量为 (50+150)g/L，试料粒度为变量，试验结果如图 11-9 所示。

由图 11-9 可知，随着试料粒度的减小，镍的浸出率先增加后减小，当试料粒度为 -0.149mm 含量为 60% 时，镍的浸出率可达 79.21%。试料粒度进一步减小为 -0.074mm 含量为 60% 时，镍的浸出率又随之减小。根据反应动力学相关理论，浸出反应的发生，是由于溶液中反应物分子与固体反应剂相碰撞引起的，两者相碰的几率与固体比表面积成正比，因此，反应物初始粒度越细，浸出率就越高。当试料粒度为 -0.074mm 时，镍的浸出率减小，原因在于镍的嵌布粒度较细，原矿中含有铁元素，可以嵌布在其他矿相中，暴露于反应界面的铁的物相就越多。综合考虑磨矿成本及抑制铁的浸出，试验均采用粒度为 -0.35mm 的矿粉。

11.5.3.3　浸出时间试验

试验条件为：浸出温度为 70℃，试料粒度为 -0.35mm 占 60%，液固比为 3∶1，浸出剂硫酸+盐酸用量为 (50+150)g/L，浸出时间为变量，实验结果如图 11-10 所示。

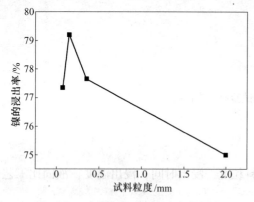

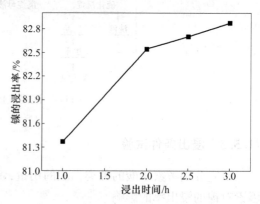

图 11-9　试料粒度对镍浸出率的影响　　　图 11-10　浸出时间对镍浸出率的影响

由图 11-10 可知，镍的浸出率随着浸出时间的延长增大并逐渐稳定。当浸出时间为 1h 时，镍的浸出率为 81.37%，当浸出时间延长至 2h 时，镍的浸出率增大到 82.54%，原因在于矿粉的粒度较小而比表面积较大，与溶液中碱的接触充分，浸出速率较快，反应可在较短的时间内达到平衡，而继续延长时间至 3h，镍的浸出率变化不大。因此选择最佳浸出时间为 2h。

11.5.3.4　酸用量试验

试验条件为：浸出温度为 70℃，试料粒度为 -0.35mm 占 60%，液固比为 3∶1，浸出时间为 2h，浸出剂硫酸用量为 50g/L，浸出盐酸用量为变量，实验结果如图 11-11 所示。

如图 11-11 所示，镍的浸出率随盐酸用量的增加而增加，当盐酸用量从 100g/L 增加到 200g/L 时，镍的浸出率从 72.54% 增加到 87.75%。盐酸不仅可以浸出低品位红土镍矿中有价金属，还可以用于维持溶液的 pH 值，防止镍、钴、锰、铁、镁的水解，同时又可以提供氯离子与金属离子络合，增大金属离子在溶液中的溶解度。因此，初始酸浓度的增加，可以增加低品位红土镍矿中金属元素的溶解浸出。因此选取最佳盐酸用量为 200g/L。

11.5.3.5　浸出温度试验

试验条件为：试料粒度为 -0.35mm 占 60%，液固比为 3∶1，浸出时间为 2h，浸出硫酸+盐酸用量为 (50+200)g/L，浸出温度为变量，实验结果如图 11-12 所示。

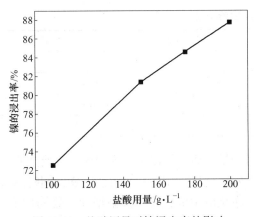

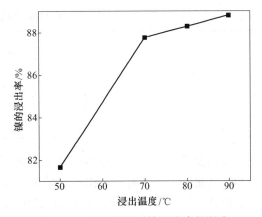

图 11-11　盐酸用量对镍浸出率的影响　　　　图 11-12　浸出温度对镍浸出率的影响

由图 11-12 可知：镍的浸出率随温度的升高而增大，当浸出温度由 50℃ 升高到 90℃ 时，镍的浸出率由 81.66% 增大到 88.80%，原因在于随着浸出温度的升高，溶液中分子的运动速度及浸出反应的速率都会增加。当温度继续增加到 90℃ 后，镍的浸出率变化不大。综合考虑生产环境及成本，选取最佳浸出温度为 70℃。

11.5.3.6　液固比试验

试验条件为：试料粒度为 −0.35mm 占 60%，浸出时间为 2h，浸出硫酸+盐酸用量为 (50+200)g/L，浸出温度为 70℃，液固比为变量，实验结果如图 11-13 所示。

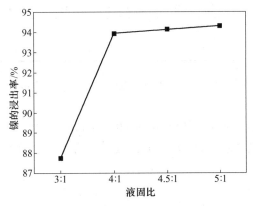

图 11-13　液固比对镍浸出率的影响

由图 11-13 可知，镍的浸出率随液固比的增大而升高。当浸出液的液固比为 3∶1 时，镍的浸出率为 87.75%，当液固比增大到 4∶1 时，镍的浸出率为 93.95%，液固比进一步提高到 5∶1 时，镍的浸出率变化不大为 94.31%。液固比的增大增加了酸的总量，因此在一定反应时间内浸出率有所增加，但此时氧化镁的浸出率会有所降低。为了减少溶液体积，降低后续浸出液净化的成本，因此试验采用最佳液固比为 4∶1。

11.5.4　浸出溶液净化试验

浸出溶液净化试验采用氧化中和水解法除铁，试验条件为：净化温度为 70℃，净化时间为 0.5h，浸出液中镍的含量为 1.10%，铁的含量为 8.33%，终点溶液 pH 值为变量，试验结果如表 11-9 所示。

表 11-9 除铁 pH 试验结果

pH 值	净化渣成分/%	
	Ni	Fe
3.5	0.16	39.61
4.5	0.34	40.02
5.5	0.99	21.90

浸出镍镁以离子状态进入浸出溶液中，同时少量杂质也被浸出进入溶液，主要杂质是铁和二氧化硅。因为有二价铁离子存在，所以需先氧化后采用中和水解法除铁，同时除去二氧化硅。如表 11-9 所示，随着 pH 值的增大，净化渣中的镍含量逐渐增加，故 pH 值选取 3.5。

11.5.5 硫化沉镍试验

由于镍与镁对硫亲和力的差异，镍对硫的亲和力较大，镍与硫化剂作用生成硫化镍进入固相；镁对硫的亲和力比镍钴小，难与硫化剂作用仍留在溶液中。试验条件为：沉淀温度为 70℃，沉淀时间为 0.5h，净化液成分中镍为 1.09g/L，溶液 pH 值为变量，试验结果如表 11-10 所示。

表 11-10 硫化沉淀溶液 pH 值试验结果

溶液 pH 值	3.5~4.0	4.5~5.0	5.0~5.5
镍的含量/%	18.69	19.42	15.56
氧化镁含量/%	0.53	0.36	0.32

如表 11-10 所示，pH 值在 4.5~5.0 时，硫化沉淀镍的含量最高为 19.42%，硫化沉淀的氧化镁含量为 0.36%。

联合酸浸的最佳条件为矿石浸出粒度为 -0.35mm 占 60%，浸出时间 2h，硫酸+盐酸的用量为（50+200）g/L，浸出温度为 70℃，液固比为 4∶1，在此条件下，镍的浸出率可达 87.29%。

复习思考题

11-1 焙烧试验有哪些种类，试对比其特点。

11-2 浸出试验有哪些步骤？

11-3 化学选矿过程包括哪些工序？

11-4 影响化学选矿试验方案的因素有哪些？

第 4 篇

试验结果处理及报告编写

 试验结果的处理

+·+

【**本章主要内容及学习要点**】本章主要试验结果的表示方法、试验结果的评价和试验报告的编写及实例等。重点掌握试验结果的计算和评价及试验报告的编写。

+·+

12.1 试验结果的精确度

精确度和准确度是两个不同的概念。精确度是指测试结果的重复性，准确度是指测试结果与真值的相差程度，在实际工作中往往对二者不加区别。试验结果的精确度是用误差来度量的，误差愈小，精确度愈高。

（1）单次测试结果的精确度，主要取决于测试器具本身的精度。最小分度（感量）为 1g 的台秤称量结果的精确度为 ±1g。称量为 1kg、感量为 1g 的台秤，若用其称量 0.5kg 试样，相对误差为 0.2%；若用其称量 10g 试样，相对误差为 10%。

（2）选矿试验结果的精确度，主要通过重复试验来测定，即用多次重复试验的结果的平均值作为试验结果的期望值，用标准误差度量它的精确度。若重复 5 次试验，回收率分别为 82.0%、82.4%、81.0%、82.6%、83.0%，则推荐的回收率应为：$\bar{\varepsilon} = \frac{1}{5}(82.0\% + 82.4\% + 81.0\% + 82.6\% + 83.0\%) = 82.2\%$。

试验结果的标准误差：

$$s = \left(\sqrt{\frac{(-0.2)^2 + (0.2)^2 + (-1.2)^2 + (0.4)^2 + (0.8)^2}{5-1}} \right)\% = \pm 0.76\%$$

平均值的标准误差：

$$s_{\mathrm{m}} = \pm \left(\frac{0.76}{\sqrt{5}} \right)\% = \pm 0.34\%$$

回收率的变化范围为 $\bar{\varepsilon} = 82.2\% \pm t_\alpha s_{\mathrm{m}} = 82.2\% \pm 0.34 t_\alpha$，在可信度为 95% 时，即取

显著水平 α = 0.05 时，t_α = 2.78，则 $\overline{\varepsilon}$ = 82.2 ± 2.78 × 0.34 = 82.2 ± 0.95%。

12.2　有效数字的测定

数据中一般只允许保留一位欠准确数字，其余数字均应是准确的。例如，用感量 0.1g 的台秤称重时，读数是 15.4g，则前两位数字是准确的，末一位是欠准确的，表示该数的最大绝对误差不会超过最末位的一个单位，即绝对误差不超过±0.1g，真值应为 (15.4±0.1)g。因而这三位数字都是有效数字。科学试验中，1 个数从左起第 1 位非 "0" 数字开始至最末一位均是有效数字。有效数字位数过多，会使人误认为测试精确度很高，若为 15.40g，则 0 是欠准确数字，最大绝对误差为±0.01g，与实际不符。若用感量 0.01g 的台秤称重时，读数应写成 15.40g，不能写成 15.4g。425g 与 0.425g 有效数字都是 3 个。

运算过程中，误差会传递，原始数据是近似值，计算结果必然也是近似值。选矿工艺试验结果处理中主要是加减乘除运算，根据误差传递理论，加减运算中，和与差的相对误差不大于误差最大项的相对误差；乘除运算时，积和商的相对误差是各因子相对误差之和，即通过乘除运算，误差会增大，有效位数会减少。

数字的修约规则是：

（1）若舍去部分的数值大于所保留的末位的 0.5，则末位加 1。例如，12.451 修约到第一位小数，则为 12.5。

（2）若舍去部分的数值小于所保留的末位的 0.5，则末位不变。例如，15.548 修约到第一位小数，则为 15.5。

（3）若舍去部分的数值，等于所保留的末位的 0.5，则末位凑成偶数。例如，23.450 和 18.350 修约到第一位小数，分别为 23.4 和 18.4。

数字运算中，数字凑整一般可这样考虑：

（1）作几个数的加减运算时，在各数中以小数位最少的为准，其余各数均凑整比该数多一位。如：60.4+2.02+0.222+0.0467 凑整后运算，60.4+2.02+0.22+0.05 = 62.69 = 62.7，按 60.4 保留一位小数。

（2）做几个数的乘除运算时，在各数中，以有效数字个数最少的为准，其余各数均凑整比该数因子多一位数字，最终的积和商一般保留与最少位有效数字的因子相同的位数。例如，$\dfrac{603.21+0.32}{4.011} = \dfrac{603+0.32}{4.01} = 48$。

12.3　试验结果的计算

实验室小型试验得到的原始数据一般是各选矿产品的重量 G_i 和化验品位 β_{ij}，i = 1，2，3，…，n，是产品编号；j = 1，2，…，m，是化验成分编号。要计算的主要指标是产品的产率 γ_i 和各成分的回收率 ε_{ij}。要计算产品的产率和回收率，先要计算出原矿重量和原矿品位（或金属量）。

（1）原矿重量。原矿重量是全部选矿产品的重量之和，而不是给矿的原始重量，即：

$G_0 = \sum\limits_{i=1}^{n} G_i$，计算出的 G_0 叫做 "计算原矿重量"。由于选矿工艺试验操作和产品处理（包括脱水干燥和称重）总会有损失，所以，这个"计算原矿重量"总是小于原始给矿重量的，但两者的差值不能太长，一般不得超过 1%～3%（流程短时取低值，流程常时取大值），超过时，应返工重做。

（2）产品产率。产品的产率是以"计算原矿产率"为基准计算的：

$$\gamma_i = \frac{G_i}{\sum\limits_{i=1}^{n} G_i} \times 100\% \tag{12-1}$$

（3）原矿品位。原矿品位根据各产品的质量和化验品位反推计算出来的：

$$\alpha_i = \frac{\sum\limits_{i=1}^{n} G_i \beta_{ij}}{\sum\limits_{i=1}^{n} G_i} \times 100\% \quad \text{或} \quad \alpha_j = \frac{\sum\limits_{i=1}^{n} \gamma_i \beta_{ij}}{100} \times 100\% \tag{12-2}$$

按上述二式计算出的原矿品位 α_j 称为"计算原矿品位"。"计算原矿品位"与试验给矿化验品位也应相差不大。根据误差传递理论，和的相对误差不会超过各单项的相对误差的最大值；乘除运算时，积和商的相对误差是各相对误差之和，操作波动所引起的产品重量波动不影响原矿品位值，因而"计算原矿品位"的相对误差，应大致等于重量误差与化验误差之和。例如重量误差为 ±2%，化验误差为 ±3%，计算"原矿品位"的极限误差为 ±5%。

（4）回收率。回收率的计算式为：

$$\varepsilon_{ij} = \frac{G_i \beta_{ij}}{\sum\limits_{i=1}^{n} G_i \beta_{ij}} \times 100\% \tag{12-3}$$

或

$$\varepsilon_{ij} = \frac{\gamma_i \beta_{ij}}{\alpha_j} \times 100\% \tag{12-4}$$

12.4　试验结果的表示方法

试验数据的表示方法有列表法、图示法和经验公式法，矿石可选性试验中最常见的是列表法和图示法，经验公式法较少使用。

12.4.1　列表法

科学实验中的数据可分为自变数和因变数两类，自变数和因变数之间有着一一对应的关系。列表法就是将一组数据中的自变数和因变数的各对应数值以一定的形式和顺序一一列出来。

选矿试验中常用的表格按其用途可分为原始记录表和试验结果表。原始记录表供做试验时原始记录用，要求表格形式具有通用性，能详细记录各个试验结果的全部试验条件和结果，其内容比较繁杂，记录时，只能按操作顺序依次记录，因此，不一定有规律，不便于观察自变数和因变数之间的变化规律，正式编写报告时一般不能直接利用，还须根据需要重新整理。可供参考的原始记录表形式如表 12-1 所示。

表 12-1　选矿试验记录表

试验编号	试验流程和条件	产品名称	质量/g	产率/%	品位/%		回收率/%		备注

表 12-2 是某活化剂种类试验的实例记录表。

表 12-2　活化剂种类试验结果表

试验编号	活化剂种类	产品名称	质量/g	产率/%	品位/%	回收率/%	备　注
1	无	粗精矿	71.00	7.10	13.11	48.44	
		尾矿	929.00	92.90	1.07	51.56	
		给矿	1000.00	100.00	1.92	100.00	
2	硫酸铜	粗精矿	87.00	8.70	11.42	51.83	试验条件为：采用一次粗选
		尾矿	913.00	91.30	1.01	47.18	试验流程，磨矿细度为
		给矿	1000.00	100.00	1.91	100.00	-0.074mm占 75%，丁基黄药用
3	硫酸铜+硫化钠	粗精矿	80.00	8.00	12.29	51.04	量为 100g/t，2 号油用量为
		尾矿	920.00	92.00	1.02	48.96	50g/t，活化剂种类为变量，用
		给矿	1000.00	100.00	1.92	100.00	量各为 500g/t
4	硫酸铜+硫酸铵	粗精矿	81.00	8.10	12.12	50.52	
		尾矿	919.00	91.90	1.04	49.48	
		给矿	1000.00	100.00	1.94	100.00	

　　试验结果表在试验报告中使用，由原始记录表汇总整理而得，要求表格形式简单、明了。列出的内容可根据需要只将要考查的试验条件和主要指标列于表内，以便能突出所考查的自变数和因变数，其余的条件以注解的形式附于表下或在报告正文中说明。各单元试验数据排列顺序要以自变数本身的增减顺序为序，以显示出自变数与因变数之间的关系和变化规律。从不同角度考虑问题，同一批原始数据可以整理成几张不同的表：可以根据要说明的问题，一个问题列一张表，也可以一组数据列一张表。前面讲到的各个正交试验结果分析表也是试验结果表，不同目的所采取的表格形式可以不同。表 12-3 是磨矿细度与选矿指标（产率、品位和回收率）的关系表。

表 12-3　磨矿细度试验结果表

试验编号	产品名称	产率/%	品位/%	回收率/%	磨矿细度	备注
1	精矿					
	尾矿					
	原矿					
2	精矿					
	尾矿					
	原矿					
⋮						

注：试验固定条件为 pH 值为 8，丁铵黑药用量为 50g/t，2 号油用量为 1 滴/kg。

表 12-4 是某次粗选尾矿再磨试验实例记录表。

表 12-4　某次粗选尾矿再磨试验结果表

试验编号	再磨产品细度	产品名称	产率/%	品位/%	回收率/%	备　　注
1	−0.074mm 占 73.56%	镍精矿	6.85	13.74	48.96	
		中矿 2	4.55	3.40	7.81	
		中矿 1	2.50	2.77	3.65	
		尾矿	86.10	0.88	39.58	
		原矿	100.0	1.92	100.0	
2	−0.074mm 占 81.44%	镍精矿	7.80	12.26	50.00	试验条件为：采用两次粗选试验流程，硫酸铜用量为 200g/t，戊基黄药用量为 100g/t，2 号油用量为 30g/t，磨矿细度为变量
		中矿 2	4.30	3.40	7.81	
		中矿 1	3.15	2.25	3.65	
		尾矿	84.75	0.87	38.54	
		原矿	100.0	1.92	100.0	
3	−0.074mm 占 97.25%	镍精矿	6.60	13.79	47.64	
		中矿 2	5.00	3.80	9.95	
		中矿 1	3.30	2.04	3.66	
		尾矿	85.10	0.87	38.75	
		原矿	100.0	1.91	100.0	

12.4.2　图示法

可选性研究中的图示法有两类：一类是以工艺条件为横坐标，以工艺指标为纵坐标绘制的图形，图 12-1（a）所示是回收率 $=f$（磁场强度）和品位 $=f$（磁场强度）的关系曲线；另一类则是横坐标和纵坐标都是工艺指标，图 12-1（b）所示是回收率 $=f$（产率）和品位 $=f$（产率）的关系曲线。前者用于根据工艺指标选择最佳工艺条件，后者用于判断产品的合理截取量。

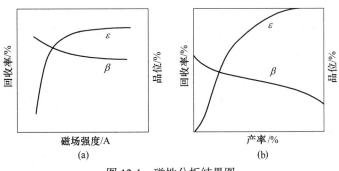

图 12-1　磁性分析结果图

作图时应注意以下几点：

（1）坐标的比例要适当，做到既能明显地表示出试验结果的变化规律，又不至于将试验误差引起的随机波动夸大为规律的变化。

（2）只有 2 个试点不能作图，三点一般连成折线，至少 4 个点才能作曲线。

（3）曲线一般应光滑匀称，只有少数转折点。

（4）曲线不必通过所有试点，但要尽可能接近所有试点，且位于曲线两旁的点数应大致相等。

（5）对曲线难以通过的奇异点，要慎重处理。可靠的办法是补做试验加以校核。

图 12-2 是硫酸铜用量试验数据作图实例。

该试验具体条件为：采用一次粗选试验流程，磨矿细度为 -0.074mm 占 75%，丁基黄药用量为 100g/t，2 号油用量为 50g/t，硫酸铜用量为变量。

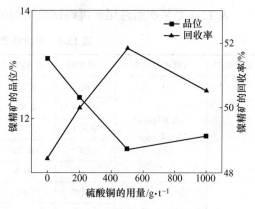

图 12-2　硫酸铜用量试验结果图

12.4.3　经验公式法

经验公式法就是用数学方法对试验结果加以处理，将图示法中的曲线用数学函数式来表示。建立数学函数式，通常要较多的试验数据，数学计算繁杂，可选性研究中很少采用此法。

上述 3 种方法各有优劣。列表法的优点是：简单易作，不需特殊的纸张和仪器，形式紧凑，同一表中可表示几个变数的关系。图示法则简明直观，更加突出而清晰地显示出自变数和因变数的关系和变化规律。经验公式法能定量地描述自变数和因变数的关系，可以预测选矿指标，同时为选矿规程过程自动调节控制提供依据，但试验工作量大，计算繁杂，难以实现。可选性试验中主要采用列表和图示。

12.5　试验结果的评价

试验结果的评价是指选矿方案（方法、流程、条件）好坏的评判，主要包含以下几个方面。

（1）工艺指标评判——分离效率法。筛分和分级是按矿粒粒度分离的过程，选矿是按矿物分离的过程，三者都是分离过程，可用"分离效率"这一概念将筛分、分级和选矿的分离过程统一在一起来进行讨论。分离效率指的是分离的完全程度，即目的产品（对筛分和分级是指细粒产品，对选矿是指精矿）中目的成分（对筛分和分级是指指定粒级，对选矿是指有用矿物含量）的含量愈高，则分离愈完全，分离效率愈高。

一般认为，一个比较理想的分离效率指标，应能满足以下几项基本要求：

1）最好是相对指标，即最好是实际结果与理论上可以达到最高指标的比值。

2）取值范围最好是从 0 到 100%。对毫无分离作用的缩分过程，效率值应为 0；而最佳分离时，效率值应为 100%，即目的产品中目的成分回收率 ε 和含量 β 均为 100% 时的效率为 100%。

3）最好能从质和量两个方面反应分离效率，而不过于偏重其中任何一方面。

4）最好具有单值性，对多种成分的分离过程，无论按哪种成分计算都是有同样的效率值，或者效率计算式包括所有成分。

5）敏感性较高，能明显反映出分离结果的优劣。

6）有明确的物理意义。

7）计算尽可能简单。

最常用的回收率和品位，分别从量和质两个方面反映了分离过程的好坏。若将它们称为效率，则回收率是量效率，品位是质效率。它们并不是理想的分离效率。第一，它们各自只反映了分离过程的量和质中的一个方面，评价时不易辨明情况；第二，它们并非总是相对指标；第三，取值范围不是从 0 到 100%。

（2）质效率。最基本的质效率指标是品位 β。例如处理黄铜矿矿石，理论上可能达到的最高精矿品位是纯黄铜矿的含铜量，即 $\beta_m = 34.5\%$ Cu，若实际精矿品位达到 27% Cu，指标已令人满意；而处理辉铜矿矿石，理论最高品位应是辉铜矿的含铜量，即 $\beta_m = 79.8\%$ Cu，若实际精矿品位达到 27% Cu，则选矿质效率就太低了，这时若直接用元素含量 β 进行评判，就会得出选矿质效率相等的不合理的结论。用实际精矿品位与理论最高品位的比值 $\dfrac{\beta}{\beta_m} \times 100\%$ 作质效率指标就不会出现上述不合理的现象。显然，这个比值就是有用矿物的含量。考虑对效率指标的第二项基本要求，使无分选作用的缩分过程的质效率为零，则应从实际精矿品位中减去原矿品位 α，即用 $\beta - \alpha$ 代替 β 作质效率，则质效率公式应为：

$$\frac{\beta - \alpha}{\beta_m - \alpha} \times 100\% \tag{12-5}$$

（3）量效率。最常用的量效率指标就是回收率 ε：

$$\varepsilon = \frac{\gamma\beta}{\alpha} = \frac{\beta(\alpha - \theta)}{\alpha(\beta - \theta)} \times 100\% \tag{12-6}$$

式中，θ 对选矿过程代表尾矿品位，对筛分和分级过程代表筛上产品和返砂中的细粒级含量；其余符号与前同。

（4）综合效率。所谓综合效率就是同时从量和质两个方面反映分离过程的效率。可根据品位和回收率的敏感性，或者说效率与品位的函数关系式特征，分为以下 3 类。

1）第 1 类：效率与品位成线性关系，即 E 是 β 的一次方函数——1918 年汉考克提出的。

$$E_汉 = \frac{\varepsilon - \gamma}{\varepsilon_m - \gamma_{opt}} \times 100\% \tag{12-7}$$

式中，ε_m 和 γ_{opt} 为最高回收率和最佳产率。最高回收率 $\varepsilon_m = 100\%$，最佳产率 γ_{opt} 则与过程性质有关。对分级过程，$\gamma_{opt} = \alpha$，于是有 $E_汉 = \dfrac{\varepsilon - \gamma}{100 - \alpha} \times 100\%$；对选矿作业，$\gamma_{opt} = \dfrac{\alpha}{\beta_m} \times 100\%$，于是有 $E_汉 = \dfrac{\varepsilon - \gamma}{1 - \alpha/\beta_m} \times 100\%$。此类效率公式具有单值性。

2）第 2 类：效率是品位的平方函数式。

弗来敏-斯蒂芬公式：

$$E_弗 = \varepsilon \frac{\beta - \alpha}{\beta_m - \alpha} = \frac{\gamma\beta}{\alpha} \times \frac{\beta - \alpha}{\beta_m - \alpha} \times 100\% \tag{12-8}$$

道格拉斯公式：

$$E_{道} = \frac{\varepsilon - \gamma}{100 - \gamma} \times \frac{\beta - \alpha}{\beta_m - \alpha} \times 100\% \tag{12-9}$$

上两式的共同特点是它们都是以量效率与质效率的乘积作为综合效率；其区别在于 $E_{道}$ 中的量效率考虑了理想效率要求中的第 1、2 项要求，而 $E_{弗}$ 中未加考虑，因而 $E_{道}$ 比 $E_{弗}$ 更合理些，但 $E_{道}$ 比 $E_{弗}$ 计算麻烦。$E_{道}$ 具有单值性，而 $E_{弗}$ 不具有单值性。

3）第 3 类：其他函数式，如开方或对数等函数式的引入。

选择原则：

1）α、β 及富矿比均不大的低品位矿石粗选和预选作业，或评判目的强调数量时，采用第 1 类判据。

2）α 低而 β 高，或评判目的强调质量时，采用第 2 类判据，如有色和稀有金属矿石。

3）α 高因而富矿比不很大时两类判据均可用，如黑色金属矿石等。

（5）其他工艺指标评判法。

1）经济效率指标法。根据经济效益来评价选矿方案，如用精矿的商品价值 V 度量：

$$V = \sum_{i=1}^{n} \beta_{ic} q_{ic} S_{ic} \tag{12-10}$$

式中　β_{ic}——第 i 种精矿中有用成分的含量，以分数计；

　　　q_{ic}——第 i 种精矿产量，t/h 或 t/d；

　　　S_{ic}——第 i 种精矿中每吨金属的价格。

2）模糊综合评判法。利用模糊数学的方法进行综合判定。

3）作图法。作图评价法主要在工艺指标评价中用，就是用一对指标的关系曲线来比较不同方案的优劣。

12.6　试验报告的编写

试验结束后，通常都要向委托单位提交试验报告，这个报告也是试验工作的总结。

对报告的基本要求是叙述清楚，文字简练，结论明确。可行性试验报告要说明的主要问题是：

（1）试验任务。

（2）试验对象——试样。

（3）试验技术方案——选矿方法、流程、条件及其结果。

（4）最终试验结果——推荐的选矿方案和技术经济指标。

报告的格式无统一规定，一般可分为以下几个部分：

（1）封面——标明报告名称、试验单位和编写日期等。

（2）前言和序言——简单介绍试验任务、试样以及最终推荐的选矿方案和指标，使读者了解试验工作的基本情况。

（3）矿床特性和采样情况（采样设计、采样方法以及试验包装、运输等）的简要说明。

（4）试样性质——试样的物质组成、矿石及其组成矿物的理化性质。

（5）选矿试验方法和结果——选矿方法、流程、工艺条件及其结果。

（6）结论——主要介绍所推荐的选矿方案和指标，并作必要的论证和说明。

（7）附录和附件。

（8）必要时可附参考文献。

12.7 某金矿柱浸试验报告编写实例

××市××金矿石柱浸试验报告

院　　　　长：王××

主 管 副 院 长：马××

选 冶 中 心 主 任：马××

项 目 负 责 人：郭××

选 矿 工 作 人 员：万××　赵××

化 验 人 员：宁××

报 告 编 写：郭××

报告审核组成员：马××　李××

提 交 报 告 单 位：××研究院

提 交 报 告 时 间：××年××月

一、前言

受××市××金矿有限公司的委托，针对选厂低品位金矿石采用炭浸法回收金不盈利的问题，我院××年××月至××年××月对××市××金矿进行了柱浸试验，其目的是考查堆浸法回收金的可行性。

试验矿样的采集和代表性由委托方负责，共采集 1 个点样，约 300kg，金品位为 0.56g/t；金矿共采集 3 个点样，共计约 150kg，所配制的试样金品位为 0.62g/t。原矿金物相分析结果：原矿中裸露-半裸露金占 35.37%，硅酸盐包裹金占 28.94%，碳酸盐包裹金、硫化物包裹金及赤褐铁矿包裹金均占 10% 左右。

本次试验通过对金矿石进行柱浸回收金试验，所确定的最佳参数均为：矿石粒度 0~20mm，氰化钠浓度 0.05%，喷淋强度 20L/(m² · h)，喷淋时间 22 天。喷淋 15 天以后的贵液含金品位较低，可返回使用，因此，该金矿石的柱浸氰化钠耗量为 1.82kg/t 矿石。

二、样品采集与加工

试验样品的采样及代表性由委托方负责。矿样共采集 3 个点样，共计约 150kg，对各点样分别进行破碎加工及化验分析金品位，并进行了试验样的配制。点样加工流程图如图 12-3 所示，各点样 Au 品位分析结果及配矿方案列表 12-5。

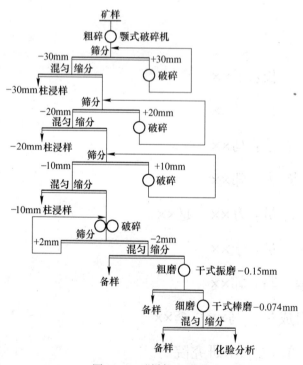

图 12-3　矿样加工流程

表 12-5　点样化学分析结果及配矿方案

点样名称	配矿比例/%	金品位/g · t⁻¹
DCP5~6	30	0.30

续表 12-5

点样名称	配矿比例/%	金品位/g·t⁻¹
DCP7~8	30	1.12
DCP9~11	40	0.46
合计	100	0.61
化验品位		0.62

按委托方要求，上述配矿方案配制的试验样经化验金品位为 0.62g/t。

三、矿石性质

(一) 原矿粒度筛析

对 0~20mm 原矿进行了粒度筛析，其筛析结果见表 12-6。

表 12-6 0~20mm 原矿粒度筛析结果

粒级/mm	产率/%	金品位/g·t⁻¹	金分布率/%
−20+10	3.77	0.51	3.10
−10+5	2.39	0.55	2.12
−5+2	1.93	0.50	1.55
−2+1	0.68	0.63	0.69
−1+0.5	0.53	0.58	0.49
−0.5	90.70	0.63	92.05
合计	100.00	0.62	100.00

由表 12-6 可知，−0.5mm 粒级的产率及金的分布率较高，分别为 90.70% 和 92.05%。

(二) 原矿多元素分析

原矿多元素分析结果列表 12-7。

表 12-7 原矿多元素分析结果

成分	Au[①]	Ag[①]	Cu	Pb	Zn
含量/%	0.62	1.40	0.0025	0.0045	0.013
成分	TFe	S	Co	Ni	Sb
含量/%	4.90	1.09	0.0059	0.0089	0.0002
成分	SiO_2	MgO	Al_2O_3	K_2O	Na_2O
含量/%	50.01	2.55	15.40	3.92	0.42
成分	As	P	Mo	CaO	V_2O_5
含量/%	0.0011	0.17	0.0024	5.23	0.023
成分	TiO_2	Mn	烧失量		
含量/%	0.63	0.13	7.48		

①单位为 10^{-6}。

268

(三) 原矿金物相分析

将原矿样磨矿至-0.074mm 95%进行了金物相分析，分析结果列表 12-8。

表 12-8 原矿金物相分析结果

相类	裸露-半裸露金	碳酸盐中包裹金	赤褐铁矿中包裹金	硫化物中包裹金	硅酸盐中包裹金	相和
含量/g·t⁻¹	0.22	0.083	0.065	0.074	0.18	0.622
相率/%	35.37	13.34	10.45	11.90	28.94	100.00

从表 12-8 金物相分析结果可以看出，矿石中的裸露-半裸露金占 35.37%，硅酸盐包裹金占 28%，其他包裹金均占 10%左右。

四、柱浸试验

柱浸柱：采用聚氯乙烯塑料管制造，柱高 1.5m，直径 100mm，每柱装矿量 15.4kg。

试验步骤：试样破碎至适宜粒度，装入浸出柱，先用石灰水喷至 pH 值为 10~11 时，再用一定浓度的氰化钠溶液连续喷淋至浸出液中含金趋于稳定，即可停止氰化钠溶液喷淋而用水喷淋洗剂。试验原则流程如图 12-4 所示。

(一) 粒度试验

入堆矿石粒度是浸出率高低的关键因素，试验采用 0~30mm、0~20mm、0~10mm 三种粒级进行试验。用石灰水喷至 pH 值为 10~11 时，再用氰化钠浓度 0.05%的溶液，在喷淋强度 20L/(m²·h) 左右的条件下喷淋 22 天。试验流程如图 12-5 所示，试验结果见表 12-9。

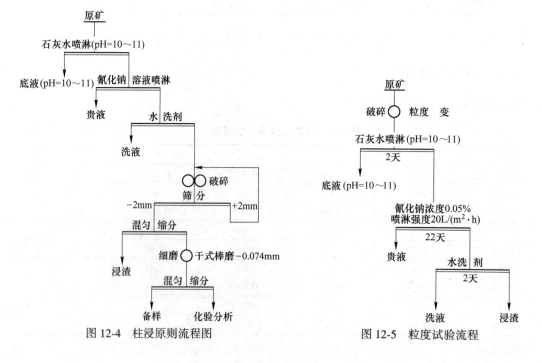

图 12-4 柱浸原则流程图　　　图 12-5 粒度试验流程

表 12-9 粒度试验结果

粒度/mm	浸渣 Au 品位/g·t⁻¹	Au 浸出率/%
0~10	0.180	70.97
0~20	0.185	70.16
0~30	0.221	64.35

由表 12-9 试验结果可见，0~10mm、0~20mm 粒级的浸出率相近，0~30mm 粒级的浸出率略低。综合考虑选择 0~20mm 粒级进入后续试验。

（二）氰化钠浓度试验

条件：矿石粒度 0~20mm，喷淋强度 20L/（m²·h）左右，时间 22 天，氰化钠浓度 0.04%、0.05%进行试验。试验流程如图 12-6 所示，试验结果见表 12-10。

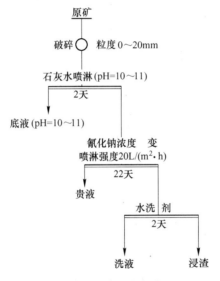

图 12-6 氰化钠浓度试验流程

表 12-10 氰化钠浓度试验结果

氰化钠浓度/%	浸渣 Au 品位/g·t⁻¹	Au 浸出率/%
0.04	0.215	65.32
0.05	0.185	70.16

由表 12-10 试验结果可见，氰化钠浓度 0.05%的浸出率明显高于氰化钠浓度 0.04%的浸出率，故用氰化钠浓度 0.05%进行下步试验。

（三）喷淋强度试验

条件：矿石粒度 0~20mm，氰化钠浓度 0.05%，时间 22 天，喷淋强度 15L/（m²·h）、20L/（m²·h）进行试验。试验流程如图 12-7 所示，试验结果见表 12-11。

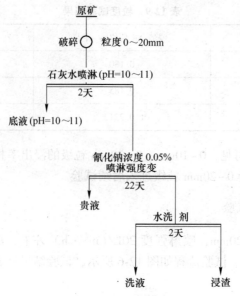

图 12-7 喷淋强度试验流程

表 12-11 喷淋强度试验结果

喷淋强度/L·(m²·h)⁻¹	浸渣 Au 品位/g·t⁻¹	Au 浸出率/%
15	0.217	65.00
20	0.185	70.16

由表 12-11 试验结果可见, 选用喷淋强度 20L/(m²·h) 进行下步试验。

(四) 浸出时间试验

条件: 矿石粒度 0~20mm, 喷淋强度 20L/(m²·h), 氰化钠浓度 0.05%进行浸出时间试验。试验流程如图 12-8 所示, 试验结果见表 12-12。

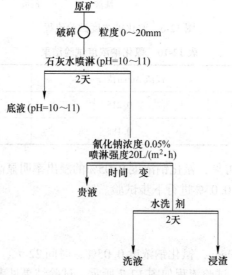

图 12-8 浸出时间试验流程

表 12-12 浸出时间试验结果

浸出时间/天	浸出液		浸液金浸出率/%		浸渣 Au 品位 /g·t⁻¹	Au 浸出率/%
	体积 /L	金品位 /mg·L⁻¹	个别	累计		
2	7.4	0.63	48.83			
2~5	11.0	0.061	7.03	55.86		
5~8	11.2	0.051	5.98	61.84		
8~10	7.5	0.046	3.61	65.45		
10~12	7.6	0.028	2.23	67.68		
12~14	7.3	0.020	1.53	69.21		
14~16	7.4	0.016	1.24	70.45	0.185	70.16
16~18	7.5	0.013	1.02	71.47		
18~20	7.6	0.010	0.80	72.27		
20~22	7.3	0.009	0.69	72.96		
22~24	7.5	0.007	0.55	73.51		
24~26	7.3	0.006	0.46	73.97		
水洗 2 天	10.0	0.001	0.10	74.07		

由表 12-12 试验结果可见，浸出到 22 天时，金的浸出率几乎不再变化。试验以浸渣金品位来计算浸出率。

五、结论

该金矿石柱浸适宜粒度为 0~20mm，石灰水调 pH 值 10~11，喷淋强度 20L/(m² · h)，氰化钠浓度 0.05%，浸出时间 22 天，金的浸出率 70.16%。喷淋 15 天以后的贵液、洗液可返回使用，以减少氰化物的用量，因此，该区金矿石的柱浸氰化钠耗量为 1.82kg/t 矿石。

六、附录

略。

七、参考文献

略。

复习思考题

12-1 试验结果的表示方法有哪些?

12-2 如何对试验结果进行评价?

12-3 选矿试验报告主要包括哪些内容?

试验指导书

实验1 破碎缩分流程试验

一、试验目的

了解和掌握矿石可选性研究前试样破碎和缩分等整个流程，也就是要求了解如何将取来的原始试样进行破碎，然后缩分成许多供分析、鉴定和试验用的单份试样。这些单份试样，不但能满足各项具体试验工作时对试样粒度和重量的要求，而且要在物质组成和理化性质方面均能代表整个原始试样。

二、试验准备

(1) 试样：矽卡岩型铜矿石。
(2) 设备：详见表1。

表1　设备明细表

设备名称	规　格	给矿口尺寸/m	排矿口尺寸/m
颚式破碎机	150×125	−140	5~30
颚式破碎机	100×60	−45	6~10
对辊破碎机	$\phi200×125$	−10	−4
对辊破碎机	$\phi200×75$	−10	−4
双层振动机	XSZ-73 型		

三、破碎缩分流程

(1) 原始试样重：50~60kg。
(2) 试样粒度：50~0mm。

本次试验将矿石按三段一闭路流程进行破碎，小于2mm的矿粒混匀缩分，装成每袋1kg，供浮选试验用。破碎流程和制样流程见图1和图2。

注意事项：
(1) 严格按破碎缩分流程进行试验。
(2) 设备、工具和场地必须清扫干净。
(3) 注意安全，破碎机出现故障，必须立即停机处理。
(4) 光谱分析、化学分析、物相分析、粒度分析和显微镜分析另做，本试验涉及破碎操作。

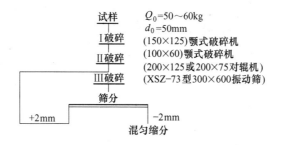

图 1 破碎流程图

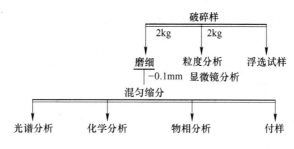

图 2 制样流程图

实验 2　磨矿细度测定

一、试验目的

熟悉和掌握磨矿细度翻定方法。

二、试验准备

（1）试样：矽卡岩型铜矿石 4kg。

（2）仪器设备：XMQ-67 型 240×90 锥形球磨机。秒表、量筒、脸盆、200 目细筛（同是 200 目筛子，由于生产厂家不同，其筛孔尺寸不一，常见套筛 200 目筛孔尺寸见表2）。

表 2　不同筛目标准表

套筛种类	200 目筛孔尺寸/mm
国际标准筛	0.075
英国泰勒筛	0.075
上海筛	0.077
浙江上虞筛	0.076
辽阳筛	0.071

三、试验条件

（1）磨矿介质：钢球

球径	筒形球磨机	锥形球磨机
大球	$d_1 = 25mm$	$d_1 = 30mm$
中球	$d_2 = 20mm$	$d_2 = 25mm$
小球	$d_3 = 15mm$	$d_3 = 20mm$

装球量　充填率 30%~45%

筒形磨矿机装球 9kg

锥形磨矿机装球 12kg

球重配比：

$$q_1 : q_2 : q_3 = d_1^3 : d_2^3 : d_3^3$$

式中，q_1、q_2、q_3 为各种尺寸球重；d_1、d_2、d_3 为各种尺寸球径。

按锥形球磨机球径尺寸计算：

大球应加 6.399kg；

中球应加 3.703kg；

小球应加 1.896kg。

（2）磨矿浓度：本试验可采用 67%。

磨矿时需添加水量按下式计算：

$$L = \frac{100 - C}{C} \times Q$$

式中　L——磨矿时所需添加水量，mL；

　　　C——要求的磨矿浓度，%；

　　　Q——矿石质量，g。

（3）磨矿时间：可取 $t = 5\text{min}$、10min、15min、20min。

四、试验操作

试验时先开动球磨机，空磨 5min 后，停止运转，将磨机倾斜，打开排矿口，把带有铁锈的污水放入脸盆中，接着取下给矿口塞，间断开车，用清水将磨机内的钢球冲洗干净，关闭排矿口，然后开始正式试验。装矿时先加入计算好的水量约 2/3，后加矿石，再将剩余 1/3 的清水，冲洗磨机给矿口内径的矿砂。上紧机盖，准确控制磨矿时间。矿浆磨好后，按上述同样方法倒矿清洗。如果立即浮选，必须严格控制冲洗水量，以免水量过多而使浮选槽容纳不下。

每组四份试样，分别按指定的时间磨矿，将磨矿产物烘干后缩分出 100g 用 200 目分样筛湿筛，筛上产物烘干，筛下产物废弃。筛上产物冷却后用 200 目筛子（加上盖和底）在振筛机上干筛 15min。筛上产物计重，100g 减去筛上重量即可算出该磨矿产物中 -200 目级别的含量。

五、试验结果及数据处理

（1）将试验结果填入表 3 内。

（2）以磨矿时间为横坐标，$-74\mu\text{m}$ 含量为纵坐标，绘制两者间的关系曲线，同时进行简单分析。（注：曲线图用坐标纸画出。）

表 3　磨矿细度时间试验结果表

试验编号	磨矿时间/min	筛上质量/g	$-74\mu\text{m}$ 级别含量/%
1	5		
2	10		
3	15		
4	20		

实验 3　探索性试验

一、试验目的

（1）探索所研究矿石的可选性。

（2）研究工艺条件的大致范围。

（3）了解预期达到的选矿指标。

（4）熟悉和掌握浮选的基本操作方法。

二、试验方法和准备

探索性试验又称预选试验。它是灵活的、多因素和多方案的。需要考查的因素和水平，原则上都应在探索性阶段中考查清楚，然后再做条件试验，以此确定最优选矿条件和指标。探索性试验本身具有许多未定因素，所以不一定能够从试验中得出最终产品和最终指标，为了探讨问题，可以比生产流程复杂，为了减少工作量，简化择优，也可以比生产流程简单。其方法通常是根据矿石性质及同类型矿山的生产实践经验，按所拟定的方案进行，试验中出现问题，再作适当调整，以探索一个大致的范围即可。

（1）试样：矽卡岩型铜矿石 5~8kg。

（2）药剂种类见表 4。

表 4　试验用药剂一览表

名　　称	规　　格
石灰	分析纯（干粉）
Z-200 号（或黄药）	工业纯
2 号油	工业纯

（3）仪器设备见表 5。

表 5　试验用仪器设备一览表

名称	规格	单位	数量	名称	规格	单位	数量
球磨机	240×90	台	1	天平	1000g	台	1
浮选机	3L	台	1	天平	100g	台	1
浮选机	0.75L	台	1	秒表		块	2
pH 试纸	1~14	本	1	分样筛	200 目	个	1
注射器	2mL	支	1	脸盆	$\phi 280 \sim 300mm$	个	10
注射器	5mL	支	1	小瓷碗	$\phi 180mm$	个	10
量杯	500mL	个	1	橡皮布	大	块	1
量筒	1000mL	个	1	橡皮布	小	块	3

续表5

名称	规格	单位	数量	名称	规格	单位	数量
坐标纸	普通	张	1	毛刷	2寸	把	3
烧杯	100~200mL	个	1	毛刷	1寸	把	3
铜辊		个	3	小刮板	白铁皮	块	3
方瓷盆	300mm×200mm	个	1	牛角勺		个	2
脸盆	φ350mm	个	10	吸耳球		个	6
研钵		个	3	过滤纸		张	20

三、试验流程

浮选流程和条件见图3。

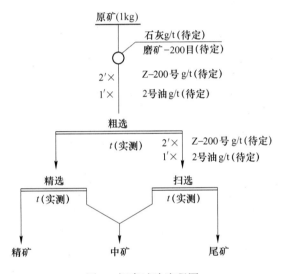

图3　探索试验流程图

注意：

（1）药剂添加量按下式计算：

$$V = \frac{qQ}{10M}$$

式中，V 为添加药剂溶液体积，mL；q 为单位药剂用量，g/t；Q 为试验的矿石质量，kg；M 为所配药剂浓度，%。

石灰：用干粉加入球磨机。

Z-200号和2号油：用注射器添加。

（2）各产品烘干、称重，不化验，只计算其产率以资比较。为了简化操作，只作精矿和中矿两个产品，尾矿质量可以从原矿减去精矿和中矿直接求得，不必烘干、称重。

四、浮选现象及结果

（1）将试验结果填入表6内。

（2）观察浮选现象并作简单分析。如浮选速度、pH值、泡沫颜色、大小与均匀程度、泡沫韧脆性，以及下一步试验的调整方向。

（3）试验小结。简述通过探索性试验，可初步确定因素水平的大致范围，以便下一步条件试验时调优。

表6　探索试验结果记录表

编号	条件						浮选时间			pH 值	浮选现象及结果	产品质量/g		
	固定条件			可变条件										
	CaO	Z-200	2号油	CaO	Z-200	2号油	粗选	精选	扫选			名称	湿重	干重
1														
2														
3														

实验 4 条 件 试 验

一、试验目的

寻找铜矿石粗选作业的最佳条件，由于采用的几种药剂相互之间可能会有交互作用，故必须采用多因素组合设计和统计分析的方法进行试验，才能分清哪些因素是主要的，哪些因素是次要的，哪些因素有交互作用。同时能以较少的试验，较快的速度找到最优条件，而且能得到较多的信息和作出正确的推断。另一方面通过实验使学生初步掌握运用数理统计方法安排试验和处理试验结果。

二、试验安排

我们要研究矽卡岩型硫化铜矿的粗选最优条件，原矿中主要有用矿物是黄铜矿，原矿含铜约1%左右。根据探索性试验确定石灰、Z-200号、磨矿细度（-74μm含量）和2号油的用量大致范围，采用两次正交试验，便可找到其最优生产条件。

第一次正交试验安排如下：

(1) 需要考查的因素　　大致范围

　　　A——石灰　　　　　 ～　　（g/t）

　　　B——Z-200 号　　　 ～　　（g/t）

　　　C——磨矿细度　　　 ～　　（-74μm 含量）

　　　D——2 号油　　　　 ～　　（g/t）

选用正交表 $L_8(2^7)$ 安排七因素二水平试验，各因素水平的实际取值由学生拟定，并填入表7内。

表 7　试验因素水平表

水　平	因　素			
	A 石灰/g·t^{-1}	B Z-200 号/g·t^{-1}	C 细度(-74μm 含量)/%	D 2 号油/g·t^{-1}
1				
2				

(2) 试验流程见图2。

(3) 具体试验安排见表8。

注意事项：

(1) 8个试验应该随机安排，具体做法是将试验号写在8张小纸片上，用抽签办法进行，避免系统误差。

(2) 粗选条件试验，主要指标是精矿品位和回收率，可采用汉考克公式中的判据，依次计算各因素水平的效应值（$E_{汉}$）：

$$E_{汉} = \frac{\varepsilon - \gamma}{1 - \dfrac{\gamma}{\beta_m}}$$

式中，ε 为精矿的回收率；γ 为精矿的产率；β_m 为纯矿物品位，对黄铜矿 $\beta_m = 34.5\%$。

（3）为了估计试验误差，安排重复试验，但因时间关系，此项试验不做，可引用空白列（第6和第7列）作试验误差估计。

表8　正交试验安排表

试点号	因　　素							试验结果 $E/\%$
	A	B	AB	C	D	空列	空列	
	水　平　列　号							
	1	2	3	4	5	6	7	
1	1	1	1	1	1	1	1	
2	1	1	1	2	2	2	2	
3	1	2	2	1	1	2	2	
4	1	2	2	2	2	1	1	
5	2	1	2	1	2	1	2	
6	2	1	2	2	1	2	1	
7	2	2	1	1	2	2	1	
8	2	2	1	2	1	1	2	
E_{I}								8 点总和 $E_{\mathrm{T}} =$
E_{II}								
$\bar{E}_{\mathrm{I}} = \dfrac{1}{4}E_{\mathrm{I}}$								总平均 $\bar{E}_0 =$
$\bar{E}_{\mathrm{II}} = \dfrac{1}{4}E_{\mathrm{II}}$								
$R = E_{\mathrm{II}} - E_{\mathrm{I}}$								
$\gamma = \bar{E}_{\mathrm{II}} - \bar{E}_{\mathrm{I}}$								

三、试验结果和数据处理

（1）按表8格式计算 E 值。

（2）计算各因素的主效应和交互效应，并列出因素主次和较优条件。

（3）用 F 检验法检验各项效应的显著性。

注：第二次正交试验安排，基本上与第一次方法相同，即将第一次正交试验所确定的因素较优水平，为了进一步提高试验精度，在取得较优水平的上下，再次安排一组正交试验，以确定最佳条件为止。

实验5　实验室浮选闭路试验

一、试验目的

考查中矿返回对指标的影响；调整由于中矿循环引起药剂用量的变化；考察由中矿矿浆带来的矿泥或其他有害固体或可溶性物质是否将积累起来并妨碍浮选；检查和校核所拟定的浮选流程、药剂条件，以及确定可能达到的浮选指标等，并通过试验使学生掌握实验室浮选闭路试验的基本操作技能。

二、试验步骤

（1）按流程图4连续重复做五次试验。

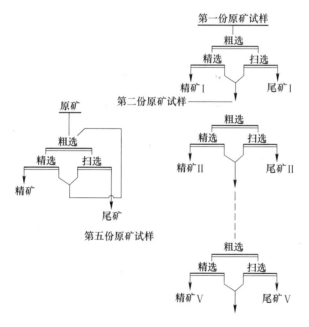

图4　闭路试验流程

（2）磨矿细度和药剂用量以条件试验所确定的最佳水平进行。浮选时间与条件试验的浮选时间相同。

（3）在试验过程中按下述方法判断最后两次试验是否已达到平衡：

1）预先将接铜精矿和中矿的搪瓷盆（或其他容器）称重，记录盆子（或容器）的质量。然后，用此盆（或容器）接取产品称重。如果后两次试验所得产品湿重基本相近，即可认为试验大致平衡。

注意：试验过程中尽量少加冲洗水，同时刮板的刮取量要基本相同。浮选时，矿浆面也要大致相同，不可忽高忽低，以免影响刮出量。

2）也可用有刻度的容器（如在烧杯侧面贴上坐标纸条作为刻度）接取产品，如最后两次试验的产品在容器中的水和矿之高度分别相同，也可认为大致平衡。

3）如果质量不平衡应该继续往下做，直到平衡为止。

4）最后必须经化验确定金属量是否大致相等。

注意事项：闭路试验要求每个参加试验的同学思想高度集中，严肃认真地连续操作，避免中间停歇，各人都要有分工，严格把关。

三、闭路试验结果及数据处理

（1）根据图 4 画出详细的闭路流程图（数质量流程图）。

（2）用最后两次试验达到平衡的方法计算闭路试验结果，并按表 9 格式记录。

补充说明：

闭路试验时，若最后两份试样浮选的精矿干重加尾矿干重 ≈ 原矿质量，就可以认为闭路试验已达到平衡。其质量误差不得超过 2%。

表 9　闭路试验结果

试验编号	铜精矿		尾矿		中矿	
	质量/g	品位/%	质量/g	品位/%	质量/g	品位/%
4						
5						
平均质量/g	$W_c = \dfrac{W_{c4} + W_{c5}}{2}$		$W_c = \dfrac{W_{l4} + W_{l5}}{2}$			
平均品位/%		$\beta = \dfrac{p_c}{W_c}$		$V = \dfrac{p_1}{W_1}$	$\gamma_{m5} = \dfrac{W_{m5}}{W_0} \times 100\%$ $\varepsilon_{m5} = \dfrac{\gamma_{m5}\beta_{m5}}{\alpha} \times 100\%$	
回收率/%	$\varepsilon_c = \dfrac{W_c\beta}{W_0\alpha} \times 100\%$		$\varepsilon_1 = 100 - \varepsilon_c$			

实验 6　最佳条件重复试验

一、试验目的

选矿工艺试验结果的精确度，主要通过重复试验测定。通常用多次重复试验结果的平均值作为该试验结果的期望值，一般用标准误差度量其精确度。本次试验就是培养学生对试验结果精确度的测定训练。

二、试验准备

见实验 5。

三、试验方法

按闭路试验流程及条件，再重复做两次，共计三次试验，得出三个闭路指标（主要是回收率指标）。

四、试验结果和数据处理

（1）同实验 5。

（2）根据三次闭路试验结果（8%）计算平均值（百分数）、标准误差（S）和平均值的标准误差（S_x）。

（3）查 t 分布表，显著性水平 $q = 0.05$ 时，即置信度为 95% 时，提出本试验最终推荐指标。

注：有关计算方法详见教材附表。

参 考 文 献

[1] 许时. 矿石可选性研究 [M]. 2版. 北京：冶金工业出版社，2007.

[2] 段希祥，肖庆飞. 碎矿与磨矿 [M]. 3版. 北京：冶金工业出版社，2012.

[3] 魏德洲. 固体物料分选学 [M]. 北京：冶金工业出版社，2015.

[4] 胡岳华. 矿物浮选 [M]. 长沙：中南大学出版社，2014.

[5] 盛骤，谢式千，潘承毅. 概率论与数理统计 [M]. 4版. 北京：高等教育出版社，2008.

[5] 李庆东. 试验优化设计 [M]. 重庆：西南师范大学出版社，2016.

[6] 金良超，遇今. 多指标优化试验设计及其应用 [M]. 北京：国防工业出版社，2016.

[7] 王宇斌，彭祥玉，张小波，等. 某难选混合钼矿选矿试验研究 [J]. 矿业研究与开发，2016，36（04）：47~50.

[8] 刘金华，黄炎珠. 选矿过程中的交互作用的判别与消除 [J]. 矿冶工程，1984，4（01）：26~30.

[9] 李帅，王宇斌，彭祥玉，等. 某复杂钼铜矿石选矿工艺试验研究 [J]. 湿法冶金，2016，35（01）：20~24，29.

[10] 余乐，王宇斌，张威，等. 陕西某复杂含金铅锌矿选矿试验 [J]. 矿业研究与开发，2015，35（10）：43~46.

[11] 胡为柏. 选矿回归模型 [J]. 金属矿山，1978（06）：58~65.

[12] 李帅，王宇斌，彭祥玉，等. 某含银锌铜矿选矿试验研究 [J]. 矿山机械，2016，44（04）：60~65.

[13] 彭祥玉，王宇斌，张小波，等. 某含银难选氧化锌矿石浮选试验研究 [J]. 湿法冶金，2016，35（01）：12~14，19.

[14] 丘继存. 矿石的物质组成及矿石特性的研究 [J]. 有色金属，1957，（11）：25~33.

[15] 彭祥玉，王宇斌，张小波，等. 从某含砷难选镍矿石中回收镍试验研究 [J]. 湿法冶金，2017，36（03）：175~178.

[16] 王望泊，王宇斌，文堪，等. 某含铜金黄铁矿综合回收试验研究 [J]. 化工矿物与加工，2018，47（06）：10~13.

[17] 胡为柏. 第一讲 析因法（一）[J]. 金属矿山，1979，（01）：60~65.

[18] 马旭明，何廷树，王宇斌，等. 某云母选矿厂流程改造实践 [J]. 非金属矿，2012，35（04）：32~34.

[19] 刘培坤，姜兰越，杨兴华，等. 全重选法赤泥选铁富集性能试验研究 [J]. 轻金属，2017（06）：22~27.

[20] 韩聪，魏德洲，刘文刚. 某多金属矿重选中矿分选试验 [J]. 金属矿山，2016（01）：93~96.

[21] 王晨亮，邱显扬，邹坚坚，等. 从钨重选尾矿中回收铋钼选矿试验研究 [J]. 矿山机械，2016（08）：53~57.

[22] 张婷，李平，李振飞. 某钽铌矿重选尾矿中锂云母回收试验研究 [J]. 矿冶，2017，26（06）：22~26.

[23] 李硕，邵延海，常军，等. 石榴石重选尾矿中绢云母与石英分离及深加工 [J]. 非金属矿，2017，40（2）：70~72.

[24] 黄家贤，卢琳，刘炜. 尾矿中细粒锡石高效回收再利用研究 [J]. 矿业研究与开发，2018，38（01）：49~51.

[25] 王宇斌，张威，余乐，等. 正交试验在某镍矿粗选药剂制度优化中应用 [J]. 矿物学报，2016，36（01）：111~114.

[26] 王宇斌，雷大士，彭祥玉，等. 基于正交试验的某冶炼渣中银的综合回收研究 [J]. 矿业研究与开发，2017，37（11）：77~80.

[27] 王宇斌, 彭祥玉, 李帅, 等. 基于正交试验法的某低品位氧化镍矿酸浸试验研究 [J]. 有色金属工程, 2017, 7 (03): 42~45.

[28] 王花, 王宇斌, 余乐, 等. 从某选铁尾矿中回收硫的试验研究 [J]. 化工矿物与加工, 2015, 44 (11): 11~13, 23.

[29] 王花, 何廷树, 王宇斌, 等. 基于正交试验的程潮铁尾矿浮选回收硫的影响因素 [J]. 矿物岩石, 2015, 35 (03): 6~10.

[30] 王舒娅, 龙光明, 祁米香, 等. 正交试验优选天青石矿的捕收剂和浮选条件 [J]. 盐湖研究, 2010, 18 (04): 31~37.

[31] 王海鹰, 曾钦, 樊丽丽. 正交试验设计在铁锌矿尾矿试验中的应用研究 [J]. 内蒙古科技与经济, 2014 (07): 61~62.

[32] 何廷树, 郭高巍, 王宇斌, 等. 正交试验在白云母超细磨中的应用 [J]. 非金属矿, 2015, 38 (02): 43~45.

[33] 刘文卿. 实验设计 [M]. 北京: 清华大学出版社, 2005.

[34] 方开泰, 马长兴. 正交与均匀试验设计 [M]. 北京: 科学出版社, 2001.

[35] 周玉新. 实验设计与数据处理 [M]. 武汉: 湖北科学技术出版社, 2005.

[36] 选矿教研室丘继存. 矿石可选性研究方法 [M]. 沈阳: 东北工学院, 1964.

[37] 彭祥玉. 镁质镍矿高效综合回收关键技术研究 [D]. 西安: 西安建筑科技大学, 2017.

[38] 李帅. 金属酸洗废液中和处置和综合利用研究 [D]. 西安: 西安建筑科技大学, 2017.

[39] 张威. 陕西某混合镍矿电化学调控浮选研究 [D]. 西安: 西安建筑科技大学, 2016.

[40] 王花. 从程潮铁尾矿中回收黄铁矿的试验研究 [D]. 西安: 西安建筑科技大学, 2016.

[41] 胡为柏. 选矿最佳化方法 [J]. 有色金属, 1979 (01): 26~37.

[42] 胡为柏. 选矿过程统计检验 [J]. 有色金属 (冶炼部分), 1978 (09): 31~37.

[43] 许时, 孟书青, 刘金华. 常用选矿试验最优化方法的比较和应用 (续) [J]. 有色金属 (选矿部分), 1979 (04): 18~25.

[44] 许时, 孟书青, 刘金华. 常用选矿试验最优化方法的比较和应用 [J]. 有色金属 (选矿部分), 1979 (03): 13~20.

[45] 胡为柏, 赵涌泉. 矿石工艺类型 [J]. 有色金属, 1981 (03): 43~49.

[46] 刘明宝, 杨超普, 阎赟, 等. 基于二次回归正交设计及均匀设计的柞水菱铁尾矿最佳回收工艺参数 [J]. 矿冶工程, 2017, 37 (03): 97~100.

[47] 徐同汶. 选矿试料的采取和流程设计的关系 [J]. 云南冶金, 1982 (01): 29~32.

[48] 王金祥. 马坑铁矿选矿试验地质采样的设计 [J]. 矿业快报, 2008 (07): 64~66.

[49] 饭岛一, 董晓辉. 在工艺研究和设计过程中的选矿试验 [J]. 国外金属矿选矿, 1991 (01): 13~21.

[50] 李莉, 张赛, 何强, 等. 响应面法在试验设计与优化中的应用 [J]. 实验室研究与探索, 2015, 34 (08): 41~45.

[51] 程敬丽, 郑敏, 楼建晴. 常见的试验优化设计方法对比 [J]. 实验室研究与探索, 2012, 31 (07): 7~11.

[52] 刘瑞江, 张业旺, 闻崇炜, 等. 正交试验设计和分析方法研究 [J]. 实验技术与管理, 2010, 27 (09): 52~55.

[53] 郭萍. 单因素方差分析在数理统计中的应用 [J]. 长春大学学报, 2014, 24 (10): 1370~1373.

[54] 韩桂杰. 数理统计在选煤质量管理中的应用 [J]. 现代经济信息, 2018 (09): 132.

[55] 齐肖阳. 数理统计中自由度的定义和计算 [J]. 科学咨询 (科技·管理), 2018 (06): 112.

[56] 张成强, 张红新, 李洪潮, 等. 非洲某钽铌砂矿矿石性质及预选工艺研究 [J]. 金属矿山, 2015 (02):

63~67.

[57] 伊有昌, 王生龙, 孙志勇, 等. 青海江里沟铜钨矿矿石性质研究及其与选矿的关系 [J]. 有色金属 (选矿部分), 2015 (05): 1~4, 23.

[58] 太汝恭. 重选厂选别砂锡矿几个问题的探讨 [J]. 有色金属 (冶炼部分), 1973 (09): 42~48.

[59] 陈碧华. 用唯物辩证法了解矛盾和解决矛盾——试谈矿石、矿物的性质与选矿的关系 [J]. 西安建筑科技大学学报 (自然科学版), 1975, (02): 103~104.

[60] 武俊杰, 李青翠, 刘杨. 陕西某铜金矿矿石性质研究及对选矿工艺的影响 [J]. 有色金属 (选矿部分), 2017, (05): 1~5, 13.

[61] 叶国华, 童雄, 路璐. 含钒钢渣的选矿预处理及其对后续浸出的影响 [J]. 中国有色金属学报, 2010, 20 (11): 2233~2238.

[62] C·A·冈恰罗夫, 崔洪山, 李长根. 用磁脉冲预处理来提高磁选精矿再磨效率 [J]. 国外金属矿选矿, 2006, (06): 13~14.

[63] Э·A·特罗菲莫娃, 李相华. 磁选前含菱铁矿矿石的磁化预处理 [J]. 武汉化工学院学报, 1992 (S1): 81~86.

[64] 暨静, 顾帼华. 矿物学因素对黄铜矿微生物浸出影响的研究现状 [J]. 矿产综合利用, 2015 (04): 16~19.

[65] 林树范. 浅谈选矿试验设备及其发展方向 [J]. 矿产综合利用, 1982 (02): 27~32.

[66] 高鹏义. 我国选矿试验设备的进展 [J]. 化工矿山技术, 1984 (02): 52~53.

[67] 叶文琪. 关于矿石可选性试验的商榷 [J]. 西北地质, 1973 (03): 41~47.

[68] 王文潜. 选矿试验中若干技术操作问题的探讨 [J]. 有色金属 (冶炼部分), 1958 (11): 20~25.

附　　录

附表 1　t 分布表

f_1	α_1					
	0.20	0.1	0.05	0.02	0.01	0.001
1	3.08	6.31	12.71	31.82	63.33	636.62
2	1.89	2.92	4.30	6.97	9.93	31.60
3	1.64	2.35	3.18	4.54	5.84	12.92
4	1.53	2.13	2.78	3.75	4.60	8.61
5	1.48	2.02	2.57	3.37	4.03	6.86
6	1.44	1.94	2.45	3.14	3.71	5.96
7	1.42	1.90	2.37	3.00	3.50	5.41
8	1.40	1.86	2.31	2.90	3.36	5.04
9	1.38	1.83	2.26	2.82	3.25	4.78
10	1.37	1.81	2.23	2.76	3.17	4.59
11	1.36	1.80	2.20	2.72	3.11	4.44
12	1.36	1.78	2.18	2.68	3.06	4.32
13	1.35	1.77	2.16	2.65	3.01	4.22
14	1.35	1.76	2.15	2.62	2.98	4.14
15	1.34	1.75	2.13	2.60	2.95	4.07
16	1.33	1.75	2.12	2.58	2.92	4.02
17	1.33	1.74	2.11	2.57	2.90	3.97
18	1.33	1.73	2.10	2.55	2.88	3.92
19	1.33	1.73	2.09	2.54	2.86	3.88
20	1.33	1.73	2.09	2.53	2.85	3.85
21	1.32	1.72	2.08	2.52	2.83	3.82
22	1.32	1.72	2.07	2.51	2.82	3.79
23	1.32	1.71	2.07	2.50	2.81	3.77
24	1.32	1.71	2.06	2.49	2.80	3.75
25	1.32	1.71	2.06	2.48	2.79	3.73
26	1.32	1.71	2.06	2.48	2.78	3.71
27	1.31	1.70	2.05	2.47	2.77	3.69
28	1.31	1.70	2.05	2.47	2.76	3.67
29	1.31	1.70	2.04	2.46	2.76	3.66
30	1.31	1.70	2.04	2.46	2.75	3.65
40	1.30	1.68	2.02	2.42	2.70	3.55
60	1.30	1.68	2.00	2.39	2.66	3.46
120	1.30	1.66	1.98	2.36	2.62	3.37
∞	1.28	1.65	1.96	2.33	2.58	3.29

附表2 F 分布表 (α=0.05)

f_2	f_1														
	1	2	3	4	5	6	7	8	9	10	12	15	20	60	∞
1	164.1	199.5	215.7	224.6	230.2	234.0	236.8	238.9	240.5	241.9	243.9	245.9	248.0	252.2	254.3
2	18.51	19.00	19.16	19.25	19.30	19.33	19.35	19.37	19.38	19.40	19.41	19.43	19.45	19.48	19.50
3	10.13	9.55	9.28	9.12	9.01	8.94	8.89	8.85	8.81	8.79	8.74	8.70	8.66	8.57	8.53
4	7.71	6.94	6.59	6.39	6.26	6.16	6.09	6.04	6.00	5.96	5.91	5.86	5.80	5.69	5.63
5	6.61	5.79	5.41	5.19	5.05	4.95	4.88	4.82	4.77	4.74	4.68	4.62	4.56	4.43	4.36
6	5.99	5.14	4.76	4.35	4.39	4.28	4.21	4.15	4.10	4.06	4.00	3.94	3.87	3.74	3.67
7	5.59	4.74	4.35	4.12	3.97	3.87	3.79	3.73	3.68	3.64	3.57	3.51	3.44	3.30	3.23
8	5.32	4.46	4.07	3.84	3.69	3.58	3.50	3.44	3.39	3.35	3.28	3.22	3.15	3.01	2.93
9	5.12	4.26	3.86	3.63	3.48	3.37	3.29	3.23	3.18	3.14	3.07	3.01	2.94	2.79	2.71
10	4.96	4.10	3.71	3.48	3.33	3.22	3.14	3.07	3.02	2.98	2.91	2.85	2.77	2.62	2.54
11	4.84	3.98	3.59	3.36	3.20	3.09	3.01	2.95	2.90	2.85	2.79	2.72	2.65	2.49	2.40
12	4.75	3.89	3.49	3.26	3.11	3.00	2.91	2.85	2.80	2.75	2.69	2.62	2.54	2.38	2.30
13	4.67	3.81	3.41	3.18	3.03	2.92	2.83	2.77	2.71	2.67	2.60	2.53	2.46	2.30	2.21
14	4.60	3.74	3.34	3.11	2.96	2.85	2.76	2.70	2.65	2.60	2.53	2.46	2.39	2.22	2.13
15	4.54	3.68	3.29	3.06	2.90	2.79	2.71	2.64	2.59	2.54	2.48	2.40	2.33	2.16	2.07
16	4.49	3.63	3.24	3.01	2.85	2.74	2.66	2.59	2.54	2.49	2.42	2.35	2.28	2.11	2.01
17	4.45	3.59	3.20	2.96	2.81	2.70	2.61	2.55	2.49	2.45	2.38	2.31	2.23	2.06	1.96
18	4.41	3.55	3.16	2.93	2.77	2.66	2.58	2.51	2.46	2.41	2.34	2.27	2.19	2.02	1.92
19	4.38	3.52	3.13	2.90	2.74	2.63	2.54	2.48	2.42	2.38	2.31	2.23	2.16	1.98	1.88
20	4.35	3.49	3.10	2.87	2.71	2.60	2.51	2.45	2.39	2.35	2.28	2.20	2.12	1.95	1.84
21	4.32	3.47	3.07	2.84	2.68	2.57	2.42	2.42	2.37	2.32	2.25	2.18	2.10	1.92	1.81
22	4.30	3.44	3.05	2.82	2.66	2.55	2.46	2.40	2.34	2.30	2.23	2.15	2.07	1.89	1.78
23	4.28	3.42	3.03	2.80	2.64	2.53	2.44	2.37	2.32	2.27	2.20	2.13	2.05	1.86	1.76
24	4.26	3.40	3.01	2.78	2.62	2.51	2.42	2.36	2.30	2.25	2.18	2.11	2.03	1.84	1.73
25	4.24	3.39	2.99	2.76	2.60	2.49	2.40	2.34	2.28	2.24	2.16	2.09	2.01	1.82	1.71
30	4.17	3.32	2.92	2.69	2.53	2.42	2.33	2.27	2.21	2.16	2.09	2.01	1.93	1.74	1.62
40	4.08	3.23	2.84	2.61	2.45	2.34	2.25	2.18	2.12	2.08	2.00	1.92	1.84	1.64	1.51
60	4.00	3.15	2.76	2.53	2.37	2.25	2.17	2.10	2.04	1.99	1.92	1.84	1.75	1.53	1.39
120	3.92	3.07	2.68	2.45	2.29	2.17	2.09	2.02	1.96	1.91	1.83	1.75	1.66	1.43	1.25
∞	3.84	3.00	2.60	2.37	2.21	2.10	2.01	1.94	1.88	1.30	1.75	1.67	1.57	1.32	1.00

附表3　常用正交表

附表3-1　$L_4(2^3)$

试验号	列　号		
	1	2	3
1	1	1	1
2	2	1	2
3	1	2	2
4	2	2	1

附表3-2　$L_8(2^7)$

试验号	列　号						
	1	2	3	4	5	6	7
1	1	1	1	2	2	1	2
2	2	1	1	2	1	1	1
3	1	2	2	2	2	2	1
4	2	2	2	2	1	2	2
5	1	1	1	1	1	2	2
6	2	1	1	1	2	2	1
7	1	2	2	1	1	1	1
8	2	2	1	1	2	1	2

注：任意两列的交互作用均占一列，对应列号如下：

列号	列　号						
	1	2	3	4	5	6	7
1		7	6	5	4	3	2
2	7		5	6	3	4	1
3	6	5		7	1	1	4
4	5	6	7			2	3
5	4	3	2	1		7	5
6	3	4	1	2	7		6
7	2	1	4	3	6	5	

附表3-3　$L_{12}(2^3 \times 3^1)$

试验号	列　号			
	1	2	3	4
1	1	1	1	2
2	2	1	2	2
3	1	2	2	2
4	2	2	1	2
5	1	1	1	1
6	2	1	2	1
7	1	2	2	1
8	2	2	1	1
9	1	1	1	3
10	2	1	2	3
11	1	2	2	3
12	2	1	1	3

附表3-4　$L_{16}(2^{15})$

因素数	列　号														
	1	2	3	4	5	6	7	8	9	10	11	12	13	14	15
1	1	1	1	1	1	1	1	1	1	1	1	1	1	1	1
2	1	1	1	1	1	1	1	2	2	2	2	2	2	2	2
3	1	1	1	2	2	2	2	1	1	1	1	2	2	2	2
4	1	1	1	2	2	2	2	2	2	2	2	1	1	1	1
5	1	2	2	1	1	2	2	1	1	2	2	1	1	2	2
6	1	2	2	1	1	2	2	2	2	1	1	2	2	1	1
7	1	2	2	2	2	1	1	1	1	2	2	2	2	1	1
8	1	2	2	2	2	1	1	2	2	1	1	1	1	2	2

续附表 3-4

因素数	1	2	3	4	5	6	7	8	9	10	11	12	13	14	15
9	2	1	2	1	2	1	2	1	2	1	2	1	2	1	2
10	2	1	2	1	2	1	2	2	1	2	1	1	1	2	1
11	2	1	2	2	1	2	1	1	2	1	2	2	1	2	1
12	2	1	2	2	1	2	1	2	1	2	1	1	2	1	1
13	2	2	1	1	2	2	1	1	2	2	1	1	2	2	1
14	2	2	1	1	2	2	1	2	1	1	2	2	1	1	2
15	2	2	1	2	1	1	2	1	2	2	1	2	1	1	2
16	2	2	1	2	1	1	2	2	1	1	2	1	2	2	1

$L_{16}(2^{15})$ 表头设计

因素数	1	2	3	4	5	6	7	8	9	10	11	12	13	14	15
4	A	B	AB	C	AC	BC		D	AD	BD		CD			
5	A	B	AB	C	AC	BC	DE	D	AD	BD	CE	CD	BE	AE	E
6	A	B	AB DE	C	AC DF	BC EF		D	AD BE CF	BD AE	E	CD AF	F		CE BF
7	A	B	AB DE FG	C	AC DF EG	BC EF DG	H	D	AD BE CF	BD AE CG	E	CD AF BG	F	G	CE BF AG
8	A	B	AB ED FG CH	C	AC DF EG BH	BC EF DG AH		D	AD BE CF GH	BD AE CG FH	E	CD AF BG EH	F	G	CE BF AG DH

附表 3-5　$L_{32}(2^{31})$

因素数	1	2	3	4	5	6	7	8	9	10	11	12	13	14	15	16	17	18	19	20	21	22	23	24	25	26	27	28	29	30	31
1	1	1	1	2	2	1	2	1	2	2	1	1	1	2	2	1	2	1	1	2	1	2	1	2	1	2	2	1	2	1	2
2	2	1	2	2	1	1	1	1	1	2	2	1	2	2	1	1	1	1	2	2	2	2	1	1	1	1	2	2	2	2	2
3	2	2	1	2	2	2	1	1	2	1	2	1	1	1	1	1	2	2	2	2	1	1	2	2	1	2	1	1	1	1	2
4	1	1	2	2	1	2	2	1	1	1	1	1	2	1	2	1	1	2	1	1	1	2	2	2	2	1	1	2	2	1	1
5	2	1	1	1	1	2	2	1	2	2	2	2	2	1	2	1	2	1	2	1	2	1	1	1	2	1	1	1	2	1	1
6	1	2	1	1	2	2	1	1	1	2	1	2	1	1	1	1	1	1	1	1	1	2	1	1	1	2	1	1	1	2	2

续附表 3-5

因素数	1	2	3	4	5	6	7	8	9	10	11	12	13	14	15	16	17	18	19	20	21	22	23	24	25	26	27	28	29	30	31
7	1	2	1	1	1	1	1	1	2	1	1	2	2	2	1	1	2	2	1	2	2	2	1	2	2	2	1	2	2	2	2
8	2	2	2	1	2	1	2	1	1	1	2	2	1	2	2	1	1	2	2	1	2	1	1	1	2	1	1	1	1	2	1
9	1	1	1	1	2	2	1	2	1	1	2	1	2	2	2	2	1	1	1	2	2	1	2	1	2	1	2	2	2	1	1
10	2	1	2	1	2	1	2	2	2	1	1	1	1	2	2	1	1	1	2	1	1	2	2	2	2	1	2	2	1	2	2
11	1	2	2	1	2	1	1	2	1	2	1	1	2	1	2	2	1	2	2	2	1	2	1	1	2	2	2	1	2	1	2
12	2	2	1	1	2	1	1	2	2	2	2	1	2	1	1	2	1	2	1	1	2	2	1	2	1	2	1	2	1	1	1
13	1	1	2	1	1	1	1	2	1	1	2	1	2	1	1	2	1	2	2	2	1	2	2	2	1	2	1	1	1	1	1
14	2	1	1	2	2	1	2	2	2	1	2	2	2	1	1	2	1	1	1	1	1	2	1	2	1	2	2	1	2	1	2
15	1	2	1	2	1	2	2	2	1	2	2	2	1	2	1	2	1	2	2	1	1	2	1	1	1	1	1	1	2	2	1
16	2	2	2	2	2	2	1	2	2	2	1	2	2	2	1	2	1	1	2	1	2	1	2	2	2	1	2	2	1	2	2
17	1	1	1	2	1	2	1	2	2	2	1	1	2	1	1	2	1	2	2	1	1	2	1	1	1	1	2	1	1	2	1
18	2	1	2	2	2	2	2	1	2	1	2	1	1	1	2	2	2	1	1	2	2	1	2	2	1	2	1	2	2	1	1
19	1	2	2	2	1	1	2	1	2	1	2	1	2	2	1	2	1	1	1	2	1	1	2	1	2	2	1	1	1	1	2
20	2	2	1	2	2	1	1	1	1	1	1	1	1	2	2	2	2	1	2	1	2	2	1	1	2	2	1	2	2	1	1
21	1	1	2	1	2	1	1	2	2	2	2	1	1	2	1	2	1	2	1	2	1	1	1	2	1	2	2	2	1	1	1
22	2	1	1	1	1	1	2	1	2	1	1	2	2	1	2	2	2	2	2	2	1	1	2	1	1	1	1	1	1	1	2
23	1	2	1	1	2	2	2	1	1	2	2	2	1	1	1	2	1	2	1	1	1	2	1	1	1	1	1	2	2	2	1
24	2	2	2	1	2	1	2	1	2	2	1	2	1	1	2	2	2	1	2	2	2	2	2	1	2	1	2	1	2	1	1
25	1	1	1	1	1	2	1	2	1	1	1	2	1	2	1	2	2	1	1	2	1	1	1	2	1	1	2	2	2	1	1
26	2	1	2	1	2	1	1	1	2	2	1	1	2	1	2	2	2	2	1	1	2	2	1	1	2	2	1	2	1	1	1
27	1	2	2	2	1	1	2	1	1	2	1	1	1	1	1	2	2	1	2	1	2	2	2	2	1	2	1	1	2	1	2
28	2	2	1	2	2	1	1	1	2	1	2	2	2	1	2	2	2	2	2	2	1	2	2	2	1	2	1	1	1	1	2
29	1	1	2	2	2	2	2	1	1	1	1	1	2	2	1	2	2	2	2	1	1	2	2	2	2	1	1	2	1	1	1
30	2	2	1	2	1	2	1	2	2	1	2	1	1	2	2	2	2	2	1	2	2	2	1	2	1	2	1	2	2	1	2
31	1	2	1	2	1	2	2	2	1	2	2	2	1	2	1	2	2	1	2	1	1	1	2	2	2	2	2	2	1	2	2
32	2	2	2	2	1	1	2	1	2	2	1	2	1	1	1	2	2	1	1	1	1	1	2	2	1	2	1	2	2	2	1

注：表中套有 $L_{16}(2^{15})$、$L_8(2^7)$ 和 $L_4(2^3)$，但其中 $L_{16}(2^{15})$ 的排法与前页附表 3-4 不同，因而表头设计也不相同。

附表 3-6　L_9（3^4）

试验号	列　号			
	1	2	3	4
1	1	1	3	2
2	2	1	1	1
3	3	1	2	3
4	1	2	2	1
5	2	2	3	3
6	3	2	1	2
7	1	3	1	3
8	2	3	2	2
9	3	3	3	1

注：任意两列的交互列是另外两列。

附表 3-7　L_{16}（4^5）

试验号	列　号				
	1	2	3	4	5
1	1	1	4	3	2
2	2	1	1	1	3
3	3	1	3	4	1
4	4	1	2	2	4
5	1	2	3	2	3
6	2	2	2	4	2
7	3	2	4	1	4
8	4	2	1	3	1
9	1	3	1	4	4
10	2	3	4	2	1
11	3	3	2	3	3
12	4	3	3	1	2
13	1	4	2	1	1
14	2	4	3	3	4
15	3	4	1	2	2
16	4	4	4	4	3

注：任意两列的交互列是另外三列。

附表 3-8　L_{25}（5^6）

试验号	列　号					
	1	2	3	4	5	6
1	1	1	2	4	3	2
2	2	1	5	5	5	4
3	3	1	4	1	4	2
4	4	1	1	3	1	3
5	5	1	3	2	2	5
6	1	2	3	5	4	4
7	2	2	2	2	1	1
8	3	2	5	4	2	3
9	4	2	4	5	3	5
10	5	2	1	1	5	2
11	1	3	1	5	2	1
12	2	3	3	1	3	3
13	3	3	2	3	5	5
14	4	3	5	2	4	2
15	5	3	4	4	1	5
16	1	4	4	2	5	3
17	2	4	1	2	5	3
18	3	4	3	5	1	3
19	4	4	2	1	2	4
20	5	4	5	3	3	1
21	1	5	5	1	1	5
22	2	5	4	3	3	1
23	3	5	1	2	3	4
24	4	5	3	4	5	1
25	5	5	2	5	4	3

注：任意两列的交互列是另外四列。

附表 3-9 $L_{27}(3^{13})$

试验号	列号												
	1	2	3	4	5	6	7	8	9	10	11	12	13
1	1	1	3	2	1	2	2	3	1	2	1	3	3
2	2	1	1	1	1	1	3	3	2	1	1	2	1
3	3	1	2	3	1	3	1	3	3	3	1	1	2
4	1	2	2	1	1	2	2	2	3	1	3	1	1
5	2	2	3	3	1	1	3	2	1	3	3	3	2
6	3	2	1	2	1	3	1	2	2	2	3	2	3
7	1	3	1	3	1	2	2	1	2	3	2	2	2
8	2	3	2	2	1	1	3	1	3	2	2	1	3
9	3	3	3	1	1	3	1	1	1	1	2	3	1
10	1	1	1	1	2	3	3	1	3	2	3	3	2
11	2	1	2	3	2	2	1	1	1	1	3	2	3
12	3	1	3	2	2	1	2	1	2	3	3	1	1
13	1	2	3	3	2	3	3	3	2	1	2	1	3
14	2	2	1	2	2	2	1	3	3	3	2	3	1
15	3	2	2	1	2	1	2	3	1	2	2	2	2
16	1	3	2	2	2	3	3	2	1	3	1	2	1
17	2	3	3	1	2	2	1	2	2	2	1	1	2
18	3	3	1	3	2	1	2	2	3	1	1	3	3
19	1	1	2	3	3	1	1	2	2	2	2	3	1
20	2	1	3	2	3	3	2	2	3	1	2	2	2
21	3	1	1	1	3	2	3	2	1	3	2	1	3
22	1	2	1	2	3	1	1	1	1	1	1	1	1
23	2	2	2	1	3	3	2	1	2	3	1	3	3
24	3	2	3	3	3	2	3	1	3	2	1	2	1
25	1	3	3	1	3	1	1	3	3	3	3	3	2
26	2	3	1	3	3	3	2	3	1	2	3	1	1
27	3	3	2	2	3	2	3	3	2	1	3	3	2

附表 3-10 $L_8(4^1 \times 2^4)$

试验号	列号					试验号	列号				
	1	2	3	4	5		1	2	3	4	5
1	1	1	2	2	1	5	1	2	1	1	2
2	2	2	2	1	1	6	3	1	1	2	2
3	3	2	2	2	2	7	2	1	1	1	1
4	4	1	2	1	2	8	4	2	1	2	1

注：在附表 3-2 $L_8(2^7)$ 中，把第 1 列和第 2 列的 1 和 1、1 和 2、2 和 1、2 和 2 依次换成 1、2、3、4，同时取消它们的交互列第 7 列，再将原表中的 3、4、5、6 列依次提前一号，成为 2、3、4、5 列，就构成本表。